Fragen und Antworten zu Werkstoffe

Ewald Werner · Erhard Hornbogen ·
Norbert Jost · Gunther Eggeler

Fragen und Antworten zu Werkstoffe

10. Auflage

Ewald Werner
TU München
Garching, Deutschland

Norbert Jost
FH Pforzheim
Pforzheim, Deutschland

Erhard Hornbogen
Potsdam, Brandenburg, Deutschland

Gunther Eggeler
Universität Bochum
Bochum, Deutschland

ISBN 978-3-662-58844-4   ISBN 978-3-662-58845-1   (eBook)
https://doi.org/10.1007/978-3-662-58845-1

Die Deutsche Nationalbibliothek verzeichnet diese Publikation in der Deutschen Nationalbibliografie; detaillierte bibliografische Daten sind im Internet über http://dnb.d-nb.de abrufbar.

Springer Vieweg
© Springer-Verlag GmbH Deutschland, ein Teil von Springer Nature 1988, 1991, 1995, 2002, 2005, 2010, 2012, 2016, 2018, 2019
Springer Vieweg ist ein Imprint der eingetragenen Gesellschaft Springer-Verlag GmbH, DE und ist ein Teil von Springer Nature
Die Anschrift der Gesellschaft ist: Heidelberger Platz 3, 14197 Berlin, Germany

Vorwort zur zehnten Auflage

Das große Interesse, das der neunten Auflage des Übungsbuches entgegen gebracht wurde, machten eine Neuauflage notwendig. Diese haben wir zur redaktionellen Überarbeitung und zur Ergänzung genutzt. Sämtliche im Buch ausgeführten Beispiele entsprechen von Art und Umfang typischen Prüfungsfragen. Wir hoffen, dass das Buch auch 30 Jahre nach dem Erscheinen der ersten Auflage den Studierenden dadurch wertvolle Hinweise für das Erlernen des Stoffes und Hilfestellung bei der Vorbereitung auf Prüfungen bietet.

Die in der achten Auflage erstmals durchgeführte Einteilung der Aufgaben nach Schwierigkeitsgrad hat sich gut bewährt. Wir haben die drei Schwierigkeitsgrade beibehalten (leicht: L, mittelschwer: M, schwer: S) und die Kennzeichnungen M und S der Aufgaben dem Aufgabentext nachgestellt. Leichte Aufgaben und ihre Antworten vermitteln Sachverhalte und Begriffe, die durch Lesen der entsprechenden Abschnitte z. B. des Lehrbuches „Werkstoffe" sowie durch das Studium der Antworten erlernt werden sollten. Mittelschwere Fragen erfordern es, werkstoffkundliche Grundlagen heranzuziehen, um die richtige Antwort zu erarbeiten. Schwere Aufgaben schließlich setzen Kenntnisse aus einigen Grundlagenfächern voraus (Physik, Chemie, Mechanik) und münden oft in umfangreichen Rechnungen.

Mit der vorliegenden Auflage erscheint das Übungsbuch im Neusatz mit verändertem Layout. Damit soll die Lesbarkeit der elektronischen Version des Buches auf verschiedenen Endgeräten verbessert werden. Dies betrifft in gleicher Weise das dazugehörige Lehrbuch „Werkstoffe" (12. Auflage), welches künftig stets zeitgleich zum Übungsbuch in neuer Auflage erscheinen wird. Dem Springer-Verlag danken wir für die gute Zusammenarbeit und die ansprechende Ausstattung des Buches.

München   Ewald Werner
Potsdam   Erhard Hornbogen
Wiernsheim   Norbert Jost
Bochum   Gunther Eggeler
im Januar 2019

Vorwort zur ersten Auflage

Die Werkstoffwissenschaft bildet neben Mechanik, Thermo- und Fluiddynamik und anderen Teilgebieten von Physik und Chemie eines der Grundlagenfächer für Studenten der Ingenieurwissenschaften. Im Gegensatz dazu hat sich die Werkstoffwissenschaft erst in der zweiten Hälfte dieses Jahrhunderts als ein einheitliches Sachgebiet profiliert. Den Kern dieses Fachs bildet die Mikrostruktur des Werkstoffs, die zu den gewünschten verbesserten oder gar ganz neuen technischen Eigenschaften führt. Die Werkstoffwissenschaft behandelt vergleichend alle Werkstoffgruppen: Metalle, Halbleiter, Keramik, Polymere und die aus beliebigen Komponenten zusammengesetzten Verbundwerkstoffe. Diese Grundlage erlaubt dem konstruierenden Ingenieur am besten, den für einen bestimmten Zweck günstigsten Werkstoff auszuwählen.

In diesem Sinne soll dieses Buch eine Hilfe gewähren für die Einführung in die Werkstoffwissenschaft. Im Rahmen der dazu notwendigen Grundlagen und Systematik ist eine größere Zahl von Begriffen zu definieren, mit denen dann in der Praxis gearbeitet werden kann. Dies bereitet den Studierenden der Ingenieurwissenschaft erfahrungsgemäß am Anfang gewisse Schwierigkeiten. Ziel dieses Buches ist es, eine Hilfe beim Erlernen der Grundbegriffe der Werkstoffwissenschaft zu leisten. Der Text und Inhalt sind abgestimmt mit dem Buch „Werkstoffe", 4. Aufl., Springer 1987. Dort sind auch ein den Inhalt dieses Buches weiter vertiefender Text sowie ausführliche Hinweise auf spezielle Literatur zu finden.

Die Form von „Fragen und Antworten" macht das Buch besonders zum Selbststudium oder zum Erneuern älteren Wissens geeignet. Die mit „*" gekennzeichneten Fragen behandeln spezielle Aspekte, die nicht unbedingt Prüfungsstoff eines ingenieurwissenschaftlichen Vordiploms sind. Sie können beim ersten Durcharbeiten übergangen werden. Im Anhang sind dann noch die wichtigsten Fachzeitschriften zum Thema Werkstoffe zusammengestellt. Dies soll dem Leser vor allen Dingen ein schnelles Auffinden der Zeitschriften in Bibliotheken sowie ein weiter vertiefendes Literaturstudium ermöglichen.

Die Autoren möchten Herrn cand. ing. L. Kahlen und Frau cand. phil. G. Fries für die Hilfe bei der Fertigstellung des Manuskriptes danken. Doch auch viele ungenannte Studierende haben mit Ihren Fragen und Anregungen zum Inhalt des vorliegenden Buches beigetragen.

Bochum   E. Hornbogen
im August 1987   N. Jost
                                                                               M. Thumann

Inhaltsverzeichnis

Teil I
Fragen

1 Überblick

Inhaltsverzeichnis

1.1 Werkstoffe, Werkstoffkunde

Frage 1.1.1 Was sind Werkstoffe?

Frage 1.1.2 Welche Zusammenhänge bestehen zwischen Werkstoffen, Rohstoffen und Energie?

Frage 1.1.3 Womit beschäftigen sich Werkstoffwissenschaft und Werkstofftechnik?

Frage 1.1.4 Welche Teilgebiete der Werkstoffkunde kennen Sie?

1.2 Werkstoffgruppen, Aufbau der Werkstoffe

Frage 1.2.1 In welche vier großen Gruppen teilt man die Werkstoffe ein?

Frage 1.2.2 Wie unterscheidet sich der mikrostrukturelle Aufbau von Metallen, Keramiken and Polymeren?

© Springer-Verlag GmbH Deutschland, ein Teil von Springer Nature 2019
E. Werner et al., *Fragen und Antworten zu Werkstoffe*,
https://doi.org/10.1007/978-3-662-58845-1_1

Frage 1.2.3 In welche Untergruppen können

a) Keramiken,
b) Metalle,
c) Polymere eingeteilt werden?

Frage 1.2.4 Warum ist die Kenntnis des mikroskopischen Aufbaus von Werkstoffen nützlich?

Frage 1.2.5 Was ist Perlit?

Frage 1.2.6 Wie sehen Elektronenbeugungsdiagramme von Ein- und Vielkristallen sowie von Gläsern aus?

1.3 Eigenschaften der Werkstoffe

Frage 1.3.1 Wie ist das Eigenschaftsprofil von Werkstoffen definiert?

Frage 1.3.2 Was muss bei der Anwendung von Werkstoffen außer dem Eigenschaftsprofil noch beachtet werden?

Frage 1.3.3 Zählen Sie je drei Fertigungs- und Gebrauchseigenschaften von Werkstoffen auf!

Frage 1.3.4 Worin unterscheiden sich Struktur- und Funktionswerkstoffe? Nennen Sie Beispiele für beide Gruppen.

Frage 1.3.5 Viele Naturgesetze sind lineare Gleichungen, die Ursache und Wirkung verknüpfen. Zeigen Sie am Beispiel von elektrischer und thermischer Leitfähigkeit, Elastizität und Fließen von Flüssigkeiten die Struktur solcher Gesetzmäßigkeiten und kennzeichnen Sie die Werkstoffeigenschaften, die Ursache mit Wirkung verknüpft! (M)

Frage 1.3.6 Nennen Sie zwei Beispiele mit jeweils kurzer Beschreibung, bei denen neue Werkstoffkonzepte bzw. Werkstoffanwendungen von der Natur „abgeschaut" wurden.

Frage 1.3.7 Was muss ein Konstrukteur über Werkstoffe wissen?

1.4 Bezeichnung der Werkstoffe

Frage 1.4.1 Welche Möglichkeiten der Werkstoffbezeichnung gibt es? (M)

Frage 1.4.2 Wie ist die vollständige normgerechte Werkstoffbezeichnung nach DIN EN 10027-1 (alt: DIN 17006) aufgebaut?

Frage 1.4.3 Welchen Zweck haben die Multiplikatoren bei den Werkstoffbezeichnungen niedriglegierter Stähle? Zählen Sie die wichtigsten Legierungselemente mit ihren jeweiligen Multiplikatoren auf.

Frage 1.4.4 Schlüsseln Sie folgende Werkstoffkurzbezeichnungen vollständig auf:

a) C45D

b) S 235

c) X120Mn12

d) 50CrV4+QT

e) GL SnPb20

f) 75CrMoNiW6-7

g) H1000X+Z

h) EN-GJLA-XNiCuCr15-5-2

i) EN-GJS-400-18-H

j) G-AlSi12

Frage 1.4.5 Geben Sie für folgende Werkstoffzusammensetzungen die entsprechenden Werkstoffkurzbezeichnungen an (alle Mengenangaben in Gew.-%):

a) Eisenbasis-Legierung mit 0,05 % C, 18 % Ni, 8 % Cr und 5 % Mo

b) Bronze mit 6 % Sn und einer Mindestzugfestigkeit von 627 MPa

c) Al-Gusslegierung mit 12 % Si, kleinen Anteilen an Mg, warmausgehärtet

d) Stahl für den allgemeinen Stahlbau und einer Mindeststreckgrenze von 460 MPa

e) Stahl mit 0,3 % C, 2,25 % Cr, sowie kleinen Anteilen an Mo und V

f) Zink-Aluminium-Druckgusslegierung mit 4 % Zink

g) Magnesiumlegierung mit 9 % Al und 1 % Zn

Frage 1.4.6 Wie wird graues Gusseisen mit Kugelgraphit und einer Mindestzugfestigkeit von 950 MPa bezeichnet?

Frage 1.4.7 Was bedeuten die Werkstoffbezeichnungen

a) CuZn40,
b) CuZn37Pb2 F44?

1.5 Geschichte und Zukunft, Nachhaltigkeit

Frage 1.5.1 Wie haben sich Werkstoffe historisch entwickelt?

Frage 1.5.2 Welche Stadien kann man im Kreislauf der Werkstoffe unterscheiden?

Frage 1.5.3 Was versteht man unter dem Begriff Nachhaltigkeit und was haben die Begriffe recyclinggerechtes Konstruieren und abfallarme Fertigung damit zu tun?

2 Aufbau fester Phasen

Inhaltsverzeichnis

2.1 Atome und Elektronen

Frage 2.1.1 Warum besitzen Elemente mit der Ordnungszahl $Z \sim 28$ und den relativen Atommassen $A_\mathrm{r} \sim 60$ (Fe, Ni) die stabilsten Atomkerne? (M)

Frage 2.1.2
a) Welche Werkstoffeigenschaften werden durch den Atomkern bestimmt?
b) Welche Werkstoffeigenschaften werden durch die Valenzelektronen bestimmt?

Frage 2.1.3 Die Elemente Blei (Pb) und Aluminium (Al) besitzen eine kubisch flächenzentrierte Kristallstruktur (kfz), während α-Eisen kubisch raumzentriert (krz) kristallisiert. Berechnen Sie die Dichte ϱ aus der Anzahl der Atome in der Elementarzelle, den relativen Atommassen und den Gitterkonstanten. (M)

© Springer-Verlag GmbH Deutschland, ein Teil von Springer Nature 2019
E. Werner et al., *Fragen und Antworten zu Werkstoffe*,
https://doi.org/10.1007/978-3-662-58845-1_2

Gegeben sind die folgenden relativen Atommassen und Gitterkonstanten:

Element	Rel. Atommasse A_r $\mathrm{g\,mol^{-1}}$	Gitterkonstante a $10^{-10}\,\mathrm{m}$
Pb	207,19	4,95
Al	26,98	4,0495
α-Fe	55,85	2,866

Frage 2.1.4 Abb. 1 zeigt die möglichen Energieniveaus für das Elektron des Wasserstoff-atoms. Welche Wellenlänge besitzt ein Photon, das beim Übergang des Elektrons von der 2. zur 1. Schale emittiert wird? (M)

Frage 2.1.5
a) Geben Sie die Bezeichnung für die Elektronenstruktur des Fe-Atoms an.
b) Warum gehört das Eisen zu den Übergangselementen (-metallen)?

Frage 2.1.6
a) Skizzieren Sie den qualitativen Verlauf der Dichte ϱ und der Schmelztemperatur T_{kf} über dem Ordnungszahlbereich $Z = 20$ bis 30.
b) Diskutieren Sie diese Kurven hinsichtlich der Elektronenstruktur der betroffenen Elemente! (M)

Abb. 1 Mögliche
Energieniveaus
für das Elektron des
Wasserstoffatoms

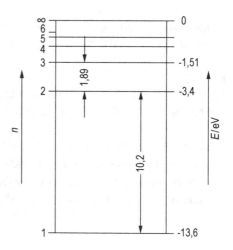

2.2 Bindung der Atome und Moleküle

Frage 2.2.1 Beschreiben Sie die wesentlichen Merkmale der vier Bindungstypen in der Reihenfolge abnehmender Bindungsenergie.

Frage 2.2.2 Die drei Werkstoffgruppen (Metalle, Keramik, Polymere) mit ihren jeweiligen charakteristischen Eigenschaften ergeben sich aus der Art ihrer Bindungstypen. Beschreiben Sie die Zusammenhänge.

Frage 2.2.3 Wie kann man das Periodensystem der Elemente in vier Gruppen von Elementen einteilen?

Frage 2.2.4 Wie hängt die Bindungsenergie vom Abstand zwischen Atomen ab und wie kann man das auf der Grundlage eines Zusammenspiels von anziehender und abstoßender Wechselwirkung diskutieren? (M)

Frage 2.2.5 Was versteht man unter der Koordinationszahl K? Skizzieren und benennen Sie die Kristallgitter für $K = 4, 6, 8, 12$.

Frage 2.2.6 Bei der thermischen Ausdehnung fester Stoffe nimmt das Volumen mit steigender Temperatur zu. Was ist die Ursache dieses Effektes?

Frage 2.2.7 Kohlenstoff wird als Werkstoff in drei verschiedenen Strukturen angewandt. Skizzieren Sie diese Strukturtypen und geben Sie jeweils eine charakteristische Eigenschaft an.

Frage 2.2.8 Die potenzielle Energie des Na^+-Cl^--Ionenpaars lässt sich als Funktion des Abstands r der Mittelpunkte der Ionen durch

$$H(r) = -\frac{e^2}{4\pi\varepsilon_0 r} + \frac{b}{r^{10}}$$

beschreiben. Darin sind b eine Konstante, $e = 1{,}6 \cdot 10^{-19}\,C$ die Ladung des Elektrons und $\varepsilon_0 = 8{,}85 \cdot 10^{-12}\,C^2 N^{-1} m^{-2}$ die elektrische Feldkonstante (Dielektrizitätskonstante). Der erste Term charakterisiert die elektrostatische Anziehung zwischen den Ionen, der zweite Term die Abstoßung. Der Gleichgewichtsabstand zwischen den Ionen beträgt $r_0 = 0{,}276\,nm$.
Berechnen Sie
a) die Konstante b und die Bindungsenergie H_B, (S)
b) die anziehende und die abstoßende Kraft sowie die Gesamtkraft für $r = 0{,}25\,nm$. (S)

2.3 Kristalle

Frage 2.3.1 Wie unterscheiden sich die Strukturen von <u>metallischen</u> Kristallen, Flüssigkeiten und Gläsern?

Frage 2.3.2 Was versteht man unter den folgenden Begriffen:
a) Kristallstruktur,
b) Glasstruktur,
c) Elementarzelle,
d) Kristallsystem?

Frage 2.3.3 Abb. 2 zeigt eine orthorhombische Kristallstruktur, in die Atome in unterschiedlicher Lage eingezeichnet sind. Geben Sie
a) die Ortsvektoren dieser Atome und
b) die Kristallrichtungen an, die man erhält, wenn man vom Ursprung aus Geraden durch diese Atome legt.

Frage 2.3.4 Wie groß ist der Winkel in einem kubischen Kristall zwischen den Richtungen
a) [111] und [001],
b) [111] und $[\bar{1}\bar{1}1]$? (M)

Frage 2.3.5 Geben Sie die Millerschen Indizes der in Abb. 3 schraffiert eingezeichneten Kristallebenen an.

Abb. 2 Die orthorhombische Kristallstruktur ($a \neq b \neq c, a \neq c,$ $\alpha = \beta = \gamma = 90°$)

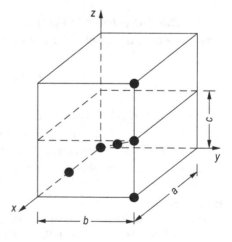

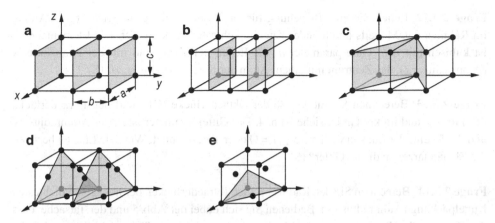

Abb. 3 Zur Ermittlung der Millerschen Indizes von Kristallebenen

Frage 2.3.6

a) Geben Sie die Millerschen Indizes $\{hkl\}$ der dichtest gepackten Ebenen im kfz und krz Kristallgitter an.

b) Berechnen Sie den Netzebenenabstand d der dichtest gepackten Ebenenscharen in Cu und α-Fe ($a_{Cu} = 0{,}3615\,\text{nm}$; $a_{\alpha-Fe} = 0{,}2866\,\text{nm}$). (M)

c) Welche speziellen Ebenen gehören zu den Ebenentypen $\{100\}$, $\{111\}$ und $\{110\}$?

Frage 2.3.7 Die hexagonal dichteste (hdp) und die kubisch dichteste (kfz) Kugelpackung besitzen die gleiche Packungsdichte. Worin besteht dennoch ein Unterschied zwischen den beiden Packungen?

Frage 2.3.8 Ein tetragonal raumzentriertes (trz) Gitter von Fe-C-Martensit hat die Gitterkonstante $a = 0{,}28\,\text{nm}$ und ein Achsenverhältnis $c/a = 1{,}05$. Wie groß sind die kleinsten Atomabstände x in den Richtungen [111], [110], [101]? (M)

Frage 2.3.9 Warum sind Al-Legierungen viel besser (kalt-)verformbar als Mg-Legierungen?

Frage 2.3.10 Nennen Sie zwei Anwendungen in der Technik, für die Einkristalle als Bauteil eingesetzt werden.

Frage 2.3.11 Berechnen Sie die Raumerfüllung (Packungsdichte) folgender Kristallstrukturen: (M)

a) kubisch primitiv (kp),

b) kubisch raumzentriert (krz),

c) kubisch flächenzentriert (kfz),

d) hexagonal dichtest gepackt (hdp),

e) Diamantgitter.

Frage 2.3.12 Leiten Sie eine Beziehung für die Raumerfüllung ungleich großer Atome im Rahmen des Modells berührender Kugeln dichtester Packung her. Die Elementarzelle ist kubisch mit dem Gitterparameter a, die Ecken der Zelle sind mit der Atomsorte A (Atomradius r_A), das Zentrum mit einem Atom der Sorte B (r_B) besetzt. (S)

Frage 2.3.13 Berechnen Sie die Größe der Oktaederlücke (OL) und der Tetraederlücke (TL) im kfz und im krz Gitter, siehe Abb. 4. Der Gitterparameter ist a, der Atomradius r_A und der Radius der Lücken wird mit r_{iL}, $i = $ O oder T bezeichnet. Wieviele Lücken besitzen die Elementarzellen dieser Gitter? (S)

Frage 2.3.14 Berechnen Sie den Radius r_{TL} der Tetraederlücken der hexagonal dichtesten Kugelpackung (Atomradius r_A). Bedienen Sie sich dabei der Abb. 5 und der Tatsache, dass das Zentrum der Tetraederlücke im Massenschwerpunkt S des Tetraeders liegt und S die Höhe H des Tetraeders im Verhältnis 3:1 teilt. Wie lauten die Koordinaten von S? Wie viele Tetraederlücken besitzt die Elementarzelle dieser Gitterstruktur? (M)

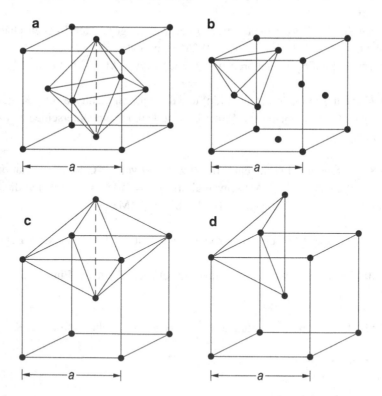

Abb. 4 a Oktaeder- und **b** Tetraederlücke im kfz Gitter, **c** Oktaeder- und **d** Tetraederlücke im krz Gitter

Abb. 5 Tetraederlücke im
hexagonal dichtest gepackten
(hdp) Gitter

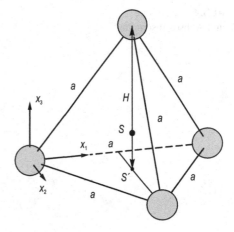

Frage 2.3.15 Den drei Basisvektoren eines Raumgitters ($\underline{a}_1$, $\underline{a}_2$, $\underline{a}_3$) sind drei Basisvektoren des dazu reziproken Gitters ($\underline{a}_1^*$, $\underline{a}_2^*$, $\underline{a}_3^*$) zugeordnet:

$$\underline{a}_i \circ \underline{a}_k^* = \delta_{ik}, \quad \delta_{ik} = \begin{cases} 1 \dots i = k \\ 0 \dots i \neq k \end{cases}.$$

Zeigen Sie, dass sich aus dieser Definition für die reziproken Gittervektoren folgende Ausdrücke ergeben: (S)

$$\underline{a}_1^* = \frac{\underline{a}_2 \times \underline{a}_3}{\underline{a}_1 \circ (\underline{a}_2 \times \underline{a}_3)}, \quad \underline{a}_2^* = \frac{\underline{a}_3 \times \underline{a}_1}{\underline{a}_2 \circ (\underline{a}_3 \times \underline{a}_1)}, \quad \underline{a}_3^* = \frac{\underline{a}_1 \times \underline{a}_2}{\underline{a}_3 \circ (\underline{a}_1 \times \underline{a}_2)}.$$

Frage 2.3.16 Beliebige Gittervektoren $\underline{g}_{hkl}$ des reziproken Raumes können in Analogie zum Realgitter folgendermaßen angeschrieben werden:

$$\underline{g}_{hkl} = h\underline{a}_1^* + k\underline{a}_2^* + l\underline{a}_3^*.$$

Man kann also reziproke Gittervektoren (Beugungsvektoren), die bei der Interpretation von Beugungsexperimenten nützlich sind, durch ein Zahlentripel hkl darstellen.

Beweisen Sie mithilfe von Abb. 6 folgende Eigenschaften des Beugungsvektors $\underline{g}_{hkl}$: (S)

a) Der Vektor $\underline{g}_{hkl}$ steht normal auf der Netzebene (hkl) des Realgitters, die den Beugungsreflex erzeugt.

b) Der Betrag des Beugungsvektors $\underline{g}_{hkl}$ ist gleich dem Reziprokwert des Normalabstandes der Netzebene (hkl) vom Ursprung (= Netzebenenabstand):

$$|\underline{g}_{hkl}| = \frac{1}{d_{hkl}}.$$

Abb. 6 Netzebene
und Achsenabschnitte

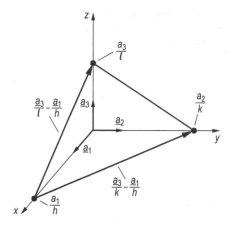

Frage 2.3.17 Beweisen Sie mithilfe der Vektorbeziehung $\left(\underline{x} \times \underline{y}\right) \times \left(\underline{u} \times \underline{v}\right) = \left[\underline{x}\,\underline{y}\,\underline{v}\right]\underline{u} -$ $\left[\underline{x}\,\underline{y}\,\underline{u}\right]\underline{v}$, wobei $\left[\underline{x}\,\underline{y}\,\underline{v}\right] = \left(\underline{x} \times \underline{y}\right) \circ \underline{v}$ das Spatprodukt bezeichnet,

a) die Volumina der Realzelle und der reziproken Zelle (V und V^*) sind zueinander reziprok,
b) das reziproke Gitter des reziproken Gitters ist das Realgitter. (S)

Frage 2.3.18 Das rhomboedrische Kristallsystem lässt sich auch durch ein hexagonales Achsensystem darstellen: $a = b \neq c$ und $\alpha = \beta = 90°$, $\gamma = 120°$. Für Antimon ist $a = 0{,}43\,\mathrm{nm}$ und $c = 1{,}13\,\mathrm{nm}$. Bestimmen Sie die reziproken Gittervektoren $\underline{a}_1^*$, $\underline{a}_2^*$, $\underline{a}_3^*$ sowie die Winkel, die diese miteinander einschließen. (S)

Frage 2.3.19 Bei einem Beugungsexperiment wird Röntgenstrahlung mit der Wellenlänge λ elastisch an den Atomen des Festkörpers gestreut. Damit gestreute Intensität gemessen werden kann, muss die Laue-Bedingung erfüllt sein:

$$\Delta\underline{k} = \underline{k}' - \underline{k} = \underline{G}_{hkl}.$$

Darin bezeichnen $\underline{k}$ und $\underline{k}'$ die Wellenzahlvektoren der einfallenden und der gebeugten Röntgenstrahlung, und $\underline{G}_{hkl}$ einen reziproken Gittervektor, der so definiert ist:

$$\underline{G}_{hkl} = 2\pi\,\underline{g}_{hkl} = 2\pi\left(h\underline{a}_1^* + k\underline{a}_2^* + l\underline{a}_3^*\right).$$

Leiten Sie unter Verwendung der Abb. 7 aus der Laue-Bedingung und der Beziehung zwischen dem Netzebenenabstand und dem Betrag des reziproken Gittervektors die Braggsche Gleichung her. (S)

Frage 2.3.20 In einem kubischen Kristall mit $a = \sqrt{5}\,\text{Å}$ ist eine Ebene durch die Punkte $P_1 = (2, -2, 0)$, $P_2 = (1, 2, 1)$, $P_3 = (0, 0, 1)$ gegeben. Ermitteln Sie: (S)

Abb. 7 Zur Herleitung der
Braggschen Gleichung im
reziproken Raum

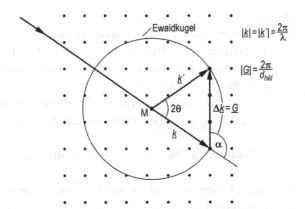

a) einen Normalvektor $\underline{n}$ dieser Ebene,
b) die Hessesche Normalform der Ebenengleichung,
c) die Millerschen Indizes (hkl) der Ebene,
d) den Netzebenenabstand d_{hkl} $[\text{Å}]$ der Netzebenenschar.

Frage 2.3.21
a) Berechnen Sie den Netzebenenabstand d_{hkl} im triklinen Kristallsystem.
b) Leiten Sie aus dem Ergebnis von a) den Netzebenenabstand in den anderen Kristallsystemen her. (S)

2.4 Baufehler

Frage 2.4.1 In welcher Weise wirken Gitterbaufehler auf die Eigenschaften von Metallkristallen?

Frage 2.4.2 Welche Ebenen der mikroskopischen Struktur sind in Metallen zu unterscheiden?

Frage 2.4.3 Nennen Sie je ein Beispiel für 0-, 1- und 2-dimensionale Baufehler sowie die Einheit ihrer Dichte (Konzentration).

Frage 2.4.4 Unter welchen Bedingungen können Leerstellen in Kristallstrukturen entstehen?

Frage 2.4.5

a) Berechnen Sie die Leerstellenkonzentration in Gold bei $T = 1000\,\mathrm{K}$. Die Bildungsenergie einer Leerstelle ist $h_L = 1{,}4 \cdot 10^{-19}\,\mathrm{J}$. Wenn Gold von $1000\,\mathrm{K}$ rasch auf Raumtemperatur abgekühlt wird, wie groß ist die überschüssige (eingefrorene) Leerstellenkonzentration? (M)

b) Wie viele Leerstellen enthält $1\,\mathrm{cm}^3$ Gold bei Raumtemperatur im thermischen Gleichgewicht? Gegeben ist die Gitterkonstante von Gold $a = 0{,}408\,\mathrm{nm}$.

Frage 2.4.6 Worauf beruht die Mischkristallverfestigung?

Frage 2.4.7 Gegeben sind folgende Burgersvektoren von Versetzungen im kubisch flächenzentrierten Gitter:

$$\underline{b}_1 = a\,[100], \quad \underline{b}_2 = \frac{a}{3}\,[111], \quad \underline{b}_3 = \frac{a}{6}\,[211], \quad \underline{b}_4 = \frac{a}{2}\,[110]$$

Welcher Burgersvektor charakterisiert eine vollständige Versetzung, welcher eine Teilversetzung, welcher die wahrscheinlichste Gleitversetzung? (M)

Frage 2.4.8 Welche Baufehler des Kristalls können mithilfe eines Lichtmikroskops sichtbar gemacht werden?

Frage 2.4.9 Berechnen Sie das Verzerrungsfeld und das Spannungsfeld um eine Schraubenversetzung. (M)

Frage 2.4.10 Wie groß sind Eigenenergie und Linienenergie von Schrauben- und Stufenversetzungen? (S)

Frage 2.4.11 Das Verschiebungsfeld einer Stufenversetzung (Abb. 8) ist in Zylinderkoordinaten gegeben durch

$$u_r = \frac{b}{8\pi(1-\nu)}\left[-2(1-2\nu)\ln r \sin\varphi + 4(1-\nu)\varphi\cos\varphi + \sin\varphi\right],$$

$$u_\varphi = \frac{b}{8\pi(1-\nu)}\left[-2(1-2\nu)\ln r \cos\varphi - 4(1-\nu)\varphi\sin\varphi - \cos\varphi\right],$$

$$u_z = 0.$$

a) Zeigen Sie, dass hierdurch ein Verschiebungssprung der Größe b entlang der x-Achse beschrieben wird.

b) Wie groß sind die Verzerrungen und die Volumendehnung?

c) Bestimmen Sie die Spannungen.

d) Wie groß ist die Formänderungsenergie in einem hohlzylindrischen Bereich (Radien r_i, r_a) der Länge L um die z-Achse? (S)

Abb. 8 Stufenversetzung, die
von einem Hohlzylinder
umgeben ist

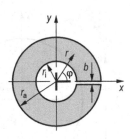

Frage 2.4.12 Die $(1\bar{1}1)$-Ebene eines kubisch flächenzentrierten Metalls (Gitterparameter a) wird so in ein kartesisches Koordinatensystem gelegt, dass die [110]-Richtung parallel zur x-Achse und die $[\bar{1}12]$-Richtung parallel zur y-Achse ist. In der (x, y)-Ebene liegt die Versetzungslinie einer vollständigen Versetzung (Kreisring, Radius r, Mittelpunkt O).

a) In Abb. 9a ist eine in der (x, y)-Ebene liegende kristallografische Richtung $[rst]$ eingezeichnet, die mit der positiven x-Achse den Winkel 60° einschließt. Welche kristallografische Indizierung besitzt diese Richtung?

b) Im Punkt P in Abb. 9b habe die Versetzung reinen Schraubencharakter. Wie lautet der Burgersvektor $\underline{b}$ der Versetzung in der Form $\underline{b} = \frac{a}{n}[uvw]$?

c) Welchen Charakter hat die Versetzung in den Punkten M und N (Abb. 9c)? Begründen Sie Ihre Antwort.

d) Ist der Versetzungsring gleitfähig?

e) Wie groß ist die Kraft F_V auf die Versetzung, wenn im Gleitsystem eine Schubspannung τ wirkt? Wie heißt diese Kraft? (S)

Frage 2.4.13 Abb. 10 zeigt die Spuren zweier sich schneidender Gleitebenen eines kfz Metallkristalls (Gitterparameter a), die senkrecht auf der Zeichenebene stehen. Auf diesen Gleitebenen gleiten unter der Wirkung einer Schubspannung τ jeweils eine vollständige Versetzung mit Burgersvektoren $\underline{b}_1$ bzw. $\underline{b}_2$. Die Versetzungslinien $\underline{s}_1$ bzw. $\underline{s}_2$ verlaufen senkrecht zur Zeichenebene.

Die beiden Versetzungen gleiten aufeinander zu und reagieren an der Schnittlinie der beiden Gleitebenen unter Bildung der neuen Versetzung 3 miteinander. Diese neue Versetzung besitzt den Burgersvektor $\underline{b}_3$, ihre Versetzungslinie $\underline{s}_3$ verläuft senkrecht zur Zeichenebene. Die gestrichelt eingezeichnete Ebene (hkl) wird von $\underline{s}_3$ und $\underline{b}_3$ aufgespannt.

Hinweis: Das Zeichen ⊥ für eine Versetzung bedeutet nicht notwendigerweise, dass es sich bei dieser Versetzung um eine Stufenversetzung handelt.

a) Welche Richtung hat die Versetzungslinie der drei Versetzungen?

b) Welchen Charakter haben die Versetzungen 1 und 2?

c) Wie lautet der Burgersvektor der neuen Versetzung 3? Weisen Sie nach, dass die Bildung dieser Versetzung energetisch begünstigt ist.

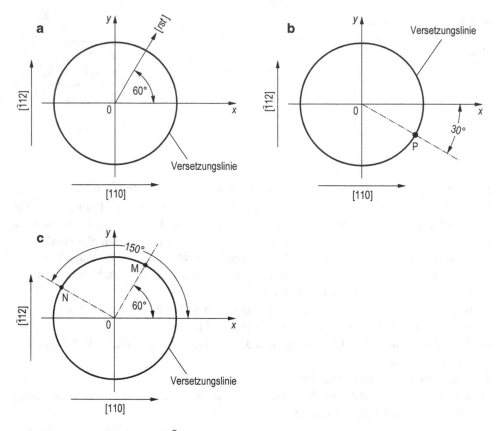

Abb. 9 Versetzungsring in der $(1\bar{1}1)$-Ebene eines kfz Kristalls

Abb. 10 Reaktion von zwei
Versetzungen zu einer dritten
Versetzung

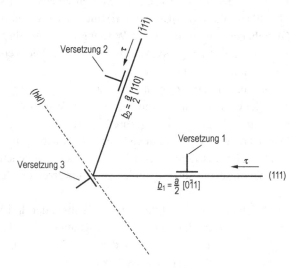

d) Welchen Charakter hat die Versetzung 3?

e) Welche Ebene (hkl) wird von $\underline{s}_3$ und $\underline{b}_3$ aufgespannt? Kann die Versetzung 3 darin gleiten? (S)

2.5 Korngrenzen, Stapelfehler und homogene Gefüge

Frage 2.5.1 Welcher Zusammenhang besteht zwischen Korngrenzendichte (Korngröße) und dem Kriechverhalten (der Warmfestigkeit) von Legierungen? Welcher metallische Werkstoff zeigt das beste Kriechverhalten?

Frage 2.5.2 Was ist die stereografische Projektion, welche Information stellt man damit dar und welche Eigenschaften hat die Projektion? (M)

Frage 2.5.3 Nennen Sie das geometrische Prinzip für die Beschreibung der Kornorientierungsverteilung in gewalzten Blechen.

Frage 2.5.4 Kennzeichnen Sie den Begriff Stapelfehler mithilfe der Stapelfolge von (111)-Ebenen des kubisch flächenzentrierten Gitters.

Frage 2.5.5 Ihnen werden zwei sonst vollständig identische Werkstoffe vorgelegt, die sich lediglich in ihrer Korngröße unterscheiden. Werkstoff A hat einen mittleren Korndurchmesser von $D = 100\,\mu\text{m}$, Werkstoff B von $D = 10\,\mu\text{m}$.

Geben Sie die jeweiligen Faktoren an, mit denen sich die Streckgrenze verändert. Bei welchem Werkstoff ist demnach eine höhere Streckgrenze zu erwarten?

Frage 2.5.6 Berechnen Sie den Abstand A der Stufenversetzungen in einer symmetrischen Kleinwinkelkippgrenze in einem Kupferkristall ($a = 0,36\,\text{nm}$) für den Kippwinkel $\theta = 0,5°$ (Abb. 11). (M)

2.6 Gläser und Quasikristalle

Frage 2.6.1 In welchen Werkstoffgruppen können Glasstrukturen erzeugt werden?

Frage 2.6.2 Unter welchen Bedingungen entstehen metallische Gläser?

Frage 2.6.3 Welche Möglichkeiten für Glasstrukturen gibt es in hochpolymeren Werkstoffen?

Abb. 11 Kleinwinkelkorngrenze
(Kippgrenze), die aus einer
Reihe von Stufenversetzungen
gebildet wird

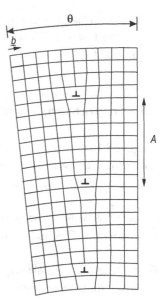

Frage 2.6.4 Erläutern Sie am Beispiel von Gläsern und Vielkristallen die Begriffe:
a) Isotropie,
b) Anisotropie,
c) Quasiisotropie.

Frage 2.6.5 Warum dürfen ideale Kristallstrukturen keine fünfzählige Symmetrie aufweisen?

Frage 2.6.6 Wie sind Quasikristalle aufgebaut? (M)

Frage 2.6.6 Nennen Sie drei Verfahren zur Herstellung glasartiger Strukturen durch ultraschnelles Abkühlen von Metallen.

2.7 Analyse von Mikrostrukturen

Frage 2.7.1 Abb. 12 zeigt den schematischen Aufbau eines Auflichtmikroskops.

a) Benennen Sie die Bestandteile des Mikroskops, die im Bild durch Ziffern gekennzeichnet sind.
b) Geben Sie eine Formel für das Auflösungsvermögen eines Lichtmikroskops an und definieren Sie den Begriff Auflösungsvermögen. Was ist die numerische Apertur?

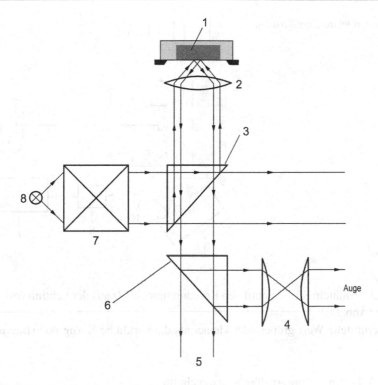

Abb. 12 Auflichtmikroskop (schematisch)

c) Durch welche Maßnahmen lässt sich das Auflösungsvermögen des Mikroskops verbessern?

d) Wie groß ist die Wellenlänge des verwendeten Lichts in nm für einen Öffnungswinkel $2\alpha = 100°$ des Objektivs bei einem Auflösungsvermögen von $d = 0,44\,\mu m$, wenn sich Probe und Objektiv im Vakuum befinden?

e) Was ist die Schärfentiefe? Wieso nimmt sie mit steigender Vergrößerung ab? (M)

Frage 2.7.2 Abb. 13 zeigt den schematischen Aufbau eines Rasterelektronenmikroskops (REMs).

a) Benennen Sie die Komponenten, die im Bild durch Ziffern gekennzeichnet sind.

b) Bei Rasterelektronenmikroskopen wird der Elektronenstrahl sehr stark gebündelt und die numerische Apertur ist nur etwa 0,01. Trotzdem erreicht man ein Auflösungsvermögen von 5 nm. Wie groß darf die Wellenlänge des verwendeten Elektronenstrahls höchstens sein, um diese Auflösung zu erreichen? Welche Konsequenz hat die kleine Apertur für die Abbildungseigenschaften eines REMs?

c) Welche Elektronenarten verwendet man zur Bilderzeugung im REM, wie entstehen diese und wofür werden sie verwendet? (M)

Abb. 13 Rasterelektronenmikroskop
(schematisch)

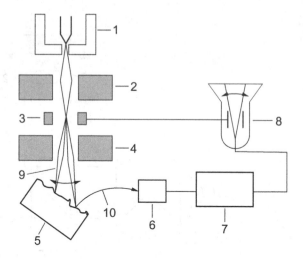

Frage 2.7.3 Ermitteln Sie den mittleren Korndurchmesser $\bar{D}$ aus der lichtmikroskopischen
Aufnahme (Abb. 14)!

Ist der ermittelte Wert größer oder kleiner als die wirkliche Korngröße (Begründung)?
(M)

Frage 2.7.4 Leiten Sie die Auslöschungsregeln für
a) das einatomige kubisch raumzentrierte Gitter,
b) das einatomige kubisch flächenzentrierte Gitter,
c) das einatomige hexagonale Gitter,
d) das NaCl Gitter her. (S)

Abb. 14 Einphasiges,
polykristallines Korngefüge im
Lichtmikroskop

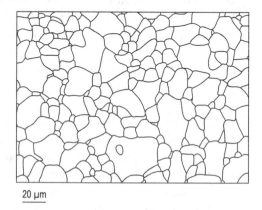

20 µm

Frage 2.7.5 An einer ferritisch-austenitischen Stahlprobe wurden mit monochromatischer Röntgenstrahlung Ihnen nicht bekannter Wellenlänge sechs Reflexe gemessen, deren Winkellagen 2θ in einem Diffraktogramm der Tabelle zu entnehmen sind. Die Gitterparameter von Austenit und Ferrit sind $a_\gamma = 0,360$ nm und $a_\alpha = 0,286$ nm.

Reflex	2θ [°]
1	50,96
2	52,54
3	59,57
4	77,50
5	89,26
6	100,10

a) Tragen Sie für jeden Reflex die reflektierende Netzebenenschar und die Phase, von welcher der Reflex stammt, in eine Tabelle ein.

b) Wie groß ist die Wellenlänge des verwendeten Röntgenlichts in nm auf vier Nachkommastellen genau?

c) Berechnen Sie aus dem Gitterparameter des Austenits den Atomradius des Eisens in nm auf drei Nachkommastellen genau.

d) Berechnen Sie die Dichte von Austenit in g/cm^3 auf zwei Nachkommastellen genau. Die Molmasse von Eisen beträgt 55,848 g/mol. (S)

Frage 2.7.6 Wie groß ist der Braggsche Winkel des (200) Reflexes für Kupfer (kfz, Gitterkonstante $a_{Cu} = 3,61$ Å), wenn Elektronen mit einer Wellenlänge von 0,0549 Å zur Beugung verwendet werden? (M)

Frage 2.7.7 Es wird Röntgenlicht der Cu-K$_{\alpha1}$-Linie mit einer Energie von 8027,8 eV für Strukturuntersuchungen an einem Ag-Kristall (Gitterkonstante $a_{Ag} = 4,08$ Å) verwendet. Unter welchem Winkel wird die Röntgenstrahlung an der (111) Netzebene des Kristalls gestreut? (M)

Frage 2.7.8 Beschreiben Sie, wie bei einer Laue-Aufnahme die Röntgenstrahlreflexe (1. Ordnung, $n = 1$) auf einem Planfilm auf der Durchstrahlseite bzw. auf der Rückstrahlseite entstehen. Bei welchen Positionen auf dem Film entstehen die Reflexe der (210), (120) und (111) Ebenen eines kubischen Einristalls, wenn der primäre Röntgenstrahl senkrecht auf die (100) Ebene des Kristalls auftrifft? Der Abstand zwischen Einkristall und Planfilm beträgt 3 cm. (S)

Frage 2.7.9 Die Messung von Spannungen mit Röntgenstrahlung ist wegen der geringen Eindringtiefe der Strahlung auf oberflächennahe Probenbereiche beschränkt. Da an freien Oberflächen die Spannung senkrecht auf die Oberfläche verschwindet, herrscht in der Nähe der Oberfläche ein annähernd ebener Spannungszustand. Grundlage der röntgenografischen Spannungsmessung an kristallinen Proben ist die Bestimmung des durch die Spannungen veränderten Netzebenenabstands $d_{\varphi\psi}$ der reflektierenden Netzebene. φ und ψ sind Winkel, welche die Lage der Netzebenennormalen bezüglich der Probenoberfläche festlegen und zwar ist ψ der Winkel zwischen dem Lot auf die Probenoberfläche (z-Achse) und der Netzebenennormalen $\underline{n}$ (= Messrichtung), φ bezeichnet den Drehwinkel von $\underline{n}$ um z. Für die Dehnung in Richtung (φ, ψ) gilt:

$$\varepsilon_{\varphi\psi} = \frac{d_{\varphi\psi} - d_0}{d_0} = \sigma_\varphi \frac{1+\nu}{E} \sin^2 \psi - \frac{\nu}{E} (\sigma_1 + \sigma_2),$$

$$\sigma_\varphi = \sigma_1 \cos^2 \varphi + \sigma_2 \sin^2 \varphi + \sigma_{12} \sin 2\varphi.$$

E ist der Elastizitätsmodul, ν die Poissonsche Zahl, σ_1 und σ_2 die in der Probenoberfläche wirkenden Normalspannungen, σ_{12} ist die Schubspannung in dieser Ebene. Misst man nur in eine Richtung $\varphi = \text{const}$, so erlaubt eine Auswertung der Dehnung für verschiedene Orientierungen ψ lediglich die Bestimmung der Summe $\sigma_1 + \sigma_2$ sowie von σ_φ. Dabei werden zweckmäßigerweise die gemessenen Werte von $\varepsilon_{\varphi\psi}$ über $\sin^2 \psi$ aufgetragen; Achsenabschnitt und Steigung der Geraden ergeben dann $\sigma_1 + \sigma_2$ bzw. σ_φ („$\sin^2 \psi$-Methode").

a) An Aluminium ($a_0 = 0,4049\,\text{nm}$, $E = 70\,\text{GPa}$, $\nu = 0,35$) wurde bei einem festen Winkel φ mit Cu-K$_\alpha$-Strahlung ($\lambda = 0,154\,\text{nm}$) der (511) Reflex gemessen. Bestimmen Sie $\sigma_1 + \sigma_2$ und σ_φ aus den angegebenen Wertepaaren für ψ und den Beugungswinkel $2\,\theta$: (ψ [°], $2\,\theta$ [°]) = (0, 164,00), (20, 163,97), (40, 163,90) und (60, 163,82).

b) Nehmen Sie nun an, dass die Messung beim konstanten Winkel $\varphi = 0°$ durchgeführt wurde. Was kann man in diesem Fall über die Spannungen aussagen? (S)

3 Aufbau mehrphasiger Stoffe

Inhaltsverzeichnis

3.1 Mischphasen und Phasengemische

Frage 3.1.1 Definieren Sie die Begriffe: Phase, Komponente, Phasengemisch, Mischphase (Mischkristall).

Frage 3.1.2 Welche zwei Arten von Mischkristallen werden unterschieden? Wodurch unterscheiden sie sich?

Frage 3.1.3 Welche Voraussetzungen müssen für die vollständige Mischbarkeit in Kristallen erfüllt sein?

Frage 3.1.4 Wodurch ist die Wirkung eines bestimmten Elementes für die Mischkristallhärtung begrenzt?

Frage 3.1.5 Nennen Sie 5 Werkstoffe, die aus Phasengemischen aufgebaut sind.

© Springer-Verlag GmbH Deutschland, ein Teil von Springer Nature 2019
E. Werner et al., *Fragen und Antworten zu Werkstoffe*,
https://doi.org/10.1007/978-3-662-58845-1_3

Frage 3.1.6 Nennen Sie 3 Methoden zur Herstellung von Phasengemischen.

Frage 3.1.7 Gegeben sind folgende Atomradien R:

Element	Atomradius R 10^{-10} m
Fe	1,241
Nb	1,430
Co	1,253
Ni	1,246
Mo	1,363

Welche Reihenfolge der Löslichkeit dieser Elemente in α-Fe (Ferrit, krz) ist zu erwarten?

Frage 3.1.8 Was ist eine Phasengrenze und worin unterscheidet sie sich von einer Korngrenze in einem reinen Eisenvielkristall?

3.2 Heterogene Gleichgewichte

Frage 3.2.1 Welche drei Möglichkeiten zur quantitativen Kennzeichnung der chemischen Zusammensetzung eines Werkstoffes gibt es?

Frage 3.2.2 Zeichnen Sie das Zustandsdiagramm von reinem Eisen für $p = 1$ bar.

Frage 3.2.3 Warum werden in der Werkstoffkunde meist nur isobare Zustandsdiagramme benutzt?

Frage 3.2.4 Skizzieren Sie schematisch die fünf Grundtypen von binären Zustandsdiagrammen:

a) völlige Unmischbarkeit im flüssigen und festen Zustand der Komponenten,
b) völlige Mischbarkeit im kristallinen und flüssigen Zustand der Komponenten,
c) ein eutektisches System,
d) ein peritektisches System,
e) ein binäres System mit Bildung einer Verbindung.

Frage 3.2.5 Wovon hängt die Einstellung des Gleichgewichtzustands in Legierungen ab? Sagt das Zustandsdiagramm etwas über die Gleichgewichtseinstellung aus?

Frage 3.2.6 Welche Informationen liefert das Zustandsdiagramm für die Wärmebehandlung von Werkstoffen?

Frage 3.2.7 Welche Darstellungsmöglichkeiten für ternäre Zustandsdiagramme gibt es?

Frage 3.2.8 Wie ist das thermodynamische Gleichgewicht definiert?

Frage 3.2.9 Welche Faktoren begünstigen die Entstehung von Gefügen entsprechend dem metastabilen Gleichgewicht?

Frage 3.2.10 Was lehrt das Gibbssche Phasengesetz hinsichtlich eines Dreiphasengleichgewichts in einem isobaren System aus zwei Komponenten?

Frage 3.2.11 Nennen Sie zwei metallische Elemente, die in verschiedene Kristallstrukturen umwandeln (Polymorphie).

Frage 3.2.12 Nennen Sie einige Anwendungen für Zustandsdiagramme in der Technik.

Frage 3.2.13 Gegeben ist das Zustandsdiagramm Cu-Mg (Abb. 1)

a) Kennzeichnen Sie alle auftretenden
   – Mischkristallphasen,
   – intermetallischen Verbindungen,
   – Eutektika.
b) Wieviel Kupfer ist in Magnesium maximal löslich? Wieviel Magnesium in Kupfer?
c) Wie lautet die Reaktionsgleichung der eutektischen Reaktion der Legierung mit 57,9 At.-% Mg?
d) In welchem Konzentrationsbereich ist mit der Primärkristallisation von Mg_2Cu zu rechnen?
e) In welchem Bereich des Zustandsdiagrammes ist eine Ausscheidungshärtung zu erwarten?

Frage 3.2.14 Bei der thermischen Analyse eines metallischen Werkstoffes mittels Abkühlungskurven wird ein „Haltepunkt" festgestellt. Was schließen Sie daraus für den untersuchten Werkstoff?

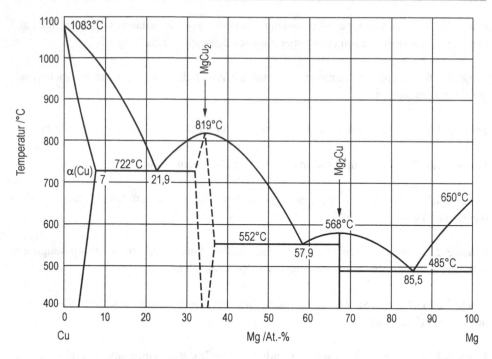

Abb. 1 Zustandsdiagramm Cu-Mg

3.3 Keimbildung, Kristallisation von Schmelzen

Frage 3.3.1 In welchen Aggregatzuständen können Metalle auftreten?

Frage 3.3.2 Aus welchen Aggregatzuständen kann direkt ein massiver Werkstoff gewonnen werden? Geben Sie jeweils ein technisches Beispiel an!

Frage 3.3.3 Welchen Verlauf hat das Temperatur-Zeit-Diagramm beim Abkühlen von geschmolzenem Aluminium (Abkühlungskurve)?

Frage 3.3.4 Definieren Sie den Begriff „unterkühlte Schmelze". (M)

Frage 3.3.5 Was versteht man unter

a) homogener,
b) heterogener Keimbildung?

Geben Sie dazu die bestimmenden Gleichungen an! (M)

Frage 3.3.6 Berechnen Sie die Keimbildungsarbeit ΔG^* für die Bildung eines Keims kritischer Größe bei der homogenen Keimbildung im Zuge der Erstarrung einer Schmelze (Phasenübergang Flüssigkeit f $\rightarrow$ Kristall k). (M)

a) Der Keim sei kugelförmig mit Radius r und Volumen V_K.
b) Der Keim sei würfelförmig mit Kantenlänge a und Volumen V_W.
c) Der Keim sei (kreis)scheibenförmig mit Radius r_S, Dicke der Scheibe $h_S = \alpha\, r_S$, $0 < \alpha < 2$ und Volumen V_S.
d) Der Keim sei ein Zylinder (Stäbchen) mit Radius r_Z, Höhe des Zylinders $h_Z = \alpha\, r_Z$, $\alpha \geq 2$ und Volumen V_Z.
e) Geben Sie Gründe an, warum ein Keim abweichend von obigen Berechnungen eine andere als kugelförmige Gestalt annehmen kann.

Frage 3.3.7 Welches Gefüge erhält man durch gerichtete eutektische Erstarrung und für welche Legierungen wird dies angewandt?

Frage 3.3.8 Beschreiben Sie die Schmelzeüberhitzung am Beispiel eines karbidhaltigen Stahls.

Frage 3.3.9 Was versteht man unter dem Impfen einer Schmelze?

Frage 3.3.10 Was ist die Ursache für die Ausbildung eines dendritischen Gefüges?

Frage 3.3.11 Unter welchen Bedingungen erhält man beim Abkühlen aus dem flüssigen Zustand

a) ein feinkörniges Gefüge,
b) einen Einkristall?

Frage 3.3.12 Skizzieren Sie schematisch die Entstehung von

a) Lunkern,
b) Poren beim Erstarren einer Gusslegierung.

Frage 3.3.13 In welchen technischen Bereichen liegen Anwendungsmöglichkeiten von Vielstoffeutektika?

Frage 3.3.14 Wodurch kommt es zum zweiphasigen, lamellaren Erstarren einer homogenen Schmelze? (M)

3.4 Metastabile Gleichgewichte

Gegeben ist das metastabile Zustandsdiagramm Fe-Fe$_3$C, Abb. 2.

Frage 3.4.1 Kennzeichnen Sie

a) die im Zustandsdiagramm enthaltenen Phasen und Gefüge (auch mit den technischen
   Namen),
b) die auftretenden Dreiphasengleichgewichte. (M)

Frage 3.4.2 Wie und warum unterscheidet sich die Löslichkeit von Kohlenstoff in α-Fe
und γ-Fe?

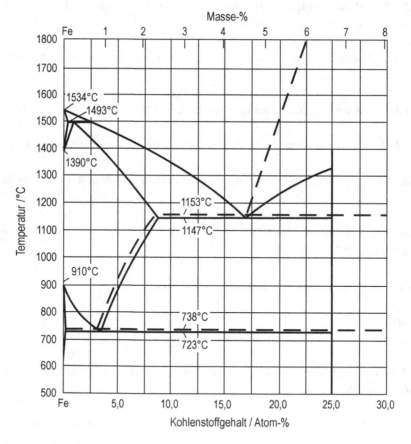

Abb. 2 Zustandsdiagramm Fe-Fe$_3$C (durchgezogene Linien: metastabil; gestrichelte Linien: stabil)

Frage 3.4.3 Zeichnen Sie unter das metastabile Fe-Fe$_3$C Diagramm ein Schaubild für die nach langsamer Abkühlung auftretenden Gefügeanteile (metastabil!) (M)

Frage 3.4.4 In welchem Bereich liegt die chemische Zusammensetzung von

a) Baustählen,
b) Werkzeugstählen,
c) Gusseisen?

Frage 3.4.5 Rechnen Sie in den Teilaufgaben die gegebenen Zusammensetzungen in das jeweils andere Konzentrationsmaß um, d. h. Masse-% (wt.-%) in Atom-% (At.-%) bzw. umgekehrt.

Gegeben sind die ganzzahligen Atommassen (in g/mol): $m_{Li} = 7$, $m_C = 12$, $m_{Mg} = 24$, $m_{Al} = 27$, $m_{Ti} = 48$, $m_V = 51$, $m_{Fe} = 56$, $m_{Ni} = 59$, $m_{Mo} = 96$, $m_W = 184$.

a) Legierung aus Al mit 10 wt.-% Mg.
b) Legierung aus Fe mit 10 wt.-% W und 4 wt.-% Mo.
c) Legierung aus Fe mit 1 At.-% C.
d) Legierung aus Ti mit 20 At.-% Al und 7 At.-% V.
e) Intermetallische Verbindung Al$_3$Ni.
f) Intermetallische Verbindung bestehend aus 63,4 wt.-% Aluminium und Lithium. Wie lautet die chemische Formel dieser Verbindung?

3.5 Anwendungen von Phasendiagrammen

Gegeben ist das Zustandsdiagramm Al-Si, Abb. 3.

Frage 3.5.1 Wie groß ist die maximale Löslichkeit von Si in Al und von Al in Si?

Frage 3.5.2 Silumin ist der Handelsname einer Al-Si-Gusslegierung. Geben Sie die günstigste Zusammensetzung in At.-% für diese Legierung an und begründen Sie Ihre Antwort mit dem Zustandsdiagramm.

Frage 3.5.3 Bilden Al und Si chemische Verbindungen?

Frage 3.5.4

a) Woraus besteht die Legierung AlSi 0,5 bei einer Temperatur von 500 °C?
b) Bestimmen Sie für die Legierungszusammensetzung 50 At.-% Al – 50 At.-% Si die Mengenanteile der festen und flüssigen Phase bei $T = 800$ °C mit dem Hebelgesetz.

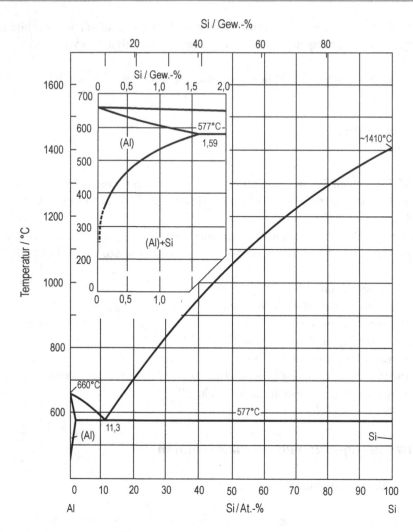

Abb. 3 Zustandsdiagramm Al-Si

Frage 3.5.5 Begründen Sie mit der Gibbsschen Phasenregel, wieso die eutektische Reaktion nur bei einer bestimmten Temperatur und nicht in einem Temperaturintervall erfolgen kann.

Frage 3.5.6 Abb. 4 zeigt eine rasterelektronenmikroskopische Aufnahme des Gefüges einer Aluminium-Silizium-Legierung. Die Mikrohärte verschiedener Gefügebereiche ist untersucht worden. Geben Sie den ungefähren Silizium-Gehalt der Legierung an und begründen Sie Ihre Antwort.

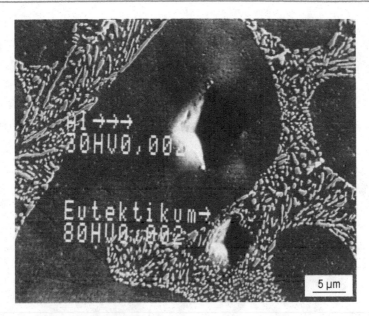

Abb. 4 Mikrohärtemessung an einer Al-Si-Legierung

Frage 3.5.7 Erweitern Sie das Zustandsdiagramm Aluminium-Silizium zu höheren Temperaturen und tragen Sie in dieses Diagramm das Siedeverhalten ein! Die Siedetemperatur (T_{fg}) ist für Al 2450 °C, für Si 2355 °C. (M)

Frage 3.5.8 Bei welchen technischen Prozessen ist Sieden von Bedeutung? (M)

4 Grundlagen der Wärmebehandlung

Inhaltsverzeichnis

4.1 Diffusion

Frage 4.1.1 Nennen Sie einige technisch wichtige, diffusionsbestimmte Festkörperreaktionen.

Frage 4.1.2 Welche Möglichkeiten für die Bildung atomarer (molekularer) Phasen gibt es im gasförmigen, flüssigen und kristallinen Zustand der Komponenten?

Frage 4.1.3 Wie erfolgt Diffusion von Atomen in festen Stoffen? (M)

Frage 4.1.4 Wieso hängt die Diffusion so stark von der Temperatur ab? (M)

Frage 4.1.5 Welche Größenordnung haben Diffusionskoeffizienten (in m^2/s) und wie groß sind typische (scheinbare) Aktivierungsenergien (in kJ/mol) für Volumendiffusion und Korngrenzendiffusion? (M)

Frage 4.1.6 Warum unterscheidet sich die Diffusion von C-Atomen in α-Fe (krz) von der in γ-Fe (kfz)?

© Springer-Verlag GmbH Deutschland, ein Teil von Springer Nature 2019
E. Werner et al., *Fragen und Antworten zu Werkstoffe*,
https://doi.org/10.1007/978-3-662-58845-1_4

Frage 4.1.7 Die lichtmikroskopische Untersuchung der aufgekohlten Schicht (Dicke Δx) eines Einsatzstahls (z. B. C15) zeigt, dass bei einer Temperatur T von 850 °C und einer Glühdauer t von 0,5 h eine Einhärtetiefe von $x = 0,3$ mm erreicht wird. Die Einhärtetiefe soll nun verdreifacht werden. (M)

Gegeben ist für die Diffusion von C in γ-Fe: $D_0 = 2 \cdot 10^{-3}\,\mathrm{m^2 s^{-1}}$, $Q = 130\,\mathrm{kJ\,mol^{-1}}$, $R = 8,314\,\mathrm{J\,mol^{-1}K^{-1}}$.

a) Wie lange muss geglüht werden, wenn die Glühtemperatur gleich bleibt?
b) Wie stark muss die Glühtemperatur angehoben werden, wenn die Glühdauer unverändert bleiben soll?

Frage 4.1.8 Erörtern Sie die Struktur und die Eigenschaften der beim Einsatzhärten, Nitrieren und Borieren erzeugten Schichten anhand der Zustandsdiagramme Fe-Fe$_3$C, Fe-N und Fe-B (siehe Abb. 1). Welche Rolle spielt Al als Legierungselement in Nitrierstählen? (M)

Frage 4.1.9 Gemessen wurden die folgenden Werte für den Diffusionskoeffizienten von Silber in Kupfer bei den angegebenen Temperaturen.

T [°C]	D [cm^2/s]
1000	$5,97 \cdot 10^{-9}$
900	$1,24 \cdot 10^{-9}$
800	$1,92 \cdot 10^{-10}$
700	$2,03 \cdot 10^{-11}$
600	$1,28 \cdot 10^{-12}$
500	$3,94 \cdot 10^{-14}$

Bestimmen Sie die Diffusionskonstante D_0 und die Aktivierungsenergie Q rechnerisch mittels linearer Regression aus einer Arrheniusdarstellung. (M)

Frage 4.1.10 Ein Werkstück (W) aus dem Einsatzstahl C10 (Kohlenstoffgehalt $c_0 = 0,1$ Gew.-%) soll bis in eine Tiefe von $x = 1$ mm unter der Oberfläche auf einen C-Gehalt von $c_W = 0,8$ Gew.-% aufgekohlt werden. Das zur Verfügung stehende Aufkohlungsmittel (A) ist gasförmig und hat eine wirksame Kohlenstoffkonzentration von $c_A = 1,6$ Gew.-%. Die Oberfläche des Stahls nimmt spontan die Konzentration c_A an und behält diese für alle Zeiten (siehe Abb. 2).

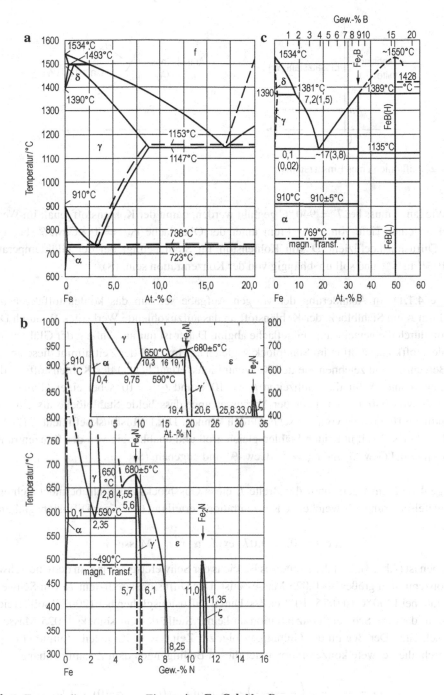

Abb. 1 Zustandsdiagramme von Eisen mit **a** Fe₃C, **b** N, **c** B

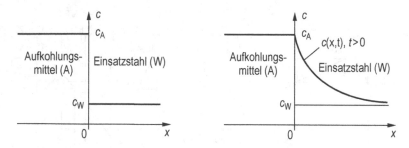

Abb. 2 Aufkohlen eines Einsatzstahls

Wie lange muss bei $T = 940\,°C$ geglüht werden, damit der Kohlenstoffgehalt im Werkstück in einer Tiefe von $x = 1\,mm$ unter der Oberfläche $c_W = 0,8\,Gew.-\%$ beträgt? Der Diffusionskoeffizient D von Kohlenstoff im Stahl beträgt bei der Glühtemperatur $5 \cdot 10^{-11}\,m^2 s^{-1}$ und soll unabhängig von der Konzentration sein. (S)

Frage 4.1.11 In Abänderung der vorigen Aufgabe sei nun das kohlenstoffabgebende Medium A ein Stahlblock, der Kohlenstoff an das aufzukohlende Werkstück W durch Diffusion durch die gemeinsame Fügefläche abgibt. Daher ist nur am Anfang der Glühung die Kohlenstoffkonzentration im Stahlblock A gleich c_A, im Lauf der Zeit nimmt diese ab.

Berechnen und zeichnen Sie den Konzentrationsverlauf $c(x, t)$ des Kohlenstoffs in den Stählen A und W für die Glühzeiten $t_1 = 10^4\,s$ und $t_2 = 10^5\,s$ bei einer Glühtemperatur T_G von $940\,°C$ und unter der Voraussetzung, dass beide Stahlblöcke als einseitig unendliche Halbräume vorausgesetzt werden können. Der Diffusionskoeffizient $D(T_G) = 5 \cdot 10^{-11}\,m^2 s^{-1}$ soll in beiden Stählen gleich groß und unabhängig von der Konzentration sein. $c_0 = 0,1\,Gew.-\%$ und $c_A = 1,6\,Gew.-\%$ sind gegeben. (S)

Frage 4.1.12 Im Querschnitt der Breite L eines Gussblocks aus Stahl befindet sich eine Schwefelseigerung, für welche die Konzentrationsverteilung (vor einer Diffusionsglühung) durch

$$c_S(x, t = 0) = 0,07 \cdot \exp(-\alpha^2 x^2), \quad \text{Masse-\%}$$

gegeben ist (Abb. 3). b ist die Breite des Bereichs der Schwefelseigerung, in dem die Schwefelkonzentration größer als 0,025 Masse-% ist. Der Diffusionskoeffizient D von Schwefel im Stahl bei $1200\,°C$ ist $0,75 \cdot 10^{-8}\,cm^2/s$. Durch Diffusionsglühen bei $1200\,°C$ soll erreicht werden, dass die Schwefelkonzentration an keiner Stelle des Gussblocks 0,025 Masse-% überschreitet. Der Beginn der Glühung erfolgt zur Zeit $t = 0$. Zu jedem Zeitpunkt $t \geq 0$ gehorcht die Schwefelkonzentration unter diesen Bedingungen dem Zusammenhang

$$c(x, t) = \frac{A}{\sigma(t)} \exp\left(-\frac{x^2}{\sigma^2(t)}\right) + B, \quad \text{mit} \quad \sigma(t) = \sqrt{\sigma^2(0) + 4\,D\,t},$$

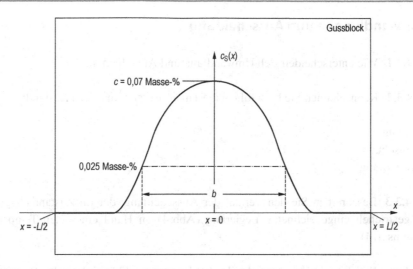

Abb. 3 Konzentrationsprofil von Schwefel in einem Stahlblock

wobei A und B Integrationskonstanten sind. (S)

a) Bestimmen Sie die Mindestglühdauer t_G, die für diese Glühung erforderlich ist.
b) Wie groß ist die Mindestglühdauer in Stunden, wenn $b = 1$ mm beträgt?

4.2 Kristallerholung und Rekristallisation

Frage 4.2.1 Welches sind die Voraussetzungen für das Auftreten von Erholung und Rekristallisation?

Frage 4.2.2 Nennen Sie drei Ziele, die mit der Rekristallisationsglühung angestrebt werden können.

Frage 4.2.3 Nennen Sie drei mögliche Orte in einer Mikrostruktur, an denen die Rekristallisation beginnen kann.

Frage 4.2.4 Welche Möglichkeiten zur Erzeugung von feinkörnigen Gefügen kennen Sie?

Frage 4.2.5 Das Weichglühen eines Stahls ist bei $T = 600\,°C$ nach einer Zeit $t_1 = 3$ h abgeschlossen. Bei welcher Temperatur muss geglüht werden, wenn die Wärmebehandlung nach $t_2 = 0,5$ h abgeschlossen sein soll? ($R = 8,314\,\mathrm{J\,mol^{-1}K^{-1}}$, $Q_{SD} = 240\,\mathrm{kJ\,mol^{-1}}$) (M)

Frage 4.2.6 Welche Informationen sind in einem Rekristallisationsdiagramm enthalten?

4.3 Umwandlungen und Ausscheidung

Frage 4.3.1 Wie unterscheiden sich Umwandlung und Ausscheidung?

Frage 4.3.2 Kennzeichnen Sie kurz folgende Reaktionstypen im festen Zustand:

a) Erholung,
b) Entmischung,
c) Umwandlung.

Frage 4.3.3 Beschreiben Sie den Verlauf der Ausscheidung, der im Zustandsdiagramm Al-Cu gestrichelt eingezeichneten Legierung (Abb. 4) an Hand eines Zeit-Temperatur-Diagramms. (M)

Frage 4.3.4 Welche Gleichung beschreibt die Temperaturabhängigkeit des Beginns der Ausscheidung? (M)

Frage 4.3.5 Welches Gefüge wird zum Herbeiführen der Ausscheidungshärtung angestrebt, welches sind ungünstige Gefüge?

Frage 4.3.6 In welchem Bereich des Zustandsdiagramms (T, c) können feindisperse Gefüge hergestellt werden?

Frage 4.3.7 Beschreiben Sie die Wärmebehandlung zur Herbeiführung der Ausscheidungshärtung mithilfe des T-c- und des T-t-Diagramms. (M)

Abb. 4 Zustandsschaubild Al-Cu mit Temperaturbereichen für Homogenisieren und Aushärten

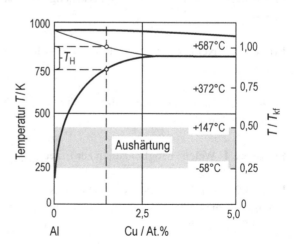

Frage 4.3.8 Erläutern Sie den Begriff der thermomechanischen Behandlung und beschreiben Sie ausführlich die zwei Beispiele des Austenitformhärtens und der martensitaushärtenden Stähle! (M)

Frage 4.3.9 Erläutern Sie die Vorgänge, die beim isothermen Glühen eines übersättigten Mischkristalls ablaufen.

Frage 4.3.10 Wie wirken sich die verschiedenen Gitterabmessungen der Kristallstrukturen von Ausscheidung und Matrix aus? Nennen Sie dafür Beispiele! (M)

Frage 4.3.11 Wie entsteht ein Sphärolith? (M)

4.4 Martensitische Umwandlung

Frage 4.4.1 Was ist das Wesen einer martensitischen Umwandlung und wo spielen martensitische Umwandlungen eine Rolle?

Frage 4.4.2 Nennen Sie drei wichtige Anwendungen der martensitischen Umwandlung.

Frage 4.4.3 Nennen Sie zwei wichtige Kennzeichen der martensitischen Phasenumwandlung.

Frage 4.4.4 Welche Kristallstruktur entsteht durch die martensitische Umwandlung der kfz Phase (Austenit) von Fe-C-Legierungen?

Frage 4.4.5 Erläutern Sie die Martensitstart-Temperatur M_s mithilfe des Freie Energie-Temperatur-Diagramms. (M)

Frage 4.4.6 Wo erscheint die martensitische Umwandlung im ZTU-Diagramm eines untereutektoiden Fe-C-Stahls (Skizze)?

Frage 4.4.7 Wodurch kann die Martensitstart-Temperatur (M_s) beeinflusst werden? (M)

Frage 4.4.8 Warum ist für die martensitische Umwandlung eine Unterkühlung notwendig?

Frage 4.4.9 Welches sind die Voraussetzungen für die Herstellung eines Stahls mit austenitischer Kristallstruktur bei Raumtemperatur? (M)

Frage 4.4.10 Wie ändert sich der Mengenanteil der martensitisch umgewandelten Phase in Abhängigkeit von der Temperatur?

Abb. 5 Gefüge einer
γ-Fe Ni Co Ti-Legierung, RLM

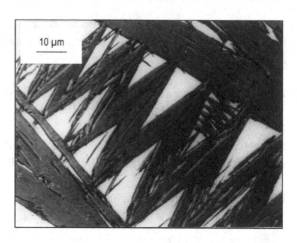

Zeichnen Sie die M_s-, M_f-, A_s- und die A_f-Temperaturen in ein Diagramm ein und erklären Sie, was sie bedeuten.

Frage 4.4.11 Erläutern Sie das in Abb. 5 dargestellte Gefüge. Wie ist es entstanden?

4.5 Wärmebehandlung, heterogene Gefüge, Nanostrukturen

Frage 4.5.1 Was geschieht bei einer Wärmebehandlung metallischer Werkstoffe und was soll durch sie grundsätzlich erreicht werden?

Frage 4.5.2 Nennen Sie vier Beispiele für Wärmebehandlungen metallischer Werkstoffe mit ihrem jeweiligen Ziel.

Frage 4.5.3 Warum sind Mikrostrukturen nicht stabil, wenn man einen Werkstoff hohen Temperaturen aussetzt und welche Konsequenzen haben Teilchenvergröberung und Kornwachstum?

Frage 4.5.4 Beschreiben Sie qualitativ das Entstehen von Eigenspannungen in einem zylinderförmigen Werkstück (Skizze) beim schnellen Abkühlen von einer Wärmebehandlungstemperatur von 800 °C für

a) Kupfer,
b) Jenaer Glas,
c) Werkzeugstahl mit 0,8 Gew.-% C. (M)

Frage 4.5.5 Leiten Sie den Begriff „Schweißbarkeit" aus der Struktur und den mechanischen Eigenschaften der Wärmeeinflusszone in der Umgebung einer Schweißnaht ab für

a) Stähle,
b) Aluminium. (M)

Frage 4.5.6 Nennen Sie mindestens je ein Beispiel für die Erwärmung eines Werkstoffes

a) in der Fertigung,
b) im Gebrauch,

die jeweils beabsichtigt und unbeabsichtigt ist.

Frage 4.5.7 Geben Sie für die in der vorherigen Frage auftretenden Fälle an, welche beabsichtigten oder unbeabsichtigten Gefüge- und Eigenschaftsänderungen eintreten.

Frage 4.5.8 Nennen Sie vier Beispiele für Fertigungsverfahren, bei denen Reaktionen im festen Zustand eine wichtige Rolle spielen.

Frage 4.5.9 Welche Grundtypen zweiphasiger Gefüge sind Ihnen bekannt?

Frage 4.5.10 Welche Besonderheiten weisen Nanowerkstoffe auf?

5 Mechanische Eigenschaften

Inhaltsverzeichnis

5.1 Mechanische Beanspruchung und Elastizität

Frage 5.1.1 Kennzeichnen Sie qualitativ die Art der Beanspruchung des Werkstoffes unter folgenden Betriebsbedingungen:

a) Stahlseil eines Förderkorbes,

b) Rotorblatt eines Hubschraubers,

c) Gleitlagerschale,

d) Generatorwelle (horizontale Lagerung),

e) Hüllrohr eines Reaktorbrennelementes,

f) Gasturbinenschaufel.

Frage 5.1.2 Kennzeichnen Sie qualitativ die Beanspruchung des Werkstoffes bei folgenden Fertigungsverfahren:

© Springer-Verlag GmbH Deutschland, ein Teil von Springer Nature 2019
E. Werner et al., *Fragen und Antworten zu Werkstoffe*,
https://doi.org/10.1007/978-3-662-58845-1_5

a) Schneiden eines Werkzeugs bei spanabhebender Bearbeitung,

b) Walzen beim Kalt- und Warmwalzen,

c) Drahtwerkstoff beim Ziehen,

d) Werkstoff beim Streck- und Tiefziehen.

Frage 5.1.3 Erläutern Sie folgende Begriffe (Skizze):

a) linear elastisches Verhalten,

b) Gummielastizität,

c) Viskoelastizität,

d) Elastizitätsgrenze.

Frage 5.1.4 Eine Al-Legierung hat die Dehngrenze $R_{p0,2} = 300\,\text{MPa}$, den Elastizitätsmodul $E = 72\,\text{GPa}$ und die (elastische) Querkontraktionszahl $\nu = 0,34$. Wie groß ist

a) der elastische Verformungsgrad,

b) der Gesamtverformungsgrad

bei einachsiger Zugbeanspruchung mit $\sigma = R_{p0,2}$ parallel und senkrecht zu dieser Beanspruchungsrichtung bei Isotropie des Werkstoffs?

Frage 5.1.5 Wieviele Konstanten sind zur Beschreibung des elastischen Verhaltens eines isotropen Werkstoffs notwendig und welches sind die vier in der Technik benutzten Konstanten?

Frage 5.1.6 Gemäß der Theorie der eindimensionalen Wellenausbreitung hängen die Schallgeschwindigkeit und die Dichte eines Materials mit seinem Elastizitätsmodul zusammen. Die Abb. 1 zeigt die Messanordnung und ein Resultat einer Messung zur Bestimmung des Elastizitätsmoduls. Ein langer, schlanker Stab wird an einem Ende z. B. durch eine schlagartige Belastung angeregt und die erzeugte, elastische Longitudinalwelle wandert durch den Stab. Bringt man am Stab 2 Messstellen an, so kann man den Zeitpunkt bestimmen, wann die Welle an den Messstellen anlangt. Im gezeigten Diagramm durchläuft die Welle die Messstelle 1 zur Zeit t_1, die Messstelle 2 zur Zeit t_2. Dies äußert sich jeweils in Form eines Ausschlags der Amplitude der elastischen Welle. Für eine gegebene Messlänge von 1 m und einen zylindrischen Stab (Durchmesser 17 mm, Stabmasse zwischen den Messstellen 1 kg) sind die Dichte des Werkstoffs, seine Schallgeschwindigkeit für longitudinale Wellen sowie sein Elastizitätsmodul zu berechnen.

Abb. 1 Messanordnung und
Messergebnis zur Bestimmung
des Elastizitätsmoduls

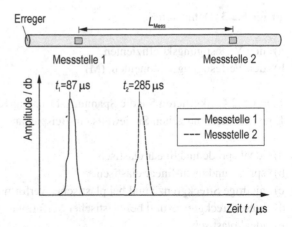

Messstelle 1   Messstelle 2

Frage 5.1.7 Wie unterscheidet sich die Querkontraktion von isotropen Werkstoffen bei plastischer Verformung von der bei elastischer Verformung?

Frage 5.1.8 Wie groß ist die Volumenänderung einer Probe bei einer rein plastischen Verformung von $\varphi = +2$?

Frage 5.1.9 Wie ist der ebene Dehnungs- und wie der ebene Spannungszustand definiert?

Frage 5.1.10 Welche Möglichkeiten der thermischen Ausdehnung hinsichtlich ihrer Auswirkung auf die Formänderung eines festen Körpers gibt es?

Frage 5.1.11 Wie beschreibt man einen mehrachsigen Spannungszustand und was ist eine Fließbedingung? (M)

5.2 Zugversuch und Kristallplastizität

Frage 5.2.1 Erläutern Sie die Begriffe (Gleichungen): (M)

a) Elastizitätsmodul,
b) Querkontraktionszahl,
c) Streckgrenze,
d) Zugfestigkeit.

Frage 5.2.2 Erläutern Sie das Auftreten einer maximalen Zugkraft F_{max} beim Zerreißversuch eines verfestigenden Werkstoffs. (M)

Frage 5.2.3 Definieren Sie

a) den Verfestigungskoeffizienten,
b) den Verfestigungsexponenten. (M)

Frage 5.2.4 Skizzieren Sie die Spannung-Dehnung-Kurve von Werkstoffen mit folgenden Eigenschaften und geben Sie jeweils ein Beispiel an:

a) ideal spröde und linear elastisch,
b) spröde und nicht-linear elastisch,
c) niedrige Streckgrenze und bei plastischer Verformung stark verfestigend,
d) hohe Streckgrenze und bei plastischer Verformung geringes Verformungsvermögen,
e) ideal plastisch.

Frage 5.2.5 In einem Zugversuch wurden folgende Werkstoffkennwerte ermittelt:

Kennwert	Zahlenwert
Elastizitätsgrenze R_e	750 MPa
Zugfestigkeit R_m	1100 MPa
Elastizitätsmodul E	210 GPa
Gleichmaßdehnung A_g	6 %
Bruchdehnung A_5	11 %

a) Welcher Werkstoff wurde geprüft?
b) Wie hoch ist die Dehnung bei Belastung bis zur Elastizitätsgrenze?
c) Was bedeutet A_5?
d) Was passiert mit der Probe bei Dehnungen größer als A_g?
e) Was passiert mit der Probe, wenn sie auf eine Spannung $R_e < \sigma < R_m$ belastet und dann vollständig entlastet wird?
f) Mit der nach e) behandelten Probe wird erneut ein Zugversuch durchgeführt. Ist die hierbei gemessene Elastizitätsgrenze gleich der ursprünglichen oder hat sie sich verändert? Erläutern Sie Ihre Antwort.

Frage 5.2.6 Beschreiben Sie die mikrostrukturellen Vorgänge bei der plastischen Verformung eines kristallinen Werkstoffs.

Frage 5.2.7 Bis zu welchem nominellen Verformungsgrad ε kann auf die Anwendung der logarithmischen Formänderung φ verzichtet werden, wenn eine Genauigkeit von 1 % verlangt wird? (M)

Frage 5.2.8 Für einen Stahl mit der Dehngrenze $R_{p0,2} = 300\,\text{MPa}$ betrage die Querkontraktionszahl $\nu = 0,33$. Wie groß ist die Volumenänderung einer Probe unter einer Zugspannung von $\sigma = 0,8\,R_{p0,2}$? Der Elastizitätsmodul E des Werkstoffs ist $215\,\text{GPa}$.

Frage 5.2.9 Die Fließspannung σ_y der Nickellegierung IN718 kann zwischen Raumtemperatur und dem Schmelzpunkt der Legierung näherungsweise mit

$$\sigma_y(T) = \sigma_y^0 \left(1 - \frac{T - T_0}{T_m - T_0} \right)$$

beschrieben werden. Dabei ist $\sigma_y^0 = 1200\,\text{MPa}$ die Fließspannung bei Raumtemperatur $T_0 = 298\,\text{K}$, T_m die Schmelztemperatur (für IN718 $1700\,\text{K}$) und T die aktuelle Temperatur in K. (S)

a) Aus der Legierung werden Turbinenschaufeln gefertigt (Querschnittsfläche $A = 15\,\text{cm}^2$), die radial auf eine Turbinenscheibe (Durchmesser $d_S = 140\,\text{cm}$) montiert werden. Die Massendichte der Schaufeln ist $8,5\,\text{g}\,\text{cm}^{-3}$, ihre Länge l beträgt $10\,\text{cm}$. Wie groß ist die Spannung im Schaufelfuß (d. h. an der Verbindung zwischen Schaufel und Scheibe), wenn die Turbine mit $7500\,\text{Umdr./min}$ rotiert?

b) Bei welcher Temperatur beginnt sich die Schaufel unter der Wirkung der Fliehkraft plastisch zu verformen?

Frage 5.2.10 Definieren Sie die Begriffe:

a) elastische Verformung,
b) plastische Verformung,
c) Gleichmaßdehnung,
d) Bruchdehnung,
e) Brucheinschnürung.

Frage 5.2.11 Erklären Sie mithilfe von Gitterversetzungen (Skizze) das Entstehen von Gleitstufen.

Frage 5.2.12 Erläutern Sie die Ursache einer ausgeprägten Streckgrenze, wie sie bei vielen Baustählen (z. B. S235) auftritt. (M)

Frage 5.2.13 Wie funktioniert eine Versetzungsquelle? (M)

Frage 5.2.14 Welche Möglichkeiten zur Erhöhung der Streckgrenze von Metallen (Härtungsmechanismen) gibt es?

Frage 5.2.15 Berechnen Sie die Festigkeitssteigerung $\Delta\sigma_T$ durch eine Dispersion von kleinen Teilchen nach der Orowan-Beziehung (Schubmodul $G = 28\,\text{GPa}$, Burgersvektor $b = 0,4\,\text{nm}$, Teilchendurchmesser $D_T = 20\,\text{nm}$, Volumenanteil der Teilchen $f_T = 5\,\%$).

Frage 5.2.16 Definieren Sie die theoretische Schubfestigkeit τ_{th} und die theoretische Reiß-festigkeit σ_{th}. Wie können diese beiden Werte abgeschätzt werden?

Frage 5.2.17 Welche Bedingung muss erfüllt sein, um die theoretische Schubspannung τ_{th} in Metallkristallen erreichen zu können?

Frage 5.2.18 Wovon hängt es ab, ob ein Kristall bei Belastung spröde reißt oder vorher abgleitet?

Frage 5.2.19 Ein Eisenkristall (Atomradius von Eisen $r_{Fe} = 0,124\,\text{nm}$, Schubmodul $G = 70\,\text{GPa}$, anfängliche Versetzungsdichte $\varrho_0 = 10^8\,\text{cm}^{-2}$) wird bei Raumtemperatur geschert, bis eine Scherung von $\gamma = 0,3$ erreicht wird. Nach der Scherverformung besitzt der Kristall die Versetzungsdichte $\varrho = 10^{10}\,\text{cm}^{-2}$. (S)

a) Welche Distanz wandern die Versetzungen bei der Verformung im Mittel?
b) Berechnen Sie die durchschnittliche Wanderungsgeschwindigkeit der Versetzungen für die Scherrate $\dot{\gamma} = 10^{-2}\,\text{s}^{-1}$.

5.3 Kriechen

Frage 5.3.1 Definieren Sie die Begriffe Kriechen und Superplastizität.

Frage 5.3.2 Was lässt sich über die Spannungs- und Temperaturabhängigkeit des Kriechens von Werkstoffen aussagen? (M)

Frage 5.3.3 Nennen Sie Möglichkeiten zur Verbesserung der Kriechfestigkeit.

Frage 5.3.4 Wie ist ein Zeitstandschaubild aufgebaut?

Frage 5.3.5 Die Bruchlebensdauer t_B von Silber, das bei 300 °C und einer Spannung von 50 MPa einem Kriechversuch unterzogen wurde, beträgt 2000 h. (M)

a) Schätzen Sie die Bruchzeit ab, wenn bei gleicher Lastspannung die Versuchstemperatur auf 400 °C erhöht wird und sich die Bruchzeit gemäß Sherby-Dorn beschreiben lässt:

$$\ln t_B - m_{SD} = 0,43\,\frac{Q}{RT}.$$

$Q = 184\,\text{kJ}\,\text{mol}^{-1}$ ist die Aktivierungsenergie des Kriechens für Silber, m_{SD} ist der Sherby-Dorn-Parameter.

b) Unter welcher Voraussetzung ist es zulässig, den Kriechversuch bei einer erhöhten Temperatur durchzuführen?

5.4 Bruchmechanik, Ermüdung

Frage 5.4.1 Wie wirkt sich die Anwesenheit von Kerben auf die Spannungsverteilung im Werkstoff aus?

Frage 5.4.2 Die Abb. 2 zeigt eine Kraft-Rissaufweitung-Kurve, wie sie in einem K_{Ic}-Versuch an dem Vergütungsstahl 55Cr3 gemessen wurde. Sie sollen diesen Versuch auswerten und dabei folgende Fragen beantworten: (M)

a) Was versteht man unter der Bruchzähigkeit eines Werkstoffes?
b) Geben Sie die Gleichung für die Spannungsintensität K an und erläutern Sie deren Bedeutung.
c) Beschreiben Sie die wesentlichen Merkmale des Versuchsaufbaus, der Probenform und der Versuchsdurchführung eines K_{Ic}-Versuches.
d) Das Diagramm in Abb. 2 wurde an einer CT (compact tension)-Probe ermittelt, für die die Spannungsintensität mit folgender Formel berechnet wird (nach ASTM E 399-78):

$$K = \frac{F}{d\sqrt{B}}\left[0{,}886 + 4{,}64\,\frac{a}{B} - 13{,}32\left(\frac{a}{B}\right)^2 + 14{,}42\left(\frac{a}{B}\right)^3 - 5{,}6\left(\frac{a}{B}\right)^4\right]$$

Gegeben sind die kritische Risslänge $a_c = 24{,}595\,\text{mm}$ (Risslänge, die an der Probe beim Lastmaximum gemessen wurde), die Dicke der CT-Probe $d = 12{,}75\,\text{mm}$, die Breite der Probe $B = 50\,\text{mm}$ und die Dehngrenze des Vergütungsstahls $R_{\text{p0},2} = 1460\,\text{MPa}$. Identifizieren Sie die kritische Last und berechnen Sie die kritische Spannungsintensität K_{Ic} des Werkstoffs.

e) Wie hängt die Spannungsintensität von der Dicke d der Probe ab (Skizze)?
f) Überprüfen Sie mit dem Dickenkriterium, ob die in d) ermittelte kritische Spannungsintensität ein Werkstoffkennwert ist.

Frage 5.4.3 Stellen Sie eine Energiebetrachtung für eine instabile Rissausbreitung nach Griffith an und erklären Sie die Bedeutung der Energiefreisetzungsrate (Rissausbreitungskraft) G (in $\text{J}\,\text{m}^{-2}$). (S)

Abb. 2 Kraft-Rissaufweitung-Kurve

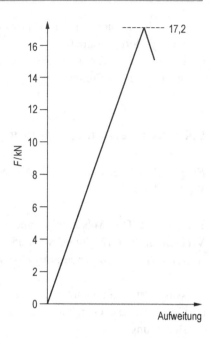

Frage 5.4.4 Die Ausdehnung der plastischen Zone vor der Risspitze eines in der Rissöffnungsart I belasteten Risses (siehe Abb. 3) lässt sich für den ebenen Spannungszustand (ES) bzw. für den ebenen Verzerrungszustand (EV) mit folgenden Beziehungen beschreiben:

$$r_{\text{pl}}^{\text{ES}}(\theta) = \frac{K_{\text{I}}^2}{2\pi R_{\text{p}}^2} \cos^2 \frac{\theta}{2} \left(4 - 3\cos^2 \frac{\theta}{2}\right),$$

$$r_{\text{pl}}^{\text{EV}}(\theta) = \frac{K_{\text{I}}^2}{2\pi R_{\text{p}}^2} \cos^2 \frac{\theta}{2} \left(4(1 - \nu(1 - \nu)) - 3\cos^2 \frac{\theta}{2}\right).$$

K_{I} ist die Spannungsintensität zufolge der Belastung σ, R_{p} ist die Fliessgrenze des Werkstoffs und ν seine Poissonzahl. (S)

a) Berechnen Sie $r_{\text{pl}}^{\text{ES}}$ in Richtung des Risses.

b) Berechnen Sie den Winkel θ, der den größten Wert von $r_{\text{pl}}^{\text{ES}}$ ergibt.

c) Zeigen Sie, dass für $\nu = 0$ $r_{\text{pl}}^{\text{ES}} = r_{\text{pl}}^{\text{EV}}$ gilt.

d) Zeichnen Sie $r_{\text{pl}}^{\text{ES}}$ und $r_{\text{pl}}^{\text{EV}}$ für $\nu = 0{,}25$. Hinweis: Normieren Sie die Radien entsprechend

$$\hat{r}_{\text{pl}}^{\text{ES}} = \frac{r_{\text{pl}}^{\text{ES}} 2\pi R_{\text{p}}^2}{K_{\text{I}}^2}, \quad \hat{r}_{\text{pl}}^{\text{EV}} = \frac{r_{\text{pl}}^{\text{EV}} 2\pi R_{\text{p}}^2}{K_{\text{I}}^2}.$$

e) Diskutieren Sie den Unterschied zwischen $\hat{r}_{\text{pl}}^{\text{ES}}$ und $\hat{r}_{\text{pl}}^{\text{EV}}$ für $\nu \neq 0$.

Abb. 3 Koordinatensystem für
die plastische Zone vor einer
Rissspitze

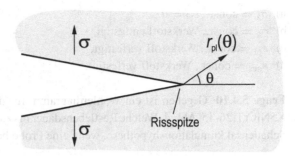

Frage 5.4.5 Eine Titanlegierung hat die Zugfestigkeit $R_\mathrm{m} = 1050\,\mathrm{MPa}$ und die Bruchzähigkeit $K_\mathrm{Ic} = 40\,\mathrm{MPa}\sqrt{\mathrm{m}}$. Es wird eine Lastspannung $\sigma = 0{,}3\,R_\mathrm{m}$ angelegt. Wie groß darf ein Defekt höchstens sein, damit ein Bauteil aus diesem Werkstoff nicht katastrophal versagt? (M)

Frage 5.4.6 Geben Sie die drei möglichen dynamischen Belastungsfälle für Laborermüdungsversuche in einem σ-t-Diagramm an und kennzeichnen Sie darin folgende Größen: σ_o, σ_u, σ_m, σ_a. Wie ist R definiert?

Frage 5.4.7 Zeichnen Sie ein Wöhlerdiagramm und kennzeichnen Sie darin folgende Größen: R_m, Wechselfestigkeit, Zeit- und Dauerfestigkeitsbereich.

Frage 5.4.8 Welche Größen werden

a) in einem spannungskontrollierten,
b) in einem dehnungskontrollierten

Ermüdungsversuch konstant gehalten?

Frage 5.4.9 Zug-Druck-Ermüdungsversuche können spannungs- oder verformungskontrolliert durchgeführt werden. Zeichnen Sie gemäß den Angaben in a)–d) jeweils ein zyklisches Spannung-Dehnung-Diagramm, das den prinzipiellen Kurvenverlauf vom ersten Lastwechsel bis zur Sättigung wiedergibt. Zeichnen Sie zusätzlich für jeden Fall jeweils drei Einzeldiagramme für σ_a, $\varepsilon_\mathrm{ges} = \varepsilon_\mathrm{el} + \varepsilon_\mathrm{pl}$ und ε_pl über der Lastwechselzahl N. Es gelte $\sigma_\mathrm{m} = 0$:

a) $\sigma_a = $ const., $\varepsilon_{pl} = 0$,

b) $\sigma_a = $ const., Werkstoff entfestigt,

c) $\varepsilon_{pl} = $ const., Werkstoff verfestigt,

d) $\varepsilon_{ges} = $ const., Werkstoff verfestigt.

Frage 5.4.10 Gegeben ist ein Wöhlerdiagramm für den warmfesten austenitischen Stahl X5NiCrTi26-15, Abb. 4. Welche Restlebensdauer bis zum Bruch ergibt sich nach der linearen Schadensakkumulationshypothese, wenn eine Probe bereits durch zwei Lastkollektive

- $\sigma_{a1} = 500\,$MPa, $n_1 = 10^4$ Lastwechsel (LW),
- $\sigma_{a2} = 350\,$MPa, $n_2 = 4{,}9 \times 10^5$ LW

belastet worden ist und mit der Spannung $\sigma_{a3} = 400\,$MPa weiter belastet werden soll? (M)

Frage 5.4.11 Beschreiben Sie die einzelnen Stadien bis zum Bruch eines Bauteils, das infolge einer schwingenden Beanspruchung versagt.

Frage 5.4.12 Warum tritt bei einer schwingenden Beanspruchung eines Bauteils die Rissbildung bevorzugt an der Oberfläche auf?

Frage 5.4.13 Was versteht man unter Schwingstreifen? Skizzieren Sie ihre Entstehung.

Frage 5.4.14 Abb. 5 zeigt ein typisches Ergebnis eines bruchmechanischen Rissausbreitungsversuchs. (M)

Abb. 4 Wöhlerdiagramm des Stahls X5NiCrTi26-15

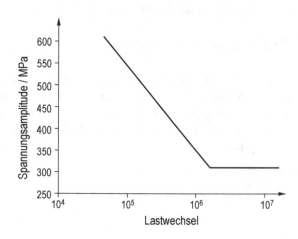

Abb. 5 Risswachstumsgeschwindigkeit aufgetragen über der Schwingbreite der Spannungsintensität

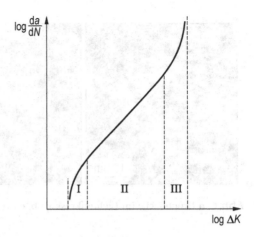

a) Wie ermittelt man die Risswachstumsgeschwindigkeit $\mathrm{d}a/\mathrm{d}N$?

b) Ist ΔK während des Versuchs konstant?

c) Welche Gleichung beschreibt den nahezu linearen Verlauf der Kurve im Bereich II der Kurve?

d) Gegen welchen Grenzwert strebt die Kurve für kleiner bzw. immer größer werdende Risswachstumsgeschwindigkeiten?

Frage 5.4.15 Ein sicherheitsrelevantes Stahlbauteil wird so dynamisch belastet, dass Bereiche des Bauteils Zugspannungen (in MPa) der Art $\sigma(t) = 150 + 50 \sin \omega t$, $t \ldots$ Zeit, ausgesetzt sind. (S)

a) Zwischen welchen Werten schwankt die Zugspannung? Wie groß ist das Spannungsverhältnis R?

b) In einem statischen bruchmechanischen Experiment wurde für den Stahl die kritische Spannungsintensität $K_{\mathrm{Ic}} = 73 \,\mathrm{MPa}\sqrt{\mathrm{m}}$ bestimmt. Die gemessene Bruchspannung σ_{B} betrug 238 MPa. Wie groß ist die kritische Risslänge a_{c} für diesen Stahl?

c) Durch zerstörungsfreie Werkstoffprüfung wurde im Bauteil vor seinem Einsatz in den später durch $\sigma(t)$ belasteten Bereichen ein Anriss der Länge $a_1 = 2\,\mathrm{mm}$ entdeckt. Berechnen Sie mithilfe von $\Delta K_0 = E\, f_{\mathrm{g}}\,(1 - R)^{0,31}$ den Schwellwert für das Wachstum dieses Risses und entscheiden Sie, ob der Riss unter den gegebenen Belastungsbedingungen wachsen kann. Verwenden Sie die folgenden Zahlenwerte: $E = 210\,\mathrm{GPa}$, $f_{\mathrm{g}} = 3{,}25 \cdot 10^{-5}\,\sqrt{\mathrm{m}}$.

d) Schätzen Sie mit dem Gesetz von Paris ab, nach wie vielen Lastzyklen N_{f} der Anriss der Länge a_1 durch Ermüdungsrissausbreitung eine Länge von 0,03 m erreicht. Verwenden sie das Paris-Gesetz in der Form $\mathrm{d}a/\mathrm{d}N = C\,(\Delta K)^m$, $C = 1{,}2 \cdot 10^{-11}\,\mathrm{MPa}^{-4}\mathrm{m}^{-1}$, $m = 4$.

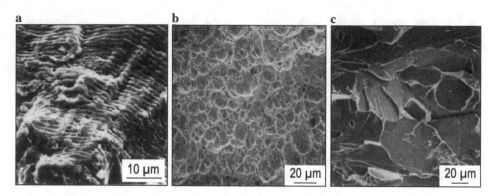

Abb. 6 **a** Bruchfläche im Lichtmikroskop, **b**, **c** Bruchflächen im REM

Frage 5.4.16 Beschreiben Sie die in Abb. 6 dargestellten Brüche. Welches Teilbild zeigt einen duktilen, welches einen spröden und welches einen Ermüdungsbruch?

5.5 Viskosität, Viskoelastizität und Dämpfung

Frage 5.5.1 Kennzeichnen Sie den Unterschied von viskosem und viskoelastischem Verhalten (z. B. anhand eines Verformung-Zeit-Diagramms). (M)

Frage 5.5.2 Wie beschreibt man das viskose Verhalten von Flüssigkeiten und Gläsern? (M)

Frage 5.5.3 Die Viskosität η eines Silikatglases wurde bei zwei Temperaturen bestimmt:

$$T_1 = 1000\,^\circ C \;:\; \eta = 10^{13}\,\text{Pa s}, \quad T_2 = 1300\,^\circ C \;:\; \eta = 10^{10}\,\text{Pa s}.$$

Wie groß ist die Aktivierungsenergie ΔH_V für viskoses Fließen des Glases? (M)

Frage 5.5.4 Welches Fließgesetz gilt für

a) Metallschmelzen,
b) Polymerschmelzen,
c) nassen Ton?

Frage 5.5.5 Wie wird die Dämpfungsfähigkeit eines Werkstoffs gemessen?

Frage 5.5.6 Welches sind die Ursachen der Dämpfung von Schwingungen in Metallen bzw. in Hochpolymeren?

5.6 Technologische Prüfverfahren

Frage 5.6.1 Definieren Sie die Härte eines Werkstoffs für

a) Metalle und b) Gummi.

Frage 5.6.2 Welcher Zusammenhang besteht zwischen der Härte und dem Spannung-Dehnung-Diagramm?

Frage 5.6.3 Auf der Oberfläche einer Platte aus dem Stahl C35E wurde der abgebildete Vickershärteeindruck mit einer Belastung von $F = 294,3\,N$ bei einer Einwirkdauer von 10 s erzeugt, siehe Abb. 7. Bestimmen Sie die Härte des Werkstoffs.

Frage 5.6.4

a) Wie ist die Kerbschlagarbeit definiert?
b) Was lässt sich über das Bruchverhalten eines Werkstoffes mit einer hohen oder mit einer niedrigen Kerbschlagarbeit aussagen?

Frage 5.6.5 Beim Kerbschlagbiegeversuch mit einer metallischen Probe (Aufbau siehe Abb. 8) wird der Pendelhammer ($m = 10\,kg$, $l = 0,5\,m$) um $\alpha = 80°$ ausgelenkt und dann losgelassen. Nach dem Durchschlagen der Probe am Tiefpunkt erreicht der Pendelhammer einen Steigwinkel von $\beta = 30°$.

a) Wie groß ist die Kerbschlagarbeit der Probe?
b) Handelt es sich bei der ermittelten Größe um einen mechanischen Kennwert, der für eine Bauteilauslegung herangezogen werden kann?

Frage 5.6.6 Nennen Sie Beispiele, für die Ihnen der Kerbschlagbiegeversuch als ein geeignetes mechanisches Prüfverfahren erscheint.

Abb. 7 Vickershärteeindruck

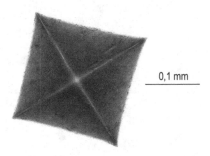

0,1 mm

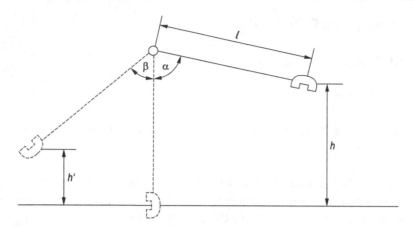

Abb. 8 Aufbau eines Kerbschlagbiegeversuchs

Frage 5.6.7 Warum benutzt man beim Kerbschlagbiegeversuch gekerbte Proben und warum wird dieser Versuch bei unterschiedlichen Prüftemperaturen durchgeführt?

Frage 5.6.8 In einem Kerbschlagbiegeversuch an einem metallischen Werkstoff wurden folgende Wertepaare für die Prüftemperatur T [°C] und die Kerbschlagarbeit A_V [J] ermittelt:

(+50, 220), (+30, 220), (+20, 200), (+10, 180), (0, 130), (−10, 80), (−20, 70), (−30, 60), (−40, 60)

Stellen Sie die Wertepaare in einem T-A_V-Diagramm dar und ermitteln Sie die Duktil-Spröd-Übergangstemperatur T_{DBTT} und die Kerbschlagarbeit bei dieser Temperatur. In welchem Kristallsystem kristallisiert der geprüfte Werkstoff?

Frage 5.6.9 Welche Aussagen kann man auf der Grundlage eines Näpfchenziehversuchs machen?

6 Physikalische Eigenschaften

Inhaltsverzeichnis

6.1 Kernphysikalische Eigenschaften

Frage 6.1.1 Skizzieren Sie die wichtigsten Bauteile eines wassergekühlten Kernreaktors und geben Sie die Funktion der jeweiligen Werkstoffgruppen an. (M)

Frage 6.1.2 Wie entsteht aus Uran spaltbares Plutonium? (M)

Frage 6.1.3 Definieren Sie

a) den mikroskopischen,
b) den makroskopischen Wirkungsquerschnitt. (M)

Frage 6.1.4 Welche Arten von Wirkungsquerschnitten spielen im Kernreaktor eine Rolle? (M)

Frage 6.1.5 Beschreiben Sie das Beanspruchungsprofil des Hüllrohrs eines Brennelements. Begründen Sie die Wahl der dafür geeigneten Werkstoffe. (M)

© Springer-Verlag GmbH Deutschland, ein Teil von Springer Nature 2019
E. Werner et al., *Fragen und Antworten zu Werkstoffe*,
https://doi.org/10.1007/978-3-662-58845-1_6

Frage 6.1.6

a) Welche Art von Defekten (Strahlenschäden) entstehen in Werkstoffen, die der Neutronenbestrahlung im Kernreaktor ausgesetzt sind?
b) Welche mechanische Eigenschaften werden in welcher Weise verändert?

Frage 6.1.7 Wovon hängt die mittlere freie Weglänge von Neutronen in einem Reaktor ab?

Frage 6.1.8 Welche Vorteile bieten Neutronen in der Werkstoffforschung?

6.2 Elektrische Eigenschaften, Werkstoffe der Elektro- und Energietechnik

Frage 6.2.1 Wie unterscheidet sich für Leiter und Isolatoren

a) die Bandstruktur,
b) der elektrische Widerstand,
c) dessen Temperaturkoeffizient? (M)

Frage 6.2.2 Silber (bester Leiter) wird einmal durch Fe, ein anderes Mal durch Al verunreinigt. Wie ändert sich jeweils die elektrische Leitfähigkeit (Fe unlöslich, Al löslich in Ag)?

Frage 6.2.3 Es besteht die Aufgabe, einen Werkstoff mit hoher elektrischer Leitfähigkeit und gleichzeitig hoher Härte (z. B. für einen Stromabnehmer mit hohem Verschleißwiderstand) zu entwickeln. Welchen prinzipiellen Aufbau sollte der Werkstoff haben?

Frage 6.2.4 Wie hängt der spezifische elektrische Widerstand von der Temperatur und von Gitterdefekten ab?

Frage 6.2.5

a) Welche Werkstoffeigenschaft bestimmt den Abstand zwischen zwei Masten einer Überlandleitung?
b) Leiten Sie daraus die geforderte Eigenschaftskombination für derartige Werkstoffanwendungen (Stromkabel für Überlandleitungen) ab.

Frage 6.2.6 Wie unterscheidet sich ein Halbleiter von Isolator und Leiter?

Frage 6.2.7 Definieren Sie (mithilfe der Kristallstruktur und des Bandmodells) die n- und p-Leitung. (M)

Frage 6.2.8 Werkstoffe für Halbleiter müssen Einkristalle von höchstem Reinheitsgrad sein (1 Fremdatom pro 10^{10} Eigenatome $\doteq$ 99,99999999 At.-%). Diesen hohen Reinheitsgrad erreicht man durch das Zonenschmelz-Verfahren. Beschreiben Sie mithilfe eines schematischen Zustandsdiagramms das Prinzip dieses Verfahrens.

Frage 6.2.9 Erläutern Sie Aufbau und Wirkungsweise einer Halbleiterdiode. (M)

Frage 6.2.10 Wie sind Transistoren aufgebaut? (M)

Frage 6.2.11 Wie werden hochintegrierte Schaltkreise hergestellt? (M)

Frage 6.2.12 Was sind Dielektrika? (M)

Frage 6.2.13 Nennen Sie (mindestens) ein Beispiel für die Rolle von Werkstoffen bei

a) der Erzeugung,
b) der Speicherung,
c) dem Transport von Energie.

Frage 6.2.14
a) Beschreiben Sie Aufbau und Wirkungsweise von Solarzellen (Photovoltaik).
b) Welche Mikrostrukturen kommen für Si-Platten infrage?
c) Welche Werkstoffe liefern Alternativen zu Silizium? (M)

Frage 6.2.15
a) Beschreiben Sie Aufbau und Wirkungsweise einer Brennstoffzelle.
b) Welche Werkstoffeigenschaften sind entscheidend für deren Langzeitstabilität?
c) Welche Kristallstruktur haben Perowskit-Keramiken und auf welchen Gebieten finden sie Anwendung? (M)

Frage 6.2.16
a) Wie ist der Carnotsche Wirkungsgrad einer Wärmekraftmaschine definiert?
b) Welcher Zusammenhang besteht dabei mit den Werkstoffeigenschaften?
c) Welche Faktoren bestimmen die obere Grenze der Gebrauchstemperatur einer Gasturbinenschaufel? (M)

Frage 6.2.17
a) Beschreiben Sie den Aufbau und die Wirkungsweise einer Batterie zur Speicherung elektrischer Energie.
b) Welche Materialsysteme kommen dafür infrage?
c) Nennen Sie jeweils Vor- und Nachteile. (M)

Frage 6.2.18 Wodurch zeichnen sich Supraleiter aus?

6.3 Wärmeleitfähigkeit, thermische Ausdehnung, Wärmekapazität

Frage 6.3.1 Was besagt das Wiedemann-Franzsche Gesetz?

Frage 6.3.2 Wie unterscheiden sich die Wärmeleitfähigkeiten von Baustahl (z. B. S235), austenitischem Stahl (z. B. X5CrNi18-8) und reinem Eisen?

Frage 6.3.3 Erläutern Sie die Anomalien bei der thermischen Ausdehnung von Eisen. (M)

Frage 6.3.4 Welcher Zusammenhang besteht zwischen Schmelztemperatur und thermischem Ausdehnungskoeffizient? (M)

Frage 6.3.5 Eisenbahnschienen wurden früher in Form von 36 m langen Stücken mit einem Abstand D in Längsrichtung verlegt und miteinander durch geschraubte Schiebelaschen verbunden. Diese Montagemethode erlaubte eine ungehinderte thermische Längsdehnung des Schienenstrangs. (M)

a) Nehmen Sie an, dass die Schienenstücke bei 20 °C verlegt werden und durch Sonnenbestrahlung auf 70 °C erwärmt werden. Berechnen Sie den Abstand D, der bei der Montage zu wählen ist, damit die Schienen bei 20 °C keine Druckkräfte aufeinander ausüben, d. h. der Montagespalt gerade geschlossen ist. Gegeben ist der Ausdehnungskoeffizient von α-Fe: $\alpha = 1{,}23 \cdot 10^{-5}\,\mathrm{K}^{-1}$.

b) Schienen werden heute meist zu einem ununterbrochenen Strang verschweißt. Berechnen Sie die Größe der Druckspannung im Schienenstrang, wenn so wie vorher die Schienen um 50 °C erwärmt werden und die Montage druckspannungsfrei erfolgt. Gegeben ist der Elastizitätsmodul von α-Fe: $E = 210\,\mathrm{GPa}$.

Frage 6.3.6 Berechnen Sie die Verschiebung eines Röntgenreflexes mit $2\theta = 163°$ bei einer Erhöhung der Probentemperatur um 50 K. Der thermische Ausdehnungskoeffizient des untersuchten Materials beträgt $1{,}2 \cdot 10^{-5}\,\mathrm{K}^{-1}$.

Hinweis: Verwenden Sie die Braggsche Gleichung und ermitteln Sie durch Differenzieren dieser Gleichung nach d einen Zusammenhang zwischen der Veränderung des Netzebenenabstands Δd und der Veränderung des Beugungswinkels $\Delta\theta$. (S)

Frage 6.3.7 Ein Blech aus Nickel wird kaltgewalzt. Seine Anfangsdicke beträgt $d_0 = 20\,\mathrm{mm}$, die Enddicke ist $d_1 = 10\,\mathrm{mm}$. Nach dem Walzen wird die Versetzungsdichte des Blechs gemessen und $\varrho = 10^{11}\,\mathrm{cm}^{-2}$ ermittelt.

a) Wie groß ist die in den Versetzungen gespeicherte Verformungsarbeit?

b) Berechnen Sie die gesamte am Blech verrichtete Arbeit unter der Annahme, dass das Blech linear verfestigt und dabei die Fließgrenze von 200 MPa auf 400 MPa steigt. Die elastische Verformung darf vernachlässigt werden.

c) Unter der Annahme, dass der Anteil der verrichteten Arbeit, der nicht in den Versetzungen gespeichert ist, in Wärme umgewandelt wird, soll die Temperaturerhöhung des Nickelblechs berechnet werden. Der Walzprozess darf als adiabatisch angenommen werden, d. h. es wird keine Wärme vom Blech an die Umgebung abgegeben. Gegeben sind folgende Daten von Nickel: Atomradius $r_{Ni} = 0,125$ nm, Massendichte $\varrho_{Ni} = 8,9$ g cm^{-3}, Schubmodul $G = 76$ GPa, spezifische Wärmekapazität $c_p = 0,49$ J g^{-1}K^{-1}. (S)

Frage 6.3.8 Zwei Metallblöcke B$_1$ und B$_2$ von jeweils 10 kg werden miteinander in thermischen Kontakt gebracht und dürfen außer an den anderen Block keine Wärme abgeben bzw. aus der Umgebung aufnehmen. Block B$_1$ besteht aus Aluminium (spezifische Wärmekapazität $c_p^{Al} = 920$ J kg^{-1}K^{-1}) und hat eine Anfangstemperatur $T_{Al} = 50\,°C$, B$_2$ besteht aus Blei ($c_p^{Pb} = 120$ J kg^{-1}K^{-1}), seine Anfangstemperatur beträgt $T_{Pb} = 100\,°C$. Wie groß ist die Gleichgewichtstemperatur T_{12} der beiden Blöcke? (S)

6.4 Ferromagnetische Eigenschaften, weich- und hartmagnetische Werkstoffe

Frage 6.4.1 Definieren Sie anhand der Magnetisierungskurve die Begriffe hartmagnetische und weichmagnetische Werkstoffe und nennen Sie jeweils drei Anwendungen für diese beiden Werkstoffgruppen.

Frage 6.4.2 Begründen Sie die Wahl der chemischen Zusammensetzung und der Mikrostruktur für die Optimierung der Eigenschaften von Transformatorenblechen. (M)

Frage 6.4.3 Beschreiben Sie den Aufbau von Magnetspeichern für Information.

Frage 6.4.4 In welchen Materialien und Phasen tritt Ferromagnetismus auf?

Frage 6.4.5 Was versteht man unter der magnetischer Härte? Welches sind ihre mikrostrukturellen Voraussetzungen bzw. Kennzeichen?

Frage 6.4.6 Was versteht man unter Magnetostriktion?

6.5 Formgedächtnis, Sensor- und Aktorwerkstoffe

Frage 6.5.1 Erläutern Sie:

a) den Einweg-Formgedächtnis-Effekt,
b) den Zweiweg-Formgedächtnis-Effekt,
c) superelastisches Verhalten. (M)

Frage 6.5.2 Nennen Sie drei Beispiele für die Anwendung von Formgedächtnislegierungen.

Frage 6.5.3 Welches ist die wesentliche Eigenschaft eines Sensorwerkstoffes?

Frage 6.5.4 Beschreiben Sie den Aufbau und die Wirkungsweise eines Dehnungsmessstreifens.

Frage 6.5.5 Welche Möglichkeiten (Werkstoffe) gibt es, um eine Kraft in ein anderes (nichtmechanisches) Signal umzuwandeln?

Frage 6.5.6 Was ist unter passiver und aktiver mechanischer Dämpfung zu verstehen? (M)

7 Chemische und tribologische Eigenschaften

Inhaltsverzeichnis

7.1 Oberflächen und Versagen des Werkstoffs

Frage 7.1.1 Welche Rolle spielen Oberflächen beim Versagen von Werkstoffen?

Frage 7.1.2 Erläutern Sie die Begriffe:

a) Korrosion,
b) Spannungsrisskorrosion,
c) Rosten,
d) Korrosionsermüdung,
e) Wasserstoffversprödung.

Frage 7.1.3 Welches sind die drei wichtigsten Vorgänge, die das Leben von Werkstoffen/Bauteilen beenden?

Frage 7.1.4 Welche Werkstoffgruppe zeigt

© Springer-Verlag GmbH Deutschland, ein Teil von Springer Nature 2019
E. Werner et al., *Fragen und Antworten zu Werkstoffe*,
https://doi.org/10.1007/978-3-662-58845-1_7

a) bevorzugt,

b) niemals

Korrosionserscheinungen?

Frage 7.1.5 Erläutern Sie den Begriff „korrosionsgerechtes Konstruieren" anhand des Elektrodenpotenzials der Metalle.

7.2 Oberflächenreaktionen und elektrochemische Korrosion

Frage 7.2.1 Gegeben sind die Al-Legierungen AlCuZn und AlZnMg. Bei welcher Legierung ist die größere Korrosionsbeständigkeit zu erwarten?

Frage 7.2.2 Beschreiben Sie die Wirkungsweise eines Lokalelements anhand eines Fe-Cu Sinterwerkstoffes.

Frage 7.2.3 Welche Prozesse treten an der Oberfläche von Fe in

a) feuchter,

b) trockener Luft auf?

Frage 7.2.4 In Abb. 1 ist ein Stück Eisen dargestellt, das unter einem Wassertropfen rostet. Der Tropfen besteht aus reinem Wasser ohne sonstige Zusatzstoffe. Im Bild bezeichnen die mit den Ziffern 1, 2 und 3 versehenen Pfeile die Wanderungsrichtungen von Atomen, Molekülen oder Ionen. Die Ziffern 4, 5 und 6 bezeichnen Bereiche des Korrosionssystems.

Formulieren Sie die kathodische und die anodische Teilreaktionen und geben Sie an, welche Spezies den Pfeilen entsprechend wandern. Benennen Sie schließlich die Bereiche 4 bis 6. (M)

Frage 7.2.5 Erläutern Sie den Begriff der Passivierung von Werkstoffen.

Frage 7.2.6 Beschreiben Sie die anodische Oxidation von Aluminium und deren Wirkung.

Frage 7.2.7 Nennen Sie mindestens vier verschiedene Verfahren für den Korrosionsschutz von Eisen bzw. Stahl.

Frage 7.2.8 Was ist ein Elektrolyt und was sind Ionen?

Abb. 1 Korrosion von Eisen
unter einem Wassertropfen

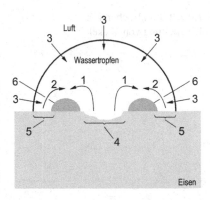

Frage 7.2.9 Was ist eine elektrochemische Zelle? Was versteht man unter einer Anode, was unter einer Kathode? (M)

Frage 7.2.10 Welcher Zusammenhang besteht zwischen der chemischen Triebkraft ΔG und dem Elektrodenpotenzial E einer elektrochemischen Zelle? (M)

Frage 7.2.11 Wie werden Elektrodenpotenziale reiner Metalle gemessen und was beschreibt die Spannungsreihe der Metalle? (M)

Frage 7.2.12 Was ist der Unterschied zwischen Säurekorrosion und Sauerstoffkorrosion?

Frage 7.2.13 Eine rechteckige Platte aus Nickel ($L \times B \times H = 100 \times 20 \times 5\,\text{mm}^3$) wird so in eine 1-molare Elektrolytlösung gelegt, dass seine gesamte Oberfläche dem Elektrolyten zugänglich ist. Die Probe befindet sich zur Ermittlung ihres freien Korrosionsverhaltens 43 Tage im Elektrolyten. Die Masse der Platte beträgt 89,91 g vor und 89,43 g nach dem Versuch. Berechnen Sie die Volumenabtragsrate $r_V = \mathrm{d}V/\mathrm{d}t$ in mm³/Jahr. (S)

Frage 7.2.14 Schwer zerspanbare Werkstoffe, wie Nickelbasislegierungen, werden oft elektrochemisch bearbeitet. Die Werkzeugelektrode (Kupfer) und das Werkstück (Nickel) befinden sich dabei in einer leitfähigen wässrigen $NaNO_3$-Lösung als Elektrolyt. Durch Anlegen einer Potenzialdifferenz zwischen Werkzeug und Werkstück wird das Werkstück abgetragen. Die auf dem Werkstück erzeugte Geometrie entspricht der Werkzeugform, siehe Abb. 2. Das Werkzeug bewegt sich mit einem Vorschub von 1 mm/min auf das Werkstück zu und trägt die aktive (d. h. nicht isolierte) Nickeloberfläche von $100 \times 16\,\text{mm}^2$ mit der Abtragsgeschwindigkeit von $r = 1$ mm/min ab. Wie groß sind die Stromdichte j in A/mm² (auf drei Nachkommastellen) und die Stromstärke I in Ampere?

Gegeben sind die Molmasse von Nickel $M = 58,71$ g/mol und seine Dichte $\varrho = 8,991$ g/cm³. (S)

Abb. 2 Elektrochemische
Bearbeitung von Nickel

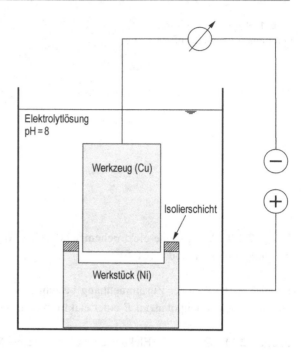

7.3 Verzundern

Frage 7.3.1 Leiten Sie das Verzunderungsgesetz (Zusammenhang zwischen Schichtdicke, Zeit und Temperatur) für eine fest haftende Schicht ab. (M)

Frage 7.3.2 Was besagt das Pilling-Bedworth-Verhältnis? (M)

Frage 7.3.3 Bei der Hochtemperaturoxidation von Eisen entsteht durch die Reaktion von Eisen mit Sauerstoff häufig das Eisenoxid Fe_3O_4 (Magnetit).

Geben Sie die Reaktionsgleichung für die Bildung von Fe_3O_4 an und treffen Sie eine Aussage über die Haftung dieser Oxidschicht auf dem Eisensubstrat. Begründen Sie Ihre Antwort, indem Sie das Pilling-Bedworth-Verhältnis berechnen. Verwenden Sie dafür die Angaben $\varrho_{Fe} = 7800\,kg/m^3$, $\varrho_{Fe_3O_4} = 5200\,kg/m^3$, $M_{Fe} = 56\,g/mol$, $M_O = 16\,g/mol$. (M)

Frage 7.3.4 Eine Nickelbasis-Superlegierung hat eine anfänglich $0{,}2\,\mu m$ dicke Oxidschicht. Nach einer Stunde Erwärmung in einer Brennkammer ist die Oxidschichtdicke auf $0{,}3\,\mu m$ angewachsen. Berechnen Sie die Oxidschichtdicke nach einer Woche Exposition in der Brennkammer, wenn ein parabolisches Wachstumsgesetz der Schicht angenommen werden darf ($x^2 = a + bt$, x ... Schichtdicke, t ... Zeit, a, b ... Konstanten). (M)

7.4 Spannungsrisskorrosion

Frage 7.4.1 Definieren Sie den Begriff Spannungsrisskorrosion (SRK).

Frage 7.4.2 Welche Werkstoffe sind empfindlich gegen SRK?

Frage 7.4.3 Wie kann die SRK-Empfindlichkeit eines Werkstoffes im Experiment festgestellt werden?

Frage 7.4.4 Beschreiben Sie die Versuchsanordnung und die Auswertung der Ergebnisse der bruchmechanischen Prüfung der SRK.

Frage 7.4.5 Welches sind die beiden wichtigsten Möglichkeiten für den Verlauf eines SRKs-Risses im Gefüge metallischer Werkstoffe?

7.5 Oberflächen, Grenzflächen und Adhäsion

Frage 7.5.1 Welche Energiebilanz an der Grenzfläche zweier Stoffe wird

a) für eine Klebeverbindung,
b) für möglichst geringe Reibung (z. B. in einem Lager) angestrebt?

Frage 7.5.2 Wie kann die Oberflächenenergie eines Stoffes ermittelt werden?

Frage 7.5.3 Warum kann man Oberflächenenergien als Kräfte auf Begrenzungslinien auffassen? (M)

7.6 Reibung und Verschleiß

Frage 7.6.1 Skizzieren Sie ein tribologisches System.

Frage 7.6.2 Definieren Sie die Begriffe Reibung und Verschleiß.

Frage 7.6.3 Durch welche drei maßgeblichen Faktoren wird der Reibungskoeffizient bestimmt?

Frage 7.6.4 Definieren Sie die Begriffe Verschleißsystem, Verschleißrate und Verschleißkoeffizient. (M)

Frage 7.6.5 Welcher Zusammenhang besteht zwischen der Härte und dem Verschleißwiderstand?

Frage 7.5.6 Wie wird Verschleiß gemessen?

Frage 7.6.7 Nennen Sie technische Anwendungen, in denen die folgenden tribologischen Eigenschaften angestrebt werden:

a) geringe Reibung und geringer Verschleiß,
b) hohe Reibung bei geringem Verschleiß,
c) hoher Verschleiß trotz geringer Reibung.

8 Keramische Werkstoffe

Inhaltsverzeichnis

8.1 Allgemeine Kennzeichnung

Frage 8.1.1 Wie lautet eine allgemeine Definition für keramische Werkstoffe?

Frage 8.1.2 In welche drei Untergruppen werden die keramischen Stoffe in der Technik eingeteilt?

Frage 8.1.3 Nennen Sie einige Anwendungsgebiete für Werkstoffe aus den drei Gruppen der keramischen Stoffe.

Frage 8.1.4 Wie sind metallische von keramischen Werkstoffen zu unterscheiden?

Frage 8.1.5 Nennen Sie drei kennzeichnende Eigenschaften keramischer Stoffe (bei 20 °C).

Frage 8.1.6 Welche einatomigen keramischen Werkstoffe spielen in der Technik eine Rolle?

© Springer-Verlag GmbH Deutschland, ein Teil von Springer Nature 2019
E. Werner et al., *Fragen und Antworten zu Werkstoffe,*
https://doi.org/10.1007/978-3-662-58845-1_8

Frage 8.1.7 Wie hängen Struktur and Toxizität von Asbest zusammen?

Frage 8.1.8 Nennen Sie einige Anwendungsbeispiele für Keramik im Maschinenbau.

Frage 8.1.9 Die Auswertung experimentell ermittelter Festigkeitskennwerte keramischer Werkstoffe muss wegen der erheblichen Streuung der Messwerte mithilfe der Weibull-Statistik erfolgen. Angewandt auf den einachsigen Zugversuch an Zugstäben mit dem Volumen V erlaubt die Weibull-Statistik festzustellen, mit welcher Wahrscheinlichkeit $P_s(\sigma, V)$ die Probe eine Zugspannung der Größe σ ohne zu brechen erträgt:

$$P_s(\sigma, V) = \exp\left(-\frac{V \cdot \sigma^n}{\alpha}\right).$$

In dieser Gleichung ist n der Weibull-Modul und α ein vom Werkstoff abhängiger Parameter. (S)

a) An zahlreichen gleichartigen Proben aus einem Quarzglas wurde im Zugversuch festgestellt, dass 50 % der Proben bei $R_m = 30\,\text{MPa}$ versagen. Diese 50 %-Zugfestigkeit $R_m^{50\%}$ kann jedoch nicht für die Auslegung von Bauteilen verwendet werden, da wesentlich höhere Überlebenswahrscheinlichkeiten gefordert werden. Berechnen Sie für einen Weibull-Modul $n = 10$ die Zugfestigkeit des Werkstoffs, wenn nur eine von 10^6 Proben versagen darf.

b) Wie ändert sich der Kennwert $R_m^{x\%}$, der an Zugproben mit dem Volumen V (Durchmesser d, Länge l) ermittelt wurde, wenn aus dem Quarzglas zylindrische Bauteile mit $D = 2d$ und $L = 2l$ hergestellt werden? Deuten Sie das Ergebnis.

8.2 Nichtoxidische Verbindungen

Frage 8.2.1 Nennen Sie die vier strukturellen Formen, in denen Kohlenstoff als Werkstoff verwendet werden kann.

Frage 8.2.2 Wie lassen sich keramische Werkstoffe mit hoher Temperaturwechselbeständigkeit aus einer Kombination physikalischer Eigenschaften der Phasen ableiten? (M)

Frage 8.2.3 Welche Voraussetzungen müssen zur Bildung von Phasen mit hohen Werten von E/ϱ erfüllt sein (E Elastizitätsmodul, ϱ Dichte)? Geben Sie die Gründe hierfür und einige Beispiele an. (M)

Frage 8.2.4 Nennen Sie drei werkstofftechnische Anwendungen der Boride.

Frage 8.2.5 Wofür werden Karbid- und Nitridkeramiken verwendet?

8.3 Kristalline Oxidkeramik

Frage 8.3.1 Gegeben ist das Zustandsschaubild SiO_2-Al_2O_3 (Abb. 1). Zeichnen Sie die oberen Verwendungstemperaturen der Werkstoffe ein, die aus diesen beiden Komponenten und deren Gemischen bestehen.

Frage 8.3.2 Gegeben ist das Dreistoffsystem CaO (= C), Al_2O_3 (= A), SiO_2 (= S), in dem die Zusammensetzungen aller Mischungen der Komponenten enthalten sind (Abb. 2). Zeichnen Sie den (ungefähren) Bereich für die Zusammensetzung folgender Stoffe ein:

- Silikasteine,
- Korundsteine,
- Porzellan,
- Portlandzement. (M)

Frage 8.3.3 Was ist Porzellan?

Frage 8.3.4 Worauf beruht die plastische Verformbarkeit von

a) Metallen,
b) feuchtem Ton,
c) Oxidglas?

Abb. 1 Zustandsschaubild
SiO_2-Al_2O_3

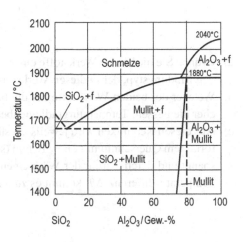

Abb. 2 Zustandsschaubild
CaO (= C), Al_2O_3 (= A), SiO_2
(= S)

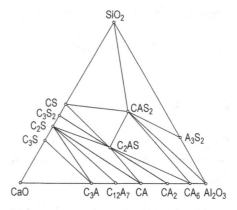

Frage 8.3.5 Nennen Sie Vorteile und Nachteile bei der Verwendung von Keramiken als Hochtemperaturwerkstoff.

Frage 8.3.6 Worauf beruht die hohe Oxidationsbeständigkeit von

a) Korund (Al_2O_3),
b) Polyethylen,
c) Stahl mit mehr als 12 Gew.-% Chrom?

Frage 8.3.7 Keramische Werkstoffe zeichnen sich durch ihre hohe Temperaturbeständigkeit aus. Es sollen zwei keramische Werkstoffe miteinander verglichen werden. Einige ihrer physikalischen Eigenschaften sind in der folgenden Tabelle zusammengestellt.

Keramik	E [GPa]	α [10^{-6} K^{-1}]	λ [W m^{-1}K^{-1}]	σ_{bB} [MPa]
Al_2O_3	400	8,5	35	480
ZrO_2	200	11,0	3	950

a) Ordnen Sie die beiden Werkstoffe einer Gruppe keramischer Werkstoffe zu. Nennen Sie den Bindungstyp, der in diesen Werkstoffen vorherrscht.
b) Welcher der beiden Werkstoffe hat die bessere Temperaturwechselbeständigkeit? Welcher die bessere Temperaturgradientenbeständigkeit?
c) Aus diesen Keramiken wird jeweils ein stabförmiges Bauteil mit der Länge l_0 und kreisförmigem Querschnitt mit $2r = 10$ mm (siehe Abb. 3) starr zwischen zwei Wände eingespannt und durch Zufuhr der Wärmemenge q gleichmäßig durchgewärmt. Bei welcher Temperaturdifferenz ΔT kommt es zum Ausknicken der Stäbe? (S)

Abb. 3 Stab aus Keramik,
gezwängt gelagert

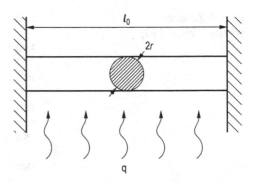

Frage 8.3.8 Berechnen Sie die Volumenänderung bei der Phasenumwandlung vom tetragonalen (t) zum monoklinen (m) Zirkonoxid. Gegeben sind vom m-ZrO_2: $a = 0,5156$ nm, $b = 0,5191$ nm, $c = 0,5304$ nm, $\beta = 98,9°$ und vom t-ZrO_2: $a = 0,5094$ nm, $c = 0,5304$ nm. (M)

8.4 Anorganische nichtmetallische Gläser

Frage 8.4.1 Welches sind die Kennzeichen einer Glasstruktur und welche Werkstoffe können in dieser Form hergestellt werden?

Frage 8.4.2 Definieren Sie die Begriffe Schmelztemperatur T_{kf} und Glasübergangstemperatur T_g.

Frage 8.4.3 Wie entsteht beim Abkühlen einer SiO_2-Schmelze ein Glas?

Frage 8.4.4 Gegeben ist das Zustandsschaubild Na_2O-SiO_2 (Abb. 4). Benennen Sie den Bereich des Fensterglases. Was bewirkt die Zugabe von Na_2O zu SiO_2? (M)

Frage 8.4.5 Geben Sie die Gleichung an, mit der die kennzeichnende mechanische Eigenschaft von Oxidglas zwischen Verwendungstemperatur (20 °C) und Formgebungstemperatur (800 °C) beschrieben werden kann.

Frage 8.4.6 Diskutieren Sie die Volumenänderung bei kristalliner und glasartiger Erstarrung. (M)

Frage 8.4.7 Skizzieren Sie den Aufbau eines Glasfaserstranges zur Lichtleitung. (M)

Abb. 4 Zustands-
schaubild Na$_2$O-SiO$_2$

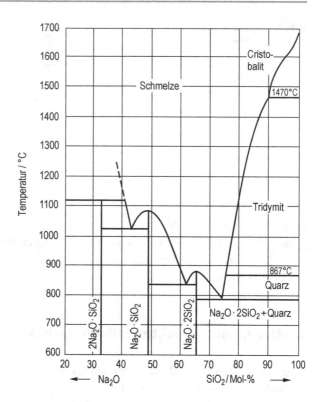

8.5 Hydratisierte Silikate, Zement, Beton

Frage 8.5.1 Wie unterscheiden sich hydraulische and nichthydraulische Zemente?

Frage 8.5.2 Gegeben ist das Zustandsschaubild SiO$_2$-CaO (Abb. 5). Leiten Sie daraus den technischen Prozess für die Zementherstellung ab. (M)

Frage 8.5.3 Beschreiben Sie den mikroskopischen Aufbau von Beton nach dem Erstarren.

Frage 8.5.4 Beschreiben Sie die Spannung-Verformung-Kurve von Beton unter Zug- und Druckspannung.

Frage 8.5.5 Welche Eigenschaft wird zur Bezeichnung von Beton verwendet, z. B. für Bn200 (Dimension)?

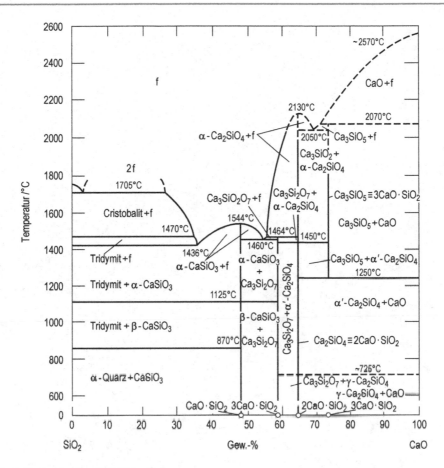

Abb. 5 Zustandsschaubild SiO_2-CaO

9 Metallische Werkstoffe

Inhaltsverzeichnis

9.1 Allgemeine Kennzeichnung

Frage 9.1.1 Wie lassen sich Metalle grundsätzlich charakterisieren (Eigenschaften, die in Werkstoffen genutzt werden)?

Frage 9.1.2 Definieren Sie an zwei Beispielen den Unterschied zwischen Guss- und Knetlegierungen.

Frage 9.1.3 Welche Voraussetzung (periodisches System der Elemente) begünstigt einen sehr hohen oder niedrigen Schmelzpunkt reiner Metalle?

Frage 9.1.4 Welche Metalle schmelzen bei sehr hohen Temperaturen?

Frage 9.1.5 Gibt es metallische Werkstoffe, die keine Legierungen sind?

Frage 9.1.6 Welches Zweistoffsystem bildet die Grundlage für Stähle?

© Springer-Verlag GmbH Deutschland, ein Teil von Springer Nature 2019
E. Werner et al., *Fragen und Antworten zu Werkstoffe*,
https://doi.org/10.1007/978-3-662-58845-1_9

Frage 9.1.7 Wie kann man Stähle hinsichtlich ihres Kohlenstoffgehaltes einteilen? Ab welchem Kohlenstoffgehalt spricht man von Gusseisen?

9.2 Mischkristalle

Frage 9.2.1 Nennen Sie die drei wichtigsten binären Legierungssysteme des Aluminiums.

Frage 9.2.2 Aus welchen Legierungselementen sind sogenannte Superleichtmetalle aufgebaut?

Frage 9.2.3 Geben Sie in den Zustandsdiagrammen Cu-Zn, Cu-Sn und Cu-Al (Abb. 1, 2 und 3) die Existenzbereiche der α- und ($\alpha + \beta$)-Messinge und -Bronzen an. (M)

Frage 9.2.4 Wie beeinflusst ein zunehmender Gehalt an gelösten Atomen die Streckgrenze, den Verfestigungskoeffizienten und die Tiefziehfähigkeit von α-Messingen?

Abb. 1 Zustandsschaubild
Cu-Zn (Messing)

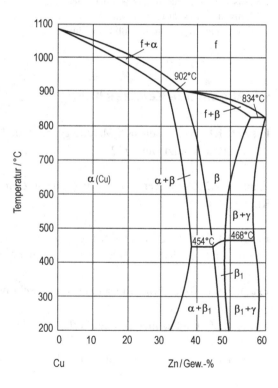

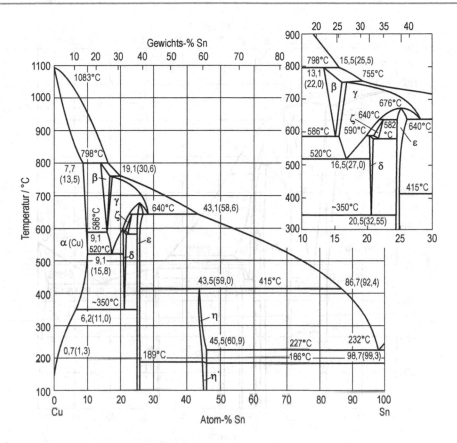

Abb. 2 Zustandsschaubild Cu-Sn (Zinnbronze)

Frage 9.2.5 Zu α-Fe (Ferrit, Gitterkonstante $a = 0,286$ nm) wird jeweils 1 At.-% (Stoffmengengehalt) der Elemente Cr, Mo, Al, P zulegiert. Gesucht ist die relative Erhöhung der Streckgrenze des Ferrits durch diese Elemente. Gegeben sind die Atomradien (in nm): $r_{Cr} = 0,125$, $r_{Mo} = 0,136$, $r_{Al} = 0,143$ und $r_P = 0,094$, sowie der Schubmodul von Eisen $G = 84$ GPa. (M)

Frage 9.2.6 Wie beeinflusst die Mischkristallbildung in Metallen die elektrische Leitfähigkeit, die Streckgrenze und die Schmelztemperatur?

Frage 9.2.7 Jüngste Forschungen konzentrieren sich auf die Entwicklung sog. Hoch-Entropie-Legierungen, die aus fünf und mehr Elementen bestehen, die der Legierung in etwa gleichen Atomanteilen zugegeben werden. Überraschenderweise besitzen viele dieser Legierungen eine einphasige Gefügestruktur. Häufig wird dafür die Mischungsentropie ΔS_M verantwortlich gemacht, die große Werte annimmt und zufolge $\Delta G_M = \Delta H_M - T\,\Delta S_M$

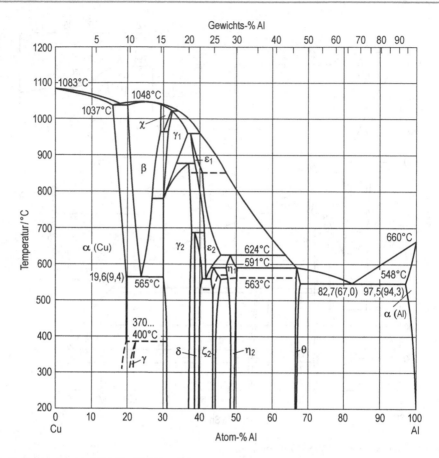

Abb. 3 Zustandsschaubild Cu-Al (Aluminiumbronze)

(ΔG_M ... freie Mischungsenthalpie, ΔH_M ... Mischungsenthalpie, T ... absolute Temperatur) diese Phase in einem weiten Temperaturbereich durch Absenken von ΔG_M stabilisiert.

Verwenden Sie den Boltzmann-Ansatz $\Delta S_M = k_B \ln W$ für die Mischungsentropie zum Nachweis, dass

a) ΔS_M maximal ist, wenn die Legierungselemente in gleichen Atomanteilen vorliegen, und

b) ΔS_M umso größer wird, je mehr Legierungselemente (in gleichen Anteilen) enthalten sind. k_B bezeichnet die Boltzmannkonstante und W die Konfigurationswahrscheinlichkeit im Boltzmannschen Sinne. (S)

Frage 9.2.8 Austenitische, rostfreie Stähle verfügen im weichgeglühten Zustand über eine sehr gute Verformbarkeit. Dies ist ihrer kfz Gitterstruktur geschuldet. Allerdings weisen diese Werkstoffe dann auch eine niedrige Festigkeit auf, was oftmals ihre Anwendung für lasttragende Aufgaben verhindert. Eine oft beschrittene Möglichkeit die Streckgrenze dieser Stähle zu steigern, ist die Kaltverfestigung, die allerdings mit einer drastischen Einbuße der Duktilität einhergeht. Es gibt aber zwei weitere Möglichkeiten die Streckgrenze zu steigern, nämlich die Mischkristallverfestigung durch interstitiell gelösten Stickstoff und die Erhöhung der Streckgrenze durch Absenken der Korngröße. Beide Maßnahmen wirken sich nicht duktilitätsmindernd aus.

Beantworten Sie die folgenden Fragen:

a) Die Abb. 4 zeigt Messergebnisse für die Gitterkonstante des Austenits in Abhängigkeit des Stickstoffgehalts eines typischen Vertreters dieser Stahlklasse (X2CrNiN18-10). Welche Schlüsse ziehen Sie aus dem Verlauf der beiden Geraden im Diagramm?

b) Die Streckgrenze der stickstofffreien Variante des Stahls X2CrNi18-10 beträgt bei Raumtemperatur 200 MPa. Welche Streckgrenze können Sie durch Zulegieren von 1 At.-% interstitiell gelöstem Stickstoff erreichen? Verwenden Sie zur Beantwortung der Frage die auf der Fleischer-Theorie beruhende Abschätzung der Festigkeitssteigerung zufolge Mischkristallhärtung bei Raumtemperatur:

$$\Delta\sigma_y = 0{,}38\, G\, \delta^{\frac{3}{2}}\, \sqrt{c_N}.$$

In dieser Gleichung ist $\Delta\sigma_y$ die Steigerung der Streckgrenze, $G = 75\,\text{GPa}$ der Schubmodul des Stahls, $\delta = \frac{1}{a_0}\frac{da}{dc_N}$ der Gitterdefekt, a_0 die Gitterkonstante des stickstofffreien Stahls und c_N die atomare Konzentration (At.-%/100 %) des gelösten Stickstoffs.

c) An dem stickstofffreien austenitischen Stahl X2CrNi18-10 wurde bei Raumtemperatur eine Analyse der Streckgrenze nach Hall-Petch durchgeführt. Dabei wurde die Streckgrenze bei verschiedenen Korngrößen des Austenits gemessen und (neben weiteren) folgende Zahlenwerte ermittelt:

$$\sigma_y(d = 100\,\mu\text{m}) = 200\,\text{MPa}, \quad \sigma_y(d = 50\,\mu\text{m}) = 226\,\text{MPa}.$$

Abb. 4 Gitterkonstante eines stickstofflegierten, austenitischen Stahls

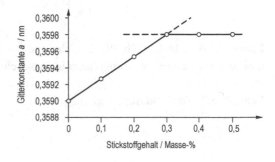

Verwenden Sie die Hall-Petch-Beziehung, um die Erhöhung der Streckgrenze zu berechnen, wenn die Korngröße des Stahls von $75\,\mu$m auf $1\,\mu$m reduziert wird. Mit welcher werkstofftechnischen Maßnahme kann diese Kornverkleinerung erreicht werden? (M)

9.3 Ausscheidungshärtung, Al-, Ni-Legierungen

Frage 9.3.1 Wo sind in Zustandsdiagrammen ausscheidungshärtbare Legierungen zu finden?

Frage 9.3.2 Erläutern Sie die Maßnahmen zur Herbeiführung der Ausscheidungshärtung anhand des Zustands- und des Zeit-Temperatur-Diagramms.

Frage 9.3.3 Was versteht man unter der Überalterung einer ausscheidungshärtbaren Legierung?

Frage 9.3.4 In einem mikrolegierten Baustahl existieren NbC-Teilchen im Abstand von $D_T = 100\,$nm. Wie groß ist die Erhöhung der kritischen Schubspannung $\Delta\tau$? Gegeben sind: Schubmodul von α-Fe $G_{\alpha-Fe} = 84\,$GPa, Burgersvektor von α-Fe $b_{\alpha-Fe} = 0{,}2482\,$nm.

Frage 9.3.5 Wie viel Niob muss zu $100\,$kg einer Stahlschmelze mindestens hinzugefügt werden, um eine Erhöhung der kritischen Schubspannung von $250\,$MPa durch NbC-Teilchen zu erzielen? (S)

Gegeben sind: Schubmodul von α-Fe $G_{\alpha-Fe} = 84\,$GPa, Burgersvektor von α-Fe $b_{\alpha-Fe} = 0{,}2482\,$nm, Dichte von α-Fe $\varrho_{\alpha-Fe} = 7{,}88\,$Mg m^{-3}, Dichte von NbC $\varrho_{NbC} = 7{,}78\,$Mg m^{-3}, relative Atommasse von Niob $A_{Nb} = 92{,}906$, relative Atommasse von Kohlenstoff $A_C = 12{,}011$, Durchmesser der NbC-Teilchen $d_T = 5\,$nm, sowie die Beziehung zwischen Teilchendurchmesser d_T, Teilchenabstand D_T und dem Volumenanteil der Teilchen f_T

$$\frac{d_T}{D_T} = c\,\sqrt{f_T}, \quad c = 1/2.$$

Frage 9.3.6 Erläutern Sie die Ursache und die mikromechanischen Konsequenzen von teilchenfreien Zonen an Korngrenzen in ausscheidungsgehärteten Legierungen.

Frage 9.3.7 Was sind Superlegierungen?

9.4 Umwandlungshärtung, Stähle

Frage 9.4.1 Nennen Sie mindestens vier Metalle mit Phasenumwandlungen im festen Zustand.

Frage 9.4.2 Beschreiben Sie anhand des Zustands- und des Zeit-Temperatur-Diagramms die Maßnahmen zur Härtung eines übereutektoiden Werkzeugstahls.

Frage 9.4.3 Erläutern Sie die Begriffe:

a) Normalisieren,
b) Vergüten,
c) Anlassen,
d) Anlassversprödung,
e) Anlassbeständigkeit,
f) Durchhärtbarkeit.

Frage 9.4.4 Was sind die Ursachen für die Warmfestigkeit folgender Werkstoffe und wodurch ist die obere Verwendungstemperatur begrenzt? (M)

a) ferritische Stähle,
b) austenitische Stähle,
c) Nickelbasislegierungen.

Frage 9.4.5 Wie unterscheidet sich eine eutektoide Umwandlung von einer diskontinuierlichen Ausscheidung? Kennzeichnen Sie schematisch die Mechanismen der Reaktionen. (M)

Frage 9.4.6 Welche Informationen erhält man aus einem Stirnabschreckversuch? (M)

Frage 9.4.7 Aus dem Vergütungsstahl 58CrV4 wurde eine Getriebewelle gefertigt. Nach dem Austenitisieren bei 840 °C soll die Welle gehärtet werden. Als Abschreckmedien stehen Wasser, Öl und Druckluft zur Verfügung. Im kontinuierlichen ZTU-Diagramm, Abb. 5 sind Kurven verschiedener Abkühlungsgeschwindigkeiten eingezeichnet, die für rasche Abkühlung mit dem Abkühlparameter $\lambda = \frac{t_{8/5}}{100\,\text{s}}$ beschrieben werden. Die Abkühldauer $t_{8/5}$ ist die Zeit, während der die Temperatur von 800 °C auf 500 °C absinkt. $t_{8/5}$ in Sekunden errechnet sich im Kern zylindrischer Bauteile (Durchmesser d) näherungsweise aus:

$$t_{8/5} = \left(\frac{d}{d_0}\right)^{\alpha},$$

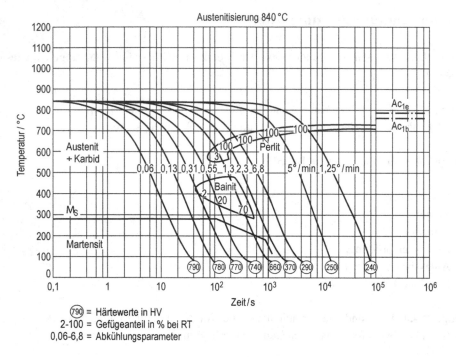

Abb. 5 ZTU-Schaubild des Stahls 58CrV4

wobei die Parameter d_0 und α vom Abschreckmedium abhängen. Es gelten die folgenden Zahlenwerte:

Abschreckmedium	d_0 [mm]	α [−]
Wasser	8,176	1,504
Öl	4,022	1,422
Druckluft	0,082	1,042

a) Bestimmen Sie für eine Welle mit dem Durchmesser $d = 45\,\text{mm}$ die Werte für λ und die jeweils im Kern vorhandenen Gefügebestandteile.
Hinweis: Eventuell beim Austenitisieren nicht auf gelöste Karbide können vernachlässigt werden, da ihr Volumenanteil sehr klein ist.

b) Im kontinuierlichen ZTU-Diagramm können die obere (oder kritische) und die untere Abkühlungsgeschwindigkeit abgelesen werden. Wie sind diese Abkühlungsgeschwindigkeiten definiert und zwischen welchen nächsten Nachbarkurven liegen sie jeweils?

c) Geben Sie die chemische Zusammensetzung von 58CrV4 in Masseprozent an, soweit aus dem Kurznamen ersichtlich. Welche Bedeutung haben die Legierungselemente des Stahls für die Härtbarkeit?

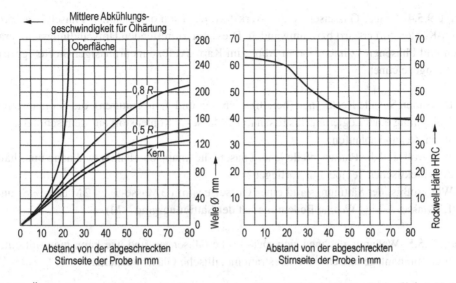

Abb. 6 Äquivalenz der Abkühlungsbedingungen einer Welle und einer Jominy-Probe (links), Verlauf der Härte einer Jominy-Probe (rechts)

d) Das rechte Diagramm in der Abb. 6 zeigt den Härteverlauf einer Jominy-Probe aus 58CrV4. Aus dem linken Diagramm kann für verschiedene Orte des Querschnitts einer zu härtenden Welle mit Durchmesser $2R$ ermittelt werden, in welchem Abstand von der abgeschreckten Stirnfläche der Jominy-Probe die gleiche Abkühlungsgeschwindigkeit vorliegt wie am jeweiligen Ort des Querschnitts der Welle (gültig für Abschrecken in Öl). Bestimmen Sie mit Hilfe beider Diagramme die Härte einer in Öl gehärteten Welle aus 58CrV4 an ihrer Oberfläche, im Kern und bei $0,5R$ bzw. $0,8R$. Der Durchmesser der Welle sei 120 mm. (S)

Frage 9.4.8 Wie kann metastabiler Austenit oberhalb der Martensitstart-Temperatur in Martensit umgewandelt werden und welche Konsequenzen hat diese Umwandlung? (M)

9.5 Gusslegierungen und metallische Gläser

Frage 9.5.1 Welche Typen von Gusseisen werden unterschieden?

Frage 9.5.2 Welches sind wichtige Kennzeichen guter Gusslegierungen wie z. B. Gusseisen oder G-AlSi12?

Frage 9.5.3 Woran erkennt man ein eutektisches Gussgefüge und warum werden bevorzugt eutektische Legierungen als Gusslegierungen verwendet?

Frage 9.5.4 Graues Gusseisen ist ein Werkstoff, der nach dem stabilen Phasendiagramm Eisen-Kohlenstoff erstarrt bzw. umwandelt. Die dafür zutreffenden Umwandlungstemperaturen und Phasengrenzlinien sind in Abb. 2 im Kap. „Aufbau mehrphasiger Stoffe" gestrichelt eingezeichnet.

a) Benennen Sie alle Reaktionen (beteiligte Phasen und Temperaturen), die bei langsamer Abkühlung einer Legierung aus Eisen mit 3 Masse-% Kohlenstoff aus dem schmelzflüssigen Zustand ablaufen.
b) Wie groß sind die Phasenanteile jener Phasen, die knapp oberhalb bzw. knapp unterhalb der eutektischen Temperatur vorliegen?
c) Wie groß ist der Sättigungsgrad eines Gusseisens mit 3 Masse-% C, 2 Masse-% Si und 1,2 Masse-% Mn? Welche Bedeutung hat der Sättigungsgrad? (M)

Frage 9.5.5 Wodurch zeichnen sich metallische Gläser aus und wie kann man mit einer Schmelzspinnanlage und einem Laserstrahl metallische Gläser herstellen?

10 Polymerwerkstoffe

Inhaltsverzeichnis

10.1 Allgemeine Kennzeichnung

Frage 10.1.1 Aus welchen Rohstoffen können die Molekülketten der Polymerwerkstoffe hergestellt werden?

Frage 10.1.2 Wie groß ist das (mittlere) Molekulargewicht des Polymers, das aus 10^4 Monomeren mit der abgebildeten Struktur besteht?

$$\left[\!\!\begin{array}{c} H \\ | \\ -\!\!\!-C-\!\!-CH_2-\!\!\!- \\ | \\ Cl \end{array}\!\!\right]$$

Wie lautet der Name dieses Polymers?

© Springer-Verlag GmbH Deutschland, ein Teil von Springer Nature 2019
E. Werner et al., *Fragen und Antworten zu Werkstoffe*,
https://doi.org/10.1007/978-3-662-58845-1_10

Frage 10.1.3 Was bedeuten die Werkstoffbezeichnungen

a) PP,
b) PTFE,
c) PA?

Frage 10.1.4 Definieren Sie die Begriffe

a) Konfiguration,
b) Konformation,
c) Symmetrie,
d) Taktizität einer Molekülkette.

Frage 10.1.5 Was versteht man unter dem Polymerisationsgrad?

Frage 10.1.6 Was ist ein Kopolymer?

Frage 10.1.7 Welche Arten von Kopolymeren unterscheidet man?

Frage 10.1.8 Erläutern Sie die Kristallisation von Polymeren.

10.2 Plastomere, Duromere, Elastomere

Frage 10.2.1 In welche drei großen Gruppen lassen sich die (unverstärkten) hochpolymeren Werkstoffe einteilen?

Frage 10.2.2 Wie unterscheiden sich diese Werkstoffgruppen in ihrer Molekülstruktur voneinander?

Frage 10.2.3 Ordnen Sie die drei Werkstoffgruppen Thermoplaste (T), Elastomere (E) und Duromere (D) in der Reihenfolge zunehmender

a) Elastizitätsmoduli,
b) Zugfestigkeit,
c) plastischer Verformbarkeit bei Raumtemperatur,
d) plastischer Verformbarkeit bei erhöhter Temperatur.

Frage 10.2.4 Wie unterscheiden sich (qualitativ) die Temperaturabhängigkeiten des Schubmoduls eines Polymerwerkstoffs mit hohem Kristallanteil, eines amorphen Polymers und eines Duromers?

Abb. 1 Kriechmodul als Funktion der Zeit für zwei Temperaturen

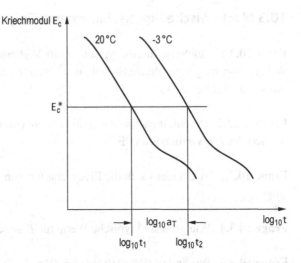

Frage 10.2.5 Bei den meisten Thermoplasten hängt die Dehnung ε, die sich bei einer zeitlich konstanten Zugspannung σ einstellt, von der Temperatur T und der Zeit t ab, also gilt $\varepsilon = \varepsilon(\sigma, T, t)$. In der Abb. 1 sind die Kriechmoduli E_c für einen Thermoplasten (Polyethylen) bei konstanter Zugspannung σ_0 für zwei verschiedene Temperaturen $T_1 = 20\,°C$ und $T_2 = -3\,°C$ als Funktion der Zeit dargestellt.

Mithilfe des sog. Verschiebungsfaktors $\log_{10} a_T = \log_{10} t_2 - \log_{10} t_1$ lassen sich die beiden Kurven ineinander überführen. Der Verschiebungsfaktor ist durch folgende empirische Gleichung gegeben:

$$\log_{10} a_T = \frac{C_1(T_1 - T_2)}{C_2 + T_1 - T_2}, \quad C_1 = 18, \quad C_2 = 52\,\mathrm{K}.$$

Eine Polyethylenprobe wird bei T_1 mit $\sigma_0 = 4\,\mathrm{MPa}$ belastet. Nach 100 s erreicht sie eine Dehnung von 2 %. Wie groß ist der Kriechmodul E_c^*? Wie lange dauert es (in Tagen) bis die Probe unter der gleichen Belastung bei der Temperatur T_2 die Dehnung von 2 % erreicht? (M)

Frage 10.2.6 Welche Stoffe fügt man Thermoplasten zu und welche Eigenschaften sollen diese Zusätze beeinflussen? (M)

Frage 10.2.7 Ein Stab aus einem thermoplastischen Polymer wird bei 67 °C durch eine Längskraft eine Minute lang belastet und erreicht dabei eine Dehnung von 50 %. Die Dehngeschwindigkeit $\dot{\varepsilon}$ in s^{-1} folgt dem Zusammenhang

$$\dot{\varepsilon} = 4,5 \cdot 10^{28} \exp\left(-\frac{Q}{RT}\right).$$

Wie groß ist die Aktivierungsenergie der Verformung Q? (S)

10.3 Mechanische Eigenschaften von Polymeren

Frage 10.3.1 Zeichnen Sie eine typische Kraft-Verlängerung-Kurve und eine dazu gehörige Wahre-Spannung-logarithmische-Dehnung-Kurve eines unvernetzten, streckfähigen Polymers (z. B. PE bei 20 °C).

Frage 10.3.2 Beschreiben Sie die molekularen Umordnungsvorgänge in den einzelnen Stadien des Zugversuches an PE.

Frage 10.3.3 Wie ändern sich die Eigenschaften von Polymeren mit wachsender Kettenlänge?

Frage 10.3.4 Wie groß sind typische Werte für E-Modul und Dichte von Polymeren?

Frage 10.3.5 Wie ändert sich die Zähigkeit (Bruchzähigkeit, Kerbschlagarbeit) von PE bei tieferen Temperaturen?

Frage 10.3.6 Wie kann die Schlagfestigkeit von Polymergläsern (z. B. PS) erhöht werden?

Frage 10.3.7 Was ist das Wesen der Gummielastizität und wie beeinflusst sie die Temperaturabhängigkeit des mechanischen Verhaltens von Elastomeren? (M)

Frage 10.3.8 Beschreiben Sie Herstellung und Mikrostruktur von Schaumstoffen.

Frage 10.3.9 Wie lässt sich der Elastizitätsmodul von Schaumstoffen näherungsweise berechnen (siehe auch Verbundwerkstoffe)?

Frage 10.3.10 Welche Polymere haben einen

a) niedrigen,
b) hohen

Reibungskoeffizienten bei trockener Reibung (Beispiele und Begründung)?

Frage 10.3.11 Welcher Zusammenhang besteht zwischen dem Reibungskoeffizienten und dem Verschleiß (trockener Gleitverschleiß, Abrasion) der Polymere? (M)

Frage 10.3.12 Welche Funktion erfüllen Schmierstoffe?

Frage 10.3.13 Nennen Sie Anwendungen von hochpolymeren Werkstoffen, bei denen es primär auf folgende Eigenschaften ankommt:

a) geringer E-Modul,
b) hoher E-Modul,
c) hoher Reibungskoeffizient,
d) hoher Verschleißwiderstand,
e) chemische Beständigkeit,
f) hohe Dämpfungsfähigkeit für mechanische Schwingungen.

Frage 10.3.14 Beschreiben Sie die Begriffe Adhäsion und Kohäsion im Zusammenhang mit einer Klebung. Welche Stoffe können am geeignetsten Adhäsion verhindern?

10.4 Natürliche Polymere

Frage 10.4.1 Was sind Biopolymere?

Frage 10.4.2 Wie entstehen Stärke und Zellulose? (M)

11 Verbundwerkstoffe

Inhaltsverzeichnis

11.1 Eigenschaften von Phasengemischen

Frage 11.1.1 Definieren Sie den Begriff Verbundwerkstoff.

Frage 11.1.2 Welche Phasengemische sind

a) im stabilen,
b) im metastabilen,
c) nicht im thermodynamischen Gleichgewicht?

Nennen Sie je ein Beispiel dazu.

Frage 11.1.3 Nennen Sie Beispiele für sinnvolle Kombinationen von Einzelwerkstoffen zu Verbundwerkstoffen.

© Springer-Verlag GmbH Deutschland, ein Teil von Springer Nature 2019
E. Werner et al., *Fragen und Antworten zu Werkstoffe*,
https://doi.org/10.1007/978-3-662-58845-1_11

Frage 11.1.4 Durch welche Verfahren kann man verschiedene Phasen zu Verbundwerkstoffen vereinigen?

Frage 11.1.5 Was versteht man im Fall von Verbundwerkstoffen unter homogenen und heterogenen Mikrostrukturen?

Frage 11.1.6 Welche Rolle spielen für Verbundwerkstoffe die Volumenanteile und die räumliche Anordnung seiner Bestandteile?

11.2 Faserverstärkte Werkstoffe

Frage 11.2.1 Nennen Sie vier Möglichkeiten zur Herstellung von Fasergefügen.

Frage 11.2.2 Wie werden glasfaserverstärkte Duromere hergestellt?

Frage 11.2.3 Kupfer soll mit Kohlelangfasern auf eine Zugfestigkeit von 1000 MPa (parallel zu den Fasern gemessen) verstärkt werden.

a) Welcher Volumenanteil an Fasern ist nötig?
b) Welchen E-Modul hat der Werkstoff parallel zu den Fasern?
c) Was kann man über die mechanischen Eigenschaften quer zur Faserrichtung aussagen?

Gegeben sind: Zugfestigkeit der Kupfermatrix $R_{mCu} = 300$ MPa, Zugfestigkeit der Kohlenstofffasern $R_{mC} = 2000$ MPa, Elastizitätsmodul von Kupfer $E_{Cu} = 127$ GPa, Elastizitätsmodul der Kohlenstofffasern $E_C = 350$ GPa. (M)

Frage 11.2.4 Berechnen Sie den E-Modul eines Faserverbundwerkstoffs parallel und quer zur Faserrichtung, wenn folgende Größen bekannt sind:

$$E_{\text{Matrix}} = 5 \cdot 10^3 \text{ MPa}, \; E_{\text{Faser}} = 5 \cdot 10^5 \text{ MPa}, \; f_{\text{Faser}} = 0,2 \text{ (Volumenanteil)}.$$

Frage 11.2.5
a) Durch welche Faserarten und in welchem Umfang kann Stahl verstärkt werden?
b) Welche interessanten Eigenschaften könnten sich hieraus ableiten?

Frage 11.2.6 Geben Sie die Gleichung zur Berechnung der kritischen Faserlänge l_c eines Verbundwerkstoffes an.

Frage 11.2.7 Welche Faserlänge l_c ist zur Verstärkung eines Thermoplasten (α) mit Glasfasern (β) notwendig? Folgende Größen sind gegeben:

a) Radius der Fasern $r_\beta = 10\,\mu\text{m}$, Scherfestigkeit der α/β-Grenzfläche $\tau_{\alpha\beta} = 250$ MPa, Zugfestigkeit der Fasern $R_{m\beta} = 2000\,\text{MPa}$,

b) $r_\beta = 1\,\mu\text{m}$, sonst wie a).

Frage 11.2.8 Leiten Sie den Begriff der Reißlänge ab und beurteilen Sie die Qualität der wichtigsten hochfesten Werkstoffe nach ihrer Reißlänge.

Frage 11.2.9 Es soll ein Langfaserverbundwerkstoff hergestellt werden, dessen Elastizitätsmodul parallel zur Faserrichtung $E_V = 170$ GPa beträgt und der ein Modulverhältnis zwischen Faser- und Matrixwerkstoff $E_F/E_M = 7$ aufweist. Der zur Verfügung stehende Matrixwerkstoff hat einen E-Modul von $E_M = 50$ GPa. Berechnen Sie den notwendigen Matrixvolumenanteil v_M unter der Voraussetzung linear-elastischen Werkstoffverhaltens und eines ideal dichten Verbundes.

Frage 11.2.10 Ein Bauteil aus einem Faserverbundwerkstoff mit durchgehenden, zueinander parallelen Langfasern wird durch eine Kraft F_V belastet, die parallel zur Faserrichtung wirkt. Der Volumenanteil der Fasern sei $f_F = 25\,\%$, derjenige der Matrix f_M (siehe Abb. 1). (S)

a) Durch welchen Versagensmechanismus versagt der Verbund im Falle einer Überbelastung durch F_V?

b) $\sigma_F = \sigma_F(\varepsilon)$ und $\sigma_M = \sigma_M(\varepsilon)$ bezeichnen die im Zugversuch ermittelten Spannung-Dehnung-Kurven des Faser- und des Matrixwerkstoffs, siehe Abb. 2.
Welche Beziehung beschreibt die im Zugversuch zu erwartende Spannung-Dehnung-Kurve $\sigma_V(\varepsilon)$ des Verbundwerkstoffs solange der Verbund noch intakt ist (d. h. kein Versagen von Fasern und/oder Matrix)?

c) Berechnen Sie die Zugfestigkeit R_{mV}^{parallel} des Verbundwerkstoffs in Faserrichtung.

Abb. 1 Langfaserverbundwerkstoff, parallel zu den Fasern belastet

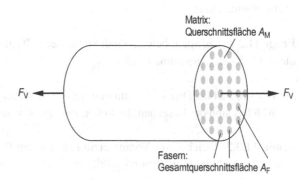

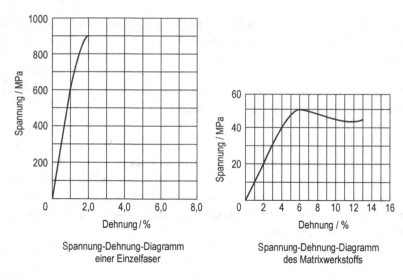

Abb. 2 Spannung-Dehnung-Diagramm einer Einzelfaser und der Matrix

d) Bestimmen Sie den Anteil F_F an der Gesamtlast F_V, der bei einer Dehnung des Verbundes von $\varepsilon_V = 1\%$ von den Fasern getragen wird. Gehen Sie davon aus, dass bei dieser Belastung sowohl die Dehnung der Fasern (E-Modul E_F) als auch die Dehnung der Matrix (E-Modul E_M) rein elastisch erfolgt.

11.3 Stahlbeton und Spannbeton

Frage 11.3.1 Welche Funktion hat die Stahlbewehrung

a) im Beton,
b) im Spannbeton?

Frage 11.3.2 Ein Spannbeton enthält Stahlfasern (St) mit einem Volumenanteil $f_{St} = 0{,}05$, die mit $0{,}5 \cdot R_{pSt}$ gespannt wurden.

a) Wie groß ist die Druckvorspannung im Beton, wenn $R_{pSt} = 1200\,\text{MPa}$ beträgt? (M)
b) Welches sind die Ursachen der hohen Festigkeit von Spannstählen?

Frage 11.3.3 Welche drei Voraussetzungen müssen für ein sinnvolles Zusammenwirken von Beton und Stahl im Verbund erfüllt sein?

11.4 Schneidwerkstoffe

Frage 11.4.1 Kennzeichnen Sie die chemische Zusammensetzung und den Aufbau von

a) unlegiertem Werkzeugstahl,
b) Schnellarbeitsstahl,
c) Hartmetall,
d) Schneidkeramik,
e) Cermets.

Frage 11.4.2 Wie werden Hartmetalle hergestellt?

Frage 11.4.3 Wodurch ist der Volumenanteil der Karbidphase in Hartmetallen bestimmt?

Frage 11.4.4 Vergleichen Sie Vor- und Nachteile von Schneidkeramik und Hartmetall.

11.5 Oberflächenbehandlung

Frage 11.5.1 Nennen Sie die drei grundsätzlichen Möglichkeiten zur Behandlung metallischer Oberflächen.

Frage 11.5.2 Nennen Sie Beispiele für chemische Oberflächenbehandlungen unter oxidierenden und reduzierenden Bedingungen.

Frage 11.5.3 Welche Möglichkeit gibt es für den Korrosionsschutz von Stahl? Bewerten Sie auch Ihre Antwort!

Frage 11.5.4 Nennen Sie je ein Beispiel für Oberflächenschichten von: K auf M, M auf M, P auf M (K = Keramik, M = Metall, P = Polymer).

11.6 Holz

Frage 11.6.1 Beschreiben Sie die Mikrostruktur von Holz.

Frage 11.6.2 Bestimmen Sie mithilfe eines geeigneten Koordinatensystems die Symmetrie der Gefügeanisotropie von Holz.

Frage 11.6.3 Welche Werte der Zug- bzw. Druckfestigkeit sind zur vollständigen Kennzeichnung der Festigkeit von Holz notwendig?

Abb. 3 Zellstruktur von Holz

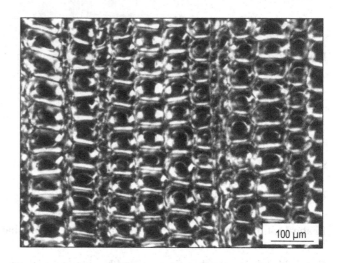

100 µm

Frage 11.6.4 Analysieren Sie die Zugfestigkeit von Holz in Faserrichtung mithilfe der partiellen Eigenschaften der Komponenten des Verbundwerkstoffs. (M)

Frage 11.6.5 Welchen Einfluss hat der Wassergehalt auf die Eigenschaften von Holz?

Frage 11.6.6 Wie kann man Holz vor der ungünstigen Wirkung des Wassers schützen?

Frage 11.6.7 Abb. 3 zeigt eine lichtmikroskopische Aufnahme eines Holzes im Querschliff. Erläutern Sie das Gefüge und bestimmen Sie die mittlere Zellgröße.

12 Werkstoff und Fertigung

Inhaltsverzeichnis

12.1 Halbzeug und Bauteil

Frage 12.1.1 Was versteht man unter den Begriffen Urformen und Umformen?

Frage 12.1.2 Definieren Sie die Begriffe Rohmaterial, Halbzeug, Formteil.

Frage 12.1.3 Welche Rolle spielt die Normung für Halbzeuge?

Frage 12.1.4 Wie werden die Fertigungsverfahren eingeteilt?

Frage 12.1.5 Warum braucht man für die Herstellung von Komponenten immer mehrere Fertigungsschritte?

© Springer-Verlag GmbH Deutschland, ein Teil von Springer Nature 2019
E. Werner et al., *Fragen und Antworten zu Werkstoffe*,
https://doi.org/10.1007/978-3-662-58845-1_12

12.2 Urformen

Frage 12.2.1 Wodurch sind Urformverfahren grundsätzlich gekennzeichnet? Nennen Sie ein Beispiel.

Frage 12.2.2 Welche Eigenschaften des flüssigen Zustands spielen beim Urformverfahren „Gießen" eine Rolle?

Frage 12.2.3 Was muss man bei der Herstellung von Bauteilen im Formguss beachten?

Frage 12.2.4 Worin liegt der Vorteil, einen Gießprozess im Vakuum durchzuführen?

Frage 12.2.5 Was versteht man unter unberuhigt und beruhigt vergossenem Stahl?

Frage 12.2.6 Nennen Sie Beispiele für die Behandlung der Schmelze vor dem Erstarren zur Erzielung günstiger Eigenschaften des Gusswerkstoffs.

Frage 12.2.7 Erläutern Sie die Vorgänge beim Sintern.

Frage 12.2.8 Welche Vorteile bzw. Nachteile bietet die pulvermetallurgische Herstellungsroute (Sintern) im Vergleich zum schmelzmetallurgischen Prozess (Gießen)?

Frage 12.2.9 Beim Abkühlen von bestimmten Legierungen aus dem schmelzflüssigen Zustand ist die Gefahr der Bildung von sogenannten Heißrissen sehr groß. Beschreiben Sie den Mechanismus der Rissbildung und grenzen Sie in geeigneter Weise die kritischen Legierungskonzentrationen ein. (M)

Frage 12.2.10 Drei Körper mit gleichem Volumen aber unterschiedlicher Gestalt werden in einer Form abgegossen. Es handelt sich um eine Kugel (Radius r), einen Würfel (Kantenlänge a) und einen gleichseitigen Zylinder ($h = 2r$). Schätzen Sie mithilfe der empirischen Beziehung von Chvorinov die Erstarrungszeiten dieser Körper ab. Mit V dem Volumen des Körpers und A seiner Oberfläche gilt für die Erstarrungszeit

$$t = C \left(\frac{V}{A} \right)^n ,$$

wobei C eine empirische Konstante ist, welche die thermischen Gegebenheiten der Gussform und des erstarrenden Werkstoffs charakterisiert. Der Exponent n kann meistens 2 gesetzt werden; ohne Beschränkung der Allgemeinheit darf $V = 1$ gesetzt werden. (M)

Abb. 1 Erstarrung einer
Schmelze in einer
zylindrischen Kokille. Die
Erstarrung erfolgt von der
Kokillenwand nach innen

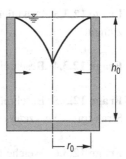

Frage 12.2.11 Ein Zylinder mit $h = 2r$ erstarrt im Sandguss innerhalb von $t_0 = 4\,\mathrm{min}$.
Man berechne mithilfe der Beziehung von Chvorinov die Erstarrungszeit

a) eines Zylinders, der bei gleichem Radius doppelt so hoch ist,
b) eines Zylinders, der bei gleicher Höhe den doppelten Durchmesser hat.

Der Exponent der Chvorinov-Beziehung sei $n = 1{,}8$. (S)

Frage 12.2.12 Berechnen Sie die Gestalt des Kopflunkers bei der Erstarrung einer Metallschmelze in einer nach oben offenen, zylindrischen Kokille (siehe Abb. 1). Der Innendurchmesser der Kokille ist $2r_0$, die Füllhöhe beträgt h_0. Das Schwundmaß, das den Dichtezu-
wachs der erstarrten Schmelze charakterisiert, sei

$$s = \left| \frac{\Delta V_{\mathrm{fk}}}{V_{\mathrm{k}}} \right| = \left| \frac{V_{\mathrm{k}} - V_{\mathrm{f}}}{V_{\mathrm{k}}} \right|.$$

V_{k} und V_{f} ... Volumina von erstarrter Schmelze (k) und Schmelze (f). (S)

12.3 Umformen

Frage 12.3.1 Skizzieren Sie die Beanspruchungen einachsiger Zug, einachsiger Druck und
Scherung.

Frage 12.3.2 Beschreiben Sie die Beanspruchungen beim Biegen eines Balkens unter den
Bedingungen von elastischer Verformung, teilweise plastischer Verformung und Bruch.

Frage 12.3.3 Diskutieren Sie die Beanspruchungsarten beim Strangpressen und beim Tiefziehen.

Frage 12.3.4 Beschreiben Sie die Umformverfahren Tiefziehen und Drahtziehen.

Frage 12.3.5 Beschreiben Sie den Materialfluss beim Vorwärts- und Rückwärtspressen im Strangpresswerkzeug und erläutern Sie die Vor- und Nachteile der beiden Verfahren.

Frage 12.3.6 Welche Kräfte wirken auf den Werkstoff beim Walzen eines Bleches? Definieren Sie die Bedingungen für das Einziehen des Bleches in den Walzspalt.

Frage 12.3.7
a) Wie unterscheiden sich der Kalt- und Warmwalzprozess voneinander?
b) Wie unterscheiden sich die Gefüge des Werkstoffs (z. B. einer Aluminiumlegierung) nach Kalt- und Warmwalzen?

Frage 12.3.8 Wie stellt man Bleche aus mikrolegiertem Baustahl her? (M)

Frage 12.3.9 Welche Materialeigenschaften liefern die Voraussetzung für die Herstellung von Hohlkörpern durch Blasen? In welchen Werkstoffgruppen wird dieses Verfahren angewandt?

Frage 12.3.10 Wie funktioniert ein Schneckenextruder und wie stellt man Polymerfolien her?

12.4 Trennen

Frage 12.4.1 Nennen Sie einige technische Trennverfahren.

Frage 12.4.2 In welchen Bereichen der Technik sind Trennvorgänge erwünscht in welchen unerwünscht?

Frage 12.4.3 Definieren Sie den Begriff der Spanbarkeit.

Frage 12.4.4 Welche Werkstoffeigenschaften bestimmen hohe oder geringe, gute oder schlechte Zerspanbarkeit?

Frage 12.4.5 Nennen Sie Werkstoffe mit besonders guter Zerspanbarkeit.

Frage 12.4.6 Definieren Sie das Werkstoffsystem bei der spanenden Bearbeitung.

12.5 Fügen

Frage 12.5.1 Beschreiben Sie die drei Grundverfahren der Fügetechnik (Schweißen, Löten, Kleben) und grenzen Sie die Verfahren voneinander ab.

Frage 12.5.2 Beschreiben Sie den Gefügeaufbau einer Schweißnaht und der wärmebeeinflussten Zone. Welche Werkstoffparameter begünstigen die Schweißbarkeit?

Frage 12.5.3 Wie beeinflussen die physikalischen und chemischen Werkstoffeigenschaften die Schweißbarkeit? Nennen Sie zwei Beispiele. (M)

Frage 12.5.4 Welche nichtmetallischen Werkstoffe können geschweißt werden?

Frage 12.5.5 Definieren Sie die Prozesse des Hartlötens und Weichlötens und erläutern Sie die Werkstoffeigenschaft „Lötbarkeit".

Frage 12.5.6
a) Welche Vorgänge führen zum Festwerden eines Klebstoffs in der Klebeverbindung?
b) Wie ist eine Klebverbindung zu gestalten?
c) Gibt es auch nichtorganische Klebstoffe?

Frage 12.5.7 Am Heißwassererzeuger einer Brauerei müssen Komponenten aus verschiedenen Werkstoffen schweißtechnisch gefügt werden. Die Grundwerkstoffe sind die Stähle 19Mn5 und X15CrNiSi25-20. Als Schweißzusatz wurde der Werkstoff 23 12 L gewählt. Die chemische Zusammensetzung der Werkstoffe ist in Masse-%:

Werkstoff	C	Si	Mn	Cr	Ni	Mo	Fe
19Mn5	0,20	0,5	1,2	–	–	–	Rest
X15CrNiSi25-20	0,15	2,0	1,6	25	21	–	Rest
23 12 L	0,02	0,8	0,8	24	13	–	Rest

Verwenden Sie das skizzierte Schaeffler-Diagramm zur Beantwortung der Teilaufgaben. Das Chromäquivalent errechnet sich nach $Cr_E = Cr + Mo + 1{,}5\,Si + 0{,}5\,Nb + 2\,Ti$, das Nickeläquivalent nach $Ni_E = Ni + 30\,(C + N) + 0{,}5\,Mn$, wobei die Gehalte der Legierungselemente in Masseprozent einzusetzen sind.

a) Geben Sie für die Gefügebereiche 1 bis 8 des Schaeffler-Diagramms ihre qualitative Zusammensetzung an (Abb. 2).
b) Was bedeuten die gestrichelten Linien im Bereich 6 und was die Prozentangaben am rechten Rand des Diagramms?

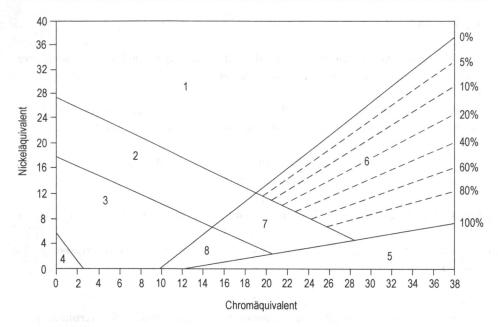

Abb. 2 Schaeffler-Diagramm

c) Berechnen Sie Chrom- und Nickeläquivalente der drei Werkstoffe und tragen sie die Lage der Werkstoffe in das Schaeffler-Diagramm ein.

d) Beim Schweißen werden die Grundwerkstoffe in der Schweißnaht im Verhältnis 1:1 gemischt. Ermitteln Sie, wie groß der Anteil des Schweißzusatzes in einer Mischung aus diesem und den beiden (im Verhältnis 1:1) vermischten Grundwerkstoffen sein muss, um ein austenitisch-ferritisches Schweißnahtgefüge mit genau 5 % Ferrit zu erzeugen. (M)

12.6 Nachbehandlung, Lasermaterialbearbeitung

Frage 12.6.1 Welche Ziele verfolgt eine Nachbehandlung des Werkstoffes am Ende des Fertigungsprozesses?

Frage 12.6.2 Nennen Sie Beispiele für die Nachbehandlung eines Gusswerkstoffes.

Frage 12.6.3 Welche Fertigungsverfahren können mit Laserstrahlen durchgeführt werden?

Frage 12.6.4 Welche Lasertypen werden bevorzugt in der Materialbearbeitung verwendet? Nennen Sie ihre spezifischen Eigenschaften.

Frage 12.6.5 Wie unterscheidet sich eine Laserschweißnaht von der einer herkömmlichen Schmelzschweißung?

Frage 12.6.6 Wie sieht das Gefüge eines Stahls aus, wenn die Oberfläche mit dem Laser kurzzeitig bis dicht an die Schmelztemperatur erhitzt wurde?

Frage 12.6.7 Welche Phasen- und Gefügetypen können bei verschiedenen Werkstoffen auftreten, deren Oberfläche kurzzeitig aufgeschmolzen wurde? (M)

12.7 Werkstoffaspekte bei Fertigung und Gebrauch von Kraftfahrzeugen

Frage 12.7.1 Aus welchen Gründen benötigt ein Verbrennungsmotor zum Betrieb Öl?

Frage 12.7.2 Aus welchem Werkstoff werden in der Regel Kolben für Verbrennungsmotoren gefertigt?

Frage 12.7.3 Welche Anforderungen werden an Kolben gestellt?

Frage 12.7.4 Wie hoch sind die höchsten und die niedrigsten an Kolben auftretenden Temperaturen? Was bedeuten diese für eine ausscheidungshärtbare Al-Legierung?

Frage 12.7.5 Warum werden Kolben mit einem zusätzlichen Schutz an ihren Laufflächen versehen? Aus welchen Werkstoffen besteht ein solcher Kolbenlaufflächenschutz?

Frage 12.7.6 Aus welchen Werkstoffen werden Kolbenringe üblicherweise hergestellt?

Frage 12.7.7 Warum werden in Kraftfahrzeugmotoren sehr oft Graugusszylinder verwendet?

Frage 12.7.8
a) In welchen Motoren und warum werden Leichtmetallzylinder eingebaut?
b) Mit welchen Laufschichten können sie ausgerüstet werden? (M)

Frage 12.7.9 Welche Anforderungen werden an Ventilwerkstoffe gestellt?

Frage 12.7.10 Welchen Wärmebelastungen sind Ventile ausgesetzt?

Frage 12.7.11 Welche Ventile werden gepanzert und warum?

Frage 12.7.12 Was versteht man unter

a) Einmetallventilen,
b) Bimetallventilen,
c) Hohlventilen.

Frage 12.7.13 Woraus werden Ventilsitzringe gefertigt?

Frage 12.7.14 Welchen Beanspruchungen sind Abgasanlagen von Kraftfahrzeugen ausgesetzt?

13 Der Kreislauf der Werkstoffe

Inhaltsverzeichnis

13.1 Rohstoff und Energie

Frage 13.1.1 Wie sind Werkstoffe mit den drei Begriffen Materie, Energie und Information verknüpft?

Frage 13.1.2 Nennen Sie je ein Beispiel für

a) nachwachsende Rohstoffe,
b) nicht nachwachsende Rohstoffe,
c) natürliche Werkstoffe,
d) künstliche Werkstoffe.

Frage 13.1.3 Welches sind die

a) nicht rückgewinnbaren,
b) rückgewinnbaren

Energieanteile, die im Verlauf des Kreislaufs eines Werkstoffs aufgebracht werden müssen?

© Springer-Verlag GmbH Deutschland, ein Teil von Springer Nature 2019
E. Werner et al., *Fragen und Antworten zu Werkstoffe*,
https://doi.org/10.1007/978-3-662-58845-1_13

Frage 13.1.4 Nennen Sie drei Beispiele für die Einsparung von Energie durch Verbesserung der Gebrauchseigenschaften von Werkstoffen.

Frage 13.1.5

a) Welche Stoffe sind zugleich Energie- und Werkstoff-Rohstoffe?
b) Welche chemische Eigenschaft bestimmt im Wesentlichen den Energiebedarf bei der Herstellung eines Metalls?
c) Wofür wird Energie bei der Herstellung von Portlandzement benötigt?

Frage 13.1.6 Diskutieren Sie einen Werkstoffkreislauf, der den Weg eines Werkstoffs von der Herstellung bis zur Entsorgung bzw. Weiterverwendung als Zustandsänderung in sechs Schritten interpretiert. (M)

13.2 Auswahl, Gebrauch, Versagen, Sicherheit

Frage 13.2.1 Definieren Sie die Begriffe

a) Beanspruchungsprofil,
b) Eigenschaftsprofil

am Beispiel von Werkstoffen für Gasturbinenschaufeln.

Frage 13.2.2 Welche Kombination von Eigenschaften bestimmen die Auswahl von Werkstoffen für:

a) Flugzeugbeplankungen,
b) Dauermagnete,
c) Küchenmesser?

Frage 13.2.3 Ein Bernoullischer Balken mit Rechteckquerschnitt (Breite $b = 6\,\text{cm}$, Höhe h wählbar) wird auf Biegung beansprucht. Die Länge des Balkens beträgt $l = 1\,\text{m}$, seine Masse m ist $3,5\,\text{kg}$. Welcher der angeführten Werkstoffe muss gewählt werden, damit die Durchbiegung des Balkens minimal ist? (M)

Werkstoff	Dichte $\text{kg}\,\text{dm}^{-3}$	E-Modul GPa
Aluminium, dicht	2,7	70
Aluminium, geschäumt	2,0	32
Nickellegierung IN718	8,2	205
Stahl S325	7,9	210

Frage 13.2.4 Welche Rolle spielen die Summen der Gebrauchseigenschaften und Fertigungseigenschaften bei der Werkstoffauswahl?

Frage 13.2.5

a) Wie ist die Formzahl α_K definiert und welche Bedeutung hat sie für die Dimensionierung von Bauteilen?
b) Wie unterscheidet sich davon die Kerbwirkungszahl β_K und welche Werte kann diese annehmen? Erläutern Sie den Zusammenhang anhand der Wöhlerkurve.

Frage 13.2.6 Welche Elementarmechanismen führen zum Werkstoffversagen?

Frage 13.2.7 Warum treten technische Schadensfälle auf und wie können sie vermieden werden? (M)

Frage 13.2.8 Erläutern Sie

a) den Begriff der Betriebsfestigkeit und
b) in diesem Zusammenhang die Hypothese der linearen Schadensakkumulation.

Frage 13.2.9 Gegeben sind die (bruch-)mechanischen Kennwerte Bruchzähigkeit K_{Ic}, kritischer K-Wert bei Spannungsrisskorrosion K_{ISRK}, Zugspannung σ, Länge des Anrisses a und Wandstärke des Bauteils B. Definieren Sie mithilfe eines σ-a-Diagramms die Bemessungsprinzipien folgender Sicherheitskriterien:

a) Leck (d. h.: unterkritisches Risswachstum) vor Gewaltbruch (leak before break design),
b) kritische Rissausbreitung (critical burst design).

Frage 13.2.10 Gegeben sind die Ergebnisse von 50 Zugversuchen durchgeführt am Stahl S235, siehe Tab. 1.

a) Erreicht die mittlere Zugfestigkeit den vorgegebenen Wert von $R_m = 370\,\text{MPa}$?
b) Wie hoch darf der Stahl belastet werden, wenn mehr als 97 % der Proben der Beanspruchung gewachsen sein sollen? (M)

Frage 13.2.11 Welcher Zusammenhang besteht zwischen Rohstoffverbrauch und Sicherheitsanforderung?

Tab. 1 Auswertung von 50 Zugversuchen ($n = 50$ Messungen der Zugfestigkeit R_m in MPa)

Klassen Nr. i	Klasse $R_{mi} = x_i$	Anzahl n_i	Summe Σn_i	Summen-häufigkeit $\frac{\Sigma n_i}{n} \cdot 100\,\%$	Relative Häufigkeit $\frac{n_i}{n} \cdot 100\,\%$
1	<335	0	0	0	0
2	355–365	1	1	2	2
3	365–375	4	5	10	8
4	375–385	4	9	18	8
5	385–395	14	23	46	28
6	395–405	11	34	68	22
7	405–415	9	43	86	18
8	415–425	5	48	96	10
9	425–435	2	50	100	4
10	>435	0	50	100	0

Frage 13.2.12 Was versteht man unter Sicherheitskriterien und wie geht man bei einer statistischen Streuung von Werkstoffkennwerten vor?

Frage 13.2.13 Für einen dünnwandigen, kugelförmigen Behälter (Innendurchmesser $2r$, Wandstärke t), der als Druckgefäß genutzt werden soll (Innendruck p), soll der geeignete Werkstoff ausgewählt werden. Zur Verfügung stehen die in der Tabelle angeführten Werkstoffe, deren Streckgrenze σ_y und Bruchzähigkeit K_{Ic} angegeben sind.

Werkstoff	σ_y MPa	K_{Ic} MPa $\sqrt{m}$
Vergütungsstahl 42CrMo4	1050	80
Al-Legierung AlCuMg2	345	44
Ti-Legierung Ti6Al4	910	55
Unlegierter Stahl C40	260	54

Welcher Werkstoff ist zu wählen, wenn dieser rissbehaftet ist und

a) der Druckbehälter durch einen zu hohen Druck nachgeben soll, d.h. plastisch fließen soll, bevor er in Folge der Ausbildung eines Risses mit kritischer Länge katastrophal versagt, bzw.

b) die Ausbildung eines Risses durch die Behälterwand zugelassen wird, der zu einem Leck führt und dadurch katastrophales Versagen (Bersten des Behälters) verhindert?

Für beide Teilaufgaben darf angenommen werden, dass sich in der Wand des Behälters ein ebener Dehnungszustand ausbildet. (S)

13.3 Entropieeffizienz und Nachhaltigkeit

Frage 13.3.1 Welche Werkstoffe sind wegen des häufigen Vorkommens der für ihren Aufbau benötigten Atomart begünstigt?

Frage 13.3.2

a) Welche Werkstoffe sind zum Wiedereinschmelzen geeignet?
b) Welche Werkstoffe sind zur Verbrennung geeignet?
c) Beschreiben Sie die Struktur von PVC und die daraus folgenden Probleme bei der Rückgewinnung.
d) Nennen Sie die Voraussetzungen für den biologischen Abbau von Werkstoffen. Geben Sie Beispiele für biologisch abbaubare und nicht abbaubare Polymere.
e) Beschreiben Sie das Schredderverfahren zur Aufbereitung von Automobilschrott.

Frage 13.3.3 Grenzen Sie die recyclingtechnischen Begriffe „Weiterverwendung" und „Wiederverwertung" gegeneinander ab.

Frage 13.3.4 Was versteht man unter Demontage und sekundärer Aufbereitung?

Frage 13.3.5 Was versteht man unter offenen und geschlossenen Stoffkreisläufen?

Frage 13.3.6 Was kann man mit einem Werkstoff machen, der das Ende seiner Lebensdauer erreicht hat? Welchen Vorteil bieten hier geschlossene Stoffkreisläufe?

Frage 13.3.7 Was ist unter stofflichem und energetischem Recycling zu verstehen?

Frage 13.3.8 Was ist ein Recyclinggift?

Frage 13.3.9 Gibt es Regeln für die Vorhersage der Toxizität (Giftigkeit) eines Werkstoffs?

Frage 13.3.10 Gibt es Regeln für die Vorhersage der biologischen Abbaubarkeit eines Polymerwerkstoffs?

Frage 13.3.11 Welche Stoffe tragen ganz wesentlich zur biologischen Abbaubarkeit von Polymeren bei?

Frage 13.3.12 Was hat Entropieeffizienz mit Nachhaltigkeit zu tun? (M)

Frage 13.3.13 Welcher Zusammenhang besteht beim Durchlaufen eines Stoffkreislaufs zwischen Nachhaltigkeit und den drei Kenngrößen optimale Gebrauchseigenschaften, größtmögliche Lebensdauer und Entropieänderung? (M)

13.4 Recycling am Beispiel Kraftfahrzeug

Frage 13.4.1 Womit wird bei der Herstellung bzw. dem Betrieb eines Kraftfahrzeugs der größte Teil an nicht erneuerbaren Rohstoffen verbraucht? Welcher ungefähre Anteil des jährlich verarbeiteten Rohöls wird für Brennstoffe, welcher für Werkstoffe (Polymere) verwendet?

Frage 13.4.2

a) Was versteht man unter originärer Wiederverwertung?
b) Welche Teile eines Kraftfahrzeugs sind sowohl technisch als auch wirtschaftlich für das Recycling besonders geeignet?

Frage 13.4.3 Beschreiben Sie kurz die drei Stufen der Werkstoffverwertung am Beispiel eines Kraftfahrzeugs.

Frage 13.4.4 In welchen Schritten erfolgt das Aufarbeiten von Kraftfahrzeugen?

Frage 13.4.5 Welche Probleme treten bei der Wiederverwertung von Glas aus Kraftfahrzeugen auf?

Frage 13.4.6 Aus welchen Gründen werden zunehmende Mengen und viele verschiedene Polymere in Kraftfahrzeugen eingesetzt?

Frage 13.4.7 Erläutern Sie die Vorteile des geblasenen Kunststofftanks im Automobil gegenüber einer Ausführung aus tiefgezogenem Stahl.

Frage 13.4.8 Nennen Sie einige Beispiele für recyclierbare Bauteile eines Kraftfahrzeugs und ordnen Sie diese den verschiedenen Werkstoffgruppen zu.

Frage 13.4.9 Welche Anforderungen sollten bereits bei der Planung eines neuen Kraftfahrzeugs im Hinblick auf seine spätere Recyclierbarkeit beachtet werden? („recyclinggerechte Konstruktion")

Teil II

Antworten

1 Überblick

Inhaltsverzeichnis

1.1 Werkstoffe, Werkstoffkunde

Antwort 1.1.1

Werkstoffe sind feste Stoffe, die den Menschen für den Bau von Maschinen, Gebäuden, aber auch zum Ersatz von Körperteilen als Implantate, oder zur Realisierung künstlerischer Visionen nützlich sind.

Antwort 1.1.2

Rohstoffe braucht man für die Deckung des Energiebedarfs (z. B. Öl, andere fossile Brennstoffe) und zur Herstellung von Werkstoffen (z. B. Erze). Für die Herstellung von Werkstoffen braucht man Energie (für den Betrieb von Hochöfen, Aluminiumelektrolyse). Für Gasturbinen, mit welchen mechanische in elektrische Energie umgewandelt wird, braucht man Werkstoffe, die bei hoher Temperatur hohe Festigkeiten aufweisen.

Antwort 1.1.3

In der Werkstoffwissenschaft geht es um das Verständnis des Zusammenhangs zwischen dem Aufbau und den Eigenschaften von Werkstoffen. Die Werkstofftechnik beschäftigt sich mit der Herstellung von Werkstoffen mit nützlichen Eigenschaften zu wirtschaftlichen Kosten.

© Springer-Verlag GmbH Deutschland, ein Teil von Springer Nature 2019
E. Werner et al., *Fragen und Antworten zu Werkstoffe,*
https://doi.org/10.1007/978-3-662-58845-1_14

Antwort 1.1.4

Die Werkstoffkunde umfasst einen stärker grundlagenorientierten und einen mehr anwendungsbezogenen Teil: Werkstoffwissenschaft und Werkstofftechnik. Die Werkstoffwissenschaft behandelt die Grundlagen der Zusammenhänge zwischen Herstellung, Aufbau und Eigenschaften von Werkstoffen. In der Werkstofftechnik geht es um Untersuchungen und Prüfverfahren, Normen und Bezeichnungen, sowie die Fertigung und Anwendung von Werkstoffen.

1.2 Werkstoffgruppen, Aufbau der Werkstoffe

Antwort 1.2.1

Es ist sinnvoll, die Werkstoffe zunächst in drei große Gruppen mit jeweils charakteristischen Eigenschaften einzuteilen: Metallische, keramische und polymere oder (Kunst-) Stoffe. Als vierte Gruppe kommen die Verbundwerkstoffe hinzu, die durch Kombination von jeweils mindestens zwei Werkstoffen mit unterschiedlichen Eigenschaften entstehen. Man erhält dadurch Werkstoffe mit neuen Eigenschaften, welche diejenigen der einzelnen Bestandteile übertreffen.

Metalle sind gute elektrische Leiter, reflektieren Licht, sind auch bei tiefen Temperaturen plastisch verformbar und chemisch meist nicht sehr beständig.

Keramische Stoffe sind schlechte elektrische Leiter, oft durchsichtig, nicht plastisch verformbar und chemisch sehr beständig. Sie schmelzen bei hohen Temperaturen.

Polymere (oder Kunststoffe) sind schlechte elektrische Leiter, bei tiefen Temperaturen spröde, aber bei erhöhter Temperatur plastisch verformbar, chemisch bei Raumtemperatur an Luft beständig, haben eine geringe Dichte und schmelzen oder zersetzen sich bei verhältnismäßig niedriger Temperatur.

Antwort 1.2.2

Die Metalle, Keramiken und Polymere unterscheiden sich durch ihren atomaren Aufbau:

Die Atome der Metalle streben eine möglichst dichte Packung von Kugeln an. Dem entspricht eine Anordnung von Schichten der Atome, die so gestapelt sind, dass die nächste Schicht sich jeweils auf den Lücken der darunter liegenden befindet. Diese Anordnung setzt sich periodisch im Raum fort. Ein solches Raumgitter von Atomen bildet einen Kristall. Fast alle Metalle sind kristallin.

Die Grundbausteine der keramischen Stoffe sind anorganische Verbindungen, am häufigsten Metallatom-Sauerstoff-Verbindungen. Durch periodische Anordnung dieser Bausteine im Raum entsteht ein Kristall. Die Grundbausteine können sich aber auch in einem regellosen Netzwerk anordnen, es entsteht dann ein Glas.

Die Polymere schließlich sind aus großen Molekülketten aufgebaut, die aus Kohlenstoff und Elementen wie Wasserstoff, Chlor, Fluor, Sauerstoff und Stickstoff bestehen.

Solche Moleküle entstehen aus meist gasförmigen Monomeren. Kettenförmige Moleküle können 10^3 bis 10^5 Monomere enthalten.

Das entspricht Fäden, die etwa 10^{-3} cm lang sind. Bei Raumtemperatur lagern sich diese Ketten entweder ungeordnet verknäuelt (als Glas) oder gefaltet (als Kristall) zusammen. Die meisten Kunststoffe bestehen aus einem Gemisch von Glas- und Kristallstruktur.

Antwort 1.2.3

a) Keramiken werden unterteilt in:
- Oxidkeramik
  - Kristalline Oxidkeramik
  - Amorphe Oxidkeramik
  - Hydratisierte Silikate
- Nichtoxidische Verbindungen
  - Nitride
  - Karbide
  - Boride

b) Metalle werden unterteilt in:
- Eisen und seine Legierungen
  - Stahl
  - Gusseisen
- Nichteisenmetalle
  - Leichtmetalle
  - Buntmetalle
  - Schwermetalle
  - Edelmetalle

c) Polymere (Kunststoffe) werden unterteilt in:
- Plastomere (= Thermoplaste)
- Elastomere (= Gummi)
- Duromere (= Kunstharz)

Antwort 1.2.4

Mit der Kenntnis des mikroskopischen Aufbaus kann man gezielt neue Werkstoffe mit maßgeschneiderten Eigenschaften entwickeln und damit vorzeitiges Werkstoffversagen verhindern.

Antwort 1.2.5

Perlit entsteht durch den eutektoiden Zerfall des Austenits (γ-Fe) zu Ferrit (α-Fe) und Zementit (Fe_3C). Perlit hat ein streifenartiges Gefüge, in dem sich α-Fe- und Fe_3C-Lamellen abwechseln. Das Perlitgefüge stellt einen optimalen Kompromiss zwischen kurzen Diffusionswegen (des Kohlenstoffs vor der Umwandlungsfront) und minimaler Grenzflächenenergie (aller α-Fe/Fe_3C-Grenzflächen) dar.

Antwort 1.2.6

Elektronenbeugungsdiagramme von Ein- und Vielkristallen mit großer Korngröße (>als der Durchmesser des Elektronenstrahls) erscheinen als regelmäßige Punktmuster. Elektronenbeugungsdiagramme von Gläsern und Vielkristallen mit kleiner Korngröße (<als der Durchmesser des Elektronenstrahls) zeigen Ringe.

1.3 Eigenschaften der Werkstoffe

Antwort 1.3.1

Ein Werkstoff besitzt verschiedene Gebrauchseigenschaften. Stellt man diese in Form eines Histogramms zusammen, so erhält man das charakteristische Eigenschaftsprofil eines Werkstoffes.

Antwort 1.3.2

Neben guten Gebrauchseigenschaften sollte ein Werkstoff auch gute Fertigungseigenschaften besitzen, d. h. er sollte in die von der Konstruktion geforderte und oft komplizierte Form zu bringen sein. Darüber hinaus ist es oft notwendig, einzelne Teile durch geeignete Fügeverfahren miteinander verbinden zu können. Die dritte Forderung heißt Wirtschaftlichkeit. Ein Stoff kann gute technische Eigenschaften besitzen und kommt trotzdem als Werkstoff nicht in Frage, wenn er zu teuer ist.

Antwort 1.3.3

Fertigungseigenschaften: Gießbarkeit, Spanbarkeit, Schweißbarkeit, ...
Gebrauchseigenschaften: Zugfestigkeit, Härte, Wärmeleitfähigkeit, ...

Antwort 1.3.4

Bei Strukturwerkstoffen kommt es vor allem auf die mechanischen Eigenschaften an. Sie werden für lasttragende Strukturen wie Brücken, Flugzeugtragflächen oder Pleuelstangen verwendet. Strukturwerkstoffe sollen eine hohe Festigkeit und hohe chemische Beständigkeit aufweisen. Bei den Funktionswerkstoffen stehen physikalische oder chemische Eigenschaften im Vordergrund, z. B. die Leitung von Elektrizität, Wärme oder die magnetische Speicherung von Information.

Strukturwerkstoffe: Baustähle, Vergütungsstähle, ausscheidungshärtbare Aluminiumlegierungen, zweiphasige Titanlegierungen.

Funktionswerkstoffe: keramische und metallische Supraleiter, Ferroelektrika, metallische Gläser, antistatische Polymere.

Antwort 1.3.5

Die Naturgesetze, die durch lineare Gleichungen gegeben sind, lassen sich alle in folgender Form darstellen:

Ursache × Koeffizient = Wirkung

Effekt	Ursache	×	Koeffizient	=	Wirkung
Elektrische Leitung	Elektrische Spannung	×	Elektrische Leitfähigkeit	=	Elektrischer Strom
Wärmeleitung	Temperaturdifferenz	×	Wärmeleitfähigkeit	=	Wärmestrom
Elastizität	Mechanische Spannung	×	Elastische Nachgiebigkeit	=	Reversible Verformung
Fließen	Schubspannung	×	Viskositätsbeiwert	=	Fließgeschwindigkeit

Beim Koeffizienten handelt es sich immer um die maßgebliche Werkstoffeigenschaft. Natürlich sind die Zusammenhänge in vielen anderen Fällen nicht linear. Diese Werkstoffeigenschaften hängen dann stets in ganz spezifischer Weise mit dem Aufbau des Werkstoffs (Bindung seiner Atome, Gefüge) zusammen.

Antwort 1.3.6

Die Oberflächenstruktur der Haut von Haien sorgt für einen überaus niedrigen Strömungswiderstand. Bei hoher Vergrößerung in einem Rasterelektronenmikroskop zeigen sich winzige, in Strömungsrichtung orientierte und stromlinienförmig aufgebaute Erhebungen auf der Haut. Eine solche Oberflächenstrukturierung wird beispielsweise bei Flugzeugen für die Gestaltung von Kabinenaußenflächen oder auch der Tragflächen angestrebt. Die dadurch erzielbaren Treibstoffeinsparungen werden mit bis zu 10 % beziffert.

Die Blattoberfläche der Lotuspflanze ist „mikrorauh" strukturiert. Bei Betrachtung mit dem Rasterelektronenmikroskop zeigen sich eine Vielzahl von feinen Spitzen, die aus dem Blatt herausragen. Auf diesen Spitzen kann kein Fremdkörper wie z. B. Staub oder sonstige Schmutzteilchen festhaften. Dieser Effekt wird zunehmend in der Gebäudetechnik in Form von Fassadenfarbe, Dachziegeln oder, noch in der Entwicklung, Glasscheiben ausgenutzt. Neuere Entwicklungen gibt es auch im Bereich von Porzellanprodukten wie z. B. Sanitär- und Gebrauchskeramik.

Antwort 1.3.7

Ein Konstrukteur muss Werkstoffe auswählen können. Dazu muss er das Anforderungsprofil seiner Konstruktion bestmöglich mit dem Eigenschaftsprofil eines Werkstoffs in Übereinstimmung bringen. Dabei muss er sich auch Gedanken zur Herstellbarkeit und zum Preis machen. Schließlich sollte er auch bereits im Vorfeld eine hohe Nachhaltigkeit anstreben, und an die Rezyklierbarkeit des Werkstoffs am Ende seiner Lebensdauer denken.

1.4 Bezeichnung der Werkstoffe

Antwort 1.4.1

Die Bezeichnung der Werkstoffe erfolgt nach einer Vielzahl von Prinzipien. Im Folgenden sollen deshalb nur die wichtigsten Bezeichnungsweisen angeführt werden:

a) Werkstoffnummern

Nach DIN EN 10027-2 werden die Werkstoffe mit einer aus sieben Ziffern bestehenden Zahl bezeichnet. Dieses System eignet sich besonders für die elektronische Datenverarbeitung und erfasst alle Werkstoffgruppen. Die erste Ziffer bezeichnet die Werkstoffgruppe:

0   Roheisen, Ferrolegierungen, Gusseisen
1   Stahl oder Stahlguss
2   Schwermetalle außer Eisen
3   Leichtmetalle,
4-8 nichtmetallische Werkstoffe.

Die zweite und dritte Ziffer geben bestimmte Klassen an. Bei Stählen ist dies die Stahlgruppennummer. In der vierten und fünften Ziffer werden die einzelnen Stähle einer Klasse aufgezählt. Die letzten beiden Ziffern sind für zukünftige Stahlsorten reserviert.

b) Bezeichnung für Stahl und Stahlguss nach Kurznamen (DIN EN 10027-1)

Nach der DIN EN 10027-1, die nur für Stähle und Gusseisen gilt, wird ein Werkstoff anhand seines Einsatzfeldes, seiner Legierungselemente und seiner Eigenschaften bezeichnet. In den meisten Fällen werden einzelne Teile der Bezeichnung, wenn sie nicht zutreffend oder wesentlich sind, weggelassen.

c) Nichteisenmetalle

Für die Kennzeichnung von Nichteisenmetallen wird das chemische Symbol des Grundelementes verwendet, dem die Symbole der Legierungselemente und Konzentrationsangaben in Gew.-% folgen (z.B.: AlSi7Mg: Al-Legierung mit 7 Gew.-% Silizium und geringen Beimengungen von Magnesium). Bei Rein- oder Reinstmetallen folgt die Konzentration des Grundelementes (z.B.: Al 99,99: Al-Gehalt mindestens 99,99 Gew.-%). Dazu können Herstellung oder Verwendungszweck durch einen vorangestellten Buchstaben gekennzeichnet werden. Buchstaben für besondere Eigenschaften werden angehängt.

d) Polymere Werkstoffe

Polymere Werkstoffe werden mit einer Abkürzung ihrer chemischen Bezeichnung benannt (z.B. PTFE: Poly-tetra-fluor-ethylen).

e) Zement und Beton

Zemente werden entweder nach einer der drei Güteklassen (= Druckfestigkeit des Zements nach 28 Tagen), oder nach ihrer Herkunft und Zusammensetzung bezeichnet. Beton wird anhand seiner Druckfestigkeit bezeichnet, die er 28 Tage nach dem Abguss erreicht (z. B. Bn120).

Antwort 1.4.2

Die Bezeichnung der Eisenbasiswerkstoffe mit Kurznamen nach DIN EN 10027-1 hat den Vorteil, dass anhand der Buchstaben- und Zahlenkombination entweder wichtige Eigenschaften oder die chemische Zusammensetzung erkannt werden können. Man unterscheidet zwei Gruppen für die Bezeichnung.

Gruppe 1: Kurznamen der Gruppe 1 geben Hinweise auf die Verwendung, sowie die mechanischen und physikalischen Eigenschaften. Kurznamen setzen sich aus Haupt- und Zusatzsymbolen zusammen. Das Hauptsymbol besteht aus einem Kennbuchstaben für die Stahlgruppe und der darauf folgenden Mindeststreckgrenze in MPa für die kleinste Erzeugnisdicke. Für die Stahlgruppen R und Y sind davon abweichend die Mindesthärte nach Brinell bzw. der Nennwert der Zugfestigkeit, für die Stahlgruppe M die höchstzulässigen Magnetisierungsverluste angegeben. Bei Stahlguss wird dem Hauptsymbol ein G vorangestellt, bei pulvermetallurgisch hergestellten Stählen PM.

Hauptsymbol	
Kennbuchstabe	Kennzahl für
S = Stahlbau	Streckgrenze
P = Druckbehälter	Streckgrenze
E = Maschinenbau	Streckgrenze
B = Betonstähle	Streckgrenze
Y = Spannstahl	Zugfestigkeit
R = Schienenstahl	Brinellhärte
D = Flacherzeugnisse zum Kaltumformen	Streckgrenze
H = Kaltgewalzte Flacherzeugnisse (höherfeste Güten)	Streckgrenze
T = Verpackungsblech und -band	Streckgrenze
L = Leitungsrohre	Streckgrenze
M = Elektroblech	Magnetisierungsverluste

Das Zusatzsymbol gibt Aufschluss über die Gütegruppe der Stähle. Es können Angaben über die Kerbschlagarbeit (inkl. Prüftemperatur), die Stahlgüte (B bake hardening, X Dualphase, T TRIP-Stahl, Y interstitial-free, usw.) bzw. die Art der Oberflächenbeschichtung gemacht werden.

Gruppe 2: Die Kurznamen der Gruppe 2 orientieren sich an der chemischen Zusammensetzung, wobei in der neuen europäischen Norm alle Leerzeichen, die in der alten DIN-Bezeichnung üblich waren, aus Platzgründen entfallen. Die Stähle werden nach ihrem Gehalt an Legierungselementen in vier Untergruppen eingeteilt:

- Unlegierte Stähle mit einem Mangangehalt $<1\%$
- (Niedrig-)legierte Stähle mit einem mittleren Gehalt einzelner Legierungselemente unter 5% bzw. unlegierte Stähle mit $>1\%$ Mn sowie Automatenstähle
- Hochlegierte Stähle (mindestens ein Legierungselement $>5\%$)
- Schnellarbeitsstähle

Dem Hauptsymbol können auch hier Zusatzsymbole folgen, die Auskunft über besondere Anforderungen an das Erzeugnis, den Behandlungszustand sowie die Art der Oberflächenbeschichtung (Überzug) geben.

Antwort 1.4.3
Die Multiplikatoren werden verwendet, um ganze Zahlen der gleichen Größenordnung in der Werkstoffbezeichnung zu erhalten. Folgende Multiplikatoren werden verwendet:

Multiplikator	Element
4	Cr, Mn, Co, Ni, W, Si
10	Be, Al, Ti, V, Cu, Mo, Nb, Ta, Zr, Pb
100	P, S, N, Ce, C
1000	B

Antwort 1.4.4
Die Werkstoffbezeichnungen haben folgende Bedeutung:

a) unlegierter Vergütungsstahl mit 0,45 Gew.-% Kohlenstoff, hergestellt als Flacherzeugnis zum Kaltumformen
b) Stahl für Stahlbau mit einer Mindeststreckgrenze von 235 MPa
c) hochlegierter Stahl mit 1,2 Gew.-% Kohlenstoff und 12 Gew.-% Mangan
d) legierter Stahl mit 0,50 Gew.-% Kohlenstoff, 1 Gew.-% Chrom und weniger als 1 Gew.-% Vanadium
e) Gleitlagerwerkstoff bestehend aus 80% Zinn und 20% Blei (in Gew.-%)
f) Stahl, der 0,75 Gew.-% Kohlenstoff, 1,5 Gew.-% Chrom, 0,7 Gew.-% Molybdän und geringe Zusätze an Nickel und Wolfram enthält
g) Dualphasenstahl als kaltgewalztes Flacherzeugnis, feuerverzinkt, Mindestzugfestigkeit 1000 MPa
h) hochlegiertes, austenitisches Gusseisen mit Lamellengraphit mit 15% Ni, 5% Cu, 2% Cr (in Gew.-%)
i) wärmebehandelter Sphäroguss mit $R_m \geq 400$ MPa, $A \geq 18\%$
j) Aluminium-Silizium-Gusslegierung mit 12 Gew.-% Si

Antwort 1.4.5
a) X5NiCrMo18-8-5, b) CuSn6 F64, c) G-AlSi12 Mg wa, d) S460, e) 30CrMoV9, f) GD-ZnAl4, g) AZ91.

Antwort 1.4.6
EN-GJS-1000 (früher: GGG 1000)

Antwort 1.4.7
a) Kupfer-Zink-Legierung (Messing) mit 40 Gew.-% Zink
b) Messing mit 37 Gew.-% Zink und 2 Gew.-% Blei, Mindestzugfestigkeit 430 MPa

1.5 Geschichte und Zukunft, Nachhaltigkeit

Antwort 1.5.1
Die Entwicklung der Werkstoffe ist durch ein schrittweises Loslösen vom Naturgegebenen gekennzeichnet. Auf die Steinzeit folgte die Bronze- und Eisenzeit. Heute haben wir eine Vielzahl von Werkstoffen mit maßgeschneiderten Eigenschaften zur Verfügung und wir setzen ingenieurwissenschaftliche Forschungsmethoden zur Entwicklung moderner Konstruktionswerkstoffe ein.

Antwort 1.5.2
Prospektion der Rohstoffe, Herstellung, Fertigung, Gebrauch, Erreichen des Endes der nutzbaren Lebensdauer, Deponierung/Verbrennung/Recycling.

Antwort 1.5.3
Unter Nachhaltigkeit verstehen wir ein Minimum an Verbrauch von Rohstoffen und Energie. Man soll Werkstoffe mit möglichst wenig Energieeinsatz herstellen können. Sie sollen eine möglichst hohe Lebensdauer besitzen. Recyclinggerechtes Konstruieren und abfallarme Fertigung tragen zu diesen Zielen bei, weil man bei Verwendung rezyklierter Werkstoffe und durch abfallarme Fertigung Rohstoffe und Energie spart.

2 Aufbau fester Phasen

Inhaltsverzeichnis

2.1 Atome und Elektronen

Antwort 2.1.1

Die Masse eines Atoms setzt sich zusammen aus der Ruhemasse der Protonen, Neutronen und Elektronen. Für das ^{12}C-Isotop gilt:

6 Protonen	zu je $1{,}6726485 \cdot 10^{-27}$ kg	$= 1{,}0035891 \cdot 10^{-26}$ kg
6 Neutronen	zu je $1{,}6749543 \cdot 10^{-27}$ kg	$= 1{,}0049726 \cdot 10^{-26}$ kg
Masse des Kerns		$= 2{,}0085617 \cdot 10^{-26}$ kg
6 Elektronen	zu je $9{,}109534 \cdot 10^{-31}$ kg	$= 5{,}4657200 \cdot 10^{-31}$ kg
rechnerische Masse des ^{12}C-Isotops		$= 2{,}0091083 \cdot 10^{-26}$ kg
massenspektroskopisch ermittelte Masse		$= 1{,}9992200 \cdot 10^{-26}$ kg

© Springer-Verlag GmbH Deutschland, ein Teil von Springer Nature 2019
E. Werner et al., *Fragen und Antworten zu Werkstoffe*,
https://doi.org/10.1007/978-3-662-58845-1_15

Es ergibt sich somit eine Differenzmasse Δm von $1{,}6908 \cdot 10^{-28}$ kg. Aus der Äquivalenz von Energie und Masse ($\Delta E = \Delta m\, c^2$, $c = 2{,}998 \cdot 10^8$ ms^{-1}, Lichtgeschwindigkeit) folgt, dass Δm einer Energie $\Delta E = 1{,}519638 \cdot 10^{-11}$ J entspricht. Diese Energie wird als γ-Strahlung frei, wenn sich der Kern bildet und führt so zu einem Massenverlust (Massendefekt).

Abb. 1 zeigt, dass die (negativ aufgetragene!) Bindungsenergie pro Nukleon (Kernbaustein), über der relativen Atommasse A_r aufgetragen, bei $A_r \sim 60$ ein Minimum durchläuft. Elemente wie Eisen und Nickel besitzen daher die stabilsten Atomkerne, da weder durch Kernspaltung noch durch Kernfusion die Bindungsenergie gesteigert werden kann (d. h. negativere Werte annehmen kann).

Antwort 2.1.2

a) Die Dichte, da fast die gesamte Masse des Atoms im Kern konzentriert ist, siehe auch Antwort 2.1.1.

b) Die chemische Reaktionsfähigkeit, die mechanische Festigkeit, die elektrische Leitfähigkeit, das Auftreten von Ferromagnetismus und die optischen Eigenschaften.

Antwort 2.1.3

Die Elementarzelle eines kubisch flächenzentrierten Gitters (kfz) enthält vier Atome, die eines kubisch raumzentrierten Gitters (krz) zwei Atome. Die Masse eines Atoms beträgt:

$$m_A = \frac{A_r}{N_A},$$

mit der relativen Atommasse A_r und der Avogadroschen Zahl $N = 6{,}02 \cdot 10^{23}$ Atome pro Mol. Für die Dichte ϱ eines Elements, das im kubischen Gitter kristallisiert, gilt

Abb. 1 Massenverlust (Bindungsenergie) als Kennzeichen der Stabilität eines Atomkerns. Atome mit mittlerer Ordnungszahl $28 < Z < 60$ sind am stabilsten

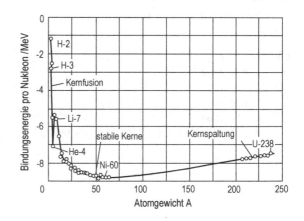

$$\varrho = \frac{Z\, m_A}{a^3}.$$

Z ist die Anzahl der Atome pro Elementarzelle, a die Gitterkonstante der kubischen Zelle. Damit erhält man für das kubisch flächenzentrierte Blei ($Z = 4$):

$$\varrho_{Pb} = \frac{4\,\text{Atome} \cdot 207{,}19\,\text{g}\,\text{mol}^{-1}}{6{,}02 \cdot 10^{23}\,\text{Atome}\,\text{mol}^{-1} \cdot \left(0{,}495 \cdot 10^{-9}\,\text{m}\right)^3} = 11{,}35 \cdot 10^3\,\text{kg/m}^3.$$

In analoger Weise erhält man für das kubisch flächenzentrierte Aluminium $\varrho_{Al} = 2{,}70\,\text{g/cm}^3$ und das kubisch raumzentrierte α-Eisen ($Z = 2$) $\varrho_{\alpha-Fe} = 7{,}88\,\text{g/cm}^3$.

Antwort 2.1.4
Zwischen der Energiedifferenz $E_2 - E_1$ und der Frequenz ν bzw. der Wellenlänge λ des emittierten Photons gilt der Zusammenhang

$$E_2 - E_1 = h\,\nu = \frac{h\,c}{\lambda}.$$

$h = 6{,}62606896 \cdot 10^{-34}\,\text{Js}$ ist das Plancksche Wirkungsquantum, $c = 2{,}998 \cdot 10^8\,\text{ms}^{-1}$ die Lichtgeschwindigkeit. Somit ergibt sich für die Wellenlänge

$$\lambda = \frac{h\,c}{E_2 - E_1} = 1215{,}7\,\text{nm},$$

wobei die Umrechnung $1\,\text{eV} = 1{,}602 \cdot 10^{-19}\,\text{J}$ verwendet wurde.

Antwort 2.1.5
a)

$$^{26}\text{Fe}:\quad \underbrace{1\text{s}^2}_{\text{K–}} \quad \underbrace{2\text{s}^2\ 2\text{p}^6}_{\text{L–}} \quad \underbrace{3\text{s}^2\ 3\text{p}^6\ 3\text{d}^6}_{\text{M–}} \quad \underbrace{4\text{s}^2}_{\text{N–Schale}}$$

b) Übergangselemente zeichnen sich dadurch aus, dass die nächsthöhere Schale bereits vor dem vollständigen Auffüllen der Unterschale besetzt wird. Im Fall des Fe-Atoms könnten in die M-Schale noch vier 3d-Elektronen aufgenommen werden. Stattdessen wird nach 3d^6 bereits 4s^2 besetzt. Dies hat eine Reihe von Konsequenzen wie z.B., dass es verschiedene Oxide des Eisens gibt (FeO, Fe_2O_3 und Fe_3O_4).

Antwort 2.1.6
a) Siehe dazu Abb. 2.
b) Aufgrund der besonderen Elektronenstrukturen der Übergangsmetalle zeigen diese hervorragende Eigenschaften, wie die Verläufe der Schmelztemperatur T_{kf} und der Dichte ϱ zeigen. Darüber hinaus sind noch der Ferromagnetismus, Anomalien der elastischen Konstanten und der chemischen Bindung für die Nutzung dieser Elemente als Werkstoffe von besonderer Bedeutung.

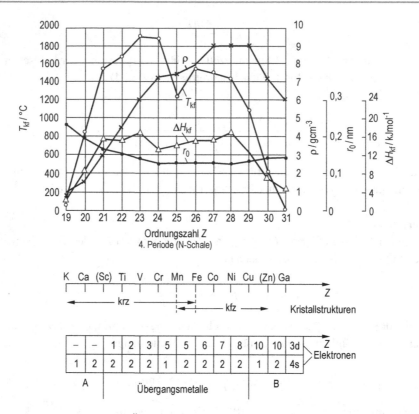

Abb. 2 Einige Eigenschaften der Übergangselemente der 4. Periode. T_{kf} Schmelztemperatur, ΔH_{kf} Schmelzwärme, ϱ Dichte, r_0 Atomradius. Die Elemente Sc und Zn kristallisieren im hexagonalen Gitter

2.2 Bindung der Atome und Moleküle

Antwort 2.2.1

Kovalente Bindung (homöopolare Bindung)

Bindungstyp, bei dem die Oktettregel (abgeschlossene Achterschale) durch die Nutzung gemeinsamer Elektronenpaare zweier Atome erfüllt wird. Beispiele dafür sind der Diamant oder fester Wasserstoff (Abb. 3b, d): Bei diesem fangen zwei Wasserstoffatome das $1s^1$-Elektron des jeweils anderen Atoms als $1s^2$-Elektron mit ein, wobei die $1s^1$-Elektronen aus quantenmechanischen Gründen einen entgegengesetzten Spin haben müssen.

Die kovalente Bindung ist eine gerichtete und sehr starke Bindung, weshalb der Diamant, eine nahezu rein kovalente Kohlenstoffverbindung in Tetraederform, der härteste bekannte Werkstoff ist.

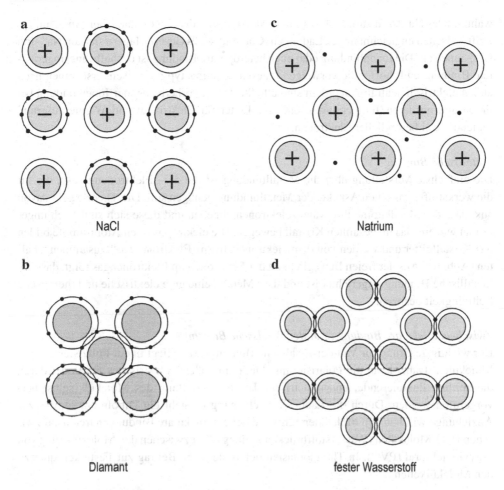

Abb. 3 **a** Ionenbindung, NaCl. **b** kovalente Bindung, Diamant, gemeinsame Elektronen benachbarter Atome. **c** Metallische Bindung, Na, freie Elektronen. **d** kovalente Bindung, fester Wasserstoff

Ionenbindung (heteropolare Bindung)
Dieser Bindungstyp tritt bevorzugt zwischen Elementen mit großer Elektronenaffinität (Elemente der Gruppen VI und VII im Periodensystem, die nur ein oder zwei Elektronen für die Bildung einer äußeren Achterschale aufnehmen müssen) und Elementen mit einer geringen Ionisierungsenergie (Elemente der Gruppen I und II im Periodensystem) auf. Ein Beispiel ist das Natriumchlorid (Abb. 3a):

$$^{11}\text{Na} : \quad 1s^2\, 2s^2\, 2p^6\, 3s^1$$

$$^{17}\text{Cl} : \quad 1s^2\, 2s^2\, 2p^6\, 3s^2\, 3p^5$$

Das $3s^1$-Elektron kann durch eine geringe Energiezufuhr vom Na abgelöst und als $3p^6$-Elektron in das Chlor-Atom eingebaut werden. Das Cl-Atom wird dadurch zum Cl^--Anion, während das Na-Atom zum Na^+-Kation wird. Aufgrund der elektrostatischen Anziehungs-kraft zwischen ungleichnamigen Ladungen (Coulombsches Gesetz), lagern sich am Na^+-Ion Cl^-- Ionen an. Die Ionenbindung oder auch heteropolare Bindung ist deshalb eine ungerich-tete Bindung und Stoffe, die vorwiegend diesen Bindungstyp aufweisen, erscheinen nach außen elektrisch neutral. Außerdem sind alle Stoffe mit vorherrschender Ionenbindung bei tiefen und mittleren Temperaturen schlechte Leiter für Elektrizität und Wärme aufgrund fehlender frei beweglicher Elektronen.

Metallische Bindung
Die einfachste Vorstellung über die Metallbindung ist die des „Elektronengases", die für die werkstofftechnischen Aspekte der Metallbindung genügen soll. Die Theorie geht davon aus, dass die Metallatome ihre Valenzelektronen abgeben und diese sich statistisch unge-ordnet wie ein Gas im gesamten Kristall bewegen. Die elektropositiven Atomrümpfe bilden das Kristallgitter und werden von dem elektronegativen „Elektronengas" zusammengehal-ten (Abb. 3c). Aus der freien Beweglichkeit der Elektronen im Elektronengas folgt, dass die metallische Bindung ungerichtet ist und dass Metalle eine gute elektrische und thermische Leitfähigkeit besitzen.

Zwischenmolekulare Bindung (Van-der-Waalssche Bindung)
Der wichtigste Grund für Van-der-Waalssche Bindungskräfte liegt in der Polarisierung von Molekülen. Dabei kann die Polarisierung durch ein äußeres elektrisches Feld oder durch die zeitlich fluktuierende, unsymmetrische Ladungsverteilung des Moleküls selbst her-vorgerufen werden. Durch die Ladungsverschiebung entsteht ein Dipolmoment, das zur Anziehung zwischen den Molekülen führt. Zwischenmolekulare Bindungen treten auf zwi-schen H_2O-Molekülen (Wasserstoffbrückenbindung) oder zwischen den Molekülketten von Polyvinylchlorid (PVC). In Thermoplasten liefert sie einen Beitrag zur Festigkeit quer zu den Molekülketten.

Antwort 2.2.2
Metalle
Aus der metallischen Bindung folgt, dass Metalle gute elektrische und thermische Leiter, chemisch sehr reaktionsfähig und dicht gepackt sind (gleichmäßige Anordnung der Atome in alle Richtungen, da die Bindung ungerichtet ist).

Keramische Stoffe
Aus der kovalenten und ionischen Bindung folgen eine hohe chemische Beständigkeit, hohe Schmelztemperatur und Druckfestigkeit sowie eine schlechte elektrische Leitfähigkeit.

Polymere
Die Molekülketten sind kovalent gebunden, zwischen den Molekülketten herrschen Van-der-Waalssche Bindungskräfte. Daraus folgt eine schlechte elektrische Leitfähigkeit, geringe

Dichte, geringe Schmelztemperatur sowie eine gute chemische Beständigkeit bei Raumtemperatur.

Antwort 2.2.3
(1) A-Elemente: Besitzen ein freies Außenelektron im s-Orbital oder nicht vollständig aufgefüllte p-Orbitale.
(2) Übergangselemente: Sind von der Unregelmäßigkeit im Auffüllen der Schalen betroffen, wie Eisen. Sie haben bereits Elektronen im 4s-Orbital während die darunter liegenden 3d-Orbitale noch freie Plätze aufweisen.
(3) B-Elemente: Schließen sich an die Übergangselemente an. Es werden tiefer liegende Orbitale (welche bei den Übergangselementen unbesetzt sind) aufgefüllt.
(4) Edelgase: Alle Elektronenorbitale sind besetzt.

Antwort 2.2.4
Man muss das Zusammenspiel einer langreichweitigen anziehenden Wechselwirkung (negativ: Energie des Systems sinkt, wenn sich Atome annähern) mit einer kurzreichweitigen abstoßenden Wechselwirkung (positiv: Energie steigt an, wenn Atome aneinander gedrückt werden) betrachten. Aus den beiden Energie-Ortskurven entsteht eine Summenkurve, deren Minimum der Bindungsenergie entspricht. Dies ist die Energie, die man zuführen muss, um den Atomverband wieder in Einzelatome zu überführen.

Antwort 2.2.5
Die Koordinationszahl K gibt die Anzahl der nächstliegenden Nachbaratome um ein Zentralatom an (Abb. 4). Mit steigender Koordinationszahl nimmt die Packungsdichte eines Kristallgitters zu. Die Tabelle gibt die Koordinationszahl einiger Kristallgitter an.

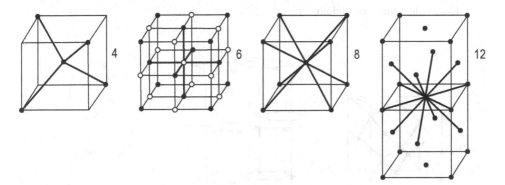

Abb. 4 Zahl der nächsten Nachbarn gleich großer Atome (Koordinationszahl). Sie nimmt mit zunehmender Dichte der Packung der Atome bis auf 12 zu (für gleich große Atome)

Gitterstruktur	K
Einfach kubisch	6
Kubisch raumzentriert	8
Kubisch flächenzentriert	12
Hexagonal dichteste Packung	12
Diamant	4

Antwort 2.2.6

Ursache für die Volumenänderung ist die Asymmetrie der Schwingungen der Atome, da deren Amplitude mit steigender Temperatur zunimmt und es so zu einer Vergrößerung der mittleren Atomabstände kommt. Die thermische Ausdehnung wird umso kleiner, je höher die Schmelztemperatur ist, da die Atome eines Stoffs mit niedriger Schmelztemperatur infolge seiner schwächeren Atombindung bei einer bestimmten Temperatur mit größerer Amplitude schwingen als jene in einem Stoff mit höherer Schmelztemperatur.

Antwort 2.2.7

a) Kohlenstoff als Diamant (Abb. 5a):

  – $K = 4$
  – kovalente Bindung
  – härtester Werkstoff

b) Kohlenstoff als Grafit (Abb. 5b):

  – $K = 6$
  – Hexagonales Schichtgitter (Schichtkristall); C-Atome sind in der Basisebene in regelmäßigen Sechsecken angeordnet und kovalent gebunden. Senkrecht zur Basisebene gibt es nur schwache Van-der-Waalssche Bindungen, sodass die Ebenen leicht gegeneinander verschoben werden können. Daraus leitet sich die Verwendung von Grafit als Schmiermittel ab.

Abb. 5 a Diamantstruktur, tetraedisch angeordnete Kohlenstoffatome bilden ein kubisches Kristallgitter. **b** Grafitstruktur, hexagonale Schichten mit kovalenter Bindung sind untereinander nur durch schwache Van-der-Waalssche Bindungen verbunden. **c** Kohlenstoff als Faser

c) Kohlenstoff als Faser (Abb. 5c):
    – kovalente Bindung
    – höchste Zugfestigkeit ($R_m \approx 12.000\,\text{MPa}$) bei geringer Dichte

Antwort 2.2.8

a) Für $r = r_0$ gilt $\frac{\mathrm{d}H(r)}{\mathrm{d}r}\big|_{r=r_0} = 0$. Daraus ergibt sich für die Konstante b:

$$\frac{e^2}{4\pi\varepsilon_0 r_0^2} - \frac{10b}{r_0^{11}} = 0 \quad \rightarrow \quad b = \frac{10^{-1} r_0^9 e^2}{4\pi\varepsilon_0} = 2{,}14 \cdot 10^{-115}\,\text{Nm}^{11}.$$

Die Bindungsenergie H_B beträgt

$$H_B = H(r = r_0) = -\frac{e^2}{4\pi\varepsilon_0 r_0} + \frac{b}{r_0^{10}} = -7{,}5 \cdot 10^{-19}\,\text{J} \doteq -452\,\text{kJmol}^{-1}.$$

b) Die Gesamtkraft ergibt sich aus dem Potenzial:

$$F(r) = \frac{\mathrm{d}H(r)}{\mathrm{d}r} = \frac{e^2}{4\pi\varepsilon_0 r^2} - \frac{10b}{r^{11}}.$$

Der erste Term ist die anziehende Kraft F_{an}, der zweite Term die abstoßende Kraft F_{ab}.
Für $r = 0{,}25\,\text{nm}$ sind diese Kräfte:

$$F_{an} = \frac{\left(1{,}6 \cdot 10^{-19}\right)^2}{4\pi \cdot 8{,}85 \cdot 10^{-12} \left(2{,}5 \cdot 10^{-10}\right)^2} = 3{,}68 \cdot 10^{-9}\,\text{N},$$

$$F_{ab} = -\frac{2{,}14 \cdot 10^{-114}}{\left(2{,}5 \cdot 10^{-10}\right)^{11}} = -8{,}98 \cdot 10^{-9}\,\text{N}.$$

Die Gesamtkraft beträgt:

$$F = F_{an} + F_{ab} = -5{,}30 \cdot 10^{-9}\,\text{N}.$$

F ist negativ, weil der gewählte Abstand kleiner als der Gleichgewichtsabstand r_0 ist und daher die abstoßende Kraft überwiegt.

2.3 Kristalle

Antwort 2.3.1

• Kristall: regelmäßige Anordnung und dichte oder dichteste Packung der Atome in einem Raumgitter; Nah- und Fernordnung,

• Flüssigkeit: annähernd regellose Verteilung der Atome,

Tab. 1 Die 7 Koordinatensysteme der Kristalle

$\alpha = \beta = \gamma = 90°$	$a = b = c$	Kubisch
$\alpha = \beta = \gamma = 90°$	$a = b \neq c$	Tetragonal
$\alpha = \beta = \gamma = 90°$	$a \neq b \neq c$	Orthorhombisch
$\alpha = \beta = \gamma \neq 90°$	$a = b = c$	Rhomboedrisch
$\alpha = \beta = 90°$; $\gamma = 120°$	$a_1 = a_2 \neq c$	Hexagonal
$\alpha = \gamma = 90° \neq \beta$	$a \neq b \neq c$	Monoklin
$\alpha \neq \beta \neq \gamma \neq 90°$	$a \neq b \neq c$	Triklin

- Glas: scheinbar regellos dichte Kugelpackung der Atome (eingefrorener Zustand); Nahordnung.

Antwort 2.3.2

a) Unter *Kristallstruktur* versteht man die regelmäßige Anordnung von Atomen in einem Raumgitter.

b) Im Gegensatz dazu zeichnet sich die *Glasstruktur* durch eine regellose Anordnung der Atome aus, ähnlich der von Flüssigkeiten.

c) Die *Elementarzelle* ist die kleinste Einheit, durch deren Wiederholung im Raum ein Kristallgitter, hinsichtlich der Lage und des Abstandes der Atome zueinander, vollständig beschrieben werden kann.

d) *Kristallsystem:* Die Koordinatensysteme zur Beschreibung der verschiedenen Kristalle sind gekennzeichnet durch die Winkel zwischen den Achsen und die Längen der Achsenabschnitte (Tab. 1)

Antwort 2.3.3

Siehe dazu Abb. 6.

Anmerkung: Die Angabe der Lage der Atome in der Elementarzelle erfolgt immer in den Einheiten der Kantenlängen der Zelle. Das Zentralatom wird durch die Punktlage $\frac{1}{2}\ \frac{1}{2}\ \frac{1}{2}$ charakterisiert. Die am weitesten entfernte Ecke der Einheitszelle ist dann 1 1 1, unabhängig davon, ob es sich um ein kubisches, tetragonales, orthorhombisches, ... Kristallsystem handelt.

Antwort 2.3.4

Für den Winkel α zwischen zwei Vektoren $\underline{a} = (a_1, a_2, a_3)$ und $\underline{b} = (b_1, b_2, b_3)$ gilt:

$$\cos\alpha = \frac{a_1 b_1 + a_2 b_2 + a_3 b_3}{\sqrt{a_1^2 + a_2^2 + a_3^2} \cdot \sqrt{b_1^2 + b_2^2 + b_3^2}}.$$

Abb. 7 zeigt die kubische Elementarzelle mit eingezeichneten Richtungsvektoren und Winkeln.

Abb. 6 Punktlagen und
Richtungen in der
orthorhombischen
Kristallstruktur

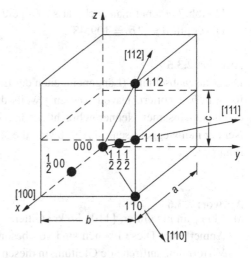

Abb. 7 Kubische
Elementarzelle

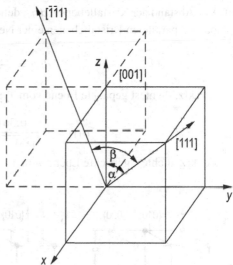

a) Winkel zwischen [111] und [001]:

$$\cos\alpha = \frac{1}{\sqrt{3}} \rightarrow \alpha = \arccos\frac{1}{\sqrt{3}} = 54,74°.$$

b) Winkel zwischen [111] und $[\bar{1}\bar{1}1]$:

$$\cos\beta = \frac{-1-1+1}{\sqrt{3}\cdot\sqrt{3}} \rightarrow \beta = \arccos\frac{-1}{3} = 109,48°.$$

In Abb. 7 erkennt man auch, dass [001] die Winkelhalbierende von [111] und $[\bar{1}\bar{1}1]$ ist. Daher gilt $\beta = 2\alpha = 109{,}48°$.

Antwort 2.3.5

Die Achsenabschnitte (Längeneinheiten der Einheitszelle) werden zunächst in der Reihenfolge a, b, c notiert. Davon werden jeweils die reziproken Werte gebildet, die dann auf einen gemeinsamen Nenner gebracht werden. Um ganzzahlige Werte zu erhalten, wird der Nenner nun weggelassen. In Abb. 8 sind die schraffierten Kristallebenen mit ihrer Indizierung gezeigt.

Antwort 2.3.6

a) $\{111\}$ im kfz Gitter, $\{110\}$ im krz Gitter.

Anmerkung: Diese Ebenen sind von besonderem Interesse, da die bei der plastischen Verformung auftretende Gleitung in diesen Ebenen erfolgt.

b) Der Abstand der Kristallebenen, d_{hkl}, definiert als der Normalabstand zwischen benachbarten, parallelen Kristallebenen einer Netzebenenschar, beträgt für kubische Kristalle:

$$d_{hkl} = \frac{a}{\sqrt{h^2 + k^2 + l^2}}.$$

Cu: kfz, dichtest gepackte Ebene vom Typ $\{111\}$, $a_{Cu} = 0{,}3615\,\text{nm}$

$$d_{111} = \frac{0{,}3615}{\sqrt{1^2 + 1^2 + 1^2}} = 0{,}2087\,\text{nm}.$$

Fe: krz, dichtest gepackte Ebene vom Typ $\{110\}$, $a_{Fe} = 0{,}2866\,\text{nm}$

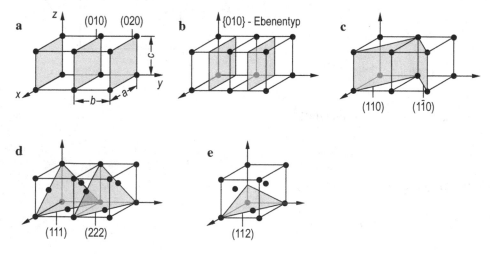

Abb. 8 Ebenen in der kubischen Kristallstruktur

$$d_{110} = \frac{0,2866}{\sqrt{1^2 + 1^2 + 0^2}} = 0,2027 \text{ nm}.$$

c)

Ebenentyp	Einzelebenen	Anzahl
{100}	(100), (010), (001), ($\bar{1}$00), ($0\bar{1}0$), ($00\bar{1}$)	6
{111}	(111), ($\bar{1}$11), ($1\bar{1}1$), ($11\bar{1}$), ($\bar{1}\bar{1}1$), ($\bar{1}1\bar{1}$), ($1\bar{1}\bar{1}$), ($\bar{1}\bar{1}\bar{1}$)	8
{110}	(110), (101), (011), ($\bar{1}$10), ($\bar{1}01$), ($0\bar{1}1$) ($01\bar{1}$), ($1\bar{1}0$), ($10\bar{1}$), ($\bar{1}\bar{1}0$), ($\bar{1}0\bar{1}$), ($0\bar{1}\bar{1}$)	12

Antwort 2.3.7

In der Stapelfolge und in der Anzahl der Gleitsysteme:

    kfz: Stapelfolge ABCABCAB..., 12 Gleitsysteme

    hdp: Stapelfolge ABABAB..., 3 (Basisebenen-)Gleitsysteme

Antwort 2.3.8

Für das gegebene trz Gitter gilt: $\alpha = \beta = \gamma = 90°$, $a = b = 0,28$ nm, $c/a = 1,05$ → $c = 0,294$ nm.

$$[111] : \quad x = \frac{\sqrt{2a^2 + c^2}}{2} = 0,247 \text{ nm}.$$

$$[110] : \quad x = \sqrt{a^2 + a^2} = 0,396 \text{ nm}.$$

$$[101] : \quad x = \sqrt{a^2 + c^2} = 0,406 \text{ nm}.$$

Antwort 2.3.9

Al kristallisiert im kfz Gitter, Mg im hdp Gitter. Da das kfz Gitter 12 Gleitsysteme gegenüber 3 Gleitsystemen des hdp Gitters besitzt, ist die Verformbarkeit von kubisch flächenzentrierten Werkstoffen grundsätzlich besser.

Antwort 2.3.10

- Dotierte Si-Einkristalle als Halbleiterwerkstoff in der Elektrotechnik (Abb. 9).
- Einkristallturbinenschaufeln in Flugzeugtriebwerken (Abb. 10).
- Perfekte keramische Kristalle (Kalkspat $CaCO_3$) in der Optik (Doppelbrechung).

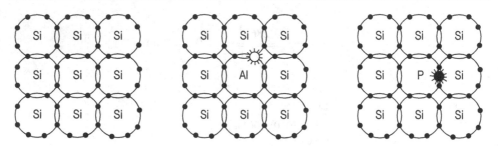

Abb. 9 Schematische Darstellung der Dotierung eines Siliziumkristalls mit dreiwertigem (Al; fehlendes Elektron) und fünfwertigem (P; überzähliges Elektron) Atom

Abb. 10 Einkristalline
Turbinenschaufel mit
günstigster Orientierung zur
Richtung der Beanspruchung

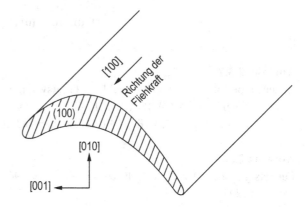

Antwort 2.3.11

Zugrunde liegt das Modell berührender Kugeln, obwohl in den Darstellungen der Abb. 11 und 12 die Atome viel kleiner gezeichnet sind. Die Gitterkonstante ist stets a, der Radius der Atome ist r und ihr gesamtes Volumen in der Elementarzelle ist $V_K = N_Z \frac{4\pi r^3}{3}$. Die Zahl der Atome, die zur Zelle gehören, ist N_Z, das Volumen der Zelle ist V_Z. D_2 und D_3 bezeichnen die Flächen- bzw. die Raumdiagonale der kubischen Elementarzelle. Die Raumerfüllung der Zelle ist definiert als: $RE = \frac{V_K}{V_Z}$.

a) Kubisch primitives Gitter, Abb. 11a:
   Wegen $r = \frac{a}{2}$, $V_Z = a^3$ und $N_Z = 1$ gilt:

$$RE_{kp} = \frac{V_K}{V_Z} = \frac{1 \cdot \frac{4\pi}{3} \left(\frac{a}{2}\right)^3}{a^3} = \frac{\pi}{6} \approx 0{,}52.$$

b) Kubisch raumzentriertes Gitter, Abb. 11b:
   Wegen $D_3 = a\sqrt{3} = 4r$, $r = \frac{a\sqrt{3}}{4}$, $V_Z = a^3$ und $N_Z = 2$ gilt:

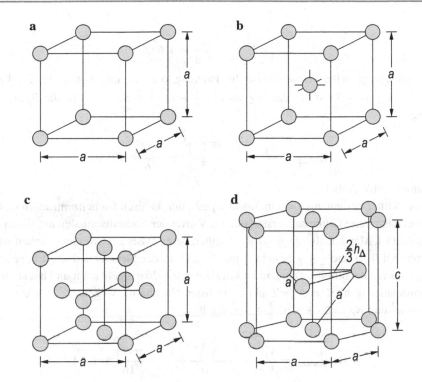

Abb. 11 Zur Berechnung der Raumerfüllung von Kristallgittern

$$RE_{krz} = \frac{V_K}{V_Z} = \frac{2 \cdot \frac{4\pi}{3} \left(\frac{a\sqrt{3}}{4}\right)^3}{a^3} = \frac{\pi\sqrt{3}}{8} \approx 0{,}68.$$

c) Kubisch flächenzentriertes Gitter, Abb. 11c:

Wegen $D_2 = a\sqrt{2} = 4r$, $r = \frac{a\sqrt{2}}{4}$, $V_Z = a^3$ und $N_Z = 4$ gilt:

$$RE_{kfz} = \frac{V_K}{V_Z} = \frac{4 \cdot \frac{4\pi}{3} \left(\frac{a\sqrt{2}}{4}\right)^3}{a^3} = \frac{\pi\sqrt{2}}{6} \approx 0{,}74.$$

d) Hexagonal dichtest gepacktes Gitter, Abb. 11d:

Ein Atom der mittleren Lage hat 6 nächste Nachbarn in dieser Schicht und je 3 Nachbarn in den beiden benachbarten Schichten. Diese Atome sind ebenfalls nächste Nachbarn, wenn zwischen der Höhe der hexagonalen Zelle c und dem Abstand a der Atome in einer Schicht die folgende Beziehung gilt:

$$\left(\frac{c}{2}\right)^2 + \left(\frac{2}{3} \cdot \frac{a}{2}\sqrt{3}\right)^2 = a^2.$$

Das dann ideale Achsenverhältnis ist:

$$\left(\frac{c}{a}\right)^2_{\text{ideal}} = \sqrt{\frac{8}{3}} \approx 1{,}633.$$

Für dieses spezielle Verhältnis ist die Packung dichtest und mit $a = 2r$, $V_Z = 6 \cdot \frac{a^2\sqrt{3}}{4}c_{\text{ideal}} = 3 \cdot \sqrt{2}a^3$ und $N_Z = 12 \cdot \frac{1}{6} + 2 \cdot \frac{1}{2} + 3 = 6$ wird die Raumerfüllung:

$$\mathrm{RE}_{\text{hdp}} = \frac{V_K}{V_Z} = \frac{6 \cdot \frac{4\pi}{3}\left(\frac{a}{2}\right)^3}{3 \cdot \sqrt{2}a^3} = \frac{\pi\sqrt{2}}{6} \approx 0{,}74.$$

e) Diamantgitter, Abb. 12:

Dieses Gitter besteht aus zwei ineinander gestellten kubisch flächenzentrierten Gittern, wobei das zweite Gitter zum ersten um ein Viertel der Raumdiagonalen auf dieser verschoben ist. Man hat also zwei kfz Raumgitter, deren Basis aus zwei identischen Atomsorten bei $0\,0\,0$ und $\frac{1}{4}\,\frac{1}{4}\,\frac{1}{4}$ besteht. Eine Projektion der Struktur auf die Ebene (001) zeigt das rechte Teilbild. Diamant ist kovalent, tetraedrisch gebunden und hat somit die Koordinationszahl $K = 4$ (= Zahl der nächsten Nachbarn). Wegen $D_3 = a\sqrt{3} = 2r$, $V_Z = a^3$ und $N_Z = 8 \cdot \frac{1}{8} + 6 \cdot \frac{1}{2} + 4 = 8$ gilt:

$$\mathrm{RE}_{\text{Diamant}} = \frac{V_K}{V_Z} = \frac{8 \cdot \frac{4\pi}{3}\left(\frac{a\sqrt{3}}{8}\right)^3}{a^3} = \frac{\pi\sqrt{3}}{16} \approx 0{,}34.$$

Antwort 2.3.12

Die Elementarzelle enthält je ein A- und ein B-Atom. Die Raumerfüllung dieser Zelle ist

$$\mathrm{RE} = \frac{\frac{4\pi}{3}\left(r_A^3 + r_B^3\right)}{a^3}, \quad r_A + r_B = \frac{a\sqrt{3}}{2}.$$

Führt man $r_B = \alpha r_A$ ein, so erhält man mit $r_A(1 + \alpha) = \frac{a\sqrt{3}}{2}$ für die beiden Atomradien

Abb. 12 Zur Berechnung der Raumerfüllung des Diamantgitters

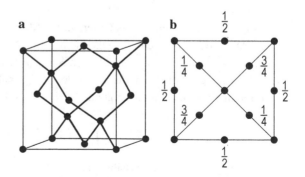

$$r_\mathrm{A} = \frac{a\sqrt{3}}{2(1+\alpha)}, \qquad r_\mathrm{B} = \alpha\,\frac{a\sqrt{3}}{2(1+\alpha)}.$$

Die Raumerfüllung als Funktion von α ist dann:

$$\mathrm{RE}(\alpha) = \frac{4\pi}{3}\,\frac{3\sqrt{3}\,(1+\alpha^3)\,a^3}{8\,(1+\alpha)^3\,a^3} = \frac{\sqrt{3}\pi}{2}\cdot\frac{1+\alpha^3}{(1+\alpha)^3}.$$

Der mögliche Wertebereich für α ist durch die Ungleichung

$$\sqrt{3}-1 \le \alpha \le \frac{1}{\sqrt{3}-1}$$

festgelegt. Diese Grenzen erhält man aus $r_\mathrm{A\,max} = a/2$ und daraus $r_\mathrm{B\,min} = \sqrt{3}\,a/2 - a/2$ $= a\,(\sqrt{3}-1)/2$. Damit ergibt sich für α_min der Ausdruck

$$\alpha_\mathrm{min} = \frac{r_\mathrm{B\,min}}{r_\mathrm{A\,max}} = \sqrt{3}-1.$$

Die obere Grenze α_max ergibt sich auf analoge Weise. Für $\alpha = 1$ ist $\mathrm{RE}(1) = \sqrt{3}\,\pi/8 \approx$ 0,68. Dies ist die Raumerfüllung der krz Elementarzelle besetzt mit gleich großen Atomen. Für α_min und α_max erreicht die Raumerfüllung der Zelle mit $\mathrm{RE}(\alpha_\mathrm{min}) = \mathrm{RE}(\alpha_\mathrm{max}) =$ $\frac{\pi}{2}\,(2\sqrt{3}-3) \approx 0,73$ nahezu die Raumerfüllung der kfz Elementarzelle besetzt mit gleich großen Atomen ($\approx 0,74$).

Antwort 2.3.13

Für die Berechnung der Größe der Gitterlücken benötigt man Beziehungen zwischen dem Gitterparameter a, dem Atomradius r_A und dem Radius der (kugelförmig angenommenen) Gitterlücke. Für die Oktaederlücke des kfz Gitters gilt (siehe Teilbild a der Angabe):

Die Flächendiagonale D_2 ist die dichtest gepackte Richtung des Gitters mit $D_2 =$ $4\,r_\mathrm{A} = a\,\sqrt{2}$. In der Mitte der Verbindungsgeraden zwischen zwei Flächenatomen liegt das Zentrum der Oktaederlücke (dies gilt auch für jede Kante der Elementarzelle!), wodurch sich $2\,r_\mathrm{OL} + 2\,r_\mathrm{A} = a$ ergibt. Damit gilt für den Radius der Lücke:

$$r_\mathrm{OL} = (\sqrt{2}-1)\,r_\mathrm{A} = 0{,}414\,r_\mathrm{A} = 0{,}146\,a.$$

Jede kfz Elementarzelle besitzt 1 Oktaederlücke im Zentrum der Zelle sowie auf jeder Kante eine Lücke, die mit den drei Nachbarzellen geteilt wird. Daher besitzt das kfz Gitter insgesamt 4 Oktaederlücken pro Elementarzelle.

In ähnlicher Vorgehensweise lassen sich mithilfe der Teilbilder b–d die Radien der anderen Lücken berechnen. Die Ergebnisse der Berechnungen sind in der folgenden Tabelle zusammengestellt ($D_3\dots$ Raumdiagonale).

Typ	Geometrische Beziehungen	r_{iL}	Anzahl
OL_{kfz}	$D_2 = 4\,r_A = a\,\sqrt{2},$	$r_{OL} = 0,414\,r_A,$	4
	$2\,r_{OL} + 2\,r_A = a$	$r_{OL} = 0,146\,a$	
TL_{kfz}	$D_3 = \sqrt{24}\,r_A = a\,\sqrt{3},$	$r_{TL} = 0,225\,r_A,$	8
	$r_{TL} + r_A = D_3/4$	$r_{TL} = 0,080\,a$	
OL_{krz}	$D_3 = 4\,r_A = a\,\sqrt{3},$	$r_{OL} = 0,155\,r_A,$	6
	$2\,r_{OL} + 2\,r_A = a$	$r_{OL} = 0,067\,a$	
TL_{krz}	$D_3 = 4\,r_A = a\,\sqrt{3},$	$r_{TL} = 0,291\,r_A,$	12
	$r_{TL} + r_A$	$r_{TL} = 0,126\,a$	
	$= \sqrt{(\frac{a}{2})^2 + (\frac{a}{4})^2} = \sqrt{5/3}\,r_A$		

Antwort 2.3.14

Der Radius der Tetraederlücke ist der Radius der größten Kugel, die in diese Lücke passt, ohne die Gitteratome zu verschieben. Im Bild der Angabe entsprechen die großen Kugeln den Gitteratomen, die kleine Kugel deutet die Tetraederlücke an. Die drei Atome in der (x_1, x_2)-Ebene gehören zur Basisebene der hdp-Elementarzelle, die Spitze des Tetraeders gehört zur darüberliegenden Atomebene. Der Abstand der Gitteratome zueinander ist jeweils $a = 2\,r_A$. Da es sich um ein hdp Gitter handelt, entspricht die Höhe H des Tetraeders der halben Höhe c der Elementarzelle. Im hdp Gitter lautet der Zusammenhang zwischen a und c:

$$\frac{c}{a} = \sqrt{\frac{8}{3}}.$$

Die Koordinaten des Fußpunktes S' der Höhe des Tetraeders errechnet man aus folgender Überlegung. Die x_1-Koordinate von S' ist $S'_{x_1} = \frac{a}{2}$. Die x_2-Koordinate erhält man aus:

$$\left(3\,S'_{x_2}\right)^2 + \left(\frac{a}{2}\right)^2 = a^2 \quad \rightarrow \quad S'_{x_2} = \frac{1}{3}\frac{\sqrt{3}}{2}\,a = \frac{\sqrt{3}}{6}\,a,$$

da der Fußpunkt die Höhe des gleichseitigen Dreiecks im Verhältnis 2:1 teilt. S'_{x_1} und S'_{x_2} entsprechen wegen der Koordinatenwahl der x_1- bzw. der x_2-Koordinate von S. Die x_3-Koordinate von S ergibt sich aus:

$$S_{x_3} = \frac{1}{4}H = \frac{1}{8}c = \frac{1}{8}\sqrt{\frac{8}{3}}\,a = \frac{1}{4}\sqrt{\frac{2}{3}}\,a.$$

Somit liegt der Schwerpunkt des Tetraeders bei den Koordinaten

$$S = \left[\frac{a}{2}, \frac{\sqrt{3}}{6}\,a, \frac{1}{4}\sqrt{\frac{2}{3}}\,a\right].$$

Der Radius r_{TL} der Tetraederlücke errechnet sich aus der Beziehung zwischen H, r_A und r_{TL} gemäß

$$r_A + r_{TL} = \frac{3}{4} H = \frac{3}{4} \sqrt{\frac{2}{3}} a.$$

Einsetzen von $a = 2\,r_A$ ergibt schließlich

$$r_{TL} = \frac{\sqrt{6}}{2} r_A - r_A \approx 0{,}225\,r_A.$$

Anmerkung: Man erhält das gleiche Ergebnis, wenn die Größe der Tetraederlücke des kfz Gitters berechnet wird. Dies ist der Tatsache geschuldet, dass beide Gitter dichtest gepackt sind und die gleiche Koordinationszahl aufweisen.

Die Konstruktion der Tetraederlücke gemäß der Abbildung in der Angabe kann mit allen Atomen einer dichtesten Kugelpackung erstellt werden. Jedes Atom gehört dann zu 8 Tetraedern, welche allerdings jeweils 4 mal konstruiert werden (4 Atome pro Tetraeder!). Bei n Atomen in der Kugelpackung ergeben sich also $2\,n$ verschiedene Tetraeder. Die Elementarzelle des hdp Gitters enthält 6 Atome. Daher besitzt sie 12 Tetraederlücken. Dieses Verfahren zur Abzählung der Tetraederlücken trifft auch auf das kfz Gitter zu, welches 4 Atome und 8 Tetraederlücken pro Elementarzelle besitzt.

Antwort 2.3.15

Aus $\underline{a}_2 \circ \underline{a}_1^* = 0$ und $\underline{a}_3 \circ \underline{a}_1^* = 0$ folgt, dass der Vektor $\underline{a}_1^*$ dem vektoriellen Produkt der beiden Vektoren $\underline{a}_2$ und $\underline{a}_3$ proportional sein muss:

$$\underline{a}_1^* = V\left(\underline{a}_2 \times \underline{a}_3\right).$$

Setzt man dies in $\underline{a}_1 \circ \underline{a}_1^* = 1$ ein, so erhält man mit $V = \underline{a}_1 \circ (\underline{a}_2 \times \underline{a}_3)$:

$$\underline{a}_1^* = \frac{\underline{a}_2 \times \underline{a}_3}{\underline{a}_1 \circ (\underline{a}_2 \times \underline{a}_3)}.$$

Die beiden anderen Basisvektoren $\underline{a}_2^*$, $\underline{a}_3^*$ erhält man in analoger Weise durch Vertauschen der Indizes:

$$\underline{a}_2^* = \frac{\underline{a}_3 \times \underline{a}_1}{\underline{a}_2 \circ (\underline{a}_3 \times \underline{a}_1)}, \quad \underline{a}_3^* = \frac{\underline{a}_1 \times \underline{a}_2}{\underline{a}_3 \circ (\underline{a}_1 \times \underline{a}_2)}.$$

Die Basisvektoren $\underline{a}_k^*$ des reziproken Raumes stehen somit auf derjenigen Ebene des Realgitters senkrecht, die von den beiden Basisvektoren $\underline{a}_i$, $i \neq k$ aufgespannt wird. Der Ausdruck $V = \underline{a}_1 \circ (\underline{a}_2 \times \underline{a}_3) = \underline{a}_2 \circ (\underline{a}_3 \times \underline{a}_1) = \underline{a}_3 \circ (\underline{a}_1 \times \underline{a}_2)$ heißt Spatprodukt und stellt das Volumen des durch die drei Basisvektoren des Realraumes aufgespannten Parallelepipeds dar.

Antwort 2.3.16

a) Es genügt zu zeigen, dass der Normalvektor $\underline{n}_{hkl}$ der Realraumebene parallel zu $\underline{g}_{hkl}$ ist. Für den Normalvektor der Netzebene (hkl) findet man:

$$\underline{n}_{hkl} = \left(\frac{\underline{a}_2}{k} - \frac{\underline{a}_1}{h}\right) \times \left(\frac{\underline{a}_3}{l} - \frac{\underline{a}_1}{h}\right) = \frac{\underline{a}_2}{k} \times \left(\frac{\underline{a}_3}{l} - \frac{\underline{a}_1}{h}\right) - \frac{\underline{a}_1}{h} \times \left(\frac{\underline{a}_3}{l} - \frac{\underline{a}_1}{h}\right)$$

$$= \frac{\underline{a}_2 \times \underline{a}_3}{kl} - \frac{\underline{a}_2 \times \underline{a}_1}{hk} - \frac{\underline{a}_1 \times \underline{a}_3}{hl} + \underline{0} = \frac{\underline{a}_2 \times \underline{a}_3}{kl} + \frac{\underline{a}_1 \times \underline{a}_2}{hk} + \frac{\underline{a}_3 \times \underline{a}_1}{hl}.$$

Multipliziert man diesen Ausdruck mit

$$\frac{hkl}{V} = \frac{hkl}{\underline{a}_1 \circ (\underline{a}_2 \times \underline{a}_3)} = \frac{hkl}{\underline{a}_3 \circ (\underline{a}_1 \times \underline{a}_2)} = \frac{hkl}{\underline{a}_2 \circ (\underline{a}_3 \times \underline{a}_1)},$$

so erhält man das gewünschte Resultat:

$$\underline{n}_{hkl} \propto \underline{n}_{hkl} \frac{hkl}{V} = h\underline{a}_1^* + k\underline{a}_2^* + l\underline{a}_3^* = \underline{g}_{hkl}.$$

b) Für den Beweis berechnet man den Abstand der Ebene (hkl) vom Ursprung und drückt diesen durch den reziproken Gittervektor aus:

$$d_{hkl} = \left|(\underline{P} - \underline{X}_1) \circ \frac{\underline{n}}{|\underline{n}|}\right|, \quad \underline{P} = \begin{pmatrix} 0 \\ 0 \\ 0 \end{pmatrix}, \quad \underline{X}_1 = \begin{pmatrix} \frac{a_1}{h} \\ 0 \\ 0 \end{pmatrix}, \quad \underline{n} = \underline{g}_{hkl}$$

$$d_{hkl} = \left| -\begin{pmatrix} \frac{a_1}{h} \\ 0 \\ 0 \end{pmatrix} \circ \frac{h\underline{a}_1^* + k\underline{a}_2^* + l\underline{a}_3^*}{|\underline{g}_{hkl}|} \right| = \frac{a_1}{h} h\, \underline{a}_1^* \frac{1}{|\underline{g}_{hkl}|} = \frac{1}{|\underline{g}_{hkl}|}.$$

Antwort 2.3.17

a) Man drückt das Volumen des reziproken Gitters durch die Basisvektoren des Realraums aus und zeigt mit geeigneten Umformungen, dass die Behauptung wahr ist:

$$V^* = \underline{a}_1^* \circ (\underline{a}_2^* \times \underline{a}_3^*) = (\underline{a}_2 \times \underline{a}_3) \circ \{(\underline{a}_3 \times \underline{a}_1) \times (\underline{a}_1 \times \underline{a}_2)\} \frac{1}{V^3}$$

$$= (\underline{a}_2 \times \underline{a}_3) \circ \{[\underline{a}_3\, \underline{a}_1\, \underline{a}_2]\, \underline{a}_1 - [\underline{a}_3\, \underline{a}_1\, \underline{a}_1]\, \underline{a}_2\} \frac{1}{V^3} = \frac{\underline{a}_1 \circ (\underline{a}_2 \times \underline{a}_3)\, V}{V^3} = \frac{1}{V}.$$

b) Man berechnet die reziproken Basisvektoren $\underline{a}_i'$ zum reziproken Gitter (Basisvektoren $\underline{a}_i^*$) und formt geeignet um:

$$\underline{a}_1' = \frac{\underline{a}_2^* \times \underline{a}_3^*}{\underline{a}_1^* \circ (\underline{a}_2^* \times \underline{a}_3^*)}, \quad \underline{a}_2' = \frac{\underline{a}_3^* \times \underline{a}_1^*}{\underline{a}_2^* \circ (\underline{a}_3^* \times \underline{a}_1^*)}, \quad \underline{a}_3' = \frac{\underline{a}_1^* \times \underline{a}_2^*}{\underline{a}_3^* \circ (\underline{a}_1^* \times \underline{a}_2^*)}.$$

$$\underline{a}_1' = \frac{\underline{a}_2^* \times \underline{a}_3^*}{V^*} = \frac{1}{V^* V^2} \{(\underline{a}_3 \times \underline{a}_1) \times (\underline{a}_1 \times \underline{a}_2)\}$$

$$= \frac{1}{V^* V^2} \{[\underline{a}_3 \underline{a}_1 \underline{a}_2] \underline{a}_1 - [\underline{a}_3 \underline{a}_1 \underline{a}_1] \underline{a}_2\} = \frac{V}{V^2} \{V \underline{a}_1\} = \underline{a}_1.$$

Durch analoge Rechnung erhält man für die beiden anderen Vektoren $\underline{a}_2' = \underline{a}_2$ und $\underline{a}_3' = \underline{a}_3$, womit die Behauptung bewiesen ist.

Antwort 2.3.18

Koordinatendarstellung der Basisvektoren:

$$\underline{a}_1 = a \begin{pmatrix} 1 \\ 0 \\ 0 \end{pmatrix}, \quad \underline{a}_2 = a \begin{pmatrix} -\cos 60° \\ \sin 60° \\ 0 \end{pmatrix} = \frac{a}{2} \begin{pmatrix} -1 \\ \sqrt{3} \\ 0 \end{pmatrix}, \quad \underline{a}_3 = c \begin{pmatrix} 0 \\ 0 \\ 1 \end{pmatrix}.$$

Das Volumen der Elementarzelle beträgt:

$$V = |\underline{a}_1 \circ (\underline{a}_2 \times \underline{a}_3)| = \frac{a^2 c}{2} \begin{vmatrix} 1 & 0 & 0 \\ -1 & \sqrt{3} & 0 \\ 0 & 0 & 1 \end{vmatrix} = \frac{a^2 c}{2} \cdot \sqrt{3} = 0,181 \, \text{nm}^3.$$

Die Berechnung der reziproken Basisvektoren ergibt:

$$\underline{a}_1^* = \frac{\underline{a}_2 \times \underline{a}_3}{\underline{a}_1 \circ (\underline{a}_2 \times \underline{a}_3)} = \frac{\frac{ac}{2} \begin{pmatrix} -1 \\ \sqrt{3} \\ 0 \end{pmatrix} \times \begin{pmatrix} 0 \\ 0 \\ 1 \end{pmatrix}}{\sqrt{3} \frac{a^2 c}{2}} = \frac{1}{\sqrt{3} a} \begin{pmatrix} \sqrt{3} \\ 1 \\ 0 \end{pmatrix},$$

$$\underline{a}_2^* = \frac{\underline{a}_3 \times \underline{a}_1}{\underline{a}_2 \circ (\underline{a}_3 \times \underline{a}_1)} = \frac{ac \begin{pmatrix} 0 \\ 0 \\ 1 \end{pmatrix} \times \begin{pmatrix} 1 \\ 0 \\ 0 \end{pmatrix}}{\sqrt{3} \frac{a^2 c}{2}} = \frac{2}{\sqrt{3} a} \begin{pmatrix} 0 \\ 1 \\ 0 \end{pmatrix},$$

$$\underline{a}_3^* = \frac{\underline{a}_1 \times \underline{a}_2}{\underline{a}_3 \circ (\underline{a}_1 \times \underline{a}_2)} = \frac{\frac{a^2}{2} \begin{pmatrix} 1 \\ 0 \\ 0 \end{pmatrix} \times \begin{pmatrix} -1 \\ \sqrt{3} \\ 0 \end{pmatrix}}{\sqrt{3} \frac{a^2 c}{2}} = \frac{1}{c} \begin{pmatrix} 0 \\ 0 \\ 1 \end{pmatrix}.$$

Für die Berechnung der Winkel zwischen den Basisvektoren des reziproken Raums können die Vorfaktoren der Vektoren vernachlässigt werden. Man erhält:

$$\alpha^* = \angle\left(\underline{a}_1^*, \underline{a}_3^*\right) = \arccos\left[\tfrac{0}{2\cdot1}\right] = 90^\circ,$$
$$\beta^* = \angle\left(\underline{a}_2^*, \underline{a}_3^*\right) = \arccos\left[\tfrac{0}{1\cdot1}\right] = 90^\circ,$$
$$\gamma^* = \angle\left(\underline{a}_1^*, \underline{a}_2^*\right) = \arccos\left[\tfrac{1}{2\cdot1}\right] = 60^\circ.$$

Antwort 2.3.19

Quadrieren von $\underline{k}' = \underline{G} + \underline{k}$ ergibt mit $\left|\underline{k}'\right| = \left|\underline{k}\right| = 2\pi/\lambda$:

$$\left|\underline{k}'\right|^2 = \left(\underline{G}+\underline{k}\right)^2 = \left|\underline{G}\right|^2 + 2\,\underline{G}\circ\underline{k} + \left|\underline{k}\right|^2 \quad\rightarrow\quad \left|\underline{G}\right|^2 + 2\,\underline{G}\circ\underline{k} = 0.$$

Mit $\left|\underline{G}\right| = 2\pi/d_{hkl}$, $\underline{G}\circ\underline{k} = \left|\underline{G}\right|\left|\underline{k}\right|\cos\alpha$ und $\cos\alpha = \cos\left(\tfrac{\pi}{2}+\theta\right) = -\sin\theta$ folgt daraus die Braggsche Gleichung:

$$\left(\frac{2\pi}{d_{hkl}}\right)^2 - 2\left(\frac{2\pi}{d_{hkl}}\right)\left(\frac{2\pi}{\lambda}\right)\sin\theta = 0 \quad\rightarrow\quad 2\,d_{hkl}\sin\theta = \lambda.$$

Antwort 2.3.19

a) Berechnung des Normalvektors $\underline{n}$ der Ebene mit dem Kreuzprodukt der beiden Richtungsvektoren $\underline{P_1P_2}$ und $\underline{P_1P_3}$ der Ebene ε:

$$\underline{P_1P_2} = \underline{OP_2} - \underline{OP_1} = \begin{pmatrix}1\\2\\1\end{pmatrix} - \begin{pmatrix}2\\-2\\0\end{pmatrix} = \begin{pmatrix}-1\\4\\1\end{pmatrix},$$

$$\underline{P_1P_3} = \underline{OP_3} - \underline{OP_1} = \begin{pmatrix}0\\0\\1\end{pmatrix} - \begin{pmatrix}2\\-2\\0\end{pmatrix} = \begin{pmatrix}-2\\2\\1\end{pmatrix},$$

$$\underline{n} = \underline{P_1P_2} \times \underline{P_1P_3} = \begin{pmatrix}-1\\4\\1\end{pmatrix} \times \begin{pmatrix}-2\\2\\1\end{pmatrix} = \begin{pmatrix}2\\-1\\6\end{pmatrix}.$$

b) Die Hessesche Normalform der Ebenengleichung lautet:

$$\varepsilon: \frac{\left(\underline{OX}-\underline{OX_1}\right)\circ\underline{n}}{\left|\underline{n}\right|} = 0.$$

$\underline{OX}$ ist ein Ortsvektor eines beliebigen Punkts X der Ebene, X_1 ist ein bekannter Punkt auf ε (z. B. P_3). $\underline{n}$ bezeichnet den Ebenennormalvektor. Mit $\underline{OX} = (x,\,y,\,z)$, $\underline{OX_1} = \underline{OP_3} = (0,\,0,\,1)$ und $\left|\underline{n}\right| = \sqrt{4+1+36} = \sqrt{41}$, ergibt sich aus der Angabe:

$$\varepsilon : \frac{1}{\sqrt{41}} \left(\begin{pmatrix} x \\ y \\ z \end{pmatrix} - \begin{pmatrix} 0 \\ 0 \\ 1 \end{pmatrix} \right) \circ \begin{pmatrix} 2 \\ -1 \\ 6 \end{pmatrix} = 0 \quad \rightarrow \quad \frac{2x - y + 6z - 6}{\sqrt{41}} = 0.$$

c) Im kubischen Kristallsystem entsprechen die ganzzahligen, teilerfremden Koordinaten des Normalvektors der Ebene den Millerschen Indizes: $(hkl) = (2\,\bar{1}\,6)$.

d) $d_{hkl} = \frac{a}{\sqrt{h^2+k^2+l^2}} = \frac{\sqrt{5}}{\sqrt{41}} \approx 0{,}349\,\text{Å}.$

Antwort 2.3.21

a) Abb. 13 zeigt die trikline Elementarzelle (Basisvektoren $\underline{a}$, $\underline{b}$, $\underline{c}$, Längen der Basisvektoren a, b, c, Winkel zwischen den Basisvektoren $\alpha \neq \beta \neq \gamma$, alle $\neq 90°$) und ein kartesisches Achsensystem x, y, z. Die x-Achse fällt mit der a-Achse zusammen, die y-Achse liegt in der von Vektoren $\underline{a}$ und $\underline{b}$ aufgespannten Ebene. Daher lauten die Basisvektoren der triklinen Elementarzelle im (x, y, z)- Koordinatensystem:

$$\underline{a} = a \begin{pmatrix} 1 \\ 0 \\ 0 \end{pmatrix}, \quad \underline{b} = b \begin{pmatrix} \cos\gamma \\ \sin\gamma \\ 0 \end{pmatrix}, \quad \underline{c} = c \begin{pmatrix} \cos\beta \\ \cos\varepsilon \\ \cos\omega \end{pmatrix}$$

wobei ε bzw. ω der Winkel zwischen dem Basisvektor $\underline{c}$ und der y- bzw. der z-Achse ist. Das Volumen der Elementarzelle beträgt:

$$V = |\underline{a} \circ (\underline{b} \times \underline{c})| = abc \begin{vmatrix} 1 & \cos\gamma & \cos\beta \\ 0 & \sin\gamma & \cos\varepsilon \\ 0 & 0 & \cos\omega \end{vmatrix} = abc \sin\gamma \cos\omega.$$

Die zu $\underline{a}$, $\underline{b}$, $\underline{c}$ reziproken Basisvektoren sind (siehe Frage 2.3.15):

Abb. 13 Trikline Elementarzelle (Basisvektoren $\underline{a}$, $\underline{b}$, $\underline{c}$) und kartesisches Koordinatensystem x, y, z

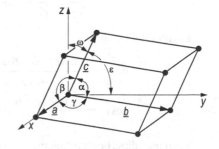

$$\underline{a}^* = \frac{\underline{b} \times \underline{c}}{V} = \frac{1}{a} \begin{pmatrix} 1 \\ -\cot \gamma \\ \dfrac{-\cos \beta + \cot \gamma \cos \varepsilon}{\cos \omega} \end{pmatrix},$$

$$\underline{b}^* = \frac{\underline{c} \times \underline{a}}{V} = \frac{1}{b} \begin{pmatrix} 0 \\ 1 \\ \dfrac{\sin \gamma}{\cos \varepsilon} \\ -\dfrac{}{\sin \gamma \cos \omega} \end{pmatrix},$$

$$\underline{c}^* = \frac{\underline{a} \times \underline{b}}{V} = \frac{1}{c} \begin{pmatrix} 0 \\ 0 \\ -\dfrac{1}{\cos \omega} \end{pmatrix}.$$

Der Gittervektor $\underline{g}_{hkl}$ des reziproken Gitters ist

$$\underline{g}_{hkl} = h\underline{a}^* + k\underline{b}^* + l\underline{c}^*$$

mit der Eigenschaft (siehe Frage 2.3.16):

$$|\underline{g}_{hkl}| = \frac{1}{d_{hkl}}.$$

Zwischen den Winkeln α, β, γ und ε, ω bestehen Zusammenhänge. Für die drei Winkel, die die c-Achse mit den Koordinatenachsen des kartesischen Systems einschließt, gilt

$$\cos^2 \beta + \cos^2 \varepsilon + \cos^2 \omega = 1.$$

Für das skalare Produkt der Vektoren $\underline{b}/|\underline{b}|$ und $\underline{c}/|\underline{c}|$ gilt wegen $\sin^2 \gamma + \cos^2 \gamma = 1$ und der obigen Beziehung:

$$\frac{\underline{b}}{|\underline{b}|} \circ \frac{\underline{c}}{|\underline{c}|} = \cos \alpha = \cos \beta \cos \gamma + \sin \gamma \cos \varepsilon.$$

Damit erhält man

$$\cos \varepsilon = \frac{\cos \alpha - \cos \beta \cos \gamma}{\sin \gamma},$$

$$\cos \omega = \frac{\sqrt{1 - \cos^2 \alpha - \cos^2 \beta - \cos^2 \gamma + 2 \cos \alpha \cos \beta \cos \gamma}}{\sin \gamma}.$$

Setzt man diese beiden Ausdrücke in die Beziehung für d_{hkl} ein, so ergibt sich schließlich:

$$d_{hkl} = \sqrt{\frac{1 - \cos^2 \alpha - \cos^2 \beta - \cos^2 \gamma + 2 \cos \alpha \cos \beta \cos \gamma}{\left(\frac{h}{a}\right)^2 \sin^2 \alpha + \left(\frac{k}{b}\right)^2 \sin^2 \beta + \left(\frac{l}{c}\right)^2 \sin^2 \gamma - 2\frac{kl}{bc}A - 2\frac{hl}{ac}B - 2\frac{hk}{ab}C}}$$

mit den Abkürzungen

Tab. 2 Netzebenenabstand in den einzelnen Kristallsystemen (außer triklin)

Kristallsystem	Netzebenenabstand d_{hkl}
Kubisch	$\dfrac{a}{\sqrt{h^2+k^2+l^2}}$
Tetragonal	$\dfrac{a}{\sqrt{h^2+k^2+l^2\left(\frac{a}{c}\right)^2}}$
Orthorhombisch	$\dfrac{a}{\sqrt{h^2+k^2\left(\frac{a}{b}\right)^2+l^2\left(\frac{a}{c}\right)^2}}$
Rhomboedrisch	$\dfrac{a}{\sqrt{\dfrac{(h^2+k^2+l^2)(1+\cos\alpha)-2(hk+hl+kl)\cos\alpha}{(1-\cos\alpha)(1+2\cos\alpha)}}}$
Hexagonal	$\dfrac{a}{\sqrt{\frac{4}{3}\left(h^2+hk+k^2\right)+l^2\left(\frac{a}{c}\right)^2}}$
Monoklin	$\dfrac{\sin\beta}{\sqrt{\left(\frac{h}{a}\right)^2+\left(\frac{k}{b}\right)^2\sin^2\beta+\left(\frac{l}{c}\right)^2-\frac{2hl}{ac}\cos\beta}}$

$$A=\cos\alpha-\cos\beta\cos\gamma,\ B=\cos\beta-\cos\alpha\cos\gamma,\ C=\cos\gamma-\cos\alpha\cos\beta.$$

b) Einsetzen der geometrischen Eigenschaften der anderen Kristallsysteme (siehe Tab. 1) in die unter a) hergeleitete Beziehung für den Netzebenenabstand ergibt die Einträge in der Tab. 2.

2.4 Baufehler

Antwort 2.4.1
Gitterbaufehler beeinflussen thermische und mechanische Vorgänge wie z. B. Diffusion, alle Ausscheidungs- und Umwandlungsvorgänge oder die Härte und die plastische Verformbarkeit.

Antwort 2.4.2

- Elementarteilchen
- Atom
- Elementarzelle
- Phase
- Gefüge
- Probe (Halbzeug).

Antwort 2.4.3

Art	Geom. Dimension	Einheit der Dichte
Leerstellen, gelöste Atome	0	m^{-3}
Versetzungen	1	m^{-2}
Korngrenzen, Stapelfehler	2	m^{-1}

Antwort 2.4.4

Strukturelle Leerstellen (im thermodynamischen Gleichgewicht), so enthalten gebräuchliche Metalle nahe am Schmelzpunkt bis zu 0,1 At.-% Leerstellen.

Thermische Leerstellen (ebenfalls im thermodynamischen Gleichgewicht) entstehen immer beim Erwärmen von Kristallen.

Durch Bestrahlung mit Neutronen (Frenkelpaare), oder durch plastische Verformung.

Antwort 2.4.5

a) Die Leerstellenkonzentration ist durch

$$c_L = e^{-\frac{h_L}{kT}}$$

gegeben (k ist die Boltzmannkonstante). Bei $T = 1000\,\text{K}$ gilt:

$$c_L(T = 1000) = e^{-\frac{1,4 \cdot 10^{-19}}{1,38 \cdot 10^{-23} \cdot 1000}} = 3,9 \cdot 10^{-5}.$$

Bei Raumtemperatur ist die Leerstellenkonzentration:

$$c_L(T = 298) = 1,64 \cdot 10^{-15}$$

und damit die überschüssige Leerstellenkonzentration

$$c_L^* = c_L(T = 1000) - c_L(T = 298) \approx 3,9 \cdot 10^{-5}.$$

b) Im thermischen Gleichgewicht gilt bei Raumtemperatur:

$$c_L(T = 298) = 1,64 \cdot 10^{-15} \frac{n}{N} \frac{\text{Leerstellen}}{\text{Gitterplätze}}.$$

Gold kristallisiert im kfz Gitter, welches 4 Goldatome pro Elementarzelle (EZ) besitzt.
Volumen der EZ: $V = a^3 = (4,08 \cdot 10^{-10} \cdot 10^2)^3 = 6,79 \cdot 10^{-23}\,\text{cm}^3$.
Pro cm^3 gibt es $N = 4/V = 5,89 \cdot 10^{22}$ Gitterplätze. Somit ist die Zahl der Leerstellen pro cm^3:

$$n = c_{\mathrm{L}} N = 1{,}64 \cdot 10^{-15} \cdot 5{,}89 \cdot 10^{22} = 9{,}7 \cdot 10^{7} \frac{\text{Leerstellen}}{\text{cm}^3}.$$

Antwort 2.4.6
Aufgrund unterschiedlicher Atomgrößen existieren Verzerrungsfelder im Gitter, die die Versetzungsbewegung mehr oder weniger stark behindern. Durch die Legierungsatome kommt es zu einer örtlichen Änderung der elastischen Eigenschaften des Gitters (Moduleffekt).

Antwort 2.4.7
$\underline{b}_4 = a/2\,[110]$ und $\underline{b}_1 = a\,[100]$ sind Gittervektoren des kfz Gitters und daher mögliche Burgersvektoren ($\underline{b}$) vollständiger Versetzungen; a/2 [110] ist der kleinste mögliche Burgersvektor (niedrigste Energie), er liegt in der Gleitebene (111) und ist daher der Burgersvektor einer Gleitversetzung. $\underline{b}_2$ und $\underline{b}_3$ sind Teilversetzungen, die örtlich die Kristallstruktur verändern (Stapelfehler). $\underline{b}_1$ zeigt in Würfelkantenrichtung, welche im kfz Gitter nicht dichtest gepackt und daher keine Gleitrichtung ist.

Die Energie einer Versetzung ist proportional zu b^2. Dies kann zur Bestimmung der Richtung von Versetzungsreaktionen verwendet werden, da die Richtung von den Energien der Anfangs- und Endzustände abhängt. Es wird immer der Zustand niedrigster Energie angestrebt.

$b^2 > b_1^2 + b_2^2 \rightarrow$ Aufspaltung von $\underline{b}$ in zwei Teilversetzungen,
$b^2 < b_1^2 + b_2^2 \rightarrow$ Vereinigung der Teilversetzungen.

Antwort 2.4.8
- Korngrenzen
- Phasengrenzen
- grobe Ausscheidungen

Antwort 2.4.9
In Abb. 14 erkennt man, dass ein Zylinder mit Radius r auf seinem Mantel durch die Schraubenversetzung eine Verschiebung um den Betrag des Burgersvektors $b = |\underline{b}|$ der Versetzung erfährt. Wickelt man den Mantel ab, so ergibt sich ein Zusammenhang zwischen dem Umfang des Zylinders $2\pi r$, dem (kleinen) Scherwinkel γ und b der Form:

$$\tan \gamma = \gamma = \frac{b}{2\pi r}.$$

Dies ist das zylindersymmetrische Verzerrungsfeld einer Schraubenversetzung, das für $r_{\mathrm{u}} \approx b < r < \infty$ gilt. Aus diesem Verzerrungsfeld kann mit dem Hookeschen Gesetz das Spannungsfeld berechnet werden:

$$\tau = G\gamma = \frac{Gb}{2\pi r}.$$

Abb. 14 Verschiebungsfeld
einer Schraubenversetzung

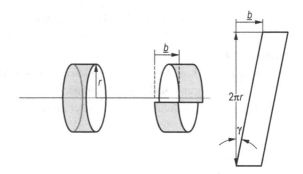

G ist der Schubmodul des Kristallgitters. Auch für das Spannungsfeld darf r nicht beliebig klein gewählt werden, da bei $r = 0$ eine Singularität auftritt.

Antwort 2.4.10
Da eine Schraubenversetzung keine Volumendehnung verursacht, ist die *elastische Energiedichte* (Energie pro Volumen, $[J/m^3]$) einer sich in einem Hohlzylinder befindlichen Schraubenversetzung der Länge L (Verzerrungsfeld $\gamma = b/2\pi r$, Spannungsfeld $\tau = G\gamma$) für jedes Volumenelement des Hohlzylinders $dW/dV = \frac{1}{2}\tau\gamma$. Die gesamte Eigenenergie der Schraubenversetzung ergibt sich durch Integration der kontinuierlich verteilten Energiedichte über das Hohlzylindervolumen:

$$W = \int_{\text{Zyl}} \frac{1}{2}\tau\gamma\, dV = \frac{1}{2}\int_0^L dl \int_0^{2\pi} d\theta \int_{r_u}^{r_0} \frac{Gb^2}{4\pi^2 r^2}\, r\, dr = L\frac{Gb^2}{4\pi}\ln\frac{r_0}{r_u},$$

wobei r_u der *Kern*-Radius oder *untere Abschneideradius* ist, mit $r_u \sim b \sim 3 \cdot 10^{-10}$ m, und r_0 der *obere Abschneideradius*. Der Bereich $r < b$ wird bewusst außer Acht gelassen, da so nahe an der Versetzungslinie der verwendete linear-elastische Ansatz für das Spannungs- und Verzerrungsfeld nicht mehr zulässig ist. Eine realistische Abschätzung für r_0 ist etwa die halbe Entfernung zur nächsten Versetzung, also 10^{-8} m $< r_0 < 10^{-3}$ m für typische Versetzungsdichten in Kristallen. Für $r_0 \to \infty$ liegt eine logarithmische Divergenz vor, die wegen $r_0 \leq 10^{-3}$ m aber nicht bedeutsam ist.

Einsetzen der abgeschätzten Größen führt auf den gebräuchlichen Näherungswert für die Eigenenergie:

$$W = L\,G\,b^2.$$

Als *Linienenergie* Γ (manchmal auch mit T oder U_V bezeichnet) wird die auf die Länge der Versetzung bezogene Eigenenergie bezeichnet. Für eine Schraubenversetzung folgt:

$$\Gamma_\$ = \frac{W}{L} = G\,b^2.$$

Eine ähnliche, aber deutlich kompliziertere Rechnung führt auf den folgenden Ausdruck für die Linienenergie einer Stufenversetzung:

$$\Gamma_\perp = \frac{G b^2}{1 - \nu} \approx \frac{3}{2} \Gamma_\$.$$

Eine Stufenversetzung ist also energetisch um 50 % teurer als eine Schraubenversetzung.

Antwort 2.4.11

a) Der Verschiebungssprung entlang der x-Achse ergibt sich aus der Differenz der Verschiebungen an der Stelle $\varphi = 2\pi$ und der Stelle $\varphi = 0$:

$$\Delta u_r = u_r(2\pi) - u_r(0) = \frac{b}{8\pi(1 - \nu)} \Big[4(1 - \nu)2\pi \Big] - 0 = b,$$

$$\Delta u_\varphi = u_\varphi(2\pi) - u_\varphi(0) = 0, \qquad \Delta u_z = 0.$$

b) Wegen $u_z = 0$ liegt ein ebener Verzerrungszustand vor. Die Verzerrungen

$$\varepsilon_r = \frac{\partial u_r}{\partial r}, \quad \varepsilon_\varphi = \frac{u_r}{r} + \frac{1}{r}\frac{\partial u_\varphi}{\partial \varphi}, \quad \gamma_{r\varphi} = \frac{1}{r}\frac{\partial u_r}{\partial \varphi} + \frac{\partial u_\varphi}{\partial r} - \frac{u_\varphi}{r}$$

ergeben sich mit den Ableitungen (Abkürzung $b^* = b/[8\pi(1 - \nu)]$)

$$\frac{\partial u_r}{\partial r} = -b^* 2(1 - 2\nu) \frac{\sin\varphi}{r}, \qquad \frac{\partial u_\varphi}{\partial r} = -b^* 2(1 - 2\nu) \frac{\cos\varphi}{r},$$

$$\frac{\partial u_r}{\partial \varphi} = -b^* \Big[2(1 - 2\nu) \ln r \cos\varphi - 4(1 - \nu)(\cos\varphi - \varphi \sin\varphi) - \cos\varphi \Big],$$

$$\frac{\partial u_\varphi}{\partial \varphi} = b^* \Big[2(1 - 2\nu) \ln r \sin\varphi - 4(1 - \nu)(\sin\varphi + \varphi \cos\varphi) + \sin\varphi \Big]$$

zu

$$\varepsilon_r = \varepsilon_\varphi = -\frac{b(1 - 2\nu)}{4\pi(1 - \nu)} \frac{\sin\varphi}{r}, \qquad \gamma_{r\varphi} = \frac{b}{2\pi(1 - \nu)} \frac{\cos\varphi}{r}.$$

Für die Volumendehnung erhält man damit

$$\varepsilon_V = \varepsilon_r + \varepsilon_\varphi + \varepsilon_z = -\frac{b(1 - 2\nu)}{2\pi(1 - \nu)} \frac{\sin\varphi}{r}.$$

c) Unter Beachtung, dass ein ebener Verzerrungszustand vorliegt, folgen die Spannungen aus

$$\sigma_r = \frac{E^*}{1 - \nu^{*2}}(\varepsilon_r + \nu^* \varepsilon_\varphi), \qquad \sigma_\varphi = \frac{E^*}{1 - \nu^{*2}}(\varepsilon_\varphi + \nu^* \varepsilon_r),$$

$$\tau_{r\varphi} = G \gamma_{xy}, \qquad E \varepsilon_z = \sigma_z - \nu(\sigma_r + \sigma_\varphi) = 0$$

mit $\varepsilon_r = \varepsilon_\varphi$ sowie $G = E^*/2(1 + \nu^*) = E/2(1 + \nu)$ und $\nu^* = \nu/(1 - \nu)$ zu

$$\sigma_r = \sigma_\varphi = \frac{2\,G}{1-2\nu}\,\varepsilon_r = -\frac{G\,b}{2\pi(1-\nu)}\,\frac{\sin\varphi}{r},$$

$$\sigma_z = \nu\,(\sigma_r + \sigma_\varphi) = -\frac{2\nu\,G\,b}{2\pi(1-\nu)}\,\frac{\sin\varphi}{r},$$

$$\tau_{r\varphi} = \frac{G\,b}{2\pi(1-\nu)}\,\frac{\cos\varphi}{r}.$$

d) Mit den bekannten Spannungen und Verzerrungen errechnet sich die Formänderungs-
energiedichte:

$$\frac{dU(r,\varphi)}{dV} = \frac{1}{2}\,\sigma_{ij}\varepsilon_{ij} = \frac{1}{2}(\sigma_r\varepsilon_r + \sigma_\varphi\varepsilon_\varphi + \tau_{r\varphi}\gamma_{r\varphi}/2 + \tau_{\varphi r}\gamma_{\varphi r}/2) = \sigma_r\varepsilon_r + \frac{1}{2}\tau_{r\varphi}\gamma_{r\varphi}$$

$$= \frac{G\,b^2}{8\pi^2(1-\nu)^2}\,\frac{(1-2\nu)\sin^2\varphi + \cos^2\varphi}{r^2}.$$

Für die Formänderungsenergie im Hohlzylinder erhält man damit durch Integration

$$W = \int_V \frac{dU(r,\varphi)}{dV}\,dV = \int_0^L \int_{r_i}^{r_a} \int_0^{2\pi} U(r,\varphi)\,r\,d\varphi\,dr\,dz = \frac{G\,b^2\,L}{4\pi(1-\nu)}\,\ln\frac{r_a}{r_i}.$$

Anmerkungen:

- Für $r \to 0$ sind die Verschiebungen logarithmisch singulär, die Verzerrungen und die
  Spannungen singulär vom Typ $1/r$.
- Entlang des Verschiebungssprunges $\varphi = 0$ wirken nur Schubspannungen; die Normal-
  spannungen sind dort Null.

Antwort 2.4.12

a) Es stehen folgende Beziehungen für die Berechnung der gesuchten Indizes zur Verfügung:

$$(\alpha) \quad \cos 60° = \frac{1}{2} = \frac{(1,1,0)\circ(r,s,t)}{\sqrt{2}\,\sqrt{r^2+s^2+t^2}} = \frac{r+s}{\sqrt{2}\,\sqrt{r^2+s^2+t^2}},$$

$$(\beta) \quad \cos 30° = \frac{\sqrt{3}}{2} = \frac{(-1,1,2)\circ(r,s,t)}{\sqrt{6}\,\sqrt{r^2+s^2+t^2}} = \frac{-r+s+2t}{\sqrt{6}\,\sqrt{r^2+s^2+t^2}}.$$

Richtung der z-Achse:

$$\begin{pmatrix} 1 \\ 1 \\ 0 \end{pmatrix} \times \begin{pmatrix} -1 \\ 1 \\ 2 \end{pmatrix} = \begin{pmatrix} 1 \\ -1 \\ 1 \end{pmatrix}.$$

$$(\gamma) \quad \cos 90° = 0 = \frac{(1-,1,1)\circ(r,s,t)}{\sqrt{3}\,\sqrt{r^2+s^2+t^2}} = \frac{r-s+t}{\sqrt{3}\,\sqrt{r^2+s^2+t^2}} \quad \to \quad t = s - r.$$

(γ) in (β) eingesetzt liefert $\sqrt{2}\sqrt{r^2 + s^2 + t^2} = 2t$. Dies und ($\gamma$) in ($\alpha$) eingesetzt ergibt:

$$(\delta) \quad \frac{1}{2} 2t = r + s \quad \rightarrow \quad t = r + s.$$

(δ) und (γ) können nur für $r = 0$ gleichzeitig gelten. Damit wird $s = t = $ beliebig $\neq 0$ auch $s = t = 1$. Die gesuchte Indizierung lautet somit:

$$[rst] = [011].$$

b) Die Strecke OP steht normal auf die in Teilaufgabe a) berechnete Richtung $[rst]$. Diese Richtung ist somit parallel zur Tangente im Punkt P an die Versetzungslinie. Da der Burgersvektor einer Schraubenversetzung die Richtung der Tangente an die Versetzungslinie besitzt, ist $\underline{b}$ parallel zu [011]. Vollständige Versetzungen im kfz Gitter besitzen die Länge $\frac{\sqrt{2}}{2} a$. Daher muss $n = 2$ sein und der gesuchte Burgersvektor ist $\underline{b} = \frac{a}{2}$ [011].

c) Die Strecke OM steht normal auf OP (siehe Antwort b)). Daher ist die Versetzung im Punkt M eine reine Stufenversetzung mit $\underline{b} = \frac{a}{2}$ [011].
Bemerkung: Der Burgersvektor ist eine Erhaltungsgröße und darf sich daher entlang der Versetzungslinie nicht ändern.
Der Punkt N liegt diametral zu P. Daher ist die Versetzung in N eine reine Schraubenversetzung. Da die Richtung der Tangente in N an die Versetzungslinie jener in P entgegengesetzt ist, spricht man von einer dazu negativen Versetzung.

d) Der Burgersvektor zeigt in eine Gleitrichtung (Flächendiagonale der kfz Elementarzelle → dichtest gepackte Richtung), die Versetzungslinie liegt in einer Gleitebene ({111}-Ebenen des kfz Gitters). Die Versetzung ist daher gleitfähig.

e) Es handelt sich um die *Peach-Köhler-Kraft*:

$$F_V = \tau\, b\, l = \tau\, a\, \frac{\sqrt{2}}{2} 2\pi r = \sqrt{2}\,\pi\, a\, r\, \tau.$$

Antwort 2.4.13

a) Die Richtungen $\underline{s}_1$ bis $\underline{s}_3$ ergeben sich aus dem vektoriellen Produkt der Normalvektoren der Gleitebenen (111) und ($\bar{1}1\bar{1}$):

$$\underline{s}_1 = \underline{s}_2 = \underline{s}_3 = \begin{pmatrix} -1 \\ 0 \\ 1 \end{pmatrix}.$$

b) $\underline{b}_1$ und $\underline{b}_2$ stehen weder normal auf $\underline{s}_1 = \underline{s}_2$ (skalare Produkte sind ungleich Null), noch sind sie parallel zu diesen. Es handelt sich daher um Mischversetzungen.

c) Der Burgersvektor der neuen Versetzung folgt aus der Reaktionsgleichung (Erhaltungssatz für Burgersvektoren)

$$\underline{b}_3 = \underline{b}_1 + \underline{b}_2 = \frac{a}{2}\left[\begin{pmatrix} 0 \\ -1 \\ 1 \end{pmatrix} + \begin{pmatrix} 1 \\ 1 \\ 0 \end{pmatrix}\right] = \frac{a}{2}\begin{pmatrix} 1 \\ 0 \\ 1 \end{pmatrix}.$$

Die Reaktion ist dann energetisch begünstigt, wenn die Eigenenergie der neuen Versetzung kleiner ist als die Summe der Eigenenergien der Versetzungen 1 und 2. Da die Eigenenergie einer Versetzung proportional zu b^2 ist, muss $b_3^2 < b_1^2 + b_2^2$ gelten. Ausrechnen ergibt:

$$\frac{a^2}{2} < 2\,\frac{a^2}{2}.$$

Die Reaktion ist energetisch begünstigt.

d) Da das skalare Produkt von $\underline{s}_3$ und $\underline{b}_3$ Null ist, steht $\underline{b}_3$ normal auf $\underline{s}_3$. Die Versetzung ist daher eine Stufenversetzung.

e) Die Indizes h, k, l ergeben sich aus dem vektoriellen Produkt

$$\underline{b}_3 \times \underline{s}_3 = \begin{pmatrix} 0 \\ -2 \\ 0 \end{pmatrix}.$$

Es handelt sich also um die (010)-Ebene. Da diese im kfz Gitter keine Gleitebene ist, kann die Versetzung 3 darin nicht gleiten. Die so entstandene Sperre für die auf den beiden Gleitebenen 1 und 2 nachfolgenden Versetzungen heißt *Lomer-Lock*.

2.5 Korngrenzen, Stapelfehler und homogene Gefüge

Antwort 2.5.1

Mit zunehmender Temperatur wird der Beitrag der Korngrenzen zur plastischen Verformung immer größer. Die Kriechgeschwindigkeit nimmt deshalb mit abnehmender Korngröße zu. Warmfeste Legierungen sollten aus möglichst großen Kristallen bestehen, da es bei hohen Temperaturen zur Porenbildung auf Korngrenzen kommen kann. Das beste Kriechverhalten zeigen daher Einkristalle.

Antwort 2.5.2

Die stereografische Projektion ist nicht nur ein wichtiges Hilfsmittel zur Darstellung von Richtungen und Flächen eines Kristalls. Sie wird auch zur Darstellung von Kristallorientierungen, zur Veranschaulichung von Orientierungsbeziehungen zwischen benachbarten Kristalliten sowie zur kristallografischen Beschreibung der Versetzungsplastizität, der mechanischen Zwillingsbildung, der martensitischen Umwandlung und von Texturen verwendet.

Für die Projektion wird ein Kristall von einer Lagekugel umgeben, auf deren Oberfläche die Normalen von Netzebenenscharen Durchstoßpunkte erzeugen, siehe Abb. 15.

Abb. 15 Die stereografische
Projektion. PE =
Projektionsebene, K = Kristall

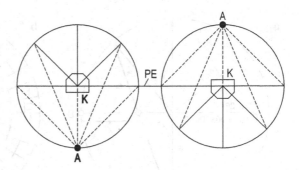

Die Durchstoßpunkte auf der oberen Hälfte der Lagekugel werden vom Südpol aus auf die
Äquatorialebene der Lagekugel projiziert. Entsprechend bildet man die untere Hälfte der
Lagekugel mit dem Nordpol als Augpunkt auf die Äquatorialebene ab.

So entsteht in der Äquatorebene jeweils ein Stereogramm, dessen Mittelpunkt die Projektion des Nordpols (Südpols) der Lagekugel bildet.

Die Projektion hat folgende Eigenschaften:

- Die Projektion ist winkeltreu, d. h. Winkel auf der Kugeloberfläche sind den entsprechenden Winkeln in der Projektion gleich.
- Die Projektion ist aber weder abstands- noch flächentreu. Die an den Grundkreis gren-
  zenden Gebiete sind gegenüber den Gebieten in der Nähe des Zentrums vergrößert.
- Kreise auf der Kugel bilden sich in der stereografischen Projektion wieder als Kreise ab,
  allerdings mit einem anderen Durchmesser.
- Richtungen entsprechen in der Projektion Punkten, Flächen entsprechen Linien.

Antwort 2.5.3
Es wird die stereografische Projektion verwendet. Projektionsebene ist die Oberfläche
eines gewalzten Blechs, in der die Walz- und Querrichtung gekennzeichnet werden
müssen. Die Darstellung wird als Polfigur bezeichnet (Abb. 16).

Antwort 2.5.4
Die Stapelfolge im kfz Gitter ist …ABCABCABC …. Ein Stapelfehler

$$… ABC \underbrace{ABAB} CABC …$$

entspricht 2 Ebenen des hexagonal dichtest gepackten Gitters. Er ist durch Teilversetzungen
vom Typ $\underline{b} = a/6\,[211]$ begrenzt.

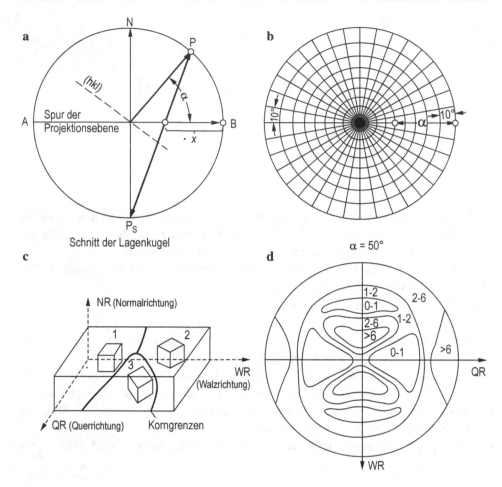

Abb. 16 Stereografische Projektion. **a** Projektion der Ebene (hkl) auf einen Punkt der Äquatorialebene. **b** Darstellung der Ebene in einem Winkelnetz als Punkt. **c** Schematische Darstellung der Orientierung dreier Körner in einem gewalzten Blech. **d** Polfigur eines 90 % kaltgewalzten austenitischen Stahls. Projektion in Bezug auf Koordinaten des Blechs: WR Walzrichtung, QR Querrichtung, 1-2 mittlere, 0-1 unterdurchschnittliche, >2 überdurchschnittliche Häufigkeit der {111}-Ebenen in bestimmten Orientierungen

Antwort 2.5.5

Für die Festigkeitssteigerung durch Korngrenzen gilt folgende Proportionalitätsbeziehung ($\bar{D}$: mittlerer Korndurchmesser):

$$\Delta\sigma_{KG} \propto \left(\sqrt{\bar{D}}\right)^{-1}.$$

Werkstoff A: $\left(\sqrt{\bar{D}}\right)^{-1} = 0,10$, Werkstoff B: $\left(\sqrt{\bar{D}}\right)^{-1} = 0,32$.

Die höhere Streckgrenze ist demnach bei Werkstoff B zu erwarten.

Antwort 2.5.6
Kupfer kristallisiert im kfz Gitter. Der Betrag des Burgersvektors beträgt

$$b = \frac{\sqrt{2}}{2}a = 0,255\,\text{nm}.$$

Kippwinkel im Bogenmaß:

$$\theta = 0,5° = 0,0087\,\text{rad}.$$

Damit ergibt sich der Abstand der Stufenversetzungen aus

$$\tan \theta \approx \theta = \frac{b}{A} \quad \rightarrow \quad A = \frac{b}{\theta} = \frac{0,255}{0,0087} = 29,3\,\text{nm}.$$

2.6 Gläser und Quasikristalle

Antwort 2.6.1
In allen, also in metallischen, keramischen und hochpolymeren, Werkstoffen sowie in Halbleitern.

Antwort 2.6.2
- Infolge ihrer hohen Kristallisationsgeschwindigkeit entstehen metallische Gläser nur durch sehr schnelles Abkühlen von Schmelzen ($\dot{T} = dT/dt > 10^5\,\text{K\,s}^{-1}$).
- Nicht in reinen Metallen, sondern nur in Legierungen wie z. B. Fe-B, Ni-Nb, Co-B, die ein gutes „Glasbildungsvermögen" besitzen.

Antwort 2.6.3
Glasstrukturen bilden sich immer aus verknäuelten Molekülen

- vernetzt: Elastomere
- stark vernetzt: Duromere

Auch wenig oder nicht verknäuelte Moleküle können Gläser bilden, falls die einzelnen Moleküle nicht parallel, sondern regellos nebeneinander angeordnet sind: glasige oder teil-glasige Plastomere.

Antwort 2.6.4

a) Isotropie = Richtungsunabhängigkeit,

b) Anisotropie = Richtungsabhängigkeit von Eigenschaften in einem Werkstoff. Die Eigenschaften von Gläsern sind isotrop, viele Kristalleigenschaften (z. B. die Spaltbarkeit) sind anisotrop.

c) Ein Haufwerk kleiner Kristalle zeigt bei regelloser Verteilung der Kristallorientierung Quasiisotropie.

Antwort 2.6.5

Kristallstrukturen können zwei-, drei-, vier- und sechszählige Symmetrie aufweisen, weil sich nur geometrische Körper mit dieser Eigenschaft dicht in Raumgittern anordnen lassen.

Antwort 2.6.6

Quasikristalle liegen zwischen den ungeordneten Strukturen der Gläser und den geordneten der Kristalle. Sie können, im Gegensatz zu Kristallen, aus Bauelementen mit fünfzähliger Symmetrie aufgebaut werden, zeigen dabei eine langreichweitige Ordnung in einem Raumgitter aber keine Periodizität der Atompositionen. Ein ebenes Strukturmodell einer quasikristallinen Phase ist das Penrose-Muster (Abb. 17). Räumlich betrachtet sind Quasikristalle in einfachster Form Icosaeder.

Antwort 2.6.7

Metalle können aus dem flüssigen oder dem gasförmigen Zustand schnell abgekühlt werden. Aus dem flüssigen Zustand geschieht es z. B. beim Schmelzspinnen mit einseitiger oder beim Schmelzwalzen mit zweiseitiger Abkühlung. Beim Aufdampfen erfolgt eine schnelle Abkühlung aus der Gasphase.

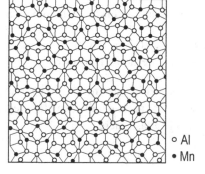

Abb. 17 Ebenes Strukturmodell einer quasikristallinen Phase $Al_{1-c}Mn_c$, c = 0,14

∘ Al
• Mn

2.7 Analyse von Mikrostrukturen

Antwort 2.7.1

a) Es sind die folgenden Komponenten bezeichnet:

Ziffer	Bauteil
1	Probe (geätzter Metallspiegel)
2	Objektiv(-linse)
3	Prisma (halbdurchlässig)
4	Okular(-linse)
5	Kamera (oder Leuchtschirm)
6	Prisma (halbdurchlässig)
7	Kondensor
8	Lichtquelle

b) Das Auflösungsvermögen U ist der Kehrwert der Auflösungsgrenze d. Diese ist die kleinstmögliche Distanz, bei der zwei Objekte noch getrennt wahrgenommen werden können. Nach *Helmholtz* gilt für d:

$$d = \frac{0{,}61\,\lambda}{n\,\sin\alpha} = 0{,}61\,\frac{\lambda}{A}.$$

λ ist die Wellenlänge des verwendeten Lichts, α der halbe Öffnungswinkel des Objektivs, n der Brechungsindex des optischen Mediums zwischen Objekt und Objektivlinse. Das Produkt $n\,\sin\alpha$ wird numerische Apertur A genannt.

c) Ein höheres Auflösungsvermögen bedeutet einen kleineren Wert für d. Es kann die Wellenlänge des Lichts verkleinert werden (blaues Licht), der Brechungsindex erhöht werden (n ist 1 für Luft, 1,52 für Zedernöl und 1,66 für Monobromnaphtalin) oder der Öffnungswinkel des Objektivs vergrößert werden ($\alpha_{max} = 72°$). Diese Maßnahmen kann man auch kombinieren.

d) $\lambda = \dfrac{d\,n\,\sin\alpha}{0{,}61} = \dfrac{440 \cdot 1 \cdot \sin 50°}{0{,}61} = 552\,\text{nm}.$

e) Die Schärfentiefe ist die maximale Abweichung der Bildebene von der Fokusebene, bei der das Objekt noch scharf abgebildet wird. Sie ist ein Maß für die zulässigen Höhenunterschiede einzelner Objektbereiche. Aus der Beziehung für die Schärfentiefe D

$$D \approx \frac{n\,\lambda}{2\,A^2} + \frac{\beta\,n}{A\,V}, \quad A = n\,\sin\alpha, \quad \beta = \text{const.}$$

erkennt man, dass große Vergrößerungen V kleine Schärfentiefen zur Folge haben. Auch eine Erhöhung des Auflösungsvermögens durch Vergrößern der numerischen Apertur A verringert D.

Antwort 2.7.2

a) Es sind die folgenden Bauteile bezeichnet:

Ziffer	Bauteil
1	Wehneltzylinder und Kathode
2, 4	elektromagnetische Linsen (Spulen)
3	Strahlablenkung
5	Probe
6	Zähler für Elektronen
7	Steuerelektronik (PC)
8	Bildschirm / Bildeinheit
9	Primärelektronenstrahl
10	Sekundärelektronen

b) Die Wellenlänge darf nicht größer sein als

$$\lambda = \frac{d\,A}{0,61} = \frac{5 \cdot 10^{-9}\,\text{m} \cdot 0,01}{0,61} = 8 \cdot 10^{-11}\,\text{m}.$$

Die kleine Apertur ist (zusammen mit dem fein gebündelten Elektronenstrahl) verantwortlich für die sehr hohe Schärfentiefe. Daher eignet sich das REM sehr gut für Untersuchungen an Proben mit Höhenunterschieden, wie dies etwa bei Bruchflächen der Fall ist.

c) Die beiden wichtigsten Elektronenarten sind:

– *Sekundärelektronen:* Die Primärelektronen werden an der Elektronenhülle der Atome in der Probe inelastisch gestreut und geben an diese Energie ab. Schwach gebundene Elektronen der äußeren Schalen können so vom Atom gelöst werden und zum Teil auch die Probe als Sekundärelektronen verlassen. Dies ist umso wahrscheinlicher, je exponierter die Probenstelle ist (Vorsprünge, Kanten). Sekundärelektronen werden daher zur topografischen Abbildung verwendet.

– *Rückgestreute Elektronen:* Ein Teil der Primärelektronen wird von den Atomen der Probe elastisch gestreut, d. h. sie werden wegen der positiven Ladung des Atomkerns ohne Energieverlust abgelenkt. Je höher die Ordnungszahl des Elements ist, desto größer ist der Wirkungsquerschnitt seines Kerns und damit auch die Wahrscheinlichkeit, dass es zu dieser Wechselwirkung kommt. Daher erscheinen schwere Elemente (bzw. Phasen aus solchen Elementen) hell. Rückgestreute Elektronen verwendet man zur Unterscheidung chemisch verschiedener Probenbereiche.

Antwort 2.7.3

Das gebräuchlichste Verfahren zur Bestimmung von Korndurchmessern ist das Linienschnittverfahren mithilfe eines Messokulars im Lichtmikroskop. Der mittlere Korndurchmesser berechnet sich dabei nach folgender Formel:

$$\bar{D} = \frac{L\,N\,10^3}{(N-1)\,M} \; [\mu\mathrm{m}],$$

mit L = Länge einer Messlinie (bekannt, Messokular), N = Anzahl der Messlinien (bekannt, Messokular), N = Anzahl der Schnittpunkte der Korngrenzen mit den Messlinien (auszählen), M = Vergrößerung (bekannt).

Der gemessene Wert $\bar{D}$ ist immer kleiner als der wirkliche Korndurchmesser, da die Körner nur zufällig und in den seltensten Fällen genau in ihrem größten Durchmesser geschnitten werden.

Antwort 2.7.4

Die resultierende Amplitude S (auch Strukturamplitude) der reflektierten Strahlung ist

$$S = \Sigma_n f_n e^{2\pi i\,(x_n h + y_n k + z_n l)}.$$

h, k und l sind die Millerschen Indizes der reflektierenden Netzebenenschar, x_n, y_n und z_n die Koordinaten (Punktlagen) des n-ten Atoms (Streuzentrums). f_n ist der Atom(form)faktor, der das Streuvermögen eines einzelnen Atoms charakterisiert. Für kleine Streuwinkel kann f_n durch die Ordnungszahl des Atoms abgeschätzt werden. Das Produkt von S mit der Komplexkonjugierten $\bar{S}$ ergibt den Strukturfaktor $S\bar{S}$, der ein Maß für die Intensität der reflektierten Strahlung ist.

a) krz Gitter, 2 Atome pro Elementarzelle, eine Atomart: $f_1 = f_2 = f$. Die Atomlagen sind $0\,0\,0$ und $\frac{1}{2}\,\frac{1}{2}\,\frac{1}{2}$. Daher wird

$$S = f\left(1 + e^{\pi i\,(h+k+l)}\right) = f\,(1 + \cos\pi(h+k+l) + i\sin\pi(h+k+l)).$$

Der Imaginärteil von S ist immer Null, daher gilt $S = \bar{S}$. Somit ist der Strukturfaktor

$$S\bar{S} = S^2 = \begin{cases} 4f^2 \ldots h+k+l \text{ gerade} \\ 0 \ldots h+k+l \text{ ungerade} \end{cases}$$

b) kfz Gitter, 4 Atome pro Elementarzelle, eine Atomart: $f_1 = f_2 = f_3 = f_4 = f$. Die Atomlagen sind $0\,0\,0$, $\frac{1}{2}\,\frac{1}{2}\,0$, $0\,\frac{1}{2}\,\frac{1}{2}$, $\frac{1}{2}\,0\,\frac{1}{2}$. Daher wird

$$S = f[1 + \cos\pi(h+k) + i\sin\pi(h+k) + \cos\pi(k+l) + i\sin\pi(k+l)$$
$$+ \cos\pi(h+l) + i\sin\pi(h+l)].$$

Der Imaginärteil von S ist immer Null, daher gilt $S = \bar{S}$. Somit ist der Strukturfaktor

$$S\bar{S} = S^2 = \begin{cases} 16f^2 \ldots h,\,k,\,l \text{ ungemischt} \\ 0 \ldots h,\,k,\,l \text{ gemischt} \end{cases}$$

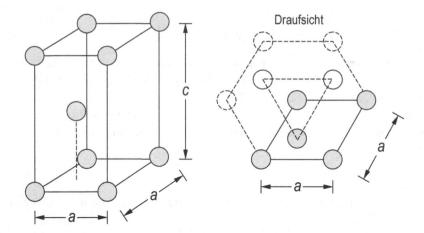

Draufsicht

Abb. 18 Die hexagonale Elementarzelle

c) Hexagonales Gitter, 2 Atome pro Elementarzelle, eine Atomart: $f_1 = f_2 = f$. Die Atomlagen sind $0\,0\,0$ und $\frac{2}{3}\,\frac{1}{3}\,\frac{1}{2}$ (siehe Abb. 18). Daher wird

$$S = f\left(1 + e^{2\pi i\,(2h/3+k/3+l/2)}\right) = f\left(1 + e^{\pi i l}e^{2\pi i/3\,(2h+k)}\right).$$

Es sind die Fälle l ungerade und l gerade zu unterscheiden.

$\underline{l\text{ ungerade}}$: $e^{\pi i l} = -1$. Für die Summe $2h + k$ gibt es drei Möglichkeiten:

(α) $2h + k = 3j$, $j = 0, \pm 1, \pm 2, \ldots$: $e^{\frac{2\pi i}{3}3j} = e^{2\pi i j} = 1$. Damit werden $S = f(1-1) = 0$ und $S\bar{S} = 0$.

(β) $2h + k = 3j + 1$, $j = 0, \pm 1, \pm 2, \ldots$: $e^{\frac{2\pi i}{3}(3j+1)} = -\frac{1}{2} + i\frac{\sqrt{3}}{2}$. Es ergibt sich $S = \frac{f}{2}(3 - i\sqrt{3})$, $\bar{S} = \frac{f}{2}(3 + i\sqrt{3})$ und $S\bar{S} = \frac{f^2}{4}(9+3) = 3f^2$.

(γ) $2h + k = 3j + 2$, $j = 0, \pm 1, \pm 2, \ldots$: $e^{\frac{2\pi i}{3}(3j+2)} = -\frac{1}{2} - i\frac{\sqrt{3}}{2}$. Damit werden $S = \frac{f}{2}(3 + i\sqrt{3})$, $\bar{S} = \frac{f}{2}(3 - i\sqrt{3})$ und $S\bar{S} = \frac{f^2}{4}(9+3) = 3f^2$.

$\underline{l\text{ gerade}}$: $e^{\pi i l} = 1$. Wiederum sind die drei Möglichkeiten für die Summe $2h + k$ zu diskutieren. Man erhält für den Strukturfaktor:
(α) $2h + k = 3j$: $S\bar{S} = 4f^2$,
(β) $2h + k = 3j + 1$: $S\bar{S} = f^2$,
(γ) $2h + k = 3j + 2$: $S\bar{S} = f^2$.

d) Das NaCl Gitter ist aus zwei kfz Gittern aufgebaut, die gegeneinander um eine halbe Würfelkante verschoben sind. Die Atomlagen sind daher für Na: $0\,0\,0$, $\frac{1}{2}\,\frac{1}{2}\,0$, $0\,\frac{1}{2}\,\frac{1}{2}$, $\frac{1}{2}\,0\,\frac{1}{2}$ und für Cl: $\frac{1}{2}\,0\,0$, $0\,\frac{1}{2}\,0$, $0\,0\,\frac{1}{2}$, $\frac{1}{2}\,\frac{1}{2}\,\frac{1}{2}$. Die Atomformfaktoren werden über die Ordnungszahl abgeschätzt: $f_{\text{Na}} \propto Z = 11$, $f_{\text{Cl}} = 17$. Mithilfe der Ergebnisse von Beispiel b) ergibt sich für die drei möglichen Fälle:

(α) h, k, l alle gerade: $S = 4f_{Na} + 4f_{Cl}$, $S\bar{S} = 16(f_{Na} + f_{Cl})^2 = 12544$,

(β) h, k, l alle ungerade: $S = 4f_{Na} - 4f_{Cl}$, $S\bar{S} = 16(f_{Na} - f_{Cl})^2 = 576$,

(γ) h, k, l gemischt: $S = 0$, $S\bar{S} = 0$.

Antwort 2.7.5

a) Austenit und Ferrit kristallisieren beide kubisch. Der Zusammenhang zwischen dem Netzebenenabstand d_{hkl} der Netzebenenschar (hkl) und dem Gitterparameter lautet für beide:

$$d_{hkl} = \frac{a}{\sqrt{h^2 + k^2 + l^2}}.$$

Die Gitter des Austenits (kfz) und des Ferrits (krz) unterscheiden sich hinsichtlich der Auslöschungsregeln für Röntgenreflexe. Die Intensität der gebeugten Strahlung ist dann ungleich Null, wenn für die reflektierende Netzebenenschar die folgenden Bedingungen erfüllt sind:

kfz: h, k, l alle entweder gerade oder ungerade,

krz: $h + k + l$ gerade.

Aus der Braggschen Gleichung erkennt man, dass Reflexe bei kleinen Beugungswinkeln niedrig indiziert sein müssen:

$$n\lambda = 2d_{hkl} \sin\theta = 2\frac{a}{\sqrt{h^2 + k^2 + l^2}} \sin\theta.$$

Zur Feststellung der Indizes formt man um:

$$\frac{\sin^2\theta}{h^2 + k^2 + l^2} = \frac{n^2\lambda^2}{4a^2} = \text{const.}$$

Die drei am niedrigsten indizierten Reflexe der beiden Kristallgitter sind in der folgenden Tabelle angeführt.

hkl	kfz	krz	$h^2 + k^2 + l^2$
110	–	+	2
111	+	–	3
200	+	+	4
211	–	+	6
220	+	–	8

Die nachstehende Tabelle zeigt die Resultate der Auswertung der umgeformten Braggschen Gleichung für die Reflexe 1 bis 6. Als Abkürzung wird $s = \sin^2\theta$ verwendet. Die beiden Möglichkeiten die modifizierte Braggsche Gleichung und die Auslöschungsregeln zu erfüllen sind unterstrichen.

Reflex	$\frac{s}{2}$	$\frac{s}{3}$	$\frac{s}{4}$	$\frac{s}{6}$	$\frac{s}{8}$	hkl	Phase
1	0,0925	0,0617	0,0463	0,0308	0,0231	111	γ
2	0,0979	0,0653	0,0490	0,0326	0,0245	110	α
3	0,1234	0,0823	0,0617	0,0411	0,0308	200	γ
4	0,1959	0,1306	0,0979	0,0653	0,0490	200	α
5	0,2458	0,1645	0,1234	0,0823	0,0617	220	γ
6	0,2938	0,1960	0,1469	0,0979	0,0753	211	α

b) Um die geforderte Genauigkeit zu erreichen, wird zweckmäßigerweise ein Reflex bei großem Beugungswinkel verwendet. Die Berechnung kann wahlweise mit einer der beiden Phasen erfolgen. Für Reflex 5 (Austenit) ergibt Einsetzen in die Braggsche Gleichung für die gesuchte Wellenlänge:

$$\lambda = 2d_{hkl}\sin\theta = 2\,\frac{0,360}{\sqrt{4+4+0}}\sin 44,63° = 0,179\,\text{nm}.$$

c) Für den kfz Austenit gilt:

$$4r_{Fe} = a_\gamma\sqrt{2} \quad\rightarrow\quad r_{Fe} = \frac{\sqrt{2}}{4}\,0,36 = 0,127\,\text{nm}.$$

d) Die Elementarzelle des Austenits beinhaltet vier Eisenatome, ihr Volumen beträgt a_γ^3. Ein Mol Eisen besteht aus $N_A = 6,023\cdot10^{23}$ Atomen. Die Dichte ϱ_γ des Austenits ist:

$$\varrho_\gamma = \frac{4\cdot 55,848}{(0,36\cdot10^{-7})^3\cdot 6,023\cdot10^{23}} = 7,93\,\text{g/cm}^3.$$

Antwort 2.7.6
Berechnung des Netzebenenabstandes d_{hkl} der reflektierenden Netzebenenschar:

$$d_{hkl} = \frac{a}{\sqrt{h^2+k^2+l^2}} = \frac{a}{\sqrt{4}} = \frac{a}{2}.$$

Aus der Braggschen Gleichung folgt der Braggsche Winkel (Beugungswinkel):

$$\sin\theta = \frac{\lambda}{2d_{hkl}} = \frac{\lambda}{a} \quad\rightarrow\quad \theta = \arcsin\left(\frac{\lambda}{a}\right) = \arcsin\left(\frac{0,0549}{3,61}\right) = 0,871°.$$

Antwort 2.7.7
Berechnung des Netzebenenabstandes d_{hkl} und der Wellenlänge λ:

$$d_{111} = \frac{a_{Ag}}{\sqrt{1^2+1^2+1^2}} = \frac{a_{Ag}}{\sqrt{3}}, \quad E = h\nu = h\frac{c}{\lambda} \quad\rightarrow\quad \lambda = \frac{hc}{E}.$$

Einsetzen in die Braggsche Gleichung und Auflösen nach θ ergibt:

$$\theta = \arcsin\left(\frac{\lambda}{2\,d_{hkl}}\right) = \arcsin\left(\frac{\sqrt{3}\,h\,c}{2\,E\,a_{\mathrm{Ag}}}\right)$$

$$= \arcsin\left(\frac{\sqrt{3}\cdot 6{,}626\times 10^{-34}\,\mathrm{Js}\cdot 2{,}998\times 10^{8}\,\mathrm{m/s}}{2\cdot 8027{,}8\cdot 1{,}602\times 10^{-19}\,\mathrm{J}\cdot 4{,}08\times 10^{-10}\,\mathrm{m}}\right) = 19{,}14^{\circ}.$$

Antwort 2.7.8

Bei der gegebenen Anordnung liegen die Röntgenstrahlreflexe der Laue-Aufnahme auf der Rückstrahl- bzw. Durchstrahlseite je nachdem, wie groß der Winkel α_i zwischen der beugenden Netzebene ε_i des Kristalls und der Richtung [100] (Normale auf (100), zugleich Einstrahlrichtung, siehe Abb. 19) ist:

Größe des Winkels α_i	Lage des Röntgenstrahlreflexes
$\alpha_i < 45^{\circ}$	Reflex liegt auf der Rückstrahlseite
$\alpha_i > 45^{\circ}$	Reflex liegt auf der Durchstrahlseite
$\alpha_i = 45^{\circ}$	Reflex liegt unendlich weit weg von der x-Achse (gebeugter Strahl ist parallel zur z-Achse)

Berechnung der Winkel α_i für die drei Ebenen:

$$\varepsilon_1 = (210) : \alpha_1 = \arccos\left[\frac{1}{\sqrt{5}\cdot 1}\begin{pmatrix}2\\1\\0\end{pmatrix}\circ\begin{pmatrix}1\\0\\0\end{pmatrix}\right] = \arccos\left[\frac{2}{\sqrt{5}}\right] = 26{,}565^{\circ},$$

$$\varepsilon_2 = (120) : \alpha_2 = \arccos\left[\frac{1}{\sqrt{5}\cdot 1}\begin{pmatrix}1\\2\\0\end{pmatrix}\circ\begin{pmatrix}1\\0\\0\end{pmatrix}\right] = \arccos\left[\frac{1}{\sqrt{5}}\right] = 63{,}435^{\circ},$$

$$\varepsilon_3 = (111) : \alpha_3 = \arccos\left[\frac{1}{\sqrt{3}\cdot 1}\begin{pmatrix}1\\1\\1\end{pmatrix}\circ\begin{pmatrix}1\\0\\0\end{pmatrix}\right] = \arccos\left[\frac{1}{\sqrt{3}}\right] = 54{,}736^{\circ}.$$

Berechnung der Normalabstände z_i der Röntgenreflexe von der Einstrahlrichtung (siehe Abb. 19):

$$z_1 = L\tan(2\alpha_1) = 3\,\mathrm{cm}\cdot\tan(2\cdot 26{,}565^{\circ}) = +4\,\mathrm{cm}\quad\text{(Rückstrahlseite)}$$
$$z_2 = L\tan(2\alpha_2) = 3\,\mathrm{cm}\cdot\tan(2\cdot 63{,}435^{\circ}) = -4\,\mathrm{cm}\quad\text{(Durchstrahlseite)}$$
$$z_3 = L\tan(2\alpha_3) = 3\,\mathrm{cm}\cdot\tan(2\cdot 54{,}736^{\circ}) = -8{,}5\,\mathrm{cm}\;\text{(Durchstrahlseite)}.$$

Antwort 2.7.9

a) Der Netzebenenabstand d_0 des unverspannten Gitters ist

Abb. 19 Zur Geometrie der
Laue-Aufnahme

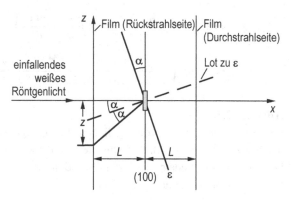

Abb. 20 Grafische Darstellung nach der
$\sin^2 \psi$-Methode

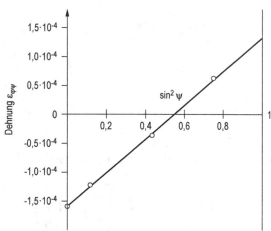

$$d_0 = \frac{a_0}{\sqrt{h^2 + k^2 + l^2}} = \frac{0{,}4041}{\sqrt{27}} = 0{,}0778 \text{ nm}.$$

Der Netzebenenabstand des verspannten Gitters ergibt sich aus der Braggschen Gleichung zu

$$d_{\varphi\psi_i} = \frac{\lambda}{2 \sin \theta_i}, \quad i = 1, \ldots, 4,$$

mit λ der Wellenlänge des Röntgenlichts und θ_i den Beugungswinkeln. Damit ergeben sich folgende Zahlenwerte:

Reflex i	ψ_i [°]	θ_i [°]	$\sin^2 \psi_i$	$\varepsilon_{\varphi\psi_i} \times 10^4$
1	0	82,000	0	− 1,59
2	20	81,985	0,117	− 1,22
3	40	81,950	0,413	− 0,36
4	60	91,910	0,750	+ 0,63

In Abb. 20 ist $\varepsilon_{\varphi\psi}$ über $\sin^2\psi$ aufgetragen. Die Gleichung der Ausgleichsgeraden lautet

$$\varepsilon_{\varphi\psi} = -1{,}58 \cdot 10^{-4} + 2{,}95 \cdot 10^{-4} \sin^2\psi = u + v \sin^2\psi.$$

Aus dem Achsenabschnitt u lässt sich die Summe der Normalspannungen in der Probenoberfläche berechnen:

$$u = -\frac{v}{E}(\sigma_1 + \sigma_2) \quad \rightarrow \quad \sigma_1 + \sigma_2 = \frac{70 \cdot 10^3\,\text{MPa}}{0{,}35} \cdot 1{,}58 \cdot 10^{-4} = 31{,}6\,\text{MPa}.$$

Aus der Steigung v der Geraden folgt

$$\sigma_\varphi = \frac{E}{1+v}\, v = \frac{70 \cdot 10^3\,\text{MPa}}{1+0{,}35} \cdot 2{,}95 \cdot 10^{-4} = 15{,}3\,\text{MPa}.$$

b) Für den Sonderfall $\varphi = 0°$ lässt sich aus der zweiten Gleichung der Angabe σ_1 berechnen:

$$\sigma_\varphi = \sigma_1 \cos^2 0° + \sigma_2 \sin^2 0° + \sigma_{12} \sin 0° = \sigma_1 = 15{,}3\,\text{MPa}.$$

Mit dem Ergebnis für $\sigma_1 + \sigma_2$ der Teilaufgabe a) ergibt sich nun

$$\sigma_2 = 31{,}6 - \sigma_1 = 31{,}6 - 15{,}3 = 16{,}3\,\text{MPa}.$$

Für diesen Sonderfall lassen sich also beide Normalspannungen berechnen.

3 Aufbau mehrphasiger Stoffe

Inhaltsverzeichnis

3.1 Mischphasen und Phasengemische

Antwort 3.1.1

Eine *Phase* ist ein Bereich mit einheitlicher atomarer Struktur und chemischer Zusammensetzung, durch Phasengrenzen oder Oberflächen von der Umgebung getrennt. (Eine Flüssigkeit ist eine Phase, deren atomare Struktur weniger geordnet ist als die einer kristallinen Phase.)

Eine Phase kann aus einer (reiner Stoff) oder mehreren Komponenten (Mischphase) bestehen. *Komponenten* sind Atomarten (z. B. Fe und C), aber auch Verbindungen wie z. B. Fe_3C (Zementit), wenn sie eine genau stöchiometrische Zusammensetzung aufweisen.

Bei einem *Phasengemisch* existieren im flüssigen oder festen Zustand mehrere Phasen nebeneinander.

Anmerkung: Im gasförmigen Zustand sind Atome und Moleküle immer völlig mischbar, d. h. dieser Zustand ist immer homogen und daher einphasig. Viele Werkstoffe bestehen aus Kristallgemischen, die dann ein mehrphasiges oder heterogenes Gefüge bilden.

In einer *Mischphase* sind Atome oder Moleküle einer anderen Art in einer Phase gelöst, d. h. atomar fein verteilt.

© Springer-Verlag GmbH Deutschland, ein Teil von Springer Nature 2019
E. Werner et al., *Fragen und Antworten zu Werkstoffe*,
https://doi.org/10.1007/978-3-662-58845-1_16

Antwort 3.1.2

Es werden interstitielle und substituierte Mischkristalle unterschieden. In interstitiellen Mischkristallen wird die zweite Atomart auf Zwischengitterplätzen eingelagert (z. B. C in Fe), in substituierten Mischkristallen ersetzt sie auf einigen Gitterplätzen Atome des Wirtsgitters.

Antwort 3.1.3

Vollständige Mischbarkeit von Kristallen setzt gleiche Kristallstruktur der Komponenten voraus und eine nicht zu starke Abweichung der Gitterparameter voneinander (z. B. Au-Cu, α-Fe-Cr, γ-Fe-Ni).

Antwort 3.1.4

Die Härtungswirkung wird begrenzt durch die maximale Löslichkeit der Legierungsatome im Mischkristall, die ihrerseits durch die Verzerrung des Wirtsgitters durch die Fremdatome beeinflusst wird.

Antwort 3.1.5

- Stahl: α-Fe und Fe_3C
- Beton: Kiesel und Sand, verklebt durch hydratisierten Zement
- Holz: Zellulose und Lignin (Hohlräume)
- GFK, CFK: Glas- bzw. Kohlefaser und Duromer
- Grauguss: Perlit (α-Fe + Fe_3C) und Graphit
- Silumin: Al (kfz) und Si (Diamantstruktur)

Antwort 3.1.6

- Mischen von Phasen und nachfolgendes Sintern,
- Tränken einer festen mit einer flüssigen Phase, die dann erstarrt,
- Wärmebehandlung in einem Gebiet des Zustandsdiagramms, in dem zwei Phasen im Gleichgewicht sind.

Antwort 3.1.7

Da die angegebenen Elemente alle zur Gruppe der Übergangsmetalle gehören, ist die Bindungsart für den Vergleich der Löslichkeit sekundär, sodass sie alleine von der Verzerrungsenergie abhängt. Diese wird mit zunehmenden Atomradien gegenüber dem des α-Fe größer, sodass sich folgende Reihe abnehmender Löslichkeit ergibt: Ni - Co - Mo - Nb. Ni und Co haben nur deshalb keine vollständige Löslichkeit im α-Fe, weil sie selbst nicht im krz Gitter kristallisieren.

Antwort 3.1.8

Eine Phasengrenze trennt zwei Phasen mit unterschiedlichen physikalischen Eigenschaften, z. B. Fe_3C und α-Fe. An der Phasengrenze ändern sich die physikalischen Eigenschaften sprunghaft. In einem Vielkristall aus reinem Eisen trennt eine Korngrenze Eisenkristallite mit unterschiedlichen Kristallorientierungen aber gleichen physikalischen Eigenschaften.

3.2 Heterogene Gleichgewichte

Antwort 3.2.1

Massengehalt w (auch Gewichtsprozent $w \cdot 100\,\% = $ [Gew.-%] = [wt.-%] = [Masse-%], m Masse):

$$w_A = \frac{m_A}{m_A + m_B + \ldots}, \quad \sum_i w_i = 1.$$

Stoffmengengehalt a oder x (auch Atomprozent $a \cdot 100\,\% = $ [At.-%], n Anzahl der Mole):

$$a_A = \frac{n_A}{n_A + n_B + \ldots}, \quad \sum_i a_i = 1.$$

Konzentrationen c, die immer auf das Volumen V bezogen werden:

$$c_A = \frac{n_A}{V}, \quad \sum_i c_i = 1.$$

Antwort 3.2.2

Siehe Abb. 1.

Abb. 1 Zustandsdiagramm von Eisen

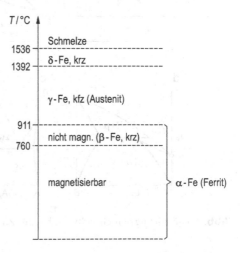

Antwort 3.2.3

Die meisten Werkstoffe werden unter Umgebungsdruck verwendet, sodass die Druckabhängigkeit vernachlässigt werden kann. Unter besonderen Bedingungen (Hochdruckanlagen) kann diese jedoch wichtig werden, wie z. B. in den Geowissenschaften (Entstehung von Diamant).

Antwort 3.2.4

Die fünf Grundtypen der Zustandsdiagramme sind Gleichgewichtsdiagramme, aus denen sich alle anderen Zustandsdiagramme aufbauen lassen:

a) (fast) völlige Unmischbarkeit im flüssigen und festen Zustand der Komponenten, z. B. Fe-Pb (Abb. 2a),

b) völlige Mischbarkeit im kristallinen und flüssigen Zustand der Komponenten, z. B. Cu-Ni, Cu-Au, UO_2-PuO_2, Al_2O_3-Cr_2O_3 (eingezeichnet ist der Verlauf der Zusammensetzung einer Legierung c bei der Erstarrung, c_f Verlauf der Konzentration der Komponente B in der Flüssigkeit, c_k Verlauf der Konzentration der Komponente B im Mischkristall, Abb. 2b),

c) begrenzte Mischbarkeit im kristallinen Zustand bei vollständiger Mischbarkeit im flüssigen Zustand (eutektisches System, Dreiphasengleichgewicht $f \rightarrow \alpha + \beta$), z. B. Al-Si, Ag-Cu, Pb-Sb, Fe-C (Abb. 2c),

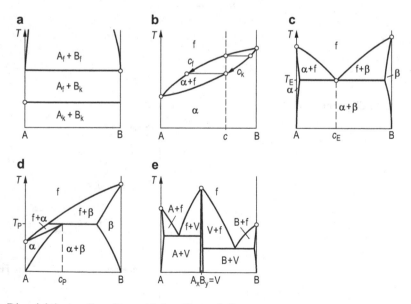

Abb. 2 Die wichtigsten Grundtypen binärer Zustandsdiagramme

d) begrenzte Mischbarkeit im kristallinen Zustand bei vollständiger Mischbarkeit im flüs-
    sigen Zustand, die Komponenten A und B haben stark unterschiedliche Schmelzpunkte
    (peritektisches System, Dreiphasengleichgewicht $f + \beta \rightarrow \alpha$), z. B. Ag-Pt, Cd-Hg, Cu-Al,
    -Sn, -Zn (Abb. 2d),
e) Bildung einer Verbindung, z. B. Au-Pb, CaO-Al$_2$O$_3$ (Abb. 2e).

Antwort 3.2.5

Die Einstellung des Gleichgewichtes hängt davon ab, ob sich die Gleichgewichtsphasen
auch bilden können, dass also genügend Energie für Keimbildung und Diffusion im System
vorhanden ist. In der Regel ist dies nur bei einer sehr langsamen Abkühlung gegeben. Deshalb
tritt oft in der Wirklichkeit kein Gleichgewichtszustand auf. Das Zustandsdiagramm gibt den
Gleichgewichtszustand an, über den Grad seiner Einstellung sagt es nichts aus.

Antwort 3.2.6

Das Zustandsdiagramm gibt die Schmelztemperatur oder den Schmelzbereich und damit die
obere Verwendungstemperatur eines Werkstoffes an. Im festen Zustand gibt es in Abhängigkeit von der Temperatur und der chemischen Zusammensetzung die Art und Anzahl der
Phasen an.

Antwort 3.2.7

• räumliche Darstellung – Konzentrationsdreieck – quasibinärer Schnitt
• isothermer Schnitt (Projektion der Isothermen auf das Konzentrationsdreieck)

Antwort 3.2.8

Das thermodynamische Gleichgewicht ist definiert als der Zustand des Minimums der freien
Energie. Es umfasst

• das mechanische Gleichgewicht → System ist in Ruhe,
• das thermische Gleichgewicht   → keine Temperaturgradienten,
• das chemische Gleichgewicht   → keine Triebkraft für Reaktionen.

Alle Stoffe streben diesen speziellen Zustand an.

Antwort 3.2.9

Für das Auftreten von metastabilen Gleichgewichten ist neben der hohen Aktivierungsenergie zur Bildung der stabilsten Phase die Existenz einer weniger stabilen Phase notwendig.
Infolge ihrer niedrigeren Aktivierungsenergie erfolgt die Bildung dieser Phase schneller.

Antwort 3.2.10

Das Gibbssche Phasengesetz verknüpft die Anzahl der Freiheitsgrade eines thermodynamischen Systems (Variablen V) mit der Anzahl der beteiligten Komponenten K und der auftretenden Phasen P:

$$V = K - P + 2.$$

Für den isobaren Fall gilt:

$$V = K - P + 1.$$

Für das Dreiphasengleichgewicht eines Zweikomponentensystems gilt daher $V = 0$, d. h. Temperatur und Zusammensetzung liegen fest (eutektischer, peritektischer Punkt).

Antwort 3.2.11

* Zinn: metallisches β-Sn ist nur oberhalb von $13\,°C$ stabil (Zinnpest).
* Eisen: bei tiefen Temperaturen stellt das kubisch raumzentrierte, ferromagnetische α-Fe die stabilste Phase dar.

Antwort 3.2.12

* Schmelzen des Materials A in einem Tiegel aus B: Die beiden Stoffe dürfen nicht miteinander reagieren, die Schmelztemperatur des Tiegels muss höher sein, als die des Schmelzguts (z. B. Mg im Fe-Tiegel).
* Plattieren von A auf B: Das Zustandsdiagramm gibt über Reaktionen an der Grenzfläche Auskunft (z. B. Bildung einer spröden intermetallischen Verbindung).
* Wärmebehandlungen.

Antwort 3.2.13

a) Eine Mischkristallphase: α-Cu, zwei intermetallische Verbindungen: $MgCu_2$ und Mg_2Cu, drei Eutektika bei 21,9, 57,9 und 85,5 At.-% Mg.

b) Kupfer ist in Magnesium unlöslich, Magnesium ist bis zu 7 At.-% in Kupfer löslich.

c) $f \rightarrow MgCu_2 + Mg_2Cu$

d) Primärkristallisation von Mg_2Cu tritt zwischen 57,9 und 85,5 At.-% Magnesium auf.

e) Ausscheidungshärtbar sind Legierungen zwischen ca. 3 und 7 At.-% Mg.

Antwort 3.2.14

Ein Haltepunkt weist entweder auf den Schmelz- bzw. Erstarrungspunkt eines reinen Stoffes (Elementes) oder auf eine eutektische bzw. eutektoide Temperatur hin (=non-variantes Gleichgewicht).

3.3 Keimbildung, Kristallisation von Schmelzen

Antwort 3.3.1
- Plasma,
- Gas,
- Flüssigkeit,
- Festkörper (kristallin, amorph).

Der Unterschied zwischen einem Plasma und einem Gas besteht darin, dass sich im Plasma die Atomkerne und die Elektronen unabhängig voneinander bewegen.

Antwort 3.3.2
- Plasma   → Beschichten,
- Gas   → Aufdampfen,
- Flüssigkeit → Gießen,
- Festkörper → Sintern, Umformen.

Antwort 3.3.3 und 3.3.4
Die in Abb. 3 durchgezogene Linie gibt den idealen Verlauf bei der Abkühlung wieder: Bei der Temperatur T_{kf} stehen die flüssige und feste Phase im Gleichgewicht, sodass nach dem Zustandsdiagramm bei weiterer Abkühlung unmittelbar die Kristallisation erfolgen müsste. Man misst allerdings bei endlichen Abkühlungsgeschwindigkeiten für den Kristallisationsbeginn eine niedrigere Temperatur, da für die Kristallisation erst Keime gebildet werden müssen (gestrichelte Linie). Die Triebkraft der Keimbildung ist dabei proportional der Unterkühlung der Schmelze unter die Gleichgewichtstemperatur.

Abb. 3 Unterkühlung einer
Al-Schmelze bei der Erstarrung

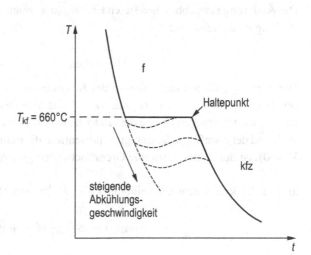

Antwort 3.3.5

Die Gesamtenergie ΔG_{Keim} (Einheit: J) für die Bildung eines kugelförmigen Keims setzt sich aus zwei Termen zusammen:

$$\Delta G_{\text{Keim}} = \underbrace{\frac{4}{3}\pi r^3 \Delta g_{\text{fk}}}_{\text{Volumen}} + \underbrace{4\pi r^2 \gamma_{\text{fk}}}_{\text{Oberfläche}}, \quad \Delta g_{\text{fk}} < 0.$$

Während der erste Term die aus der Unterkühlung resultierende, auf das Volumen bezogene freie Energie enthält, ist im zweiten Term die für die Bildung der Oberfläche des Keims notwendige Grenzflächenenergie γ_{fk} berücksichtigt.

a) Den Vorgang der homogenen Keimbildung stellt man sich so vor, dass in der unterkühlten Phase statistische Schwankungen der Atomanordnung auftreten. Das Boltzmannsche Verteilungsgesetz gibt an, mit welcher Wahrscheinlichkeit derartige Schwankungen mit einer Freien Enthalpie ΔG_{Keim} auftreten, damit ein kritischer Wert ΔG_{K} erreicht wird. Dabei ist N die Gesamtzahl der Atome und n_{K} die Zahl der Atome, die den Keim kritisch groß machen, $r = r_{\text{K}}$. Für $n_{\text{K}} \ll N$ gilt (k Boltzmannkonstante):

$$n_{\text{K}} = N \exp\left(-\frac{\Delta G_{\text{K}}}{kT}\right).$$

b) Wird ein Teil der Grenzflächenenergie durch bereits existierende Grenzflächen wie z. B. die Wand einer Gussform aufgebracht, beginnt an dieser die Keimbildung und damit das Kristallwachstum $\rightarrow$ heterogene Keimbildung. Im Fall von absichtlich der Schmelze zugesetzten Kristallen spricht man vom Impfen.

Antwort 3.3.6

Die Änderung der Gibbsschen freien Energie (der freien Enthalpie) zufolge der homogenen Bildung eines Keims ist:

$$\Delta G = \Delta g_{\text{fk}} \cdot V + \gamma_{\text{fk}} \cdot O.$$

Darin ist Δg_{fk} die auf das Volumen des Keims bezogene Energieänderung durch den Phasenübergang flüssig (f) zu kristallin (k), V das Volumen des Keims, O seine Oberfläche und γ_{fk} die Energie pro Fläche der Grenzfläche zwischen Keim und umgebender Schmelze. Während der erste Term die Energie repräsentiert, die dem System entzogen wird ($\Delta g_{\text{fk}} < 0$, $V > 0$), ist der zweite Term (die Grenzflächenenergie) zuzuführen ($\gamma_{\text{fk}} > 0$, $O > 0$).

a) Für den kugelförmigen Keim mit $V_{\text{K}} = \frac{4}{3} r^3 \pi$ und $O_{\text{K}} = 4 r^2 \pi$ gilt:

$$\Delta G_{\text{K}}(r) = \Delta g_{\text{fk}} \frac{4}{3} r^3 \pi + \gamma_{\text{fk}} 4 r^2 \pi.$$

Ein Keim wird als kritisch bezeichnet, wenn er bei weiterer Vergrößerung unter Energieabgabe selbsttätig wächst, hingegen bei Verkleinerung unter Energieabgabe zerfällt. Die Funktion $\Delta G(r)$ muss also einen Extremwert annehmen (genauer: ein globales Maximum). Durch Ableiten von $\Delta G(r)$ nach r und Nullsetzen lässt sich der kritische Keimradius r^* berechnen zu

$$\frac{\mathrm{d}\Delta G_K}{\mathrm{d}r} = \Delta g_{fk}\, 4\, r^2\, \pi + \gamma_{fk}\, 8\, r\, \pi = 0$$

$$\rightarrow r^* = 0 \quad \text{oder} \quad r^* = -\frac{2\,\gamma_{fk}}{\Delta g_{fk}} > 0, \quad \text{da } \Delta g_{fk} < 0.$$

Die erste Lösung ist physikalisch nicht sinnvoll, zudem liegt bei $r = 0$ für die Funktion $\Delta G_K(r)$ ein lokales Minimum vor. Aus der zweiten Lösung errechnet sich die Keimbildungsarbeit zu

$$\Delta G_K^* = \Delta G_K(r = r^*) = \Delta g_{fk}\frac{4}{3}\pi\left(-\frac{2\,\gamma_{fk}}{\Delta g_{fk}}\right)^3 + \gamma_{fk}4\pi\left(-\frac{2\,\gamma_{fk}}{\Delta g_{fk}}\right)^2 = \frac{16}{3}\pi\frac{\gamma_{fk}^3}{\Delta g_{fk}^2}.$$

Anmerkung: Zum Beweis, dass es sich hierbei um ein globales Maximum handelt, zeigt man, dass die 2. Ableitung von $\Delta G_K(r)$ bei $r = r^*$ negativ ist.

b) Für den würfelförmigen Keim mit $V_W = a^3$ und $O_W = 6\,a^2$ ist die Enthalpieänderung

$$\Delta G_W(a) = \Delta g_{fk}\, a^3 + \gamma_{fk}\, 6\, a^2.$$

Die Kantenlänge des kritischen Keims ergibt sich aus

$$\frac{\mathrm{d}\,\Delta G_W(a)}{\mathrm{d}a} = \Delta g_{fk}\, 3\, a^2 + \gamma_{fk}\, 12\, a = 0.$$

Die physikalisch sinnvolle Lösung

$$a^* = -\frac{4\,\gamma_{fk}}{\Delta g_{fk}}$$

führt zur Keimbildungsarbeit des würfelförmigen Keims:

$$\Delta G_W^* = \Delta G_W(a = a^*) = 32\,\frac{\gamma_{fk}^3}{\Delta g_{fk}^2}.$$

Diese Keimbildungsarbeit ist fast doppelt so groß wie jene des kugelförmigen Keims.

c) Für den (kreis)scheibenförmigen Keim gilt $V_S = r_S^2\,\pi\,h_S = \alpha\,r_S^3\,\pi$ und $O_S = 2\,r_S^2\,\pi + 2\,r_S\,\pi\,h_S = 2\,r_S^2\,\pi\,(1 + \alpha)$. Damit erhält man

$$\Delta G(r_S) = \Delta g_{fk}\,\alpha\,r_S^3\,\pi + \gamma_{fk}\,2\,r_S^2\,\pi\,(1 + \alpha),\ \text{und}$$

$$\frac{\mathrm{d}\,\Delta G_S(r_S)}{\mathrm{d}r_S} = \Delta g_{\mathrm{fk}}\,3\,\alpha\,r_S^2\,\pi + \gamma_{\mathrm{fk}}\,4\,r_S\,\pi\,(1+\alpha) = 0.$$

Die physikalisch sinnvolle Lösung für den kritischen Scheibenradius lautet

$$r_S^* = -\frac{4\,(1+\alpha)}{3\,\alpha}\,\frac{\gamma_{\mathrm{fk}}}{\Delta g_{\mathrm{fk}}}.$$

Für die Keimbildungsenergie ergibt sich

$$\Delta G_S^* = \Delta G_S(r_S = r_S^*) = \frac{32\,\pi}{27}\,\frac{(1+\alpha)^3}{\alpha^2}\,\frac{\gamma_{\mathrm{fk}}^3}{\Delta g_{\mathrm{fk}}^2}.$$

Je dünner die Scheibe ist ($\alpha \ll$), umso größer wird ΔG_S^*. Für $\alpha = 0,2$ erhält man beispielsweise

$$\Delta G_S^* = \frac{256}{5}\,\pi\,\frac{\gamma_{\mathrm{fk}}^3}{\Delta g_{\mathrm{fk}}^2} \approx 10 \cdot G_K^*.$$

d) Die Lösung der vorigen Teilaufgabe kann auch zur Berechnung der Keimbildungsarbeit zylindrischer Keime verwendet werden. Für einen solchen Keim lautet der Ausdruck:

$$\Delta G_Z^* = \frac{32\,\pi}{27}\,\frac{(1+\alpha)^3}{\alpha^2}\,\frac{\gamma_{\mathrm{fk}}^3}{\Delta g_{\mathrm{fk}}^2}, \quad \text{für } \alpha \geq 2.$$

Die Funktion $(1+\alpha)^3/\alpha^2$ entscheidet über die Größe von ΔG_Z^*. Die Funktion besitzt bei $\alpha = 2$ ein Minimum, d. h. der gleichseitige Zylinder ($2\,r_Z = h_Z$) benötigt die geringste Keimbildungsarbeit aller stabförmigen Keime:

$$G_Z^* = 8\,\pi\,\frac{\gamma_{\mathrm{fk}}^3}{\Delta g_{\mathrm{fk}}^2} = \frac{3}{2}\,\Delta G_K^*.$$

e) Der kugelförmige Keim benötigt also die geringste Keimbildungsarbeit. Dies ist der Tatsache geschuldet, dass die Kugel bei gegebenem Volumen die kleinste Oberfläche aller Körper besitzt. Kristallkeime, die sich homogen aus einer Schmelze ausscheiden, sollten also immer Kugelgestalt haben. Dennoch gibt es Keime mit davon abweichender Gestalt. Dies ist vor allem dann der Fall, wenn die Grenzflächenenergie anisotrop ist. Eine weitere denkbare Möglichkeit für nicht-kugelförmige Keime kann in einer Richtungsabhängigkeit der Abfuhr der Kristallisationswärme liegen.

Antwort 3.3.7
Man erhält ein sehr feinlamellares Gefüge mit günstigen mechanischen Eigenschaften.

Die Anwendung erstreckt sich auf geeignete technische Gusslegierungen, um deren niedrige Schmelztemperatur und die fein verteilte Ausbildung der Komponenten des Eutektikums auszunutzen.

Antwort 3.3.8

Die Schmelzüberhitzung wird grundsätzlich immer dann angewandt, wenn höher schmelzende Phasen vollständig aufgelöst werden müssen, um bei der anschließenden Erstarrung eine heterogene Keimbildung zu unterbinden.

Für den Stahl heißt dies, dass bei der Schmelztemperatur zunächst die metallische Matrix schmilzt, die Karbide jedoch unaufgelöst bleiben. Durch die Überhitzung der Schmelze werden jedoch auch die Karbide vollständig aufgelöst, sodass eine homogene schmelzflüssige Phase vorliegt.

Antwort 3.3.9

Die heterogene Keimbildung wird durch das absichtliche Einbringen von Keimkristallen oder auch zusätzlichen Grenzflächen gezielt unterstützt. Einen Spezialfall stellt das Züchten von Einkristallen dar. Hier wird ein Impfkristall in die Schmelze gehalten und mit einer definierten Geschwindigkeit (Kristallisationsgeschwindigkeit) wieder herausgezogen, sodass die schmelzflüssige Phase als ein einzelner Kristall an diesem Stab kristallisieren kann.

Antwort 3.3.10

Bei der dendritischen Erstarrung gibt es keine ebene Erstarrungsfront, sondern eine instabile Grenzfläche zwischen der flüssigen und der festen Phase. Voraussetzung für das Fortschreiten der Erstarrung ist, dass die freiwerdende Kristallisationswärme durch das flüssige Metall abgeführt wird. Darüber hinaus ist die Schmelze im Vergleich zu der kristallinen Phase unterkühlt (konstitutionelle Unterkühlung). Dies hat zur Folge, dass jede noch so kleine Unebenheit der Grenzfläche in ein Gebiet höherer Unterkühlung gelangt und im Vergleich zu anderen Teilen der Oberfläche wesentlich schneller wächst (Dendritenform).

Antwort 3.3.11

a) Wird ein feinkörniges Gefüge angestrebt, ist bei dem Erstarrungsvorgang eine möglichst große Keimzahl notwendig. Die dazu erforderliche große Unterkühlung wird durch möglichst schnelles Abkühlen unterhalb der Gleichgewichtstemperatur erreicht.

b) Für die Herstellung eines Einkristalls muss die Unterkühlung beim Erstarren möglichst klein sein, sodass die Anzahl der wachstumsfähigen Keime idealerweise $n_K = 1$ ist (isothermes Wachstum des Kristalls).

Antwort 3.3.12

a) Lunkerbildung (offene Kokille, Abb. 4a).

b) Porenbildung (geschlossene Kokille, Abb. 4b).

Abb. 4 **a** Infolge der Volumenkontraktion führt eine von der Formwand ausgehende Erstarrung zu einem Absinken des Spiegels der Schmelze (Lunkerbildung). **b** Allseitiger Beginn der Erstarrung kann aus dem gleichen Grund zu Gussporen führen

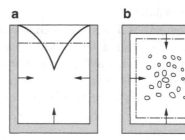

Antwort 3.3.13

Die Anwendungen von Vielstoffeutektika ergeben sich aus der in der Regel stark erniedrigten Schmelztemperatur. Beispiele:

- Herstellung von Loten,
- Lettermetall in der Druckereitechnik,
- metallische Kühlflüssigkeiten.

Antwort 3.3.14

Zunächst muss es sich um ein eutektisches System handeln, bei dem eine Schmelze in zwei verschiedene Kristalle zerfällt. Dann muss es energetisch und kinetisch günstig sein, dass die Erstarrung lamellar erfolgt, d. h. dass die beiden Phasen des Festkörpers gemeinsam in die Schmelze wachsen. Vor der Erstarrungsfront erfolgt durch Diffusion eine Umlagerung von Atomen, um die Legierungszusammensetzung in zwei davon verschiedene Kristallzusammensetzungen überzuführen. Es gibt dann Kristallbereiche (Phasen), die an einem Element verarmen und andere, die dieses Element aufnehmen. Der Lamellenabstand ergibt sich als bester Kompromiss zwischen kurzen Diffusionswegen in der Schmelze vor der Umwandlungsfront und möglichst kleinen Grenzflächenenergien zwischen den beiden Phasen des lamellaren Gefüges. Die Abkühlungsgeschwindigkeit $\dot{T}$ beeinflusst die Dicke der Lamellen: Je größer die Geschwindigkeit ist, desto feiner sind die Lamellen (kürzere Zeiten → kürzere mögliche Diffusionswege).

3.4 Metastabile Gleichgewichte

Antwort 3.4.1

a) Die durchgezogenen Linien im oberen Teilbild der Abb. 5 geben das metastabile System wieder. Das Eutektikum des metastabilen Systems wird Ledeburit genannt.
   - α-Fe $\doteq$ Ferrit
   - γ-Fe $\doteq$ Austenit

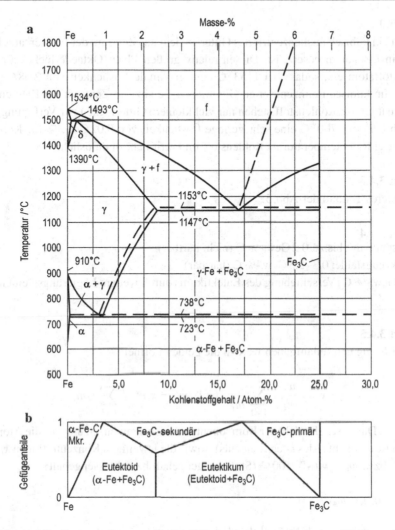

Abb.5 Metastabiles Zustandsdiagramm Fe-Fe₃C (**a**, durchgezogene Linien) und Gefügeanteile nach langsamer Abkühlung (**b**)

- Fe₃C $\doteq$ Zementit
- α-Fe + Fe₃C $\doteq$ Perlit

b) Dreiphasengleichgewichte (im metastabilen System):
- Eutektikum: Schmelze → γ-Fe + Fe₃C (Ledeburit), bei der weiteren Abkühlung wandelt γ-Fe in Perlit um.
- Eutektoid: γ-Fe → α-Fe + Fe₃C (Perlit)
- Peritektikum: δ-Fe + f → γ-Fe (Austenit)

Antwort 3.4.2

γ-Fe hat ein kubisch flächenzentriertes Gitter, in dem das Zentrum der Elementarzelle nicht durch ein Eisenatom besetzt ist. Diesen relativ großen Platz (Oktaederlücke) nimmt das Kohlenstoffatom ein, sodass bei 1153 °C eine maximale Löslichkeit von 2,08 Gew.-% C vorliegt. Im kubisch raumzentrierten Gitter des α-Fe sitzt im Zentrum der Elementarzelle ein Eisenatom, für Kohlenstoff stehen nur viel kleinere Gitterlücken zur Verfügung, sodass lediglich bei etwa 700 °C eine sehr geringe Löslichkeit von 0,02 Gew.-% für Kohlenstoff besteht. Bei Raumtemperatur ist Kohlenstoff im Ferrit nahezu unlöslich.

Antwort 3.4.3

Siehe unteres Teilbild der Abb. 5.

Antwort 3.4.4

a) Baustähle mit bis zu 0,2 Gew.-% C (nicht härtbar)
b) Werkzeugstähle: 0,3–2,5 Gew.-% C (härtbar)
c) 2–5 Gew.-% C (Verschiebung des Eutektikums durch weitere Legierungselemente, z. B. Si)

Antwort 3.4.5

Für die Lösung der Teilaufgaben werden die beiden Formeln

$$x_i = \frac{w_i}{m_i} \bigg/ \sum_{i=1}^{k} \frac{w_i}{m_i} \quad \text{und} \quad w_i = x_i m_i \bigg/ \sum_{i=1}^{k} x_i m_i$$

verwendet. Darin ist k die Zahl der Komponenten der Zusammensetzung, m_i die Atommasse der i-ten Komponente (des i-ten Elements), sowie die jeweiligen Konzentrationen $x_i =$ At.-%/100 % bzw. $w_i =$ wt.-%/100 % (Stoffmengengehalt bzw. Massengehalt).

a) $w_{Al} = 0,9$, $w_{Mg} = 0,1$.

$$x_{Al} = \frac{0,9}{27} \bigg/ \left(\frac{0,9}{27} + \frac{0,1}{24} \right) = 0,\dot{8}, \quad x_{Mg} = 1 - x_{Al} = 0,\dot{1}.$$

$\rightarrow$ 88,9 At.-% Al, 11,1 At.-% Mg.

b) $w_{Fe} = 0,86$, $w_W = 0,1$, $w_{Mo} = 0,04$.

$$x_{Fe} = \frac{0,86}{56} \bigg/ \left(\frac{0,86}{56} + \frac{0,1}{184} + \frac{0,04}{96} \right) = 0,941,$$

$$x_W = \frac{0,1}{184} \bigg/ (0,01632) = 0,033, \quad x_{Mo} = 1 - x_{Fe} - x_W = 0,026.$$

$\rightarrow$ 94,1 At.-% Fe, 3,3 At.-% W, 2,6 At.-% Mo.

c) $x_{Fe} = 0,99,\quad x_C = 0,01.$

$$w_{Fe} = 56 \cdot 0,99/ (56 \cdot 0,99 + 12 \cdot 0,01) = 0,9978,\quad w_C = 1 - w_{Fe} = 0,0022.$$

$\rightarrow 99,78$ wt.-% Fe, $0,22$ wt.-% C.

d) $x_{Ti} = 0,73,\quad x_{Al} = 0,20,\quad x_V = 0,07.$

$$w_{Ti} = 48 \cdot 0,73/ (48 \cdot 0,73 + 27 \cdot 0,2 + 51 \cdot 0,07) = 0,796,$$

$$w_{Al} = 27 \cdot 0,2/44,01 = 0,123,\quad w_V = 1 - w_{Ti} - w_{Al} = 0,081.$$

$\rightarrow 79,6$ wt.-% Ti, $12,3$ wt.-% Al, $8,1$ wt.-% V.

e) Die Formeleinheit der Verbindung beinhaltet 4 Atome, davon 3 Al-Atome $\rightarrow x_{Al} = 0,75$, $x_{Ni} = 0,25$.

$$w_{Ni} = 59 \cdot 0,25 / (59 \cdot 0,25 + 27 \cdot 0,75) = 0,421,\quad w_{Al} = 1 - w_{Ni} = 0,579.$$

$\rightarrow 57,9$ wt.-% Al, $42,1$ wt.-% Ni.

f) $w_{Al} = 0,634 \rightarrow w_{Li} = 1 - w_{Al} = 0,366.$

$$x_{Al} = \frac{0,634}{27} \bigg/ \left(\frac{0,634}{27} + \frac{0,366}{7}\right) = 0,309,\quad x_{Li} = 1 - x_{Al} = 0,691.$$

Das Verhältnis der Stoffmengengehalte der beiden Elemente in der Verbindung ist $x_{Li}/x_{Al} = 2,24$. Somit könnte eine chemische Formel dieser Verbindung Al$_4$Li$_9$ lauten, da $9{:}4 = 2,25 \approx 2,24$.

3.5 Anwendungen von Phasendiagrammen

Antwort 3.5.1

Aus dem Zustandsdiagramm erkennt man, dass maximal $1,59$ At.-% Si in Al löslich sind. Aluminium hingegen ist in Silizium praktisch unlöslich.

Antwort 3.5.2

Die eutektische Zusammensetzung ist für Gusslegierungen am geeignetsten, da die Schmelztemperatur am niedrigsten ist und das eutektische Gefüge ein sehr gleichmäßiges Kristallgemisch sein kann. Wird für das Gussstück zusätzlich eine hohe Verschleißbeständigkeit gefordert, so wählt man eine übereutektische Zusammensetzung, da sich dann Siliziumkristalle großer Härte ausscheiden (Kolbenlegierungen).

Antwort 3.5.3

Nein.

Antwort 3.5.4

a) Homogener α-Al-Mischkristall, Si ist vollkommen gelöst.

b) Das Hebelgesetz lautet für zwei Phasen α und β im Gleichgewicht

$$\frac{m_\alpha}{m_\beta} = \frac{c_\beta - c}{c - c_\alpha}, \quad m_\alpha + m_\beta = 1.$$

m_α, m_β sind die Molanteile der beiden Phasen, c die Legierungszusammensetzung (in At.% der Komponente B), c_α und c_β ist die Konzentration der Komponente B in den beiden Phasen. Für die Fragestellung gilt: α = Schmelze f, $\beta = B = \text{Si}$, $c_\alpha = c_f = 27$ At.-% Si (siehe Zustandsdiagramm), $c_\beta = c_{\text{Si}} = 100$ At.-% Si, $c = 50$ At.-% Si. Für das Hebelgesetz ergibt sich dann:

$$\frac{m_f}{m_{\text{Si}}} = \frac{c_{\text{Si}} - c}{c - c_f} = \frac{1,0 - 0,5}{0,5 - 0,27} = 2,17.$$

Einsetzen von $m_f + m_{\text{Si}} = 1$ und Auflösen nach m_f bzw. m_{Si} ergibt für die beiden Mengenanteile (Phasenanteile):

$$m_{\text{Si}} = 0,315 \doteq 31,5\%, \quad m_f = 0,685 \doteq 68,5\%.$$

Antwort 3.5.5

Das Gibbssche Phasengesetz verknüpft die Anzahl der Freiheitsgrade F in einem thermodynamischen System mit der Anzahl K seiner Komponenten und der Anzahl P an Phasen. Für kondensierte Phasen ist der Druck p konstant und kann nicht variiert werden. Die Zahl der Freiheitsgrade ist dann $F = K - P + 1$.

Bei der eutektischen Reaktion stehen 3 Phasen einer zweikomponentigen Legierung im Gleichgewicht: $F = 2 - 3 + 1 = 0$. Da die Anzahl der Freiheitsgrade gleich Null ist, liegen sowohl die Temperatur als auch die Zusammensetzung fest und können daher nicht frei gewählt werden.

Antwort 3.5.6

Das Gefügebild zeigt eine untereutektische Al-Si Legierung, der Si-Gehalt beträgt etwa 6 Gew.-%.

Begründung: Es finden sich zwei unterschiedliche Gefügetypen, nämlich das Eutektikum mit einer Härte von 80 HV und eine primär erstarrte Phase mit einer Härte von 30 HV. Diese Phase kann entweder Si oder α-Al-Mischkristall sein. Durch den niedrigen Härtewert wird diese Phase als α-Al-Mischkristall identifiziert und damit die Legierung als eine untereutektische. Aus den Flächenanteilen der beiden Gefügebestandteile lässt sich der ungefähre Si-Gehalt abschätzen.

Antwort 3.5.7

Siehe dazu Abb. 6.

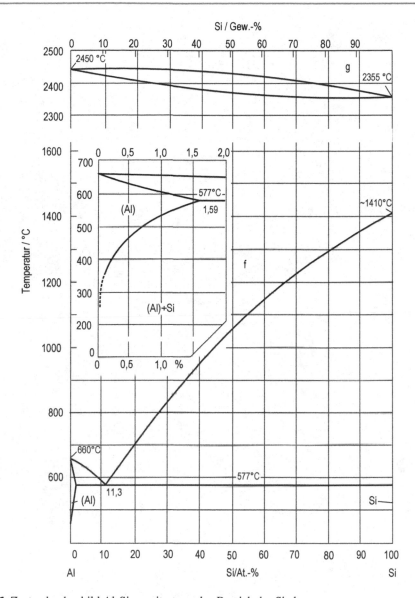

Abb. 6 Zustandsschaubild Al-Si erweitert um den Bereich des Siedens

Antwort 3.5.8
Sieden einer Metallschmelze ist in folgenden Fällen von Bedeutung:

- Laserbearbeitung bei Temperaturen oberhalb der Siedetemperaturen einzelner Komponenten,
- Silberherstellung durch Verdampfung des Zn aus einer Zn-Ag-Legierung.

4 Grundlagen der Wärmebehandlung

Inhaltsverzeichnis

4.1 Diffusion

Antwort 4.1.1

- Bildung von homogenen Mischkristallen oder geordneten intermetallischen Verbindungen,
- Kristallerholung, Rekristallisation, Kornwachstum,
- Nitrieren, Aufkohlen,
- Bildung von Ausscheidungen.

Antwort 4.1.2

- Gasförmiger und flüssiger Zustand: Konvektion und Diffusion.
- Fester Zustand: Diffusion, Ionenimplantation.

Antwort 4.1.3

Es gibt zwei wichtige Mechanismen, welche die Wanderung von Atomen in einem kristallinen Festkörper bewerkstelligen. Große, substitutionell gelöste Atome wandern, indem sie ihren Platz mit einer Leerstelle in ihrer Nachbarschaft tauschen. Kleine, interstitiell gelöste Atome verwenden Plätze des Zwischengitters (Gitterlücken) zur Wanderung.

© Springer-Verlag GmbH Deutschland, ein Teil von Springer Nature 2019
E. Werner et al., *Fragen und Antworten zu Werkstoffe,*
https://doi.org/10.1007/978-3-662-58845-1_17

Es gibt mehrere Wege, die ein diffundierendes Atom nehmen kann. Man unterscheidet folgende Diffusionswege:

- Gitterdiffusion: Die Platzwechselvorgänge im kristallinen Festkörper erfolgen entlang oder zwischen den Atompositionen des Kritallgitters.
- Versetzungs- oder Schlauchdiffusion: In realen Kristallen erleichtern Versetzungen die Platzwechselvorgänge. Die Gitterstörung unmittelbar um eine Versetzungslinie begünstigt insbesondere die Diffusion von interstitiell gelösten Fremdatomen. Entlang der geringfügig vergrößerten Gitterabstände unterhalb der Stufenversetzung können kleine Fremdatome schneller diffundieren als durch das ungestörte Gitter. Die Versetzungslinie kann als Diffusionsschlauch betrachtet werden. Daher wird dieser Diffusionsweg als Versetzungsdiffusion oder Schlauchdiffusion (engl. Pipe-Diffusion) bezeichnet.
- Grenzflächendiffusion: In realen Kristallen sind Korngrenzen und freie Oberflächen (z. B. Poren oder Lunker) Diffusionswege. Die Störung der regelmäßigen Atomanordnung in den Korngrenzen erleichtert die Diffusion. Atomare Platzwechsel auf freien Oberflächen erfordern die geringsten Aktivierungsenergien, da hier die Bewegung von Atomen nur wenig behindert wird. Die Diffusion entlang von Korngrenzen beeinflusst wesentlich das Verformungsverhalten von metallischen und keramischen Werkstoffen bei hohen Temperaturen.

Antwort 4.1.4

Diffusion in Festkörpern beruht auf atomaren Platzwechseln. Auf dem Weg von ihrer Ausgangsposition in eine benachbarte Leerstelle (große Atome) oder auf einen benachbarten Zwischengitterplatz (kleine Atome) müssen Atome energetisch ungünstige Zwischenpositionen überwinden. Dies kann thermisch aktiviert erfolgen. Die Boltzmannstatistik liefert eine Wahrscheinlichkeit, mit der ein thermisch aktivierter Platzwechsel erfolgen kann. Dieser Wahrscheinlichkeitsansatz führt auf die exponentielle und daher sehr starke Temperaturabhängigkeit des Diffusionskoeffizienten:

$$D = D_0 \exp\left(-\frac{Q}{RT}\right).$$

Q ist die (scheinbare) Aktivierungsenergie der Diffusion. Im Falle der Diffusion kleiner Atome wird sie nur durch die Höhe der Aktivierungsschwelle H_W bestimmt. Bei der Diffusion großer Atome hängt sie wiederum von der Höhe dieser Aktivierungsschwelle ab, es muss jedoch zusätzlich die Wahrscheinlichkeit berücksichtigt werden, dass sich in der unmittelbaren Nachbarschaft eine Leerstelle befindet. Diese steht im Zusammenhang mit der Bildungsenthalpie H_B. Da nun zwei Beiträge die Aktivierungsenergie festlegen ($Q = H_W + H_B$), spricht man auch von einer scheinbaren Aktivierungsenergie.

Antwort 4.1.5

a) Volumendiffusion: Es gibt Anhaltswerte für den Diffusionskoeffizienten, wenn substitutionelle Atome durch das Gitter wandern (Temperatur in Kelvin).

$$T \sim 2/3\, T_{kf} \rightarrow D \sim 10^{-14}\,\text{m}^2/\text{s},$$
$$T \text{ nahe } T_{kf} \quad \rightarrow D \sim 10^{-12}\,\text{m}^2/\text{s},$$
$$T = T_{kf} \qquad \rightarrow D \sim 10^{-9}\,\text{m}^2/\text{s}$$

Der Diffusionskoeffizient hängt auch von der Packungsdichte des Gitters ab. In dicht gepackten Gittern ist die Aktivierungsenergie groß und die Diffusion langsam. Für die Diffusion von Kohlenstoff in Eisen findet man:

γ-Fe knapp oberhalb von $900\,^\circ$C: $Q = 144\,\text{kJ/mol}$, $D \sim 5 \cdot 10^{-11}\,\text{m}^2/\text{s}$,

α-Fe knapp unterhalb von $900\,^\circ$C: $Q = 80\,\text{kJ/mol}$, $D \sim 1 \cdot 10^{-9}\,\text{m}^2/\text{s}$.

Anhaltswerte für die Aktivierungsenergie bei der Volumendiffusion sind $Q \approx 100\,\text{kJ/mol}$ für interstitiell gelöste und $Q \approx 250\,\text{kJ/mol}$ für substitutionell gelöste Atome.

b) Korngrenzendiffusion: Der Diffusionskoeffizient für die Korngrenzendiffusion ist bei gleicher Temperatur etwa 2 bis 3 Zehnerpotenzen größer als der für die Volumendiffusion. Die Aktivierungsenergie ist um etwa 30 % kleiner.

Antwort 4.1.6

γ-Fe hat zwar eine größere Packungsdichte (4 Atome/Elementarzelle) als α-Fe (2 Atome/Elementarzelle), bietet aber bei Temperaturen weit oberhalb der $\alpha \rightarrow \gamma$-Umwandlung wegen seiner größeren Gitterlücken den C-Atomen eine sehr viel höhere Beweglichkeit als α-Fe. Daher wird eine Aufkohlung im Gebiet des γ-Fe durchgeführt. In beiden Gittern läuft die Diffusion von Kohlenstoff interstitiell über die Zwischengitterplätze ab.

Antwort 4.1.7

Die Aufkohlung erfolgt immer in der γ-Phase des Stahls, aufgrund der dort sehr viel höheren Kohlenstofflöslichkeit und -beweglichkeit. Die mittlere Eindringtiefe $\overline{\Delta x}$ und der Diffusionskoeffizient D errechnen sich nach folgenden Gleichungen:

$$\overline{\Delta x} = \sqrt{D\,t}, \qquad D = D_0 \exp(-Q/RT).$$

a) $\overline{\Delta x_a} = 3\,\overline{\Delta x}$, $\qquad D_a = D$.

Die Glühzeit t_a beträgt bei gleicher Glühtemperatur:

$$t_a = \frac{\left(\overline{\Delta x_a}\right)^2}{D_a} = \frac{9\left(\overline{\Delta x}\right)^2}{D} = 9\,t = 4{,}5\,\text{h}.$$

b) Es gelten $t_b = t$ und $\overline{\Delta x_b} = 3\,\overline{\Delta x}$. Die höhere Glühtemperatur T_b ergibt sich aus dem Diffusionskoeffizienten $D_b = D(T = T_b)$:

$$T_b = -\frac{Q}{R\,\ln(D_b/D_0)}) = -\frac{Q}{R\,\ln\left((\overline{\Delta x_b})^2/t_b\,D_0\right)} = 1461\,\text{K} = 1188\,^\circ\text{C}.$$

Antwort 4.1.8

Beim *Einsatzhärten* wird ein kohlenstoffarmer und daher nicht härtbarer Stahl durch einen Diffusionsprozess in der Randschicht mit Kohlenstoff angereichert. Diese Aufkohlung erfolgt im γ-Gebiet, da hier eine höhere Kohlenstofflöslichkeit existiert. Von der Einsatztemperatur wird abgeschreckt, sodass die kohlenstoffangereicherte Randschicht martensitisch umwandelt.

Die *Nitrierhärtung* erfolgt über das Eindiffundieren von Stickstoffatomen in das α-Fe. Zwar wäre die Löslichkeit für N im γ-Gebiet höher, aber das im Austenit entstehende Eisennitrid ist sehr spröde und neigt zum Abplatzen. Außerdem liegt ein Vorteil der Nitrierbehandlung gerade darin, dass die große Härte nicht durch eine martensitische Umwandlung und der damit einhergehenden Volumenänderung erzielt wird, sondern durch eine feine Verteilung der Nitridpartikel. Die Härte lässt sich durch das Zulegieren von Al noch steigern, da dieses eine hohe Affinität zu N besitzt und mit ihm ein Aluminiumnitrid (AlN mit Wurzitstruktur, ähnlich der Diamantstruktur) bildet.

Das Zustandsdiagramm Fe-B zeigt, dass Bor nahezu keine Löslichkeit im Eisen besitzt, sodass auch kein Diffusionsbereich mit abnehmender Borkonzentration entsteht. Es bildet sich lediglich eine sehr harte Zwischenschicht aus Eisenborid (Fe_2B), die mit dem Grundwerkstoff „verzahnt" ist.

Antwort 4.1.9

Aus der Temperaturabhängigkeit des Diffusionskoeffizienten

$$D(T) = D_0 \exp\left(-\frac{Q}{RT}\right)$$

erhält man durch Logarithmieren die lineare Beziehung

$$\ln D = \ln D_0 - \frac{Q}{R}\cdot\frac{1}{T},$$

aus der sich die Diffusionskonstante D_0 aus dem Achsenabschnitt und die Aktivierungsenergie Q aus der Steigung einer Geraden durch die Messpunkte ergibt. Die Temperatur T ist in Kelvin einzusetzen. $R = 8{,}3145\,\text{J/(mol K)}$ ist die allgemeine Gaskonstante. Trägt man $\ln D$ über $1/T$ auf, so erhält man die Arrheniusdarstellung der Abb. 1. Aus der Ausgleichsgeraden

$$\ln D = -0{,}4918 - 23.482\cdot\frac{1}{T}$$

ergeben sich $D_0 = 0{,}61\,\text{cm}^2/\text{s}$ und $Q = 23.482\cdot R = 195.241\,\text{J/mol}$.

Abb. 1 Arrheniusdarstellung zur Ermittlung von D_0 und Q

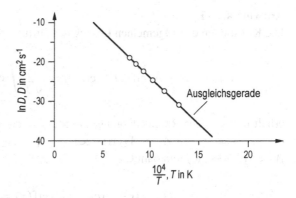

Ausgleichsgerade

Antwort 4.1.10

Lösung mit der Diffusionsgleichung (2. Ficksches Gesetz):

$$\frac{\partial c}{\partial t} = D \frac{\partial^2 c}{\partial x^2}.$$

Die allgemeine Lösung dieser Differenzialgleichung ist

$$c(x,t) = A_1 + A_2 \operatorname{erf}(y), \quad \operatorname{erf}(y) = \frac{2}{\sqrt{\pi}} \int_0^y \exp\left(-\xi^2\right) d\xi, \quad y = x/2\sqrt{Dt}.$$

$\operatorname{erf}(y)$ ist die Gaußsche Fehlerfunktion oder das Wahrscheinlichkeitsintegral (Zahlenwerte sind Tabellen oder dem Taschenrechner zu entnehmen, da nicht integrierbar). Die Konstanten A_1 und A_2 erhält man aus den Randbedingungen $c(0,t) = c_A = A_1 + A_2 \operatorname{erf}(0) = A_1$ und $c(\infty,t) = c_0 = A_1 + A_2 \operatorname{erf}(\infty) = A_1 + A_2 \to A_2 = c_0 - c_A$ und damit

$$c(x,t) = c_A - (c_A - c_0) \operatorname{erf}(y).$$

Die Glühzeit t, nach welcher die Konzentration $c(x,t) = c_W$ in der Tiefe x erreicht wird, erhält man aus

$$\frac{c_W - c_A}{c_A - c_0} = -\operatorname{erf}\left(\frac{x}{2\sqrt{Dt}}\right).$$

Die benötigte Glühzeit beträgt ($\operatorname{erf}^{-1}(y)$ ist die Inverse von $\operatorname{erf}(y)$):

$$t = \frac{x^2}{4D\left(\operatorname{erf}^{-1}\left(\frac{c_A - c_W}{c_A - c_0}\right)\right)^2} = \frac{10^{-6}}{4 \cdot 5 \cdot 10^{-11}\left(\operatorname{erf}^{-1}\left(\frac{8}{15}\right)\right)^2} = 18.873\,\text{s}.$$

Antwort 4.1.11

Die Konstanten der allgemeinen Lösung der Diffusionsgleichung

$$c(x,t) = A_1 + A_2 \operatorname{erf}(y), \quad \operatorname{erf}(y) = \frac{2}{\sqrt{\pi}} \int\limits_0^y \exp\left(-\xi^2\right) \mathrm{d}\xi, \quad y = x/2\sqrt{Dt}$$

erhält man aus den Randbedingungen $c(\infty, t) = c_W = A_1 + A_2 \operatorname{erf}(\infty) = A_1 + A_2$ und $c(-\infty, t) = c_A = A_1 + A_2 \operatorname{erf}(-\infty) = A_1 - A_2 \rightarrow A_1 = \frac{1}{2}(c_A + c_W) = c_M$ und $A_2 = \frac{1}{2}(c_A - c_W)$ und damit

$$c(x,t) = c_M - \frac{1}{2}(c_A - c_W)\operatorname{erf}(y) = 0{,}85 - 0{,}75 \operatorname{erf}(y).$$

Für die beiden Glühzeiten $t_1 = 10^4\,\text{s}$ und $t_2 = 10^5\,\text{s}$ ergibt sich $y_1(x) = x/2\sqrt{Dt_1} = 707{,}11\,x$ und $y_2(x) = 223{,}61\,x$, wobei x in m einzusetzen ist. Wegen $\operatorname{erf}(-y) = -\operatorname{erf}(y)$ und der daraus resultierenden Punktsymmetrie des Konzentrationsverlaufs zu c_M, muss die Konzentration nur in einem der beiden Halbräume berechnet werden. Die Tabelle fasst die Berechnungen zusammen, der Konzentrationsverlauf ist in Abb. 2 gezeigt.

x m	y_1	y_2	$\operatorname{erf}(y_1)$	$\operatorname{erf}(y_2)$	$c_W(x,t_1)$ Gew.-%	$c_W(x,t_2)$ Gew.-%	$c_A(x,t_1)$ Gew.-%	$c_A(x,t_2)$ Gew.-%
0	0	0	0	0	0,85	0,85	0,85	0,85
$5 \cdot 10^{-4}$	0,35	0,11	0,38	0,13	0,56	0,76	1,14	0,94
$1 \cdot 10^{-3}$	0,71	0,22	0,68	0,25	0,34	0,66	1,36	1,04
$2 \cdot 10^{-3}$	1,41	0,45	0,96	0,47	0,13	0,49	1,57	1,21
$3 \cdot 10^{-3}$	2,12	0,67	1,00	0,66	0,10	0,36	1,60	1,34
$4 \cdot 10^{-3}$	2,82	0,90	1,00	0,80	0,10	0,25	1,60	1,45
$5 \cdot 10^{-3}$	3,54	1,12	1,00	0,89	0,10	0,18	1,60	1,52
$6 \cdot 10^{-3}$	4,24	1,34	1,00	0,94	0,10	0,14	1,60	1,56
$1 \cdot 10^{-2}$	7,07	2,24	1,00	1,00	0,10	0,10	1,60	1,60

Antwort 4.1.12

a) Die Konstante α ergibt sich aus der Schwefelkonzentration bei $\pm b/2$, $c_S(\pm b/2) = 0{,}025$:

$$\alpha = \frac{2}{b}\sqrt{\ln\frac{0{,}07}{0{,}035}} = \frac{2{,}029}{b}.$$

Aus der Schwefelkonzentration zur Zeit $t = 0$ erhält man:

$$0{,}07 \cdot \exp(-\alpha^2 x^2) = \frac{A}{\sigma(0)} \exp\left(-\frac{x^2}{\sigma^2(0)}\right) + B.$$

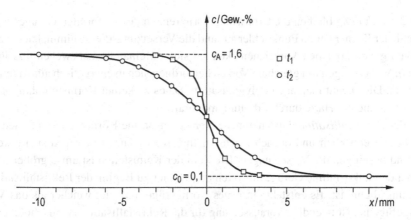

Abb. 2 Konzentrationsverlauf beim Aufkohlen eines Stahls

Ein Koeffizientenvergleich ergibt

$$\sigma(0) = \frac{1}{\alpha} = \frac{b}{2{,}029} = 0{,}493\,b\,, \quad A = 0{,}07 \cdot \sigma(0) = 0{,}0345\,b\,, \quad B = 0.$$

Für alle Zeiten liegt das Maximum der Schwefelkonzentration bei $x = 0$. Daher genügt es, den Zeitpunkt t_G zu bestimmen, zu dem an dieser Stelle die maximal zulässige Konzentration erreicht wird. Für t_G gilt:

$$c_S(x = 0, t = t_G) = 0{,}025 = \frac{A}{\sigma(t_G)} \quad \rightarrow \quad \sigma(t_G) = 40\,A.$$

Mit $\sigma(t_G) = \sqrt{\sigma^2(0) + 4\,D\,t_G}$ erhält man für die Mindestglühdauer

$$t_G = 0{,}025 = \frac{\sigma^2(t_G) - \sigma^2(0)}{4\,D} = \frac{(40\,A)^2 - \sigma^2(0)}{4\,D} = 0{,}415\,\frac{b^2}{D}.$$

b) $t_G = 0{,}415\,\dfrac{0{,}1^2}{0{,}75 \cdot 10^{-8}} = 553.333\,\text{s} \approx 154\,\text{h}.$

4.2 Kristallerholung und Rekristallisation

Antwort 4.2.1

Erholung und Rekristallisation sind mikrostrukturelle Vorgänge, die erfolgen, wenn man ein plastisch verformtes Material erwärmt. Beide Prozesse führen zu einem Rückgang der zuvor erzielten Verfestigung. Die Triebkraft für Erholung und Rekristallisation ist die Erniedrigung der in verformungsinduzierten Gitterdefekten gespeicherten Verzerrungsenergie.

Bei der *Erholung* bleiben die Großwinkelkorngrenzen des verformten Gefüges ortsfest. Innerhalb der Körner heilen Punktfehler aus und die Versetzungsdichte nimmt leicht ab (Versetzungen gegensätzlichen Vorzeichens können sich aufeinander zubewegen und löschen sich aus). Versetzungen mit gleichem Vorzeichen ordnen sich in energetisch günstigen Netzwerken an. Dies nennt man auch Polygonisation. Da es zu keiner Kornneubildung kommt, ist die Abnahme der Härte durch Erholung moderat.

Bei der *Rekristallisation* entstehen neue, versetzungsarme Körner. Diese müssen durch Keimbildung entstehen und danach wachsen. Ihre Korngrenzen bewegen sich durch das Gitter und beseitigen die Versetzungen. Die Zahl der Keimstellen ist umso größer und das entstehende vielkristalline Gefüge umso feiner, je höher zu Beginn der Rekristallisation die Versetzungsdichte ist. Es entsteht ein neues Korngefüge, das viel weicher als das Verformungsgefüge ist. Notwendige Voraussetzung für die Rekristallisation ist eine hohe Defektdichte, z. B. Versetzungen durch Kaltverformung oder Punktfehler durch Bestrahlung. Die treibende Kraft P_R für die Rekristallisation resultiert aus der Differenz der Defektdichten vor (ϱ_0) und nach (ϱ_1) dem Durchwandern der Rekristallisationsfront

$$P_R \sim \varrho_0 - \varrho_1.$$

Antwort 4.2.2

Ziele der Rekristallisation sind:

- Weichglühen,
- Einstellen einer erwünschten Korngröße,
- Einstellen einer bestimmten Textur.

Antwort 4.2.3

- Versetzungsgruppen, Scherbänder
- inkohärente Phasengrenzen
- Korngrenzen

Antwort 4.2.4

Feinkörnige Gefüge können erzeugt werden durch:

- eine große Keimzahl bei der Erstarrung, die durch eine starke Unterkühlung erzeugt wird (homogene Keimbildung),
- Ausnutzung der heterogenen Keimbildung, die durch das Impfen einer Schmelze mit kleinen Kristalliten ausgelöst wird,
- eine Rekristallisationsglühung bei einer sehr hohen Defektdichte, die größer als eine kritische Dichte sein muss ($\varrho > \varrho_c$).

Antwort 4.2.5

Die Zeit, die benötigt wird einen bestimmten Grad der Rekristallisation zu erreichen, kann näherungsweise abgeschätzt werden mit

$$t_R = t_0(\varrho) \exp\left(\frac{H_R(\varrho)}{RT}\right) = t_0(\varrho) \exp\left(\frac{Q_{SD}}{RT}\right).$$

ϱ ist die Defektdichte, H_R ist die Aktivierungsenergie für Rekristallisation. Sie nimmt mit zunehmender Defektdichte ab. Der größtmögliche Wert ist die Aktivierungsenergie für Selbstdiffusion Q_{SD}. Die wegen der kürzeren Glühzeit t_{R2} gesuchte höhere Glühtemperatur T_2 ist

$$T_2 = \frac{Q_{SD}}{R \ln \frac{t_{R2}}{t_0}}.$$

Mit

$$t_0 = t_{R1} \exp\left(-\frac{Q_{SD}}{RT_1}\right)$$

ergibt sich für die Glühtemperatur:

$$T_2 = \frac{1}{\frac{R}{Q_{SD}} \ln \frac{t_{R2}}{t_{R1}} + \frac{1}{T_1}} = 923\,\text{K} = 650\,^\circ\text{C}.$$

Antwort 4.2.6

Ein Rekristallisationsdiagramm zeigt, wie die Korngröße (nach der Rekristallisation) von der plastischen Verformung und von der Glühtemperatur abhängt. Es gilt für einen Werkstoff und eine festgelegte Glühzeit (oft 1 h) und spiegelt folgende Zusammenhänge wider:

- Es gibt einen kritischen Reckgrad unterhalb dessen keine Rekristallisation erfolgt.
- Der kritische Reckgrad nimmt mit steigender Rekristallisationstemperatur ab.
- Knapp oberhalb des kritischen Reckgrades erhält man die größten Körner. Wegen der geringen Verformung sind die Anzahl der Keimstellen für die Bildung neuer Körner gering und es wachsen daher nur wenige Keime zu großen Körnern. Mit steigender Verformung (mehr Versetzungen, mehr Keimstellen) nimmt die Korngröße ab.
- Oberhalb des kritischen Reckgrades steigt die Korngröße mit zunehmender Rekristallisationstemperatur.
- Rekristallisation findet oberhalb einer kritischen Temperatur statt.
- Sehr hohe Verformungsgrade und Glühtemperaturen können zu extrem großen Körnern führen.

4.3 Umwandlungen und Ausscheidung

Antwort 4.3.1

Beide haben gemeinsam, dass eine neue Phase gebildet wird. Im Falle der Umwandlung verschwindet die alte Phase (nahezu) vollständig zugunsten der neuen. Im Falle der Ausscheidung entsteht nur eine kleine Menge der neuen Phase, die in der alten dispergiert ist. Dabei muss die Mutterphase ihre Zusammensetzung ändern.

Antwort 4.3.2

a) Erholung ist die Änderung der Defektanordnung durch Annihilation von Versetzungen und Ausheilen von Punktdefekten. Versetzungen können durch Umordnung Kleinwinkelkorngrenzen bilden.

b) Entmischung ist die örtliche Änderung der chemischen Zusammensetzung ohne Änderung der Struktur des Kristalls.

c) Umwandlung ist die vollständige Änderung der Struktur durch Phasenneubildung.

Antwort 4.3.3

Voraussetzung für die Ausscheidungshärtung ist eine abnehmende Löslichkeit des Kupfers im Al-Mischkristall mit abnehmender Temperatur. Im ersten Schritt erfolgt eine Homogenisierungs-(Lösungs-)Glühung des α-Mischkristalls bei einer Temperatur T von 580 °C. Danach wird rasch abgeschreckt, sodass bei Raumtemperatur ein übersättigter Mischkristall $\alpha_{\text{üb}}$ vorliegt. Zwischen etwa 50 °C und 150 °C scheidet sich aus dem übersättigten Mischkristall nach langer Glühdauer eine zweite stabile Phase β (im Fall von Al-Cu-Legierungen Al_2Cu) aus (siehe Abb. 3):

$$\alpha_{\text{üb}} \rightarrow \alpha + \beta.$$

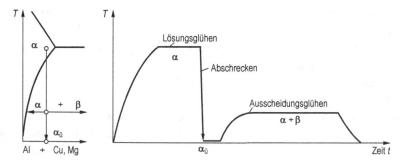

Abb. 3 Maßnahmen zum Herbeiführen der Ausscheidungshärtung

Abb. 4 Zeitlicher Verlauf des
Beginns der Ausscheidung

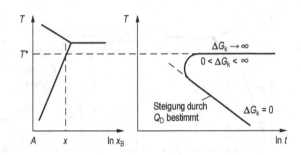

Antwort 4.3.4

Der Beginn (Anfang) der Ausscheidung eines Kristalls wird durch

$$t_{AA} = t_0 \exp \left(\frac{\Delta G_K(T) + Q_D}{RT} \right)$$

beschrieben. In dieser Beziehung, die auch den Beginn der Kristallisation eines Glases beschreibt, ist $\Delta G_K(T)$ die temperaturabhängige Aktivierungsenergie für die Keimbildung, die bei der Gleichgewichtstemperatur T^* unendlich groß ist, mit zunehmender Unterkühlung unter T^* jedoch abnimmt. Q_D ist die temperaturunabhängige Aktivierungsenergie für Diffusion. Daraus ergibt sich die Form der in Abb. 4 gezeichneten Kurve.

Antwort 4.3.5

Angestrebt wird:

- feine Dispersion kohärenter Teilchen innerhalb der Körner der Mutterphase,
- Teilchenabstand und Teilchengröße sollen möglichst klein sein.

Ungünstig sind:

- grobe und ungleichmäßige Verteilung der Teilchen,
- Ausscheidung inkohärenter Teilchen in den Korngrenzen.

Antwort 4.3.6

Die feinste Dispersion entsteht durch homogene Keimbildung, also durch starke Übersättigung und große Unterkühlung unter die Gleichgewichtstemperatur.

Antwort 4.3.7

Siehe dazu Abb. 5.

Antwort 4.3.8

Eine thermomechanische Behandlung ist eine gezielte Kombination von Kalt- und/oder Warmverformung und anschließenden Umwandlungsvorgängen mit dem Ziel der

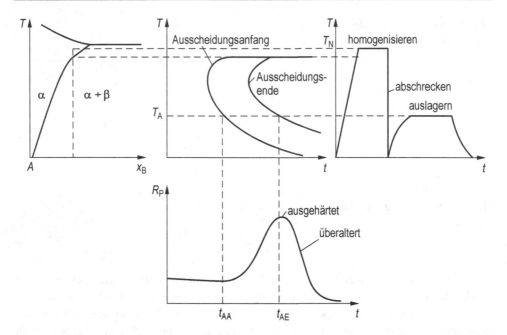

Abb. 5 Temperaturabhängigkeit des Beginns und des Endes der Ausscheidung, Wärmebehandlung zur Herbeiführung der Ausscheidungshärtung und Änderung der Streckgrenze R_p als Folge der Ausscheidung, schematisch

Festigkeitssteigerung. Durch die Verformung wird dabei im Werkstoff eine hohe Versetzungsdichte induziert. Da an Gitterdefekten (Orte höherer Energie) eine bevorzugte Keimbildung stattfindet, können sich bei der anschließenden Wärmebehandlung Ausscheidungsteilchen oder Martensit sehr fein und homogen verteilt bilden.
Beispiele:

a) Beim *Austenitformhärten* von Stählen wird die Abkühlung im Austenitgebiet unterbrochen, um einen schnellen Umformprozess (Warmwalzen mit starker Querschnittsabnahme) einzuschieben. Dabei werden viele Versetzungen erzeugt, an denen sich bei der anschließenden weiteren schnellen Abkühlung der Martensit sehr fein verteilt bildet. Dieser Martensit ist allerdings sehr hart und spröde, sodass der Werkstoff noch bei ca. 400 °C angelassen wird. Dabei geht ein Teil der ursprünglichen Härte aufgrund der teilweisen Ausscheidung des zwangsgelösten Kohlenstoffs verloren. Dies wird jedoch durch die Bildung von fein verteilten Karbiden (Ausscheidungshärtung) teilweise wieder ausgeglichen und gleichzeitig wird eine wesentlich höhere Duktilität erzielt.

b) Bei den *martensitaushärtenden Stählen* wird zunächst der übersättigte und metastabile Austenit durch Abkühlung umgewandelt. Da diese Stähle fast frei von Kohlenstoff sind, bildet sich nur ein relativ weicher Martensit. Durch die plastische Verformung bei der Martensitbildung wird jedoch eine hohe Versetzungsdichte erzeugt. In diesem Zustand erfolgt in der Regel die endgültige Formgebung, bei der weitere Versetzungen induziert werden. Anschließend wird der übersättigte Mischkristall zur Ausscheidungshärtung auf ca. 500 °C erwärmt. Dabei bilden sich aus den Legierungselementen Al, Si, Mo, oder/und Ti in Verbindung mit den Elementen der Grundmasse Fe, Ni und Co intermetallische Verbindungen hoher Härte. Keimstellen für diese Teilchen sind die vorhandenen Versetzungen, die zu einer sehr feinen und homogenen Verteilung der Ausscheidungen führen.

Antwort 4.3.9

Keimbildung: Die Keimbildung in festen Stoffen wird durch den Aufbau der neuen Grenzflächen zwischen Matrix und Ausscheidung und durch die Verzerrung des umgebenden Kristallgitters durch die Ausscheidungen beeinflusst.

Keimwachstum: Bildung von Teilchen aus dem übersättigten Mischkristall bis die Gleichgewichtszusammensetzung der Matrix erreicht ist.

Teilchenwachstum (Ostwald-Reifung): Abbau der Konzentrationsgradienten zwischen großen und kleinen Teilchen durch Umlösungsvorgänge. Die Triebkraft ist eine Verringerung der Grenzflächenenergie des Systems.

Antwort 4.3.10

Sind die Gitterabmessungen von Matrix und Teilchen ähnlich, so entsteht eine kohärente Grenzfläche (z. B. in Ni-Superlegierungen die γ/γ'-Grenzfläche), andernfalls entsteht eine inkohärente Grenzfläche (z. B. Fe_3C in α-Fe). Es gibt Mischfälle, bei welchen die Grenzfläche in einer Orientierung kohärent, in anderen inkohärent ist. Solche Ausscheidungen werden als teilkohärent bezeichnet.

Antwort 4.3.11

Ein Sphärolith entsteht beim Erstarren einer Kunststoffschmelze. Kettenmoleküle legen sich in geordneter Weise um einen Keim, sodass Bereiche paralleler, ausgerichteter Ketten (kristalline Bereiche) entstehen. Das so entstehende Gebilde wächst kugelförmig in die Schmelze.

4.4 Martensitische Umwandlung

Antwort 4.4.1

Die martensitische Umwandlung ist eine diffusionslose Phasenumwandlung, bei der das Kristallgitter einer Mutterphase in einem Scherprozess umklappt. Die martensitische Umwandlung erfolgt bei konstanter chemischer Zusammensetzung und ist eine isotherme Umwandlung. Sie spielt in der Technik eine herausragende Rolle beim Härten von Stahl. Außerdem ist sie verantwortlich für die erstaunlichen Eigenschaften der Formgedächtnislegierungen.

Antwort 4.4.2

- Grundlage der Stahlhärtung (Umwandlung von C-haltigen Fe-Legierungen vom kfz in das trz Gitter).
- Verschleißfestigkeit von kfz Mn-Hartstahl (die Oberfläche eines metastabilen Fe-Mn-C Mischkristalls wandelt durch eine Reibbeanspruchung in die sehr viel härtere martensitische Phase um).
- Grundlage des Formgedächtniseffektes in speziellen geordneten bzw. teilweise geordneten Legierungen (reversible martensitische Umwandlung).

Antwort 4.4.3

Kennzeichnend für eine martensitische Umwandlung sind:

- Eine homogene Gitterverformung, die im Wesentlichen durch eine Scherung erzeugt wird,
- für die Umwandlung ist Diffusion nicht notwendig, d. h. die Reaktion ist zeitunabhängig,
- der Volumenanteil des Martensits nimmt mit der Unterkühlung unter M_s zu und ist bei $M_f < M_s$ abgeschlossen (s = start, f = finish).

Die homogene Gitterverformung resultiert aus einer koordinierten Atombewegung. Dabei wird ein Gittertyp in einen anderen überführt. Makroskopisch ist dies durch die Ausbildung eines Oberflächenreliefs zu beobachten. Bringt man vor der Umwandlung einen Kratzer in die polierte Oberfläche ein, so kann auch noch entschieden werden, ob die homogene Gitterverformung durch eine Volumendilatation oder durch eine Scherung erzeugt ist: Bei einer Scherung wird die ursprünglich gerade Linie an der Grenzfläche zum Martensit abgeknickt (siehe Abb. 6). Da die martensitische Umwandlung diffusionslos verläuft, kann sie auch bei

Abb. 6 Scherung eines Kristallbereichs durch die martensitische Umwandlung

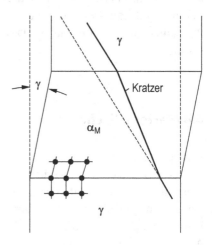

sehr tiefen Temperaturen stattfinden. Der Werkstoff verhält sich thermodynamisch und kinetisch wie ein Einkomponentensystem (keine Änderung der chemischen Zusammensetzung).

Antwort 4.4.4

Abb. 7 zeigt, wie aus dem γ-Fe der tetragonal verzerrte α'-Martensit entsteht: o = Fe-Atom, × = mögliche Positionen für C-Atome.

Antwort 4.4.5

Im Freie Energie-Temperatur-Diagramm ist die M_s Temperatur durch die Differenz $\Delta G_{\alpha\gamma}$ der freien Energien der beteiligten Phasen α und γ gegeben. Diese Energiedifferenz ist erforderlich, um die Umwandlung in Gang zu bringen (Keimbildung), Abb. 8.

Antwort 4.4.6

Da die martensitische Umwandlung unabhängig von der Abkühlungsgeschwindigkeit ist (sofern die kritische Geschwindigkeit überschritten wird), erscheinen die Temperaturen des

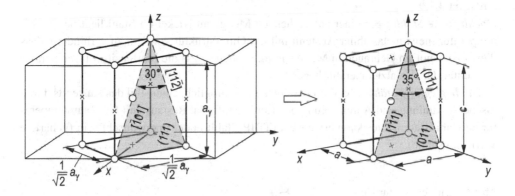

Abb. 7 Kristallografie der martensitischen Umwandlung in Fe-C-Legierungen

Abb. 8 Freie Energie-Temperatur-Diagramm der martensitischen Umwandlung

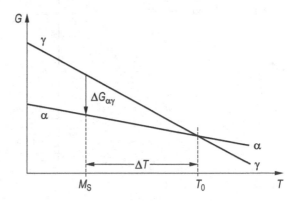

Beginns (M_s) und des Endes (M_f) der Umwandlung im ZTU-Diagramm als horizontale Linien (Abb. 9).

Antwort 4.4.7

- äußere Schub- oder Zugspannung,
- hydrostatischer Druck,
- Legierungsgehalt,
- innere Spannungen,
- Korngröße,
- Ausscheidungsteilchen.

Antwort 4.4.8

Es muss um $\Delta T = T_0 - M_s$ unterkühlt werden, um die Energie für die Bildung neuer Grenzfläche sowie für die innere plastische Verformung (Gitterscherung, Volumenänderung) bereitzustellen, siehe auch Abb. 8.

Antwort 4.4.9

Hochlegierte Stähle: Bei einer ausreichenden Menge an Nickel im Stahl liegt bei Raumtemperatur meist metastabiler Austenit mit kfz Gitterstruktur vor. Um zu verhindern, dass dieser Austenit im Gebrauch in Martensit umwandelt, muss die Martensitstart-Temperatur weit unter der Einsatztemperatur liegen.

Niedriglegierte Stähle: Bei diesen Stählen ist es möglich, einen Teil des Austenits durch rasche Abkühlung und Anreicherung des Kohlenstoffs im Restaustenit bei Raumtemperatur zu stabilisieren. Dies kann erwünscht (TRIP-Stähle) oder unerwünscht sein (gehärtete Werkzeugstähle).

Abb. 9 Zeit-Temperatur-Umwandlungsschaubild eines Stahls (schematisch), M_s und M_f sind unabhängig von der Zeit

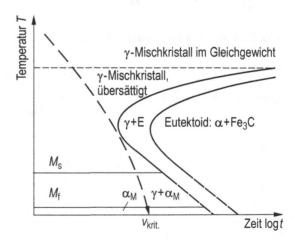

Abb. 10 Bildungskinetik von
Martensit und Austenit

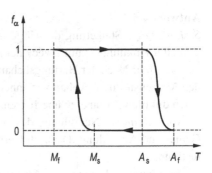

Antwort 4.4.10

Wir bezeichnen mit α Martensit und mit f_α seinen Volumenanteil.

M_s: Martensitstart-Temperatur, $f_\alpha = 0$,

M_f: Martensitende(„finish")-Temperatur, $f_\alpha = 1$,

A_s: Austenitstart-Temperatur, $f_\alpha = 1$,

A_f: Austenitende(„finish")-Temperatur, $f_\alpha = 0$.

Für den Volumenanteil des Martensits gilt der empirische Zusammenhang

$$f_\alpha(T) = 1 - \left(\frac{T - M_f}{M_s - M_f}\right)^n, \quad M_f < T < M_s, \quad 1 \leq n \leq 2.$$

Eine analoge kinetische Beziehung kann für die Bildung des Austenits beim Erwärmen des Martensits formuliert werden. Abb. 10 zeigt die Bildungskinetik von Martensit und Austenit in einem Temperatur-Volumenanteil-Diagramm.

Antwort 4.4.11

Das in der Abbildung gezeigte Gefüge ist ein martensitisches. Wird γ-Fe ausreichend schnell bis unterhalb der Martensitstart-Temperatur abgekühlt, so beginnt die martensitische Umwandlung. Es bildet sich die erste Generation von Martensitnadeln, die größten Nadeln im Gefüge. Bei weiterer Abkühlung schreitet die Umwandlung voran und es entstehen weitere Generationen von Nadeln, zu erkennen an ihrer abnehmenden Größe. Das Gefügebild enthält drei Generationen von Martensitnadeln.

4.5 Wärmebehandlung, heterogene Gefüge, Nanostrukturen

Antwort 4.5.1

Eine Wärmebehandlung ist die Anwendung eines Verfahrens oder einer Kombination mehrerer Verfahren, bei denen ein Werkstoff im festen Zustand Temperaturänderungen unterworfen wird mit dem Ziel, ein Gefüge für erwünschte Werkstoffeigenschaften zu erzeugen.

Antwort 4.5.2

Stahlhärtung: Steigerung der Härte durch Glühen im Austenitgebiet und anschließender schneller Abkühlung zum Zweck der martensitischen Umwandlung.

Anlassen: Nach der Härtungsbehandlung Erwärmung auf 200 bis 600 °C, um den spröden Martensit durch Abbau von inneren Spannungen und Ausscheidung von Karbiden in einen duktilen Zustand zu überführen.

Normalglühen: Neubildung des Gefüges durch kurzzeitige Erhitzung in das Austenit-Gebiet und Abkühlung. Dadurch Kornneubildung, Beseitigung von Texturen und der Verfestigung.

Aushärtung: Bildung von Ausscheidungen aus einem übersättigten Mischkristall zur Steigerung der Streckgrenze.

Antwort 4.5.3

Jede Mikrostruktur eines technischen Werkstoffs hat einen Energieinhalt, der maßgeblich von ihren Bestandteilen geprägt ist. So erhöhen Punktfehler, Versetzungen und alle Arten von inneren Grenzflächen den Energieinhalt des Kristallgitters. Es gibt daher eine Triebkraft im Gefüge diesen Energieinhalt zu verkleinern. Dazu sind Atombewegungen erforderlich, die bei erhöhter Temperatur thermisch aktiviert ablaufen können. Die mit Punktfehlern und Versetzungen verbundene elastische Verzerrungsenergie treibt Erholung und Rekristallisation an. Alle Grenzflächen, seien es Korngrenzen oder Grenzflächen zwischen Ausscheidungsteilchen und Matrix bringen Energie in das Kristallgitter ein. Bei hoher Temperatur erfolgt deshalb Kornwachstum und Teilchenwachstum, weil diese Vorgänge die im Werkstoff gespeicherte Grenzflächenenergie herabsetzen.

Teilchenvergröberung stellt einen Erweichungsvorgang dar. Um die Festigkeit eines Werkstoffs merkbar zu steigern, braucht man viele kleine Teilchen. Wenn aus vielen kleinen Teilchen bei konstantem Volumenanteil wenige große werden, dann nimmt ihre Hinderniswirkung ab. Damit verliert der Werkstoff an Widerstand gegen plastische Verformung. Auch Korngrenzen stellen Hindernisse für die Versetzungsbewegung dar. Deshalb ist auch das Kornwachstum ein Erweichungsvorgang.

Antwort 4.5.4

Bei der Abkühlung des Zylinders von der Wärmebehandlungstemperatur kühlt der Rand schneller ab als der Kern. Bei positivem Wärmeausdehnungskoeffizient hat dies zur Folge, dass sich der Rand schneller zusammenziehen will als der Kern und diesen unter eine Druckspannung setzt (Abb. 11). Aus dem Gleichgewicht der Kräfte folgt, dass der Rand unter Zugspannung steht. Mit fortschreitender Abkühlung werden durch das Zusammenziehen des Kerns die Druckspannungen zunehmend abgebaut und es tritt eine Spannungsumkehr ein. Nach dem völligen Erkalten steht der Randbereich unter einer Druck- und der Kern unter einer Zugspannung.

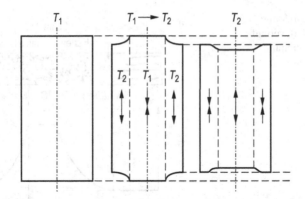

Abb. 11 Entstehen von inneren Spannungen in einem zylindrischen Körper mit positiven Wärmeaus-dehnungskoeffizienten, der von der Temperatur T_1 auf T_2 abgekühlt wird. Der heiße Kernbereich wird durch Kontraktion des kälteren Mantels plastisch gestaucht. Nach vollständiger Abkühlung herrscht deshalb außen Druck und innen Zug

a) Kupfer (Ausdehnungskoeffizient $\alpha > 0$): Kupfer besitzt eine gute Wärmeleitfähigkeit, sodass der Temperaturgradient und damit die Eigenspannungen bei der Abkühlung gering sind. Bei sehr schroffer Abkühlung können die inneren Spannungen die Streckgrenze R_p überschreiten, sodass plastische Verformungen auftreten.

b) Jenaer Glas (Hauptbestandteile: SiO_2, Na_2O, Al_2O_3, B_2O_3; Ausdehnungskoeffizient $\alpha \approx 0$): Das Zulegieren von Boroxid reduziert den Ausdehnungskoeffizienten auf nahezu Null, sodass bei Temperaturwechsel nur geringe innere Spannungen auftreten.

c) Werkzeugstahl mit 0,8 Gew.-% C ($\alpha_{\alpha \to \gamma}$): Bei hinreichend schneller Abkühlung des Werkzeugstahls von der Austenitisierungstemperatur wandelt der Austenit zum Martensit um. Dies ist mit einer Volumenzunahme verbunden, sodass sich der Kern des Zylinders gegen die bereits erkaltete Randschicht ausdehnen muss. Dies führt zu Zugspannungen im Randbereich, welche die Zugfestigkeit überschreiten können und so zu Härterissen führen.

Antwort 4.5.5

a) Stähle: In der Wärmeeinflusszone (WEZ) wird der zu schweißende Werkstoff wärme-behandelt und zwar mit Temperaturen, die je nach Abstand von der Schweißnaht, zwischen der Schmelztemperatur der Legierung und Raumtemperatur liegen. Bei Stählen mit einem hohen Kohlenstoffgehalt führt diese unbeabsichtigte Wärmebehandlung durch örtliche Kornvergröberung und eventueller Martensitbildung zu einer unerwünschten Versprödung der WEZ und begrenzt damit die Schweißbarkeit dieser Werkstoffe (Abb. 12).

b) Aluminium: Die hochschmelzende Oxidschicht (Al_2O_3) auf der Oberfläche von Aluminium führt bei einer Schweißung durch ungenügende Benetzung der Fügeflächen mit dem Schweißgut zu mangelhafter Verbindung. Die Schweißung ist daher zur Vermeidung der Oxidation unter Schutzgas durchzuführen.

Abb. 12 Gefügeausbildung,
Temperatur- und Härteverlauf
beim Schweißen von Stahl

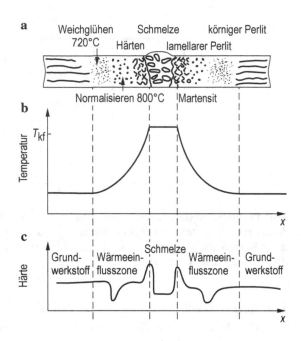

Antwort 4.5.6
a) Fertigung:
   beabsichtigt: Zwischenglühen beim Kaltwalzen,
   unbeabsichtigt: Wärmeeinflusszone beim Schweißen.
b) Gebrauch:
   beabsichtigt: Ausscheidungshärtung von Al-Legierungen,
   unbeabsichtigt: Erwärmung von Lagerwerkstoffen durch Reibung.

Antwort 4.5.7
a) Fertigung:
   beabsichtigt: Erholung oder Rekristallisation des verfestigten Gefüges reduziert die
   benötigte Walzkraft durch Erweichung des Walzguts,
   unbeabsichtigt: Martensitbildung bei Stählen (Versprödung), Grobkornbildung
   (Festigkeits- und Duktilitätsverlust), Ausscheidung von Karbiden (Verlust der Korrosionsbeständigkeit bei chromlegierten Stählen).
b) Gebrauch:
   beabsichtigt: Bildung von Ausscheidungen (Erhöhung der Belastbarkeit im Gebrauch),
   unbeabsichtigt: Erweichung und ev. Aufschmelzen der Lageroberfläche (Verlust der
   Gleiteigenschaften, Zerstörung des Lagers).

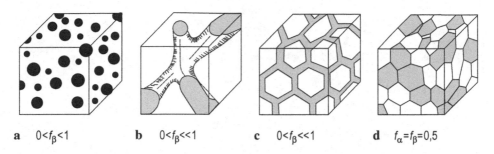

a $0<f_\beta<1$	b $0<f_\beta\ll1$	c $0<f_\beta\ll1$	d $f_\alpha=f_\beta=0,5$

Abb. 13 Grundtypen zweiphasiger Gefüge. **a** Dispersions-, **b** Netz-, **c** Zell-, **d** Duplexgefüge

Antwort 4.5.8

- Herstellen eines Sinterkörpers durch Umwandlung der Oberfläche von Pulverteilchen zu inneren Grenzflächen,
- Warmwalzen oder Zwischenglühen beim Kaltwalzen, wobei dynamische oder normale Rekristallisation auftritt,
- Verbindung von zwei Bauteilen durch Diffusions- oder Reibschweißen,
- Einsatz-, Nitrier-, Borierhärtung von Stahl, zur Erzeugung harter Oberflächenschichten.

Antwort 4.5.9

- Dispersionsgefüge: Die zweite Phase ist in der Marixphase fein verteilt (dispergiert), Abb. 13a,
- Netzgefüge: Die zweite Phase bildet ein zusammenhängendes Netzwerk, Abb. 13b,
- Zellgefüge: Ausscheidungssäume an Korngrenzen (wie bei übereutektoiden Stählen), Abb. 13c,
- Duplexgefüge: Zwei polykristalline Phasen mit ähnlichem Phasenanteil bilden ineinander verwobene, kontinuierliche Kornbereiche, Abb. 13d.

Antwort 4.5.10

Nanowerkstoffe haben extrem kleine Korngrößen im Nanometerbereich. Damit enthält der Werkstoff eine sehr hohe Grenzflächenenergie. Entlang des äußerst feinen Grenzflächennetzwerkes kann die Diffusion von Atomen sehr viel schneller erfolgen als in Werkstoffen mit normaler Korngröße. Außerdem gibt es im Werkstoff viele Bereiche mit gestörten Bindungsverhältnissen (Korngrenzen sind im Vergleich zum idealen Kristall gestörte Bereiche), was eine Reihe von physikalischen Eigenschaften beeinflussen kann, die dann zu unerwarteten und neuartigen Werkstoffeigenschaften führen.

5 Mechanische Eigenschaften

Inhaltsverzeichnis

5.1 Mechanische Beanspruchung und Elastizität

Antwort 5.1.1

a) Stahlseil eines Förderkorbes: statische einachsige Zugbeanspruchung und überlagerte kleine Schwingungsamplituden (Zugschwellbelastung).

b) Rotorblatt eines Hubschraubers: Zentrifugalkräfte beim Rotieren erzeugen Zugbeanspruchung (maximale Zugspannung an der Blatteinspannung) und schwingende Zug-/Druckbeanspruchung. An der Befestigung der Blätter kann es Reibermüdung geben. Im Stand verbiegen sich die Rotorblätter unter ihrem Eigengewicht und werden durch Biegespannungen (Oberseite Zugspannung, Unterseite Druckspannung) beansprucht.

c) Gleitlagerschale: Druck aus dem Eigengewicht der Welle und Schubspannungen aus Reibungskräften.

d) Generatorwelle (horizontale Lagerung): statische Biegebeanspruchungen und umlaufende Zug-/Druckbeanspruchungen infolge der Durchbiegung der Welle und Reibung im Lager.

e) Hüllrohr eines Reaktorbrennelementes: Bestrahlung durch Neutronen, statische Zugspannung aus dem Eigengewicht bei erhöhter Temperatur (Kriechbeanspruchung); durch Temperaturzyklen entsteht zusätzlich eine thermische Ermüdungsbeanspruchung.

© Springer-Verlag GmbH Deutschland, ein Teil von Springer Nature 2019
E. Werner et al., *Fragen und Antworten zu Werkstoffe*,
https://doi.org/10.1007/978-3-662-58845-1_18

Außerdem sind noch (chemische) Beanspruchungen durch Brennstoff und Umgebung vorhanden.

f) Gasturbinenschaufel: Der Zugbeanspruchung infolge der Rotation sind Schwingungen (Zug-/Druck-Wechselbeanspruchung) überlagert. Diese Beanspruchungen treten bei sehr hohen Temperaturen auf, sodass noch Kriechen und Heißgaskorrosion hinzukommen.

Antwort 5.1.2

a) Werkzeugschneide (Drehmeißel, Fräser): Schubspannungen und erhöhte Temperatur infolge Reibung,

b) Walzen beim Kaltwalzen: Ein mit zunehmender Verformung verfestigender Werkstoff übt eine Druckspannung auf die Walze aus, die zur Durchbiegung der Walze führt. Zusätzlich treten Schubspannungen in der Walzenoberfläche auf (Relativbewegung von Walze und Walzgut, ähnlich der Überrollung einer Schiene durch ein Eisenbahnrad).

   Walzen beim Warmwalzen: Der Werkstoff verhält sich nahezu ideal plastisch (keine Verfestigung), sodass die mechanische Beanspruchung geringer ist. Allerdings wird die Walze aufgrund der höheren Temperatur zusätzlich thermisch belastet.

   In beiden Fällen muss der Walzenwerkstoff härter sein als der gewalzte Werkstoff.

c) Draht beim Ziehen: Der radialen Druckspannung im Werkzeug ist eine Zugspannung auf der Austrittsseite überlagert. Die Oberfläche des Drahtes erfährt im Werkzeug eine mäßige Scherbeanspruchung durch Reibung.

d) *Tiefziehen:* Kombination aus Biegen, einachsigem Recken und zweiachsigem Zug (im Boden). Reibung (gering) zwischen Werkzeug und verarbeitetem Werkstoff. *Streckziehen:* Wie beim Tiefziehen, jedoch sind die Ränder des Werkstücks eingespannt, sodass eine weitere Verformung in Dickenrichtung auftritt.

Antwort 5.1.3
Siehe dazu Abb. 1.

Abb. 1 Linear elastisches, viskoelastisches und gummielastisches Verhalten

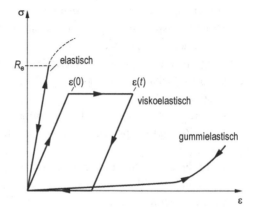

a) Linear elastisches Verhalten bezeichnet eine reversible Verformung, wobei der Zusammenhang zwischen Lastspannung σ und Verformung ε dem Hookeschen Gesetz folgt: $\sigma = E\,\varepsilon$. E ist der Elastizitätsmodul. Im Gegensatz verhält sich Gusseisen mit Lamellengraphit nichtlinear elastisch.

b) Gummielastizität ist eine nichtlineare elastische Verformung in verknäuelten und schwach vernetzten Polymeren.

c) Viskoelastizität ist eine zeitabhängige reversible Verformung.

d) Die Elastizitätsgrenze R_e ist jene Spannung, bei der erstmals plastische Verformung auftritt.

Antwort 5.1.4

Siehe dazu Abb. 2. x bezeichnet die Belastungsrichtung, die beiden dazu senkrechten Querrichtungen sind y und z.

a) Elastische Verformung

$$\varepsilon_x^{\mathrm{el}} = \frac{\sigma}{E} = \frac{R_{\mathrm{p}0,2}}{E} = \frac{300}{72.000} = 0,0042.$$

Bei Isotropie gilt:

$$\varepsilon_y^{\mathrm{el}} = \varepsilon_z^{\mathrm{el}} = -\nu^{\mathrm{el}}\varepsilon_x^{\mathrm{el}} = -0,34 \cdot 0,0042 = -0,0014.$$

b) Die gesamte Verformung $\varepsilon^{\mathrm{ges}}$ setzt sich aus der elastischen und plastischen Verformung zusammen, $\varepsilon^{\mathrm{ges}} = \varepsilon^{\mathrm{el}} + \varepsilon^{\mathrm{pl}}$. In x-Richtung gilt:

$$\varepsilon_x^{\mathrm{ges}} = \varepsilon_x^{\mathrm{el}} + \varepsilon_x^{\mathrm{pl}} = 0,0042 + 0,002 = 0,0062.$$

In Querrichtung gilt:

$$\varepsilon_y^{\mathrm{ges}} = \varepsilon_y^{\mathrm{el}} + \varepsilon_y^{\mathrm{pl}} = \varepsilon_z^{\mathrm{ges}} = \varepsilon_z^{\mathrm{el}} + \varepsilon_z^{\mathrm{pl}} = -\nu^{\mathrm{ges}}\varepsilon_x^{\mathrm{ges}}.$$

Bei der plastischen Verformung gilt Volumenkonstanz, daher ist $\nu^{\mathrm{pl}} = 0,5$ und

$$\varepsilon_y^{\mathrm{pl}} = \varepsilon_z^{\mathrm{pl}} = -\nu^{\mathrm{pl}}\varepsilon_x^{\mathrm{pl}} = -0,5 \cdot 0,002 = -0,001.$$

Die gesamte Querkontraktionszahl ist:

$$\nu^{\mathrm{ges}} = -\frac{\varepsilon_y^{\mathrm{el}} + \varepsilon_y^{\mathrm{pl}}}{\varepsilon_x^{\mathrm{ges}}} = \frac{0,0014 + 0,001}{0,0062} = 0,387.$$

Schließlich ist die gesamte Verformung in y- bzw. z-Richtung:

$$\varepsilon_y^{\mathrm{ges}} = \varepsilon_z^{\mathrm{ges}} = -0,387 \cdot 0,0062 = -0,0024.$$

Abb. 2 Elastische und
plastische Verformung bei
einachsiger Belastung

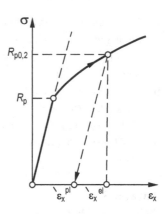

Anmerkung: Obwohl ν^{el} und ν^{pl} unabhängig von der jeweiligen Dehnung sind, hängt die gesamte Querkontraktionszahl ν^{ges} vom Verformungsgrad ab, da dieser über die Anteile der elastischen und plastischen Verformung an der gesamten Verformung ε^{ges} entscheidet.

Antwort 5.1.5

In der Technik werden vier Konstanten benutzt, die voneinander abhängen.

Es sind dies die Größen:

Elastizitätsmodul $E = \sigma/\varepsilon$ [GPa],

Schubmodul $G = \tau/\gamma$ [GPa] (γ … Scherung),

Kompressionsmodul $K = -p/(\Delta V/V)$ [GPa] (p … Druck, ΔV … Volumenänderung) und die

Querkontraktionszahl (Poissonsche Zahl) $\nu = -\varepsilon^{\text{q}}/\varepsilon^{\text{l}}$ (q … quer, l … längs).

Die Beziehungen zwischen diesen Konstanten lauten:

$$K = \frac{E}{3(1-2\nu)}, \quad G = \frac{E}{2(1+\nu)}, \quad \frac{E}{G} = \frac{9}{3+G/K}.$$

Antwort 5.1.6

Die Schallgeschwindigkeit c erhält man gemäß:

$$c = \frac{L_{\text{Mess}}}{t_2 - t_1} = 5050 \, \text{m}\,\text{s}^{-1}.$$

Die Dichte des Werkstoffs ergibt sich aus der Masse des Stabs und seinem Volumen:

$$\varrho = \frac{m}{V} = \frac{m}{r^2 \, \pi \, L_{\text{Mess}}} = \frac{1\,\text{kg}}{8{,}5^2 \, \text{mm}^2 \cdot \pi \cdot 1\,\text{m}} = 4{,}41 \, \text{kg}\,\text{dm}^{-3}.$$

Der Elastizitätsmodul lässt sich aus dem Zusammenhang $c = \sqrt{E/\rho}$ errechnen und ist

$$E = c^2 \varrho = 5050^2 \left(\frac{\text{m}}{\text{s}}\right)^2 \cdot 4{,}41 \cdot 10^{-3} \frac{\text{kg}}{\text{m}^3} = 112{,}5\,\text{GPa}.$$

Antwort 5.1.7

Bei plastischer Verformung tritt keine Volumenänderung auf, die Querkontraktionszahl ist 0,5. Bei elastischer Verformung tritt eine Volumenänderung auf, daher beträgt die Querkontraktionszahl $0 < \nu^{\text{el}} < 0{,}5$.

Antwort 5.1.8

Die Volumenänderung bei plastischer Verformung ist Null (Annahme der Inkompressibilität des Materials).

Antwort 5.1.9

Beim ebenen Dehnungszustand ist die Verformung in einer der drei Richtungen Null. Entsprechendes gilt für den ebenen Spannungszustand.

Antwort 5.1.10

Energieelastische Festkörper dehnen sich bei Erwärmung aus. Verhält sich der Körper isotrop, so kommt es nur zur Volumenänderung, verhält er sich anisotrop, so ändert er Volumen und Gestalt.

Bei entropieelastischen Körpern (Elastomere) führt eine Erwärmung zur Kontraktion.

Antwort 5.1.11

Einen mehrachsigen Spannungszustand beschreibt man durch eine Vergleichsspannung, mit der man verschiedene Beanspruchungen miteinander vergleichen kann. Mithilfe der Vergleichsspannung lässt sich auch feststellen, wann ein mehrachsig belasteter Körper plastisch zu fließen beginnt, auch wenn man nur die Streckgrenze des Materials aus einem einachsigen Zug- oder Druckversuch kennt. Es ist praktisch, wenn man den mehrachsigen Spannungszustand mit den sog. Hauptnormalspannungen beschreibt (die Schubspannungen sind dann alle Null). Dazu muss der Spannungstensor in ein geeignetes Koordinatensystem transformiert werden.

Fließbedingungen basieren auf Festigkeitshypothesen, wobei „Versagen" eintritt, wenn die Vergleichsspannung im Bauteil die Fließgrenze des Werkstoffs erreicht. In der Praxis sind zwei Fließbedingungen bedeutsam.

- Fließbedingung nach Tresca: Die Bedingung besagt, dass plastisches Fließen unter der Einwirkung einer kritischen Schubspannung beginnt, welche Scherfließgrenze k genannt wird. Für die Hauptnormalspannungen $\sigma_1 \geq \sigma_2 \geq \sigma_3$ gilt

$$\sigma_1 - \sigma_3 = 2k.$$

Zwischen der Scherfließgrenze k und der Fließspannung R_p eines Zugstabs besteht der Zusammenhang $R_p = 2k$.

- Fließbedingung nach von Mises: Plastisches Fließen setzt ein, wenn die Gestaltänderungsenergiedichte einen kritischen Wert annimmt. Für die Hauptnormalspannungen $\sigma_1, \sigma_2, \sigma_3$ ist die Gestaltänderungsenergiedichte:

$$\bar{U}_g = \frac{1+\nu}{6\,E}\left[(\sigma_1 - \sigma_2)^2 + (\sigma_2 - \sigma_3)^2 + (\sigma_3 - \sigma_1)^2\right].$$

Für den einachsigen Zugversuch ($\sigma_1 \neq 0, \sigma_2 = \sigma_3 = 0$) gelten bei Fließbeginn $\sigma_1 = R_p$ und

$$\bar{U}_g = \frac{1+\nu}{6\,E}2R_p^2.$$

Somit lautet die Fließbedingung nach von Mises:

$$\sqrt{\frac{1}{2}\left[(\sigma_1 - \sigma_2)^2 + (\sigma_2 - \sigma_3)^2 + (\sigma_3 - \sigma_1)^2\right]} = R_p.$$

Für den ebenen Fall ($\sigma_3 = 0$) ergibt sich

$$\sqrt{\sigma_1^2 + \sigma_2^2 - \sigma_1\sigma_2} = R_p.$$

Zeichnet man diese Kurve in der (σ_1, σ_2)-Ebene, so ergibt sich eine zu den beiden Achsen um 45° gedrehte Ellipse („von Mises-Ellipse").

5.2 Zugversuch und Kristallplastizität

Antwort 5.2.1

a) $E = \sigma/\varepsilon$, Steigung des linearen Bereichs des Spannung-Dehnung-Diagramms (Hookesche Gerade).

b) $\nu = -\varepsilon^q/\varepsilon^l$.

c) Die Streckgrenze ist diejenige Spannung, bei der erstmals plastische Verformung auftritt. In der Praxis wird eine kleine plastische Verformung, oft 0,2 %, zur exakteren Festlegung der Einsatzspannung der Plastizität vorgegeben. Man spricht dann von der Dehngrenze $R_{p0,2}$.

d) Die Zugfestigkeit R_m ist im Technische-Spannung-Dehnung-Diagramm die maximale Spannung. Bei dieser Spannung beginnt eine Zugprobe einzuschnüren.

Antwort 5.2.2

Bei der Auswertung des Zugversuchs muss bei höheren Verformungsgraden berücksichtigt werden, dass die Probe während der Verlängerung ihren Querschnitt ändert. Für plastische

Verformung kann im Gegensatz zur elastischen Verformung von konstantem Volumen ausgegangen werden. Bei steigender Last F der Zugmaschine muss deshalb die Verfestigung des Werkstoffs $d\sigma/d\varphi$ die Querschnittsabnahme $dA/d\varphi$ kompensieren. Sonst tritt Versagen durch plastische Instabilität auf, d. h. es bildet sich eine Einschnürungszone, in der die Probe schließlich reißt. Die Gleichung des Kraftverlaufs mit der Verformung φ lautet deshalb:

$$\frac{dF}{d\varphi} = \frac{d\sigma}{d\varphi}A + \frac{dA}{d\varphi}\sigma.$$

$A\,d\sigma$ ist der Lastanstieg durch Verfestigung, $\sigma\,dA$ der Lastabfall durch Querschnittsverringerung. Bei $dF/d\varphi = 0$ setzt örtliche Einschnürung durch mechanische Instabilität ein. Die zugehörige Spannung wird als Zugfestigkeit bezeichnet. Sie berechnet sich folgendermaßen: Bei $F = F_{\max}$ gilt $dF/d\varphi = 0$ und wegen der Volumenkonstanz bei der plastischen Verformung kann geschrieben werden

$$\frac{d\sigma}{d\varphi}A = -\frac{dA}{d\varphi}\sigma, \quad \frac{d\sigma}{\sigma} = -\frac{dA}{A} = \frac{dl}{l} = d\varphi.$$

Sobald die wahre Spannung gleich dem Verfestigungskoeffizienten $d\sigma/d\varphi$ wird, kann eine Einschnürung das endgültige Versagen einleiten:

$$\frac{d\sigma}{d\varphi} = \sigma.$$

Antwort 5.2.3

a) Siehe auch die vorige Aufgabe. Dort ist der Verfestigungskoeffizient definiert als $d\sigma/d\varphi$. Zwischen der logarithmischen Dehnung φ und der technischen Dehnung ε besteht der Zusammenhang $\varphi = \ln(1 + \varepsilon)$ bzw. $d\varphi = d\varepsilon/(1 + \varepsilon)$. Daher kann der Verfestigungskoeffizient auch aus dem Technische-Spannung-Dehnung-Diagramm ermittelt werden:

$$\frac{d\sigma}{d\epsilon} = \frac{\sigma}{1 + \varepsilon}.$$

b) Das Wahre-Spannung-logarithmische-Dehnung-Diagramm kann oft mit dem empirischen Ansatz nach Ludwik beschrieben werden:

$$\sigma = K\,\varphi^n, \quad n\ldots\text{Verfestigungsexponent}.$$

Wird dieser Ansatz nach φ differenziert und der Spannung gleichgesetzt, ergibt sich

$$\frac{d\sigma}{d\varphi} = n\,K\,\varphi^{n-1} = K\,\varphi^n \;\rightarrow\; n = \varphi.$$

Die logarithmische Verformung beim Beginn der Einschnürung entspricht also dem Zahlenwert des Verfestigungsexponenten.

Antwort 5.2.4

Siehe dazu Abb. 3.

a) Ideal spröde und linear elastisch: Glas.
b) Nicht-linear elastisch: Gummi.
c) Niedrige Streckgrenze und bei plastischer Verformung stark verfestigend: Tiefziehblech.
d) Hohe Streckgrenze und bei plastischer Verformung geringes Verformungsvermögen: ausgehärtete Al-Legierung.
e) Ideal plastisch: Werkstoffe beim Warmwalzen.

Antwort 5.2.5

a) Aus der Größe des E-Moduls und der gegebenen Festigkeiten folgt, dass der geprüfte Werkstoff ein Stahl, z. B. aus der Gruppe der Vergütungsstähle (42CrMo4), ist.

b) $E = \dfrac{\sigma}{\varepsilon} = \dfrac{R_e}{\varepsilon_{el}}, \quad \varepsilon_{el} = \dfrac{750\,\text{MPa}}{210.000\,\text{MPa}} = 0{,}00357 \doteq 0{,}357\,\%.$

c) Die Größe A_5 ist die Bruchdehnung, gemessen an einem kurzen Proportionalitätsstab (Zugprobe), dessen Messlänge l_0 dem Fünffachen seines Durchmessers d_0 entspricht.
d) Bei der Gleichmaßdehnung A_g beginnt sich die Zugprobe einzuschnüren.
e) Die Probe erfährt eine bleibende Längenänderung, bei Entlastung bleibt sie um die plastische Dehnung verlängert. Eine Einschnürung findet noch nicht statt.
f) Die Probe hat eine höhere Elastizitätsgrenze, da der Werkstoff durch die bleibende Verformung verfestigt wurde ($R_e < \sigma < R_m$).

Abb. 3 Fließverhalten verschiedener Werkstoffe

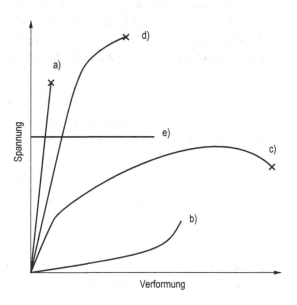

Antwort 5.2.6

Verformung geschieht durch Abgleiten möglichst dicht gepackter Ebenen in Richtung der dichtest gepackten Richtungen des jeweiligen Kristallgitters. Die plastische Verformung findet in der Regel nicht durch das Verschieben ganzer Ebenen aufeinander statt, vielmehr wird die Abgleitung durch die Bewegung von Versetzungen bewerkstelligt. Dabei werden nicht alle Atome der Ebene gleichzeitig bewegt, sondern nur jene, welche die Versetzung definieren.

Antwort 5.2.7

Bis zur Gleichmaßdehnung besteht zwischen der logarithmischen Dehnung φ und der nominellen (technischen) Dehnung ε der Zusammenhang

$$\varphi = \ln(1 + \varepsilon) \approx \varepsilon - \frac{\varepsilon^2}{2}, \quad \varepsilon < 1.$$

Bezeichnet man das Genauigkeitsmaß mit δ, dann ist die Angabe der Verformung mithilfe der technischen Dehnung zulässig, solange

$$\frac{\varepsilon - \varphi}{\varepsilon} = 1 - \frac{\varphi}{\varepsilon} = 1 - \frac{1}{\varepsilon}\left(\varepsilon - \frac{\varepsilon^2}{2}\right) < \delta$$

erfüllt ist. Auflösen der Ungleichung nach ε ergibt $\varepsilon < 2\delta$. Eine Genauigkeit von 1% ist demnach für technische Dehnungen bis zu 2% gegeben.

Antwort 5.2.8

Für den einachsigen Spannungszustand ($\sigma_x = \sigma_y = 0, \sigma_z \neq 0$) und bei Isotropie setzt sich die Volumendehnung ε_V additiv aus den Einzeldehnungen zusammen:

$$\varepsilon_V = \varepsilon_x + \varepsilon_y + \varepsilon_z.$$

Wegen $\varepsilon_x = \varepsilon_y = -\nu\,\varepsilon_z$ gilt:

$$\varepsilon_V = (1 - 2\nu)\,\varepsilon_z = (1 - 2\nu)\,\frac{\sigma_z}{E} = 0{,}34\,\frac{240}{215.000} = 3{,}8 \cdot 10^{-4} \doteq 0{,}038\,\%.$$

Antwort 5.2.9

a) Masse der Schaufel:

$$m = \varrho V = \varrho A l = 8{,}5 \cdot 10 \cdot 15 = 1275\,\text{g}.$$

Fliehkraft am Schaufelfuß (Längskoordinate der Schaufel: $r_S \leq x \leq r_S + l$; $\omega = 7500 \cdot 2\pi/60\,\text{s}^{-1}$):

$$F = \omega^2 \varrho A \int\limits_{r_S}^{r_S+l} \hat{x}\,\mathrm{d}\hat{x} = \omega^2 \varrho A l r_S \left(1 + \frac{l}{2r_S}\right) = 5{,}90 \cdot 10^5\,\mathrm{N}.$$

Spannung im Schaufelfuß:

$$\sigma = \frac{F}{A} = \frac{5{,}90 \cdot 10^5}{15 \cdot 10^{-4}} = 393 \cdot 10^6\,\mathrm{Nm}^{-2} = 393\,\mathrm{MPa}.$$

b) Die wirkende Spannung beträgt 393 MPa. Auflösen des Zusammenhangs zwischen Fließspannung und Temperatur liefert:

$$T = T_0 + (T_\mathrm{m} - T_0)\left(1 - \frac{\sigma}{\sigma_\mathrm{y}^0}\right).$$

Einsetzen ergibt $T = 1241\,\mathrm{K} = 968\,°\mathrm{C}$.

Da die ermittelte Temperatur $T > 0{,}5\,T_\mathrm{m}$ ist, wird es im Einsatz zu erheblicher Kriechdeformation kommen. Die tatsächliche Einsatztemperatur der Schaufeln muss daher viel niedriger als 1000 °C gewählt werden. Dies erreicht man durch Kühlung der Turbinenschaufeln mithilfe von Kühlkanälen.

Antwort 5.2.10

a) Bei der elastischen Verformung stellt sich nach Entlastung wieder der Ausgangszustand der Probe her (Ausgangslänge, Volumen).

b) Eine plastische Verformung ist eine bleibende (irreversible) Verformung.

c) Als Gleichmaßdehnung wird jener Teil der Verformung bezeichnet, in dem es keine Einschnürung gibt. Oft wird mit dem Begriff auch die Dehnung im Zugversuch bezeichnet, bei der die Einschnürung auftritt.

d) Die Bruchdehnung ist die gesamte Dehnung einer Zugprobe bis zum Bruch.

e) Die Brucheinschnürung Z eines Zugstabs berechnet man aus der Querschnittschnittsfläche S_0 der Zugprobe vor Versuchsbeginn und jener beim Bruch S_B gemäß:

$$Z = \frac{S_0 - S_\mathrm{B}}{S_0}.$$

Antwort 5.2.11

Siehe dazu Abb. 4.

Antwort 5.2.12

Die ausgeprägte (auch diskontinuierliche) Streckgrenze von kohlenstoffarmen Stählen ist auf die Blockierung der Versetzungen durch C- (und ev. auch N-) Atome zurückzuführen. Die Kohlenstoffatome wandern in das Zugspannungsfeld der Versetzung ein. Triebkraft ist die Reduktion der elastischen Energie. Diese ist für die Ansammlung von Kohlenstoffatomen in der Nähe des Versetzungskerns kleiner als die Summe der Eigenenergie der Versetzung und

Abb. 4 Entstehung von Gleitstufen durch Versetzungen, die aus dem Kristall austreten. Die äußere Spannung σ führt zu einer Schubspannung τ in der Gleitebene der Versetzungen. Ist diese groß genug, können die Versetzungen bis zum Rand des Kristalls gleiten

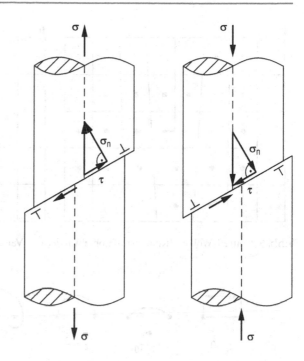

der elastischen Verzerrungsenergie der einzelnen Kohlenstoffatome. Für das Losreißen der Versetzungen von dieser Fremdatom-Wolke (Cottrell-Wolke, Abb. 5) ist eine höhere äußere Spannung notwendig, weil zusätzlich zum Energieaufwand für die Bewegung der Versetzung durch das Gitter auch die Energie der Trennung der Versetzung von der Cottrell Wolke bereitgestellt werden muss. Die Ausbildung der Cottrell-Wolke erfolgt durch Diffusion der Kohlenstoffatome und ist damit zeit- und temperaturabhängig. Man bezeichnet diese Interaktion zwischen Versetzung und Kohlenstoffatomen auch als Altern des Stahls.

Antwort 5.2.13
Eine Möglichkeit, wie sich Versetzungen bei plastischer Verformung vermehren können, haben Frank und Read vorgeschlagen. Versetzungssegmente werden von Hindernissen fest-gehalten (verankert) und bauchen sich unter der Wirkung einer Schubspannung aus. Damit ein neuer Versetzungsring abgeworfen wird, muss die Quellspannung τ_Q überschritten wer-den, die vom Abstand der Verankerungspunkte S und damit von der Versetzungsdichte ϱ_V abhängt, siehe Abb. 6:

$$\tau_Q \approx \frac{G\,b}{S} \approx \alpha\,G\,b\,\sqrt{\varrho_V}.$$

G ist der Schubmodul des Kristallgitters, b der Betrag des Burgersvektors und α eine Kon-stante der Größenordnung Eins.

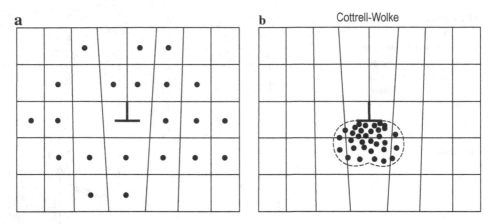

Abb. 5 Cottrell-Wolken (Kohlenstoffatome wandern zu Versetzungen) in Stahl

Abb. 6 Ein an zwei Punkten festgehaltenes Liniensegment wird bei der Spannung τ_Q zur Versetzungsquelle (Frank-Read-Quelle)

Antwort 5.2.14

$$
\begin{aligned}
\Delta\sigma_M &= \alpha\, G\, \sqrt{c} & &\text{Mischkristallhärtung (a)} \\
\Delta\sigma_V &= \alpha\, G\, b\, \sqrt{\varrho} & &\text{Kaltverfestigung (b)} \\
\Delta\sigma_{KG} &= k\,/\sqrt{S} & &\text{Feinkornhärtung (c)} \\
\Delta\sigma_T &= \alpha\, G\, b\, S^{-1} = \alpha\, G\, b\, \sqrt{f}\, d^{-1} & &\text{Teilchenhärtung (d)}
\end{aligned}
$$

G ist jeweils der Schubmodul und b der Betrag des Burgers-Vektors, α eine Konstante der Größenordnung 1. α gibt für Fall (a) die spezifische Härtungswirkung eines Atoms an, die u. a. mit dem Unterschied der Atomradien von lösender und gelöster Atomart zunimmt, c ist der Gehalt an gelösten Atomen. Für deren Abstand S gilt $\sqrt{c} \sim S^{-1}$. ϱ ist die Versetzungsdichte, wobei wiederum $\sqrt{\varrho} \sim S^{-1}$ gilt. Im Fall (c) ist S der Korndurchmesser oder die Korngröße, für die Teilchenhärtung (d) ist es der Abstand zwischen den im Grundgitter verteilten Teilchen, f ist deren Volumenanteil und d ihr Durchmesser.

Weitere Härtungsmechanismen beruhen auf der Kristallanisotropie (Texturhärtung) und der Gefügeanisotropie (Verstärkung mit Fasern).

Antwort 5.2.15

Die Orowan-Beziehung lautet:

$$\Delta\sigma_T = \alpha\,G\,b\,S^{-1} = \alpha\,G\,b\,\sqrt{f_T}\,D_T^{-1}.$$

Setzt man die Angabe ein, so ergibt sich (für $\alpha = 1$):

$$\Delta\sigma_T = \frac{28 \cdot 10^3\,\mathrm{MPa} \cdot 0{,}4 \cdot 10^{-9}\,\mathrm{m} \cdot \sqrt{0{,}05}}{20 \cdot 10^{-9}\,\mathrm{m}} = 125\,\mathrm{MPa}.$$

Antwort 5.2.16

τ_{th} ist die höchstmögliche Schubspannung, die zur Verschiebung ganzer Kristallebenen zueinander erforderlich ist. Sie kann durch

$$\tau_{th} = \frac{G}{2\pi} \cdot \frac{b}{a} \approx \frac{G}{2\pi} \approx \frac{E}{15}$$

abgeschätzt werden. G ist der Schubmodul, E der Elastizitätsmodul, b der Betrag des Burgersvektors und a der Gitterparameter. Die Reißfestigkeit ist die maximal mögliche Normalspannung, die zur Trennung ganzer Kristallebenen voneinander erforderlich ist. σ_{th} ist von der gleichen Größenordnung wie τ_{th}.

Antwort 5.2.17

Es muss ein perfektes, d. h. fehlerfreies Kristallgitter vorliegen. Dies wird realisiert bei sog. Fadenkristallen („Whisker"-Kristallen).

Antwort 5.2.18

- Anzahl aktivierbarer Gleitsysteme für die Bewegung von Versetzungen,
- Art und Richtung der äußeren Belastung,
- Wirksamkeit der Hindernisse für Versetzungen.

Antwort 5.2.19

a) Bei Raumtemperatur kristallisiert Eisen im krz Gitter. Der Betrag des Burgersvektors ist $b = 2r_{Fe} = 0{,}248\,\mathrm{nm}$. Nach Orowan gilt für den mittleren Laufweg $\bar{x}$ der Versetzungen

$$\gamma = \varrho b \bar{x} \quad \rightarrow \quad \bar{x} = \frac{\gamma}{\varrho b}.$$

Nimmt man einen linearen Zusammenhang zwischen der Scherung und der Versetzungsdichte an, so besitzt der Eisenkristall im Mittel eine Versetzungsdichte von $\bar{\varrho} = \frac{1}{2}(\varrho_0 + \varrho) = \frac{1}{2}(10^8 + 10^{10}) = \frac{1{,}01}{2}10^{10} = 5 \cdot 10^9\,\mathrm{cm}^{-2}$. Diese Versetzungen wandern im Mittel:

$$\bar{x} = \frac{\gamma}{\varrho b} = \frac{0{,}3}{5 \cdot 10^{13} \cdot 0{,}248 \cdot 10^{-9}} = 2{,}42 \cdot 10^{-5}\,\mathrm{m}.$$

b) Differenzieren des Orowan-Zusammenhangs nach der Zeit ergibt die mittlere Wanderungsgeschwindigkeit der Versetzungen

$$\frac{\mathrm{d}\bar{x}}{\mathrm{d}t} = \bar{v} = \frac{\dot{\gamma}}{\varrho b} = \frac{10^{-2}}{5 \cdot 10^{13} \cdot 0,248 \cdot 10^{-9}} = 8 \cdot 10^{-7}\,\mathrm{m\,s^{-1}}.$$

5.3 Kriechen

Antwort 5.3.1

Kriechen: Das Kriechen ist ein thermisch aktivierter Prozess, bei dem sich ein Werkstoff bei höheren Temperaturen plastisch verformt. Dieser Vorgang ist nicht nur von der äußeren Spannung und der Temperatur, sondern auch von der Zeit abhängig. Die Grundvorgänge sind das Klettern von Versetzungen und das Abgleiten von Korngrenzen. Ohne thermische Aktivierung können sich die Versetzungen nur in Richtung ihres Burgersvektors (konservativ) bewegen, beim Kriechen jedoch auch senkrecht dazu (nicht-konservativ).

Superplastizität: Beim superplastischen Umformen wird eine zeitabhängige Warmverformung absichtlich herbeigeführt. Man strebt dabei ein mechanisches Verhalten ähnlich den viskos fließenden Flüssigkeiten an. Der Werkstoff soll ohne einzuschnüren sehr hohe Verformungsgrade erlauben. Mikrostrukturelle Bedingungen für ein superplastisches Verhalten sind eine kleine Korngröße sowie eine möglichst globulare Kornform. Darüber hinaus darf das Gefüge keine Teilchen enthalten, die die Versetzungsbewegung behindern könnten. Im makroskopischen Verformungsverhalten dient zur Kennzeichnung der Eignung eines Werkstoffs für die superplastsiche Verformung die Dehngeschwindigkeitsempfindlichkeit der Fließspannung, die einen Wert von $m > 0,6$ annehmen muss.

Antwort 5.3.2

Diese Abhängigkeiten lassen sich gut durch die entsprechende Abhängigkeit der minimalen Kriechrate beschreiben:

$$\dot{\varepsilon}_{\mathrm{min}} = A \exp\left(-\frac{Q_{\mathrm{eff}}}{RT}\right) \sigma^n.$$

$\dot{\varepsilon}_{\mathrm{min}}$ ist die minimale Kriechrate, A ein Parameter, der von der Mikrostruktur des Werkstoffs abhängt, Q_{eff} die scheinbare Aktivierungsenergie des Kriechens (zwischen 50 und 500 kJ/mol), σ die Lastspannung (die beim Kriechen immer deutlich unter $R_{\mathrm{p0,2}}$ liegt, und trotzdem erfolgt langsame, zeitabhängige Verformung), n der Spannungsexponent (zwischen 1 und 20, häufig für Hochtemperaturwerkstoffe $\approx$ 10). R und T bezeichnen die Gaskonstante und die Temperatur. Es ist wichtig zu verstehen, dass man es mit einem stark nichtlinearen Verhalten zu tun hat. Im linear elastischen Bereich führt eine Verdoppelung der Spannung zur einer Verdoppelung der Dehnung (lineares Hookesches Verhalten). Im

Falle des Kriechens führen schon sehr kleine Temperatur- und Spannungserhöhungen zu einer starken Zunahme der minimalen Kriechrate. Höhere minimale Kriechraten bedeuten kürzere Bruchzeiten.

Antwort 5.3.3

- Es sollten Werkstoffe mit hoher Schmelztemperatur verwendet werden.
- Durch Legieren mit Fremdatomen den Diffusionskoeffizienten erniedrigen.
- Grobes Korn (d. h. wenige Korngrenzen), möglichst Einkristall, eventuell bezüglich der Lastrichtung speziell orientierte Korngrenzen.
- Behinderung der Versetzungsbewegung, insbesondere des Quergleitens, durch Einbringen einer zweiten Phase (Ausscheidungen), die sich bei Betriebstemperatur jedoch nicht auflösen sollte. Günstig sind Dispersionen von oxidischen Teilchen, die sehr temperaturstabil sind.

Antwort 5.3.4

Parameter des Diagramms sind Versuchszeit, Lastspannung und Temperatur, siehe Abb. 7.

Abb. 7 Auswertung des Zeitstandversuchs. Die Diagramme gelten für eine bestimmte Temperatur

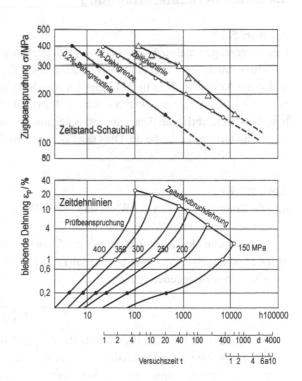

Antwort 5.3.5

a) Aus dem Experiment bei 300 °C lässt sich der Sherby-Dorn-Parameter ermitteln:

$$m_{SD} = \ln 2000 - 0{,}43 \frac{184.000}{8{,}314 \cdot 573} = 7{,}57 - 16{,}60 = -9{,}01.$$

Einsetzen von m_{SD} in die Sherby-Dorn-Gleichung ergibt für die höhere Versuchstemperatur eine Bruchlebensdauer von

$$t_B = -9{,}01 + 0{,}43 \frac{184.000}{8{,}314 \cdot 673} = 5{,}13\,\text{h}.$$

b) Die Vorgehensweise, Kriechversuche bei erhöhter Temperatur (und gleicher Lastspannung) durchzuführen, um dadurch die Versuchsdauer zu verringern, ist nur dann zulässig, wenn sich der Mechanismus, der zum Bruch führt, dabei nicht ändert.

5.4 Bruchmechanik, Ermüdung

Antwort 5.4.1

Kerben erzeugen mehrachsige Spannungszustände und Spannungsspitzen, an Kerben können Risse entstehen. Vergleicht man im elastischen Bereich gleich belastete Rundstäbe mit und ohne Kerbe, stellt man fest, dass im Rundstab ohne Kerbe die Spannung homogen verteilt ist, während im gekerbten Rundstab örtlich unterschiedliche, mehrachsige Spannungszustände vorliegen. Das Ausmaß der Spannungsüberhöhung im Kerbgrund hängt von Form und Größe der Kerbe ab. Dies lässt sich mit der Kerbformzahl α_K beschreiben.

Antwort 5.4.2

a) Die Bruchzähigkeit ist der Widerstand eines Werkstoffs gegen Rissausbreitung. Charakterisiert wird dieser Widerstand durch die kritische Spannungsintensität K_c. Ein Körper bricht, wenn die Spannungsintensität infolge der Belastung größer als K_c wird.

b) Die Spannungsintensität K ist ein Maß für die Erhöhung der Spannung in der Nähe eines Risses. Sie ist gegeben durch

$$K = \sigma \sqrt{\pi a}\, Y\left(\frac{a}{B}\right).$$

σ ist die äußere Last, $2\,a$ die aktuelle Risslänge, B die Probenbreite, die Geometriefunktion $Y\left(\frac{a}{B}\right)$ hängt von der Risslänge, der Probenbreite und der Gestalt der Probe ab. Abb. 8 zeigt eine mit der Spannung σ_∞ belastete, unendlich ausgedehnte Platte ($B \to \infty$) der Dicke d, die einen (unendlich) scharfen Riss der Länge $2\,a$ enthält, und die Spannungserhöhung infolge dieses Risses (x-Komponente der Spannung).

Abb. 8 Belastete Platte,
die einen scharfen Riss enthält

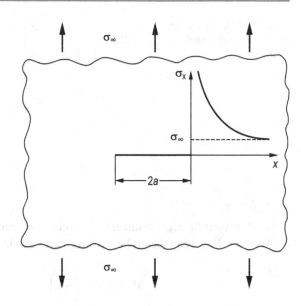

c) K_{Ic}-Versuche werden mit Zugprüfmaschinen durchgeführt. Gesteuert wird die Belastungsgeschwindigkeit und aufgezeichnet wird die Kraft F über der Lastlinienverschiebung (Maß für die Rissaufweitung) v.

Als genormte Proben sind die Kompaktprobe (CT = „compact tension"), die Dreipunktbiegeprobe und die C-Probe üblich.

Versuchsdurchführung: In die Proben wird zunächst durch schwingende Beanspruchung ein scharfer Ermüdungsriss eingebracht. Danach wird die Probe mit konstanter Kraftanstiegsgeschwindigkeit bis zu ihrem Bruch belastet.

d) Das in der Aufgabenstellung gezeigte Last-Verschiebung-Diagramm macht deutlich, dass die Probe ohne nennenswerte plastische Verformung bricht. Die Maximalkraft $F_{max} = 17,2\,\text{kN}$ kann daher als kritische Last F_c herangezogen werden. Einsetzen in die gegebene Gleichung ergibt

$$K_{Ic} = 1822\,\text{Nmm}^{-3/2} = 58\,\text{MPa}\sqrt{\text{m}}.$$

e) Der Versuch, der in d) ausgewertet wurde, liefert einen gültigen Kennwert für K_{Ic}, wenn das Dickenkriterium erfüllt ist. Abb. 9 zeigt die Abhängigkeit von K_I von der Dicke der CT-Probe. Für kleine Probendicken ist K_I oftmals viel größer als der wahre Wert von K_{Ic}. Grund dafür ist der Einfluss des Randes der CT-Probe, der bei kleinen Probendicken dominiert und wegen der wesentlich größeren plastischen Zone im Randbereich einen zu

Abb. 9 Abhängigkeit der
Bruchzähigkeit von der
Probendicke

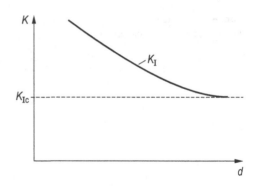

großen Wert für K_{Ic} vorspiegelt. Der bruchmechanische Versuch liefert einen gültigen
Wert für K_{Ic}, wenn die Probendicke d die folgende Ungleichung erfüllt:

$$d \geq 2{,}5 \left(\frac{K_{\mathrm{I}}}{R_{\mathrm{p0,2}}} \right)^2 \quad \rightarrow \quad K_{\mathrm{Ic}} = K_{\mathrm{I}}.$$

f) Im vorliegenden Fall muss die Probendicke mindestens 3,9 mm betragen. Die gewählte
Probendicke von 12,75 mm ist also ausreichend groß.

Antwort 5.4.3

Abb. 10 zeigt einen in einem mit der Spannung σ belasteten Körper der Dicke d eingebrachten Riss der Länge $2\,a$. Durch Einbringen des Risses werden Volumenelemente in der
Umgebung des Risses entlastet und die potenzielle Energie des Körpers U_0^{el} geändert. Einmal
wird die elastische Energie U^{el} freigesetzt. *Griffith* konnte für den ebenen Spannungszustand
herleiten:

$$U^{\mathrm{el}} = \frac{\pi a^2 \sigma^2 d}{E}.$$

(Für den ebenen Dehnungszustand ist dieser Ausdruck mit $1 - \nu$ zu multiplizieren.) Andererseits muss aber die Energie U^{γ} aufgebracht werden, um die zwei neuen Rissoberflächen
mit der spezifischen Oberflächenenergie γ zu schaffen:

$$U^{\gamma} = 4 a \gamma d.$$

Die gesamte potenzielle Energie des rissbehafteten Körpers ist somit (s. Abb. 11):

$$U^{\mathrm{ges}} = U_0^{\mathrm{el}} - U^{\mathrm{el}} + U^{\gamma}.$$

Nach Griffith erfolgt Rissausbreitung genau dann, wenn die Energiezunahme wegen der
aufzubringenden Oberflächenenergie durch die freigesetzte elastische Energie kompensiert
wird. Es gilt daher

Abb. 10 Mit der Spannung σ belasteter Körper, der einen scharfen Riss der Länge $2\,a$ enthält

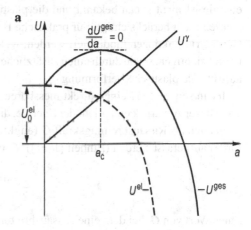

Abb. 11 a Energiebilanz beim Risswachstum. **b** Energieraten

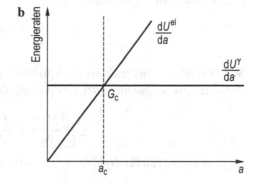

$$\frac{dU^{ges}}{da} = \frac{dU_0^{el}}{da} - \frac{dU^{el}}{da} + \frac{dU^{\gamma}}{da} = 0 - \frac{2\pi a\sigma^2 d}{E} + 4\gamma d = 0.$$

Auflösen nach der Spannung ergibt

$$\sigma = \sqrt{\frac{2E\gamma}{\pi a}}.$$

Formal stellt diese Gleichung einen Zusammenhang zwischen einer äußeren Belastung und einer Risslänge über Werkstoffkennwerte (E-Modul, γ) her. Für eine gegebene Risslänge a lässt sich mit ihr eine kritische Spannung σ_c berechnen, sodass für $\sigma > \sigma_c$ instabile Rissausbreitung auftritt. Das Griffith-Kriterium war das erste physikalische Modell zur Beschreibung der Instabilität von Rissen. Es wurde für sehr spröde Materialien, wie z. B. Keramiken hergeleitet und ist leider nur mit Einschränkungen auf andere Werkstoffe übertragbar. Es liefert zu hohe Werte für die ertragbare Spannung σ (etwa $E/30$). Die Rissoberflächenenergie ist nicht genau bekannt und die plastischen Verformungsanteile an der Rissspitze werden nicht berücksichtigt. Für praktische Berechnungen muss die Gleichung noch durch Geometriefunktionen modifiziert werden, welche die endlichen Abmessungen von Proben berücksichtigen, sowie durch einen zusätzlichen Energieterm für die an der Rissspitze immer auftretende plastische Verformung.

Irwin schlug 1957 einen direkt messbaren Energieterm für die Betrachtung von Rissen vor. Dieser Ausdruck entspricht der Energie, die für die Rissausbreitung erforderlich ist, und kann auch als Rissausbreitungskraft G (engl.: elastic energy release rate oder crack driving force) aufgefasst werden (Einheit [J/m^2]). G ist definiert durch

$$\frac{1}{2} \cdot \frac{dU^{el}}{da}.$$

Jener Wert von G, bei dem eine Rissausbreitung unter Energieabgabe erfolgt, heißt G_c. Für den ebenen Spannungszustand gilt

$$G = \frac{\pi a\sigma^2 d}{E}.$$

Von besonderem Interesse ist die kritische Energiefreisetzungsrate G_c, da für $G > G_c$ instabiles Risswachstum einsetzt. G erreicht G_c, wenn

$$\frac{1}{2d} \cdot \frac{dU^{el}}{da} = \frac{1}{2d} \cdot \frac{dU^{\gamma}}{da} = 2\gamma$$

ist. Dies ist der Fall für $dU^{ges}/da = 0$ (s. Abb. 11).

Antwort 5.4.4

a) In Richtung des Risses gilt $\theta = 0$. Damit wird

$$r_{\text{pl}}^{\text{ES}}(\theta = 0) = \frac{K_{\text{I}}^2}{2\pi R_{\text{p}}^2}.$$

b) Der vom Winkel unabhängige Faktor $A = K_{\text{I}}^2/(2\pi R_{\text{p}}^2)$ kann bei der Bestimmung des Winkels vernachlässigt werden. Die Extremwerte von $r_{\text{pl}}^{\text{ES}}(\theta)$ genügen der Gleichung

$$\frac{\mathrm{d}\left(\dfrac{r_{\text{pl}}^{\text{ES}}(\theta)}{A}\right)}{\mathrm{d}\theta} = -2\sin\frac{\theta}{2}\cos\frac{\theta}{2}\left(2 - 3\cos^2\frac{\theta}{2}\right) = 0.$$

Die Lösungen dieser Gleichung sind

$$\sin\frac{\theta}{2} = 0 \qquad \rightarrow \qquad \theta = 0 \ldots \text{Minimum},$$

$$\cos\frac{\theta}{2} = 0 \qquad \rightarrow \qquad \theta = \pi \ldots r_{\text{pl}}^{\text{ES}} = 0 \ \text{(Rissspitze)},$$

$$\cos\frac{\theta}{2} = \sqrt{\frac{2}{3}} \qquad \rightarrow \qquad \theta = 2\arccos\sqrt{\frac{2}{3}} \approx 70{,}5° \ldots \text{Maximum}.$$

c) Einsetzen von $\nu = 0$ liefert sofort

$$r_{\text{pl}}^{\text{ES}}(\theta) = r_{\text{pl}}^{\text{EV}}(\theta).$$

d) Abb. 12a zeigt die Gestalt und die Größe von $\hat{r}_{\text{pl}}^{\text{ES}}(\theta)$ für den ebenen Spannungs- (ES) und ebenen Verzerrungszustand (EZ).

e) Auf dem Ergebnis der Teilaufgabe d) basiert das sog. *Hundeknochenmodell* nach Abb. 12b für die Gestalt der plastischen Zone in dicken Platten ($d \gg r_{\text{pl}}$). Dabei geht man für die Umgebung der Rissfront davon aus, dass im Innern der Platte näherungsweise ein ebener Verzerrungszustand vorherrscht ($\varepsilon_{33} \approx 0$), während der Spannungszustand an der Oberfläche der Platte einem ebenen Spannungszustand nahekommt. Dies hat Konsequenzen für die experimentelle Ermittlung der Bruchzähigkeit (siehe Abb. 9 und die Diskussion dazu).

Anmerkung: Für $\nu = \frac{1}{3}$ gilt in Richtung des Risses

$$r_{\text{pl}}^{\text{ES}}(\theta = 0) = 9 \cdot r_{\text{pl}}^{\text{EV}}(\theta = 0).$$

Antwort 5.4.5

Wenn die Spannungsintensität K_{I} zufolge der Belastung die kritische Spannungsintensität des Werkstoffs erreicht, versagt das Bauteil. Damit kein Versagen auftritt, muss $K_{\text{I}} < K_{\text{Ic}}$

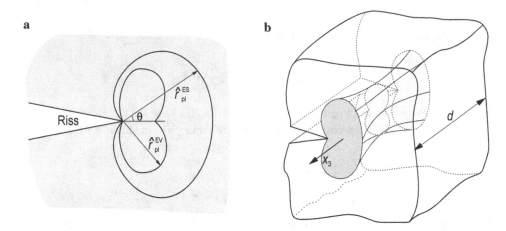

Abb. 12 a Ausdehnung der plastischen Zone vor einer Rissspitze (ES ebener Spannungszustand, EV ebener Verzerrungszustand), **b** plastische Zone vor einer Rissspitze im Innern und an den Rändern einer Platte der Dicke d

sein. Aus dieser Bedingung kann die maximal zulässige Defektgröße (kritische Risslänge a) ermittelt werden (die Geometriefunktion Y wird 1 gesetzt, siehe Frage 5.4.2):

$$K_I = \sigma \sqrt{\pi a} = 0{,}3 R_m \sqrt{\pi a} < K_{Ic} \quad \rightarrow \quad a < \frac{1}{\pi} \left(\frac{K_{Ic}}{0{,}3 R_m} \right)^2 = 4{,}1 \cdot 10^{-3} \, \text{m}.$$

Antwort 5.4.6

Der Ermüdungsversuch kann im Zugbereich, im Druckbereich oder wechselnd zwischen beiden (Wechselbereich) durchgeführt werden. Ist bei Versuchen im Druckbereich die höchste Spannung Null, spricht man vom Druckschwellbereich, bei Versuchen im Zugbereich mit einer verschwindenden kleinsten Spannung vom Zugschwellbereich. σ_o ist die Oberspannung (höchster Wert der Spannung), σ_u die Unterspannung, σ_m die Mittelspannung, σ_a die Amplitude der Spannung und $R = \sigma_u / \sigma_o$ das Spannungsverhältnis. Siehe dazu die Abb. 13 und 14.

Antwort 5.4.7

Siehe dazu Abb. 15.

Antwort 5.4.8

a) Als spannungskontrolliert bezeichnet man einen Ermüdungsversuch, wenn die Spannung konstant gehalten wird und die bei einem entfestigenden Werkstoff zunehmende oder bei einem verfestigenden Werkstoff abnehmende Dehnung gemessen wird. In der praktischen Versuchsdurchführung wird immer die Kraft geregelt, sodass die Spannung nicht konstant ist, da sich durch plastische Verformung und Rissbildung die Querschnittsfläche der Probe ändert.

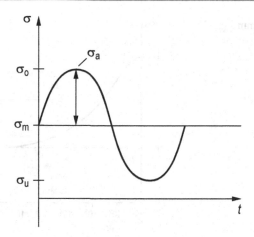

Abb. 13 Spannungsgrößen beim Ermüdungsversuch

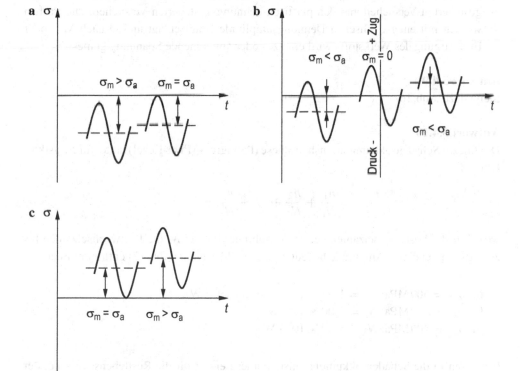

Abb. 14 Ermüdungsversuch im **a** Druckbereich, **b** Zug-Druck-Wechselbereich, **c** Zugbereich

Abb. 15 Wöhlerdiagramm

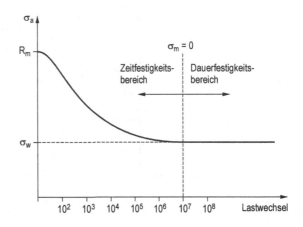

b) Bei dehnungskontrollierten Versuchen unterscheidet man zwischen gesamtdehnungs-gesteuerten Versuchen und den plastisch-dehnungsgesteuerten Versuchen. Die Proben werden mit einer zyklischen Dehnungsamplitude beaufschlagt und je nach Ver- oder Entfestigung des Werkstoffs wird eine zu- oder abnehmende Spannung gemessen.

Antwort 5.4.9
Siehe dazu Abb. 16.

Antwort 5.4.10
Die lineare Schadensakkumulationshypothese (Palmgren-Miner-Regel) lautet für z Lastkollektive:

$$\frac{n_1}{N_1} + \frac{n_2}{N_2} + \ldots + \frac{n_z}{N_z} = 1,$$

wobei n_i die Lastwechselzahlen bei der Amplitude σ_{ai} und N_i die Lastwechselzahlen bis zum Bruch bei dieser Amplitude bedeuten. Der Wöhlerkurve (Abb. 17) entnimmt man

für $\sigma_{a1} = 500\,\text{MPa}$: $N_1 = 1,65 \times 10^5$ Lastwechsel (LW),
für $\sigma_{a2} = 350\,\text{MPa}$: $N_2 = 1,00 \times 10^6$ LW,
für $\sigma_{a3} = 400\,\text{MPa}$: $N_3 = 5,50 \times 10^5$ LW.

Einsetzen in die Schadensakkumulationshypothese ergibt für die Restlebensdauer bei der Spannungsamplitude $\sigma_{a3} = 400\,\text{MPa}$:

$$n_3 = N_3 \left(1 - \frac{10^4}{1,65 \times 10^5} - \frac{4,9 \times 10^5}{10^6}\right) = 247.167\,\text{LW}.$$

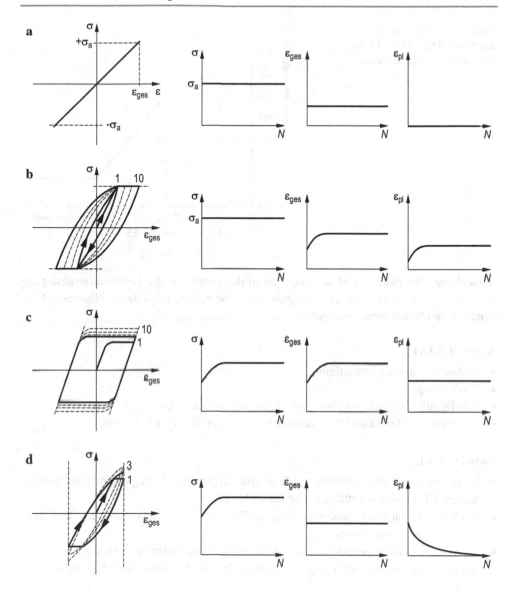

Abb. 16 a $\sigma_a = $ const., $\varepsilon_{pl} = 0$, **b** $\sigma_a = $ const., Werkstoff entfestigt, **c** $\varepsilon_{pl} = $ const., Werkstoff verfestigt, **d** $\varepsilon_{ges} = $ const., Werkstoff verfestigt

Abb. 17 Wöhlerkurve
des Stahls X5NiCrTi26-15 mit
eingezeichneten Lastniveaus

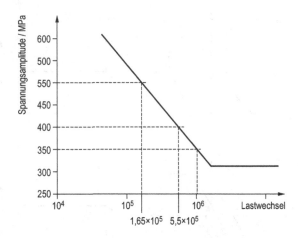

Anmerkung: Die Palmgren-Miner-Regel ist in der Praxis für die Lebensdauerauslegung von Bauteilen wegen des vernachlässigten (nichtlinearen) Reihenfolgeneinflusses auf die Schädigung oftmals nicht verwendbar.

Antwort 5.4.11

- zyklische Ver- oder Entfestigung,
- Rissbildung,
- stabiles (unterkritisches) Risswachstum bis zur kritischen Risslänge,
- instabiles (überkritisches) Risswachstum bis zur Zerstörung des Bauteils.

Antwort 5.4.12

- Spannungen sind an der Oberfläche oft am größten (überlagerte Zugspannungen, Kerben, Riefen, Gleitstufen, oberflächennahe Einschlüsse).
- Bei Stählen kann durch Randentkohlung die Festigkeit des Gefüges nahe der Oberfläche geringer sein als tief darunter.
- Nahezu alle Beanspruchungen werden über die Werkstückoberfläche eingeleitet und erzeugen eine Schädigung infolge Verschleiß, Korrosion, Erosion oder Kavitation.

Antwort 5.4.13

Schwingstreifen entstehen beim Risswachstum durch das Öffnen und Schließen der Rissspitze. Da ein Schwingstreifen durch jeweils einen Lastwechsel erzeugt wird, kann nach dem Bruch der Probe aus den Abständen der Schwingstreifen auf die Rissgeschwindigkeit geschlossen werden (s. Abb. 18).

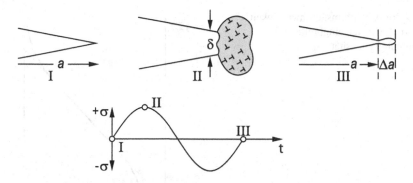

Abb. 18 Entstehung von Schwingstreifen durch das Öffnen und Schließen der Rissspitze

Antwort 5.4.14

a) In bruchmechanische Proben wird ein Schwingungsanriss eingebracht. Falls die dafür notwendige Anschwinglast höher als die für den Versuch zu verwendende ist, muss die Maximalkraft schrittweise so reduziert werden, dass nach dem Ende des Anschwingvorganges die gewünschte Schwingbreite der Spannungsintensität ΔK erreicht ist. Gemessen wird die Rissgeschwindigkeit, indem man z. B. mit dem Lichtmikroskop die Risslänge a in Abhängigkeit von der Lastspielzahl N beobachtet und die Wertepaare (N, a) aufzeichnet. Die Auswertung der Risswachstumsgeschwindigkeit kann nach zwei Methoden erfolgen:

Sekantenmethode: Aus jeweils zwei aufeinander folgenden Messpunkten wird der Differenzenquotient gebildet, der bei ausreichender Dichte der Messpunkte eine Näherung für den Differenzialquotienten da/dN ist.

$$\frac{a_{i+1} - a_i}{N_{i+1} - N_i} = \frac{\Delta a}{\Delta N} \approx \frac{\mathrm{d}a}{\mathrm{d}N}.$$

Polynommethode: Durch die Messpunkte wird ein Polynom zweiter Ordnung gelegt und dieses nach der Risslänge differenziert.

b) $\Delta K = f(\Delta\sigma, a)$: In Ermüdungsversuchen nimmt ΔK mit der Risslänge zu.

c) da/d$N = C(\Delta K)^m$ (Paris-Gleichung). Die Konstanten C und m sind werkstoffabhängig. Der Exponent m nimmt meist Werte zwischen 2 und 4 an.

d) Für abnehmende ΔK-Werte sinkt die Rissausbreitungsgeschwindigkeit, bis bei ΔK_0 keine Rissausbreitung mehr erfolgt (Schwellwert der Ermüdungsrissausbreitung, Abb. 19). Mit steigender Risslänge nimmt ΔK zu, bis $K_{\max}$ (obere Grenze von ΔK, $\Delta K = K_{\max} - K_{\min}$) die Bruchzähigkeit K_c erreicht und die Probe durch instabiles Risswachstum versagt. Dieser kritische K-Wert liegt für viele Werkstoffe etwas höher als derjenige, der nach Anschwingen des Anrisses bei sehr kleinen Spannungsintensitätsschwingbreiten bestimmt wird.

Abb. 19 Risswachstumsgeschwindigkeit
als Funktion der Schwingbreite
der Spannungsintensität

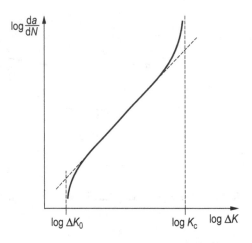

Antwort 5.4.15

a) Die Zugspannung schwankt zwischen 100 und 200 MPa. Das Spannungsverhältnis beträgt $R = \sigma_{min}/\sigma_{max} = 100/200 = 0{,}5$.

b) Zwischen der kritischen Spannungsintensität und der Bruchspannung gilt nach Griffith der Zusammenhang (für $Y = 1$, siehe Frage 5.4.2):

$$K_{Ic} = \sigma_B \sqrt{\pi\, a_c} \quad \rightarrow \quad a_c = \frac{1}{\pi}\left(\frac{K_{Ic}}{\sigma_B}\right)^2 = 0{,}03\,\text{m}.$$

c) Der Schwellwert ΔK_0 beträgt

$$\Delta K_0 = 210.000 \cdot 3{,}25 \cdot 10^{-5}(1 - 0{,}5)^{0{,}31} = 5{,}5\,\text{MPa}\sqrt{\text{m}}.$$

Die Schwingbreite der Spannungsintensität für den Riss mit der Länge $a_1 = 2\,\text{mm}$ beträgt:

$$\Delta K = \Delta\sigma\,\sqrt{\pi\, a_1} = (200 - 100)\sqrt{\pi \cdot 0{,}002} = 7{,}9\,\text{MPa}\sqrt{\text{m}}.$$

Da $\Delta K > \Delta K_0$ ist, kann der Riss (unter Zufuhr von Energie) wachsen.

d) Integration des Paris-Gesetzes ergibt:

$$N_f = \int\limits_0^{N_f} \mathrm{d}\hat{N} = \int\limits_{a_1}^{a_c} \frac{\mathrm{d}\hat{a}}{C(\Delta K)^m} = \frac{1}{C(\Delta\sigma\,\sqrt{\pi})^m}\int\limits_{a_1}^{a_c} \frac{\mathrm{d}\hat{a}}{(\sqrt{\hat{a}})^m}.$$

Für $m = 4$, $a_1 = 0{,}002\,\text{m}$ und $a_c = 0{,}03\,\text{m}$ erhält man für die gesuchte Zyklenzahl:

$$N_f = \frac{1}{\pi^2 C (\Delta\sigma)^4} \int_{a_1}^{a_c} \frac{d\hat{a}}{\hat{a}^2} = \frac{1}{\pi^2 C (\Delta\sigma)^4} \left(-\frac{1}{\hat{a}} \right) \Bigg|_{a_1}^{a_c}$$

$$= \frac{1}{\pi^2 \cdot 1{,}2 \cdot 10^{-11} \cdot 100^4} \left(-\frac{1}{0{,}0425} + \frac{1}{0{,}002} \right) \approx 40.230.$$

Antwort 5.4.16

Teilbild a zeigt einen Ermüdungsbruch, der Anriss erfolgte in der linken unteren Ecke des Bildes. Das weitere Risswachstum fand durch eine schwingende Belastung statt (Schwingstreifen), der Restgewaltbruch ist in dieser Aufnahme nicht zu sehen.

Teilbild b zeigt einen duktilen Bruch (Wabenbruch). Charakteristisch hierfür ist die Wabenstruktur der Bruchfläche, die durch plastische Deformation entstanden ist.

Teilbild c zeigt einen spröden Bruch. Die Bruchfläche weist keine Spuren plastischer Verformung auf. Der Bruchverlauf ist interkristallin.

5.5 Viskosität, Viskoelastizität und Dämpfung

Antwort 5.5.1

Sowohl viskose als auch viskoelastische Stoffe zeigen ein zeitabhängiges Verformungsverhalten. Bei Wegnahme der äußeren Last bleibt die Verformung φ eines viskosen Stoffes erhalten (irreversibles Verhalten, Abb. 20a), bei Vorliegen von Viskoelastizität bildet sie sich zurück (reversible Verformung, Abb. 20b). In den Teilbildern deutet die gestrichelte Linie den Zeitpunkt der Rücknahme von σ an.

Antwort 5.5.2

Das viskose Verhalten von Flüssigkeiten und Gläsern ist ein zeitabhängiges mechanisches Verhalten. Es wird eine konstitutive Gleichung verwendet, die einen Zusammenhang zwi-

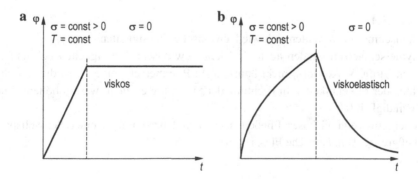

Abb. 20 **a** Viskoses (viskoplastisches), **b** viskoelastisches Stoffverhalten

schen der Fließgeschwindigkeit $\dot{\varphi}$, der Viskosität η und der Belastung (Scherspannung τ) herstellt:

$$\dot{\varphi} = \frac{\tau}{\eta}, \quad \eta = \eta_0 \exp\left(\frac{Q_{\text{eff}}}{RT}\right).$$

Die Viskosität von Flüssigkeiten und Gläsern nimmt mit steigender Temperatur ab. Q_{eff} ist eine scheinbare Aktivierungsenergie, die von ähnlicher Größenordnung wie die für die Selbstdiffusion ist, die aber auch noch von der Belastung und von der Fließgeschwindigkeit abhängt.

Antwort 5.5.3

Die Temperaturabhängigkeit der Viskosität kann mit einer Exponentialfunktion wiedergegeben werden:

$$\eta = \eta_0 \exp\left(\frac{\Delta H_V}{RT}\right), \quad R = 8{,}314 \, \text{J mol}^{-1}\text{K}^{-1}.$$

Für die beiden Messtemperaturen gilt:

$$10^{13} = \eta_0 \exp\left(\frac{\Delta H_V}{R \cdot 1273}\right), \quad 10^{10} = \eta_0 \exp\left(\frac{\Delta H_V}{R \cdot 1573}\right).$$

Quotientenbildung ergibt

$$\frac{10^{13}}{10^{10}} = 10^3 = \exp\left(\frac{\Delta H_V}{R}\left(\frac{1}{1273} - \frac{1}{1573}\right)\right).$$

Daraus folgt für die Aktivierungsenergie

$$\Delta H_V = \frac{R \ln 10^3}{\dfrac{1}{1273} - \dfrac{1}{1573}} = 383{,}3 \, \text{kJ mol}^{-1}.$$

Antwort 5.5.4

a) Metallschmelzen verhalten sich wie Newtonsche Flüssigkeiten: $\tau = \eta\dot{\varphi}$.
b) Polymerschmelzen werden auch als Nicht-Newtonsche Flüssigkeiten bezeichnet. Bei diesen ist die Viskosität η nicht konstant. In Polymerschmelzen wird dies durch Ausrichten der Molekülketten in Richtung der Strömung erreicht, was zu höherer Fließgeschwindigkeit führt.
c) Nasser Ton zeigt viskoses Fließen nach dem Überschreiten einer Schwellspannung (Fließgrenze; Binghamsche Flüssigkeit).

Antwort 5.5.6

Entweder durch die Auswertung der Hysterese im Spannung-Dehnung-Diagramm (Energieverlust pro Zyklus in Jm^3) oder durch die Bestimmung des logarithmischen Dekrements der Abklingamplitude.

Antwort 5.5.7

Im Prinzip alle Prozesse, die Energie in Form von Wärme oder Defekten dissipieren.

Metalle: Diffusion von Kohlenstoff in Stahl, Vor- und Rückwärtsgleiten von Versetzungen (Modell von Granato und Lücke), reversible Phasenumwandlungen (z. B. martensitische Umwandlung), Bewegung von Domänengrenzen. In Gittern mit krz Symmetrie und eingelagerten interstitiellen Atomen durch Platzwechselvorgänge (Springen der eingelagerten Atome auf andere Gitterlücken, Snoek-Effekt).

Hochpolymere: Streckung von verknäuelten Molekülketten, Relativbewegung von unvernetzten Molekülketten zueinander.

5.6 Technologische Prüfverfahren

Antwort 5.6.1

Härte ist der Widerstand, den ein Werkstoff dem Eindringen eines (sehr viel) härteren Prüfkörpers entgegensetzt. Zur Charakterisierung der Härte wird ein Härtewert angegeben, der je nach Verfahren entweder als Quotient von Eindruckkraft und durch plastische Deformation erzeugter Eindruckoberfläche (Vickers- und Brinellverfahren) oder aber aus der bei gegebener Last erreichten Eindringtiefe des Prüfkörpers (Rockwell-Verfahren) ermittelt wird.

a) Bei Metallen wird nach dem Entlasten des Prüfkörpers das Ausmaß der plastischen Deformation zur Ermittlung des Härtewerts herangezogen.
b) Die Härte von Gummi wird unter Last bestimmt, da sich Gummi rein elastisch verhält. Ohne Last ergäbe sich eine Härte, die gegen Unendlich strebt.

Antwort 5.6.2

Wenn die Härte durch plastische Verformung des zu prüfenden metallischen Werkstoffs ermittelt wird, ist sie ein integraler Wert aus seiner Streckgrenze und seinem Verfestigungsverhalten. Daraus folgt, dass die in der Praxis häufig verwendeten empirischen Zusammenhänge zwischen Härte und Festigkeit nur im Falle der Zugfestigkeit zufriedenstellende Ergebnisse liefern. Eine Abschätzung der Streckgrenze aus der Härte ist (im begrenzten Umfang) nur für vergütete Stähle zulässig. Moderne Verfahren, wie etwa die instrumentierte Nanoindentation erfassen neben der Eindringkraft auch den Weg des Eindringkörpers. Mit geeigneten Werkstoffmodellen ist es dann möglich, aus solchen Messungen die elastischen Eigenschaften und die Fließgrenze der Werkstoffe abzuschätzen.

Antwort 5.6.3

a) $\bar{d} = 0,27 - 0,29\,\text{mm}$.

b) Der Härtewert nach Vickers ergibt sich aus der Beziehung

$$\text{HV} = 0,102\,\frac{2\,F\,\cos 22°}{\bar{d}^2} = 661 - 763 \quad \text{für } \bar{d} = 0,27 - 0,29\,\text{mm}.$$

Die Härte beträgt $661 - 763\,\text{HV}30[/10]$. Die Angabe der Einwirkdauer von $10\,\text{s}$ ist nicht zwingend erforderlich.

Antwort 5.6.4

a) Die Bestimmungsgleichung für die Kerbschlagarbeit A_V lautet:

$$A_V = mg(h - h')\,[\text{J}].$$

Die Masse des Hammers ist m, seine Anfangshöhe h, seine Endhöhe h'. g ist die Erdbeschleunigung.

b) Je größer die plastische Verformung beim Durchschlagen der Kerbschlagbiegeprobe ist, desto größer ist die verbrauchte potenzielle Energie des Pendelhammers und somit auch die Kerbschlagarbeit. Eine niedrige Kerbschlagarbeit ist daher Indiz für einen makroskopisch verformungslosen Bruch, d. h. sprödes Bruchverhalten, während eine hohe Schlagarbeit ein duktiles Bruchverhalten anzeigt.

Antwort 5.6.5

a) Die Kerbschlagarbeit A_V ist

$$A_V = mg(h - h') = mgl(1 - \sin(90° - \alpha) - 1 + \sin(90° - \beta))$$
$$= 10 \cdot 9,81 \cdot 0,5\,(\sin 60° - \sin 10°) = 33,96\,\text{J}.$$

b) Nein. Die Kerbschlagarbeit dient zur Charakterisierung der Sprödbruchneigung einer gekerbten Probe bei dynamischer Belastung in Abhängigkeit der Prüftemperatur.

Antwort 5.6.6

Mit dem Kerbschlagbiegeversuch lassen sich folgende Eigenschaften prüfen:

- Feststellung, ob Werkstoffe einen Steilabfall der Kerbschlagarbeit mit sinkender Prüftemperatur zeigen, wie z. B. krz Stähle und Kunststoffe (Tieftemperaturversprödung),
- Anlassversprödung von Stählen,
- Ermittlung der unteren Verwendungstemperatur eines Werkstoffs.

Antwort 5.6.7

Der Kerbschlagbiegeversuch wird zur Prüfung des Sprödbruchverhaltens von metallischen und polymeren Werkstoffen eingesetzt. Der eingebrachte Kerb wirkt sprödbruchfördernd, stellt also eine Verschärfung der Versuchsbedingungen dar. Im Kerbgrund wird bei Belastung im Versuch ein mehrachsiger Spannungszustand aufgebaut. Gleichzeitig sorgt der verminderte Probenquerschnitt für ein sehr kleines Verformungsvolumen. Mit der damit verbundenen Konzentration der Verformung und der dynamischen Belastung durch den Pendelhammer wird eine hohe örtliche Verformungsgeschwindigkeit erzielt.

Eine weitere Verschärfung der Versuchsbedingungen stellt die Absenkung der Versuchstemperatur dar (dies ist gleichwertig zu einer Erhöhung der Verformungsgeschwindigkeit). Mit sinkender Temperatur wird die Bewegung von Versetzungen behindert (der Widerstand gegen plastische Verformung steigt an). Durch eine systematische Absenkung der Versuchstemperatur erhält man deutliche Hinweise auf eine eventuell vorhandene Übergangstemperatur. Bei dieser wechselt das Bruchverhalten in einem sehr engen Temperaturbereich von einem zähen (Hochlage der Kerbschlagarbeit) zu einem spröden Versagensmechanismus (Tieflage der Kerbschlagarbeit).

Antwort 5.6.8

Die Abb. 21 veranschaulicht die Zahlenwerte der Angabe in einem T-A_V-Diagramm. Eine Möglichkeit, die Duktil-Spröd-Übergangstemperatur (ductile-brittle-transition-temperature, T_{DBTT}) zu ermitteln, besteht darin, den Mittelwert der Kerbschlagarbeit $\bar{A}_V$ aus den Zahlenwerten bei der Hochlage und der Tieflage der Kerbschlagarbeit zu berechnen und aus dem Diagramm die dazugehörige Temperatur abzulesen.

$$\bar{A}_V = \frac{1}{2}\left(A_V^{hoch} + A_V^{tief}\right) = \frac{1}{2}(220 + 60) = 140\,\mathrm{J}.$$

Dem Diagramm entnimmt man für die Übergangstemperatur den Bereich

$$0\,°\mathrm{C} < T_{DBTT} < 10\,°\mathrm{C},$$

Abb. 21 Duktil-Spröd-Übergang der Kerbschlagarbeit

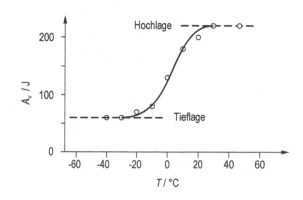

wobei die gesuchte Temperatur näher bei 0 °C als bei 10 °C liegt. Die stark unterschiedlichen Zahlenwerte für A_V in der Hoch- und der Tieflage und die damit verbundene Existenz eines ausgeprägten Übergangsbereichs werden vor allem bei Werkstoffen mit kubisch raumzentrierter Kristallstruktur beobachtet.

Antwort 5.6.9

Der Näpfchenziehversuch ist ein Beispiel für eine experimentelle Methode, mit der die Herstellbarkeit von Bauteilen aus Werkstoffen, die als Blech vorliegen, untersucht wird. Insbesondere prüft man, ob beim Tiefziehen Zipfelbildung wegen einer texturbedingten plastischen Anistropie des Bleches auftritt.

6 Physikalische Eigenschaften

Inhaltsverzeichnis

6.1 Kernphysikalische Eigenschaften

Antwort 6.1.1

Siehe dazu die Abb. 1.

B = *Brennstoff:* Als Brennstoff (Spalt- oder Brutstoff) finden Uran, Plutonium und Thorium entweder als metallische Legierung oder als Keramik Verwendung. Die wichtigsten Forderungen an den Brennstoff sind

- hohe Konzentration des spaltbaren Anteils,
- hohe Schmelztemperatur und
- gute Wärmeleitfähigkeit und Temperaturwechselbeständigkeit.

H = *Hüllwerkstoff:* Das Beanspruchungsprofil umfasst folgende Punkte:

- sehr gute Korrosionsbeständigkeit gegenüber dem Kühlmittel und Verträglichkeit mit dem Brennstoff,
- niedriger Absorptionsquerschnitt für thermische *Neutronen* N,
- Undurchlässigkeit für Spaltprodukte,

© Springer-Verlag GmbH Deutschland, ein Teil von Springer Nature 2019
E. Werner et al., *Fragen und Antworten zu Werkstoffe,*
https://doi.org/10.1007/978-3-662-58845-1_19

Abb. 1 Teile eines wassergekühlten Kernreaktors

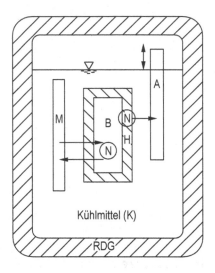

- gute Wärmeleitfähigkeit und
- hinreichende Warmfestigkeit.

Als Hüllwerkstoff in wassergekühlten Reaktoren kommen vor allem rostbeständige austenitische Stähle und Zirkonlegierungen in Betracht.

K = *Kühlmittel,* M = *Moderator:* Wenn das Kühlmittel gleichzeitig als Moderator dient, so
ist eine geringe Atommasse bei möglichst kleinem makroskopischen Absorptionsquerschnitt
Σ_a und gleichzeitig großem Streuquerschnitt Σ_s vorteilhaft.

A = *Absorber:* Um eine stabile Kettenreaktion im Reaktor aufrecht zu erhalten, ist ein
Steuerelement notwendig, das die überschüssigen Neutronen absorbiert. Dies ist die Aufgabe
des Absorbers, der je nach Betriebszustand tiefer oder weniger tief in die aktive Zone einge-
fahren wird und durch die Vernichtung von freien Neutronen den Reaktor „kritisch" hält. Die
Hauptforderung an Absorberwerkstoffe ist deshalb ein möglichst großer makroskopischer
Absorptionsquerschnitt Σ_a. Geeignete Werkstoffe sind z. B. Bor- und Hafniumlegierungen.

RDG = *Reaktor-Druckgefäß:* Forderungen an das Reaktor-Druckgefäß sind hohe Festigkeit bei Betriebstemperatur (Zeitstandfestigkeit) und dies bei hoherer Bruchzähigkeit und
guter Korrosionsbeständigkeit.

Antwort 6.1.2

Die folgende Brutreaktion führt ^{238}U in spaltbares ^{239}Pu über:

$$^{238}_{92}\mathrm{U} + ^{1}_{0}\mathrm{n} \rightarrow\ ^{239}_{92}\mathrm{U} + \gamma \rightarrow\ ^{239}_{93}\mathrm{Np} + \beta \rightarrow\ ^{239}_{94}\mathrm{Pu} + \beta.$$

Antwort 6.1.3

a) Der mikroskopische Wirkungsquerschnitt σ eines Elementes ist die Fläche, innerhalb der ein Neutron in Wechselwirkung mit dem Atom tritt. Als Einheit wird Barn verwendet: 1 Barn = 10^{-28} m^2.

b) Der makroskopische Wirkungsquerschnitt $\Sigma = \sigma N_V$ [m^{-1}] ist der auf das Volumen bezogene mikroskopische Wirkungsquerschnitt (N_V = Anzahl der Atome pro Volumen). Der Kehrwert des makroskopischen Wirkungsquerschnitts entspricht der Absorptionslänge λ für Neutronen und stellt eine wichtige Größe zur Dimenisonierung von Abschirmungen dar.

Antwort 6.1.4

- Spaltquerschnitt σ_f (für Brennstoff möglichst groß),
- Absorptionsquerschnitt σ_a (für Absorber, Abschirmung möglichst groß),
- Streuquerschnitt σ_s (für Moderator möglichst groß).

Antwort 6.1.5

Siehe dazu die Abb. 2. Die Forderungen an das Hüllrohr sind:

- niedriger Absorptionsquerschnitt für thermische Neutronen,
- Korrosionsbeständigkeit gegenüber Kühlmittel,
- Kompatibilität mit Brennstoff,
- Undurchlässigkeit für Spaltprodukte,
- gute Wärmeleitfähigkeit,
- hinreichende Warmfestigkeit,
- geringe Empfindlichkeit für Strahlenschäden.

Den geringsten makroskopischen Absorptionsquerschnitt Σ_a hat Beryllium mit $1{,}2 \times 10^{-4}$ m^{-1}. Berücksichtigt man jedoch alle Forderungen des Beanspruchungsprofils, so erfüllen Zirkonlegierungen und rostfreie austenitische Stähle die Anforderungen (für Wasserkühlung) am besten.

Antwort 6.1.6

a) Primär werden Strahlenschäden durch schnelle Neutronen verursacht (γ-Strahlung führt zur Erwärmung, Spaltprodukte sind nur kurzreichweitig), welche die Gitteratome auf Zwischengitterplätze stoßen. Es entsteht dadurch ein Frenkel-Defekt, der aus einer Leerstelle und einem Zwischengitteratom besteht.

b) Durch die Erzeugung von Punktfehlern steigt die Streckgrenze, während die Duktilität und die Bruchzähigkeit abnehmen (Strahlenversprödung).

Abb. 2 Beanspruchung eines
Werkstoffes für Hüllrohre

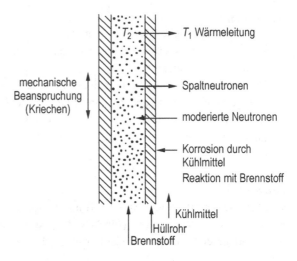

Antwort 6.1.7

Neutronen entstehen in einem Kernreaktor durch Spaltreaktionen wie

$$\,_0^1\mathrm{n} + \,_{92}^{235}\mathrm{U} \rightarrow \,_{56}^{144}\mathrm{Ba} + \,_{36}^{88}\mathrm{Kr} + 3\,_0^1\mathrm{n}.$$

Die beim Spaltprozess entstehenden Neutronen haben sehr hohe Energien (1 MeV und dar-über). Durch Abbremsen in Moderatoren (Stoßprozesse mit C-Atomen in Grafit oder Deu-terium in schwerem Wasser) verlieren die Neutronen Energie und erreichen ein durch die Reaktortemperatur bestimmtes thermisches Gleichgewicht (thermische Neutronen, 1 eV). Die Geschwindigkeitsverteilung dieser thermischen Neutronen entspricht etwa der von Ato-men in einem einatomigen Gas.

Antwort 6.1.8

Untersuchungen mit Neutronen sind schwieriger und viel teurer als mit Röntgen- oder Elek-tronenstrahlen. Für werkstoffkundliche Untersuchungen ist der Einsatz aber dort lohnend, wo die beiden anderen Methoden versagen. Die Neutronenbeugung bietet folgende Vorteile:

- Neutronen werden von Festkörpern wesentlich schwächer absorbiert als Röntgen- oder gar Elektronenstrahlen. Sie können sehr tief in das Material eindringen (einige cm) und große Volumina erfassen. Dies ist ein deutlicher Vorteil bei der Bestimmung von Texturen, inneren Spannungen sowie bei Grobstrukturuntersuchungen (kleine Poren).
- Das Beugungsverhalten von Neutronen ist anders als jenes von Röntgen- und Elektro-nenstrahlen. Mit Neutronen kann man z. B. nebeneinander liegende leichte und schwere Elemente gleichzeitig nachweisen, was mit Röntgenstrahlen nur schwer möglich ist. Es können also Hydride, Karbide etc. gut untersucht werden. Auch können Ordnungsphä-nomene bei Elementen mit ähnlichen Ordnungszahlen (z. B. Cu und Zn) nur mit Neutro-nenbeugung studiert werden.

6.2 Elektrische Eigenschaften, Werkstoffe der Elektro- und Energietechnik

Antwort 6.2.1

Eigenschaft	Leiter	Isolator
Bandstruktur	Leitungs- und Valenzband überlappen	Große „verbotene" Zone zwischen Leitungs- und Valenzband
Spezifischer elektrischer Widerstand ϱ [Ωm]	$10^{-8} - 10^{-6}$	$10^{7} - 10^{16}$
Temperaturkoeffizient	Negativ	Positiv

Antwort 6.2.2

Abb. 3 Einfluss des Gehalts an Aluminium und Eisen auf die elektrische Leitfähigkeit von Silber

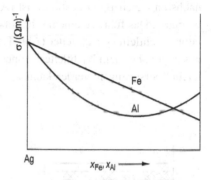

Antwort 6.2.3

Da gelöste Atome den spezifischen Widerstand stark erhöhen, sollte die Festigkeitssteigerung nicht durch Mischkristallhärtung erfolgen. Der geeignetste Aufbau besteht aus einer gut leitenden Matrix (z.B. Kupfer), die durch kleine harte Teilchen einer zweiten Phase (Wolfram) gehärtet wird (Dispersionshärtung) (Abb. 3).

Antwort 6.2.4

Der spezifische Widerstand von Metallen steigt mit der Temperatur an, weil die Bewegung der Elektronen durch die Zunahme der Amplitude der Gitterschwingungen zunehmend behindert wird. Im Falle eines Halbleiters sinkt der spezifische Widerstand mit steigender Temperatur, weil mehr Elektronen bei höherer Temperatur vom Valenzband ins Leitungsband gelangen können. Der spezifische Widerstand von Metallen ändert sich mit der Versetzungsdichte, er steigt mit zunehmender plastischer Verformung an. Nach einer Referenzmessung kann man über die Messung des spezifischen Widerstandes Rückschlüsse auf den Verformungsgrad eines Metalls ziehen.

Antwort 6.2.5

a) Zugfestigkeit des Stromkabels,

b) Kombination von maximaler Zugfestigkeit mit maximaler elektrischer Leitfähigkeit.

Antwort 6.2.6

Das einfachste Modell zur Darstellung der Leitfähigkeit von Leiter, Halbleiter und Isolator ist das Energiebandmodell. Ausgehend von den diskreten Energieniveaus der Elektronen in Atomen, „verschmieren" diese Niveaus in Festkörpern durch die gegenseitige Beeinflussung der Atome zu Bändern. Man unterscheidet Valenz-, verbotenes (quantenmechanisch nicht mögliche Energiezustände von Elektronen) und Leitungsband. Einwertige Metalle wie Li, Na, K besitzen nur ein äußeres s-Elektron. Das äußere Energieband ist deshalb nur halb gefüllt. Elektronen können sich in diesen Metallen leicht bewegen, da sie die dazu notwendige erhöhte Energie ohne weiteres annehmen können (Abb. 4a). Anders ist das bei Stoffen, die völlig gefüllte Bänder besitzen. Um ein Elektron zu bewegen, muss eine Energie E_g aufgebracht werden, die durch die Größe der Lücke zwischen dem gefüllten und dem nächsten freien Band bestimmt ist (Abb. 4b). Diese Energie kann z. B. bei Diamant 6 eV betragen. Das führt zu einem sehr hohen elektrischen Widerstand. Der Stoff wird zum Isolator (Nichtleiter). Halbleiter (Abb. 4c) können durch Fremdatome so dotiert werden, dass das gegenüber dem Nichtleiter kleinere verbotene Band durch Aktivierung von Elektronen leicht übersprungen werden kann.

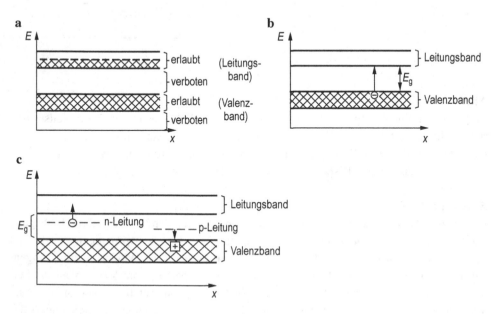

Abb. 4 Energiebänder von **a** metallischem Leiter, **b** Isolator, **c** Halbleiter. Besetzte Zustände sind schraffiert dargestellt

Antwort 6.2.7

Grundbauelemente der Halbleiter sind Silizium- oder Germanium-Einkristalle (Gruppe IV des Periodensystems). Sie sind wie Kohlenstoff kovalent gebunden und besitzen Diamantstruktur. Wird ein vierwertiges Si-Atom durch ein fünfwertiges Atom, wie z. B. P, As oder Sb (Donatoren) ersetzt, so wird das überzählige fünfte Elektron vom Valenz- in das Leitungsband angehoben und erzeugt damit eine elektrische Leitfähigkeit. Da die Leitfähigkeit durch einen negativen Ladungsträger erzeugt wird, wird dies n-Leitung genannt. Dotiert man hingegen mit dem dreiwertigen Aluminium (oder mit In, B; Akzeptoren), so entsteht ein „Elektronenloch", da Al ein Elektron weniger hat als Si. Diese positiven Ladungen sind beweglich, man spricht von p-Leitung.

Antwort 6.2.8

Beim Zonenschmelzverfahren wird mittels einer Heizspule ein schmaler Bereich eines Stabes aufgeschmolzen und dieser entweder durch Bewegung der Spule oder des Stabes durch die gesamte Länge des Stabes geführt (Abb. 5b). Da Verunreinigungen die Schmelztemperatur reiner Stoffe senken, reichern sich gemäß dem Zustandsdiagramm die Verunreinigungen in der Schmelze an, während die ersten erstarrten Kristallite an ihnen verarmen (Abb. 5a). Wird die schmelzflüssige Zone mehrmals (bis zu 50-mal) in einer Richtung durch den Stab geführt, so werden alle Verunreinigungen an einem Ende des Stabes konzentriert und man erhält einen „gereinigten" Werkstoff.

Antwort 6.2.9

Die Diode als einfachstes Halbleiterbauelement besteht aus einem p- und einem n-Leiter (pn-Übergang). Wird ein elektrisches Feld gemäß Abb. 6 angelegt, so werden die Ladungsträger über den pn-Übergang hinweg angezogen und es fließt ein Strom. Bei umgekehrter Polung werden sowohl die Elektronen als auch die positiven Leerstellen vom Übergang weggezogen, sodass die Dichte der Ladungsträger klein wird, der Stromfluss wird gesperrt.

Antwort 6.2.10

Transistoren sind z. B. als pnp-Übergänge aufgebaut und besitzen über eine dritte Elektrode die Möglichkeit zur Steuerung des Stroms (Abb. 7).

Abb. 5 Grundlagen des Zonen- schmelzens

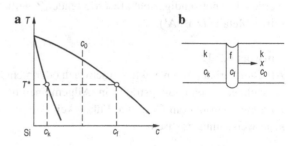

Abb. 6 Wirkungsweise einer
Halbleiterdiode. I.
Ladungsträger werden vom
pn-Übergang abgezogen, kein
Stromdurchgang bei Spannung
$-U$. II. Ladungsträger werden
über den pn-Übergang
angezogen, Stromdurchgang
proportional der Spannung $+U$

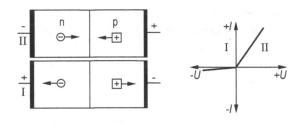

Abb. 7 Aufbau eines
Transistors

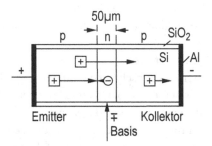

Die drei Anschlüsse des Transistors werden mit Basis, Emitter und Kollektor bezeichnet. Eine kleine Spannung auf der Basis-Emitter-Strecke führt zu Veränderungen der Raumladungszonen im Inneren des Transistors und kann dadurch einen großen Strom auf der Kollektor-Emitter-Strecke steuern. Je nach Dotierungsfolge im Aufbau unterscheidet man zwischen npn- (negativ-positiv-negativ) und pnp-Transistoren (positiv-negativ-positiv).

Antwort 6.2.11
Integrierte Schaltungen werden aus Blöcken von sehr reinem, einkristallinem Si hergestellt. Die p- und n-leitenden Bereiche werden dann in einer zweistufigen Behandlung hergestellt:

- örtliches Aufdampfen von Atomen (Dotieren),
- Diffusionsbehandlung.

Sehr gut isolierende Schichten können durch eine Oxidation des Si zu SiO_2 hergestellt werden. Die notwendigen metallisch leitenden Zuleitungen entstehen durch das Aufdampfen reiner Metalle (z. B. Al).

Antwort 6.2.12
Als Dielektrika werden elektrisch schwach oder nicht leitende, nichtmetallische Substanzen bezeichnet, deren Ladungsträger im Allgemeinen nicht frei beweglich sind. Ein Dielektrikum kann sowohl ein Gas, eine Flüssigkeit oder ein Feststoff sein. Dielektrika sind typischerweise unmagnetisch.

Da in einem Dielektrikum die Ladungsträger nicht frei beweglich sind, werden sie durch ein äußeres elektrisches Feld polarisiert. Dabei wird zwischen zwei Arten der Polarisation unterschieden. Bei der Verschiebungspolarisation werden elektrische Dipole induziert, d. h. Dipole entstehen durch geringe Ladungsverschiebung in den Atomen oder Molekülen oder zwischen verschieden geladenen Ionen. Bei einem Wechselfeld schwingt der positive Atomkern innerhalb der negativen Elektronenhülle hin und her. Im Falle der Orientierungspolarisation erfolgt eine Ausrichtung ungeordneter, permanenter Dipole eines Isolators im elektrischen Feld gegen ihre thermische Bewegung.

Antwort 6.2.13

a) Da der thermische Wirkungsgrad von der Differenz zwischen Arbeitstemperatur und Umgebungstemperatur bestimmt ist, soll die Arbeitstemperatur möglichst hoch sein. Diese wird entscheidend von der möglichen Verwendungstemperatur der eingesetzten Werkstoffe bestimmt. Für Gasturbinen werden daher Hochtemperaturwerkstoffe auf Nickelbasis verwendet (Ni-Superlegierungen).

b) Hier sind die Werkstoffe für Batterien bestimmend. Bemerkenswert ist der geringe technische Fortschritt auf dem Gebiet des Bleiakkumulators, der trotz extremer Nachteile (hohe Masse, Schwefelsäure, geringe Energiedichte) auch heute noch dominiert.

c) Leiterwerkstoffe (Cu, Al), weichmagnetische Werkstoffe für Transformatorenbleche (Fe+Si, Minimierung der Verluste beim Ummagnetisieren) aber auch Werkstoffe für den Transport und die Lagerung von Energieträgern (Öltanker, Pipelines, Tankfahrzeuge, Behälter).

Antwort 6.2.14

a) Solarzellen bestehen aus Halbleitern, in der Regel Si, das n- und p-leitend dotiert wird. Bei Bestrahlung durch Sonnenlicht entstehen Elektronen (n) und Elektronenlöcher (p, positive Ladungsträger). Ein pn-Übergang verhindert, dass Strom innerhalb der Zelle fließen kann. Der Strom kann durch Parallelschalten von mehreren Zellen verstärkt werden (Abb. 8).

b) Die Platten der Solarzellen können als Einkristall, Polykristall oder Si-Glas hergestellt werden, wobei in Richtung dieser Aufzählung der Wirkungsgrad abnimmt.

c) Es kommen alle Halbleiter infrage, deren Energieniveaus durch Sonnenlicht angeregt werden können, z. B. CdTe oder Sulfosalze.

Antwort 6.2.15

a) Eine Brennstoffzelle ist eine galvanische Zelle, in der die Reaktionsenergie der Oxidation eines kontinuierlich zugeführten Brennstoffs in elektrische Energie gewandelt wird. Bei der Wasserstoff-Sauerstoff-Brennstoffzelle wird Wasserstoff oxidiert. Als Abgas entsteht lediglich Wasser.

Abb. 8 Aufbau einer
Solarzelle, schematisch

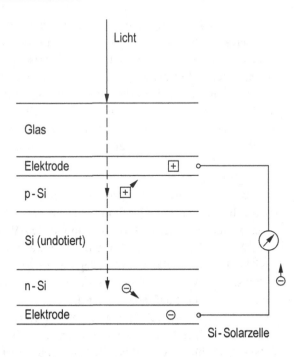

Die Festoxidbrennstoffzelle (engl.: solid oxide fuel cell, SOFC) wird bei etwa 600 bis 1000 °C betrieben (Abb. 9). Der Elektrolyt dieses Zelltyps besteht aus yttriumdotiertem Zirkondioxid (YSZ), der Sauerstoffionen leitet, für Elektronen jedoch isolierend wirkt. Auch die Kathode ist keramisch (strontiumdotiertes Lanthanmanganat) und leitet Ionen und Elektronen. Die Anode besteht aus YSZ-dotiertem Nickel (Cermet).

b) Entscheidend sind die Korrosions- und Temperaturbeständigkeit, die durch keramische Ionenleiter erreicht wird: Perowskit-Struktur ABO_3, $LaMnO_3$, technisch $La(Sr)FeO_{3-x}$. Hohe Temperaturen bis 1000 °C sind notwendig, um ausreichende Leitfähigkeit für O^{2-}- bzw. H^+-Ionen zu erzielen.

c) Perowskite bezeichnen eine Keramik der Zusammensetzung ABO_3, Prototyp $BaTiO_3$, deren Struktur in Abb. 10 gezeigt ist. Außer in Ionenleitern ist diese Struktur auch in Hochtemperatur-Supraleitern und in ferro-elektrischen Werkstoffen zu finden.

Antwort 6.2.16
a) Der Carnotsche Wirkungsgrad ist

$$\eta = \frac{T_o - T_u}{T_o} \leq 1.$$

T_o ist die obere Betriebstemperatur (Verbrennungstemperatur), T_u die untere Betriebstemperatur (Abgastemperatur).

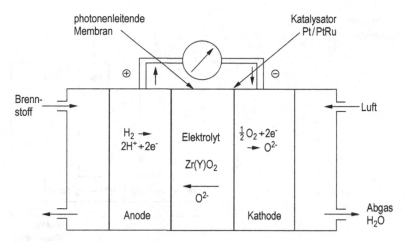

Abb. 9 Aufbau einer Brennstoffzelle, schematisch

Abb. 10 Struktur eines keramischen Kristalls ABO_3 (Perowskit)

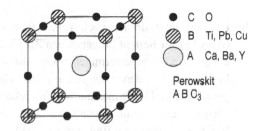

● C O

◒ B Ti, Pb, Cu

◯ A Ca, Ba, Y

Perowskit
A B O_3

b) Die obere Betriebstemperatur wird durch die Hitzebeständigkeit (Zeitstandfestigkeit und Zunderbeständigkeit) bestimmt. Bei manchen Werkstoffen (z. B. Nickelbasis-Superlegierung) kann T_0 durch ein Kühlsystem (durchströmte Bohrungen einer Turbinenschaufel) oder durch Beschichten mit keramischen Überzügen (thermische Sperrschichten) erhöht werden.

c) Die Beständigkeit des Schaufelwerkstoffs gegen das bei hohen Temperaturen strömende Verbrennungsgas. Wichtig ist auch die Temperaturwechselbeständigkeit beim Abschalten (Abkühlen) der Turbine.

Antwort 6.2.17

a) Eine Batterie (Akkumulator) besteht aus einem oder mehreren galvanischen Elementen. Bei der Ladung eines Akkumulators wird durch Zufuhr elektrischer Energie ein chemischer Vorgang erzwungen und die elektrische Energie in Form der chemischen Energie der entstehenden energiereicheren Reaktionsprodukte gespeichert. Bei der Entladung spielt sich der Vorgang in umgekehrter Richtung ab, wobei die gespeicherte chemische Energie wieder in Form von elektrischer Energie frei wird.

Abb. 11 Zelle eines
Bleiakkumulators

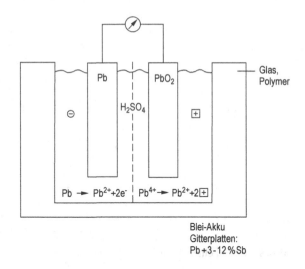

b) Der bis jetzt immer noch gebräuchlichste Akkumulator ist der Bleiakkumulator (Abb. 11). Er besteht im geladenen Zustand aus zwei in 20 bis 30 %ige Schwefelsäure eintauchenden gitterförmigen Bleigerüsten (Blei-Antimon-Legierung wegen besserer Festigkeit), von denen das eine mit Bleischwamm, das andere mit Blei(IV)dioxid ausgefüllt ist. Verbindet man die beiden Elektrodenplatten miteinander, so fließt wegen der vorhandenen Spannung von etwa 2 Volt unter gleichzeitiger Bildung von $PbSO_4$ ein Elektronenstrom vom Blei zum Bleioxid, wobei vereinfacht die folgenden chemischen Vorgänge ablaufen:

Negativer Pol: $Pb + SO_4^{2-} \rightleftharpoons PbSO_4 + 2\,e^-$

Positiver Pol: $PbO_2 + 4\,H^+ + 2\,e^- \rightleftharpoons PbSO_4 + 2\,H_2O$

Bruttoreaktion: $Pb + PbO_2 + 2\,H_2SO_4 \rightleftharpoons 2\,PbSO_4 + 2\,H_2O + \text{Energie}$

Der Pfeil nach rechts deutet die Richtung der Reaktion beim Entladen, nach links beim Laden des Akkumulators an.

c) Der Bleiakkumulator liefert etwa 2 Volt pro Zelle. Der Ni-Fe-Akkumulator (Ni(OH)$_3$ und Fe) liefert etwa 1,3 Volt pro Zelle, gasdichte Ni-Cd-Akkumulatoren 1,25 V.
Beim Bleiakkumulator sind Zellspannung und Wirkungsgrad am höchsten, nachteilig ist das hohe spezifische Gewicht von Blei. Bei Ni-Cd-Akkumulatoren ist die Toxizität von Cd zu berücksichtigen.

Antwort 6.2.18
Supraleiter verlieren unterhalb einer bestimmten, tiefen Temperatur (Sprungtemperatur) ihren elektrischen Widerstand. Man kann dann sehr hohe Ströme ohne Verluste leiten und mit supraleitenden Spulen sehr hohe Magnetfelder erzielen.

6.3 Wärmeleitfähigkeit, thermische Ausdehnung, Wärmekapazität

Antwort 6.3.1

Das Gesetz besagt, dass für ein Metall bei ausreichender Temperatur das Verhältnis von (elektronischer) thermischer Leitfähigkeit λ und elektrischer Leitfähigkeit σ proportional zur Temperatur T ist:

$$\frac{\lambda}{\sigma} = L\,T.$$

Die Proportionalitätskonstante L wird Lorenz-Zahl genannt und besitzt den Wert $L = 2,44 \cdot 10^{-8}\,\mathrm{W\,\Omega/K^2}$.

Antwort 6.3.2

Da bei den Metallen die Wärmeleitfähigkeit der elektrischen Leitfähigkeit proportional ist (Wiedemann-Franzsches Gesetz), nimmt sie in der Reihenfolge reines Eisen, Baustahl S235 und austenitischer Stahl ab (zunehmender Anteil gelöster Atome; Änderung der Gitterstruktur).

Antwort 6.3.3

Es treten zwei Anomalien auf:

Bei der Umwandlung des kubisch raumzentrierten α-Eisens in die kubisch flächenzentrierte Hochtemperaturphase kommt es zur einer Kontraktion wegen der höheren Packungsdichte des kfz Gitters. Dadurch wird am Umwandlungspunkt der thermische Ausdehnungskoeffizient negativ.

Die zweite Anomalie steht im Zusammenhang mit der magnetischen Umwandlung in der Nähe der Curie-Temperatur. Man nennt sie Magnetostriktion und versteht darunter eine durch die magnetische Ordnung bedingte Längenänderung. Eisen dehnt sich bei Abkühlung dadurch etwas aus. Dies führt, zusammen mit der thermisch bedingten Kontraktion, zu einem kleinen thermischen Ausdehnungskoeffizienten. Eisen-Nickel-Legierungen (Invar) können durch dieses Zusammenspiel in einem bestimmten Temperaturbereich äußerst geringe Werte des Ausdehnungskoeffizienten erreichen. Dies nutzt man bei Standardkörpern zur Eichung der Länge oder bei Uhrfedern zur Sicherstellung einer konstanten Federkraft bei Temperaturänderungen.

Antwort 6.3.4

Als Faustregel gilt, dass der thermische Ausdehnungskoeffizient umso kleiner ist, je höher der Schmelzpunkt des Stoffes ist. Das liegt daran, dass die Atome eines Stoffs mit niedriger Schmelztemperatur infolge der schwächeren Bindung bei einer bestimmten Temperatur mit größerer Amplitude schwingen als in einem Stoff mit höherer Schmelztemperatur.

Antwort 6.3.5

a) Damit die Schienenstücke keine Druckkräfte aufeinander ausüben, müssen sie sich ungehindert dehnen können. Die thermische Dehnung infolge einer Temperaturänderung ΔT ist

$$\varepsilon_{\text{th}} = \frac{\Delta L}{L_0} = \frac{L(70°\text{C}) - L_0}{L_0} = \frac{D}{L_0}.$$

Mit $L_0 = 36\,\text{m}$ und $\Delta T = 50\,\text{K}$ ergibt sich für die erforderliche Spaltbreite in Schienenlängsrichtung:

$$D = \alpha\,\Delta T\,L_0 = 1{,}23 \cdot 10^{-5} \cdot 50 \cdot 36\,\text{m} = 2{,}21 \cdot 10^{-2}\,\text{m} = 2{,}21\,\text{cm}.$$

b) Die gefügten Schienenstücke sind nun gezwängt gelagert und die behinderte thermische Dehnung erzeugt Druckspannungen der Größe

$$\sigma_{\text{th}} = E\,\alpha\,\Delta T = 210000\,\text{MPa} \cdot 1{,}23 \cdot 10^{-5} \cdot 50 = 129\,\text{MPa}.$$

Anmerkung: Bei winterlichen Verhältnissen und Abkühlung der Schienen auf $-30\,°\text{C}$ wird der Schienenstrang durch eine Zugspannung in Längsrichtung der gleichen Größe belastet.

Antwort 6.3.6

Aus der Braggschen Gleichung folgt der Netzebenenabstand d:

$$\lambda = 2\,d\sin\theta \quad \rightarrow \quad d = \frac{\lambda}{2\sin\theta}.$$

Differenzieren nach θ und Ersetzen des Differentialquotienten durch den Differenzenquotienten ergibt:

$$\frac{\text{d}d}{\text{d}\theta} = -\frac{\lambda}{2} \cdot \frac{\cos\theta}{\sin^2\theta} = -\frac{d}{\tan\theta} \approx \frac{\Delta d}{\Delta\theta} \quad \rightarrow \quad \Delta\theta \approx -\frac{\Delta d}{d}\tan\theta.$$

Da der Netzebenenabstand lediglich durch eine Temperaturerhöhung verändert wird, entspricht die Dehnung der Temperaturdehnung: $\varepsilon = \Delta d/d = \alpha_{\text{T}}\Delta T = 1{,}2 \cdot 10^{-5}\,\text{K}^{-1} \cdot 50\,\text{K} = 6 \cdot 10^{-5}$. Damit ergibt sich die Linienverschiebung $|\Delta\theta|$ für den Reflex bei $\theta = 81{,}5°$:

$$|\Delta\theta| \approx \frac{180°}{\pi} \cdot \frac{\Delta d}{d}\tan\theta = \frac{180°}{\pi} \cdot 6 \cdot 10^{-5} \cdot \tan 81{,}5° = 0{,}023°.$$

Antwort 6.3.7

a) Für die Energie der Versetzungen pro Einheitslänge wird in guter Näherung der Ausdruck

$$h_{\text{V}} = \frac{1}{2}Gb^2$$

verwendet. Der Betrag des Burgersvektors im kfz Gitter des Nickels ist $b = 2r_{\text{Ni}} = 0{,}25\,\text{nm}$. Damit ergibt sich

$$h_V = \frac{1}{2} \cdot 76 \cdot 10^9 (2{,}5 \cdot 10^{-10})^2 = 2{,}38 \cdot 10^{-9}\,\text{J}\,\text{m}^{-1}.$$

b) Die logarithmische Dehnung, die das Nickelblech erfährt, ist

$$\varphi = \ln \frac{d_1}{d_2} = \ln \frac{1}{2} = -0{,}693.$$

Da das Blech linear verfestigt, darf mit der mittleren Fließspannung $\bar{\sigma} = \frac{1}{2}(200 + 400) = 300\,\text{MPa}$ gerechnet werden. Die gesamte am Blech verrichtete Arbeit ist

$$U_{\text{tot}} = \int_0^{|\varphi|} \bar{\sigma}\, d\hat{\varphi} = 300 \cdot 10^6 \cdot 0{,}693 = 208\,\text{MJ}\,\text{m}^{-3}.$$

c) Die gesamte Arbeit ist die Summe der in den Versetzungen gespeicherten Arbeit und der Wärmeenergie U_W:

$$U_{\text{tot}} = h_V \varrho + U_W \quad \rightarrow \quad U_W = U_{\text{tot}} - h_V \varrho.$$

Da der Prozess des Walzens als adiabatisch angenommen wird, gilt

$$U_W = \varrho_{\text{Ni}} c_p \Delta T.$$

Dies ergibt für die Temperaturerhöhung

$$\Delta T = \frac{U_{\text{tot}} - h_V \varrho}{\varrho_{\text{Ni}} c_p} = \frac{208 \cdot 10^6 - 2{,}38 \cdot 10^{-9} \cdot 10^{15}}{8.9 \cdot 10^6 \cdot 0{,}49} = 47{,}1\,\text{K}.$$

Antwort 6.3.8

Da nur zwischen den Blöcken Wärmeenergie ausgetauscht werden darf, besagt der Energiesatz, dass die von B_1 abgegebene (aufgenommene) Energie von Block B_2 aufgenommen (abgegeben) werden muss. Es gilt daher:

$$Q_{\text{Al}} = c_p^{\text{Al}}\, m_{\text{Al}}(T_{12} - T_{\text{Al}}) = Q_{\text{Pb}} = c_p^{\text{Pb}}\, m_{\text{Pb}}(T_{\text{Pb}} - T_{12}).$$

Auflösen nach der Gleichgewichtstemperatur ergibt:

$$\begin{aligned}
T_{12} &= \frac{c_p^{\text{Al}}\, m_{\text{Al}}\, T_{\text{Al}} + c_p^{\text{Pb}}\, m_{\text{Pb}}\, T_{\text{Pb}}}{c_p^{\text{Al}}\, m_{\text{Al}} + c_p^{\text{Pb}}\, m_{\text{Pb}}} \\
&= \frac{920 \cdot 10 \cdot 323{,}15 + 120 \cdot 10 \cdot 373{,}15}{920 \cdot 10 + 120 \cdot 10} = 330{,}70\,\text{K} \doteq 57{,}55\,^\circ\text{C}.
\end{aligned}$$

Anmerkung: Das gleiche Ergebnis erhält man, wenn der Energiesatz gemäß

$$Q_{Al} = c_p^{Al} m_{Al}(T_{Al} - T_{12}) = Q_{Pb} = c_p^{Pb} m_{Pb}(T_{12} - T_{Pb})$$

angeschrieben wird.

6.4 Ferromagnetische Eigenschaften, weich- und hartmagnetische Werkstoffe

Antwort 6.4.1

Hart- und weichmagnetisch bezieht sich auf die notwendige magnetische Feldstärke H_c zur Ummagnetisierung. Bei magnetisch harten Werkstoffen ist diese um mehrere Zehnerpotenzen größer als bei magnetisch weichen Werkstoffen. Hartmagnetische Werkstoffe besitzen breite Magnetisierungskurven (Hysteresen), bei weichmagnetischen Werkstoffen ist diese sehr schmal, siehe Abb. 12.

Anwendungen für weichmagnetische Werkstoffe sind: Transformatorenbleche, Spulenkerne, elektromagnetische Abschirmungen, Tonköpfe für Magnetbänder.

Anwendungen für hartmagnetische Werkstoffe sind: magnetische Halterungen und Befestigungen, Lautsprecher, Läufer von Elektromotoren, magnetische Informationsspeicher.

Antwort 6.4.2

Stand der Technik sind Bleche aus Eisen-Silizium-Legierungen. Diese haben folgende Eigenschaften, die sich durch geeignete Behandlungen erzielen lassen:

- Durch Zulegieren von Si zu α-Fe steigt der spezifische elektrische Widerstand, wodurch die Wirbelstromverluste verringert werden.
- Werden mindestens 2,2 Gew.-% Si zulegiert, so werden umwandlungsfreie Wärmebehandlungen bis zu 1400 °C möglich, da das γ-Gebiet eingeschnürt wird. Dadurch kann ein grobkörniges Gefüge eingestellt werden.
- Große, defektfreie Körner erleichtern die Wanderung der Domänenwände.

Abb. 12 Magnetisierungskurven eines magnetisch weichen **a** und harten Werkstoffes **b**

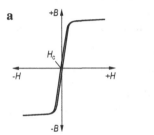 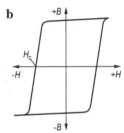

- Durch gezielte Glühungen lassen sich Texturen einstellen, die der magnetischen Vorzugsorientierung des Kristallgitters entsprechen.

Anmerkung: Neuerdings werden metallische Gläser eingesetzt, welche die besten weichmagnetischen Eigenschaften zeigen.

Antwort 6.4.3
Hartmagnetische Phasen (wie z. B. Eisenoxidteilchen) werden in eine meist aus Duromeren bestehende Matrix feindispers eingebettet.

Antwort 6.4.4
Ferromagnetismus tritt sowohl in Metallen als auch in Keramiken auf. Ferromagnetismus tritt nur in den Übergangsmetallen auf und hier in der unteren Hälfte der jeweiligen Perioden. Außerdem ist der Ferromagnetismus auf bestimmte Phasen beschränkt (z. B. nur α-Fe ist ferromagnetisch). In manchen metallischen Verbindungen kann Ferromagnetismus auftreten, auch wenn die einzelnen Komponenten nicht ferromagnetisch sind (Heuslersche Legierung, Cu_2MnAl).

Antwort 6.4.5
Die magnetische Härte eines Werkstoffs ist ein Maß für die zur Entmagnetisierung notwendige magnetische Feldstärke. Hohe magnetische Härte ist zu erwarten, wenn

- die Dichte von Gitterdefekten hoch ist (Versetzungen, Korngrenzen),
- eine starke Kristallanisotropie für die Magnetisierung vorliegt,
- die Formanisotropie der dispergierten ferromagnetischen Teilchen groß ist.

Antwort 6.4.6
Von Magnetostriktion spricht man, wenn ein Werkstoff in einem magnetischen Feld Formänderungen zeigt.

6.5 Formgedächtnis, Sensor- und Aktorwerkstoffe

Antwort 6.5.1
Alle aufgezählten Effekte sind Anomalien im Dehnungsverhalten bestimmter Werkstoffe und stehen im Zusammenhang mit Umwandlungen im festen Zustand (reversible Austenit-Martensitumwandlung).

a) Der Einwegeffekt erfordert zunächst die Einwirkung einer Kraft, die den Werkstoff pseudo-plastisch verformt. Bei Entlastung bleibt diese Verformung zunächst erhalten

(Entzwillingung). Eine Verformung von bis zu 7 % geht beim anschließenden Erwärmen vollständig zurück.

b) Der Zweiwegeffekt ist eine Formänderung jenseits der thermischen Ausdehnung, die bei Erwärmen und Abkühlen auftritt, ohne dass eine Kraft einwirken muss.

c) Die Super- oder auch Pseudoelastizität ist ein gummiartiges Verhalten mit hoher reversibler Dehnung bei geringer Spannungszunahme.

Antwort 6.5.2

- temperaturabhängige Durchflusssteuerung in Sicherheitsventilen (Einweg- oder Zweiwegeffekt, je nach Konstruktion),
- stark verformbare Brillenrahmen, die nach Entlastung wieder ihre ursprüngliche Form annehmen (Pseudo- oder Superelastizität),
- Gefäßstützen (Stents) zum Einsatz in der Medizin (Einwegeffekt und Superelastizität).

Antwort 6.5.3

Ein Sensorwerkstoff ist in der Lage, eine physikalische Eigenschaft in eine andere, messtechnisch gut nutzbare, umzuwandeln.

Antwort 6.5.4

Dehnungsmessstreifen (DMS) dienen zur Ermittlung von elastischen Dehnungen, ε_{el}. Dazu wird ein mäanderförmig gebogener Metalldraht auf die Oberfläche des zu untersuchenden Materials (Probe, Bauteil) geklebt. Eine Dehnung führt verbunden mit der Längenzunahme zu dessen Querschnittsabnahme und dadurch zu einer Erhöhung des elektrischen Widerstandes, $R + \Delta R(\varepsilon_{el})$. Diese kann durch eine elektrische Brückenschaltung (z.B. Wheatstonesche Brücke) gemessen werden.

Antwort 6.5.5

Ein piezoelektrischer SiO_2-Kristall wandelt eine mechanische Spannung in eine elektrische Spannung um. Magnetostriktive Werkstoffe (z.B. Tb_2Fe) sind in der Lage, mechanische Spannungen in Änderung der Magnetisierung umzuwandeln.

Antwort 6.5.6

Passive Dämpfung kommt zustande durch innere Reibung im Werkstoff, z.B. durch Bewegung von C-Atomen in Stahl, Bloch-Wänden in Ferromagnetika, Entknäulen/Verknäulen von Molekülketten in Elastomeren.

Aktive Dämpfung ist eine Systemeigenschaft. Sie benötigt eine Messung der zu dämpfenden Schwingung mit einem Sensor (DMS) und deren Kompensation durch Gegenschaltung, z.B. eines aktiven piezo-elektrischen Elements.

7 Chemische und tribologische Eigenschaften

Inhaltsverzeichnis

7.1 Oberflächen und Versagen des Werkstoffs

Antwort 7.1.1

Oberflächen spielen beim Versagen von Werkstoffen eine zentrale Rolle. In Oberflächen werden Kräfte und Wärme eingeleitet. An Oberflächen findet Verschleiß statt und es erfolgt Korrosion. Oft beginnt die Schadensakkumulation, die zum Werkstoffversagen führt, an der Oberfläche des Bauteils.

Antwort 7.1.2

a) *Korrosion* ist die unerwünschte, meist lokalisierte chemische Reaktion der Oberfläche mit dem umgebenden Medium, die zu einer Verschlechterung der mechanischen und optischen Eigenschaften führt.

b) *Spannungsrisskorrosion* liegt vor, wenn die Entstehung und Ausbreitung von Rissen nicht alleine durch den Werkstoffzustand, sondern von inneren oder äußeren Spannungen, das umgebende Medium und durch das Elektrodenpotenzial bestimmt ist.

c) *Rosten* ist die Oxidation von Eisen an feuchter Luft, wobei Eisenhydroxide gebildet werden.

© Springer-Verlag GmbH Deutschland, ein Teil von Springer Nature 2019
E. Werner et al., *Fragen und Antworten zu Werkstoffe*,
https://doi.org/10.1007/978-3-662-58845-1_20

d) *Korrosionsermüdung* ist Spannungsrisskorrosion unter dynamischer mechanischer Beanspruchung. Charakteristisch dafür ist eine größere Rissausbreitungsgeschwindigkeit und ein kleinerer Schwellwert der Spannungsintensität für Rissausbreitung K_{Iscc} als in Vakuum.

e) *Wasserstoffversprödung* führt zu einem makroskopisch verformungslosen Bruch (Sprödbruch), indem an der Oberfläche adsorbierter atomarer Wasserstoff in den Werkstoff eindiffundiert und sich an Orten mit Spannungsspitzen anlagert. Durch Rekombination des Wasserstoffs zu H_2 entstehen hohe Drücke, die zur Dekohäsion des Gitters führen.

Antwort 7.1.3

- alle Arten von mechanisch induzierten Brüchen,
- Verschleiß, verursacht durch Reibungskräfte,
- Korrosion.

Antwort 7.1.4

Alle Werkstoffe, die mit ihrer Umgebung im thermodynamischen Gleichgewicht sind, zeigen keine Korrosion und umgekehrt.

a) nicht passivierbare unedle Metalle,
b) vollständig oxidierte Keramiken (SiO_2, Al_2O_3) in sauerstoffhaltiger Umgebung.

Antwort 7.1.5

Bauteile aus unterschiedlichen Werkstoffen mit großen Differenzen im Elektrodenpotenzial dürfen nicht leitend miteinander verbunden sein, da sonst das unedlere Bauteil angegriffen wird.

7.2 Oberflächenreaktionen und elektrochemische Korrosion

Antwort 7.2.1

Größere Korrosionsbeständigkeit ist bei AlZnMg-Legierungen zu erwarten, da die Potenzialdifferenz zwischen Al und Zn ($\sim 0{,}94\,V$) wesentlich geringer als zwischen Al und Cu ($\sim 2{,}10\,V$) ist. Dies wird in der Praxis auch beobachtet.

Antwort 7.2.2

Ein Lokalelement liegt vor, wenn sich zwei Gefügebestandteile (Phasen, Ausscheidungen) in ihrem Elektrodenpotenzial unterscheiden und ein Elektrolyt (z. B. Wasser) vorhanden ist, sodass ein Strom fließen kann. Es kommt zu einer lokalen Oxidation. Im Falle eines Fe-Cu Sinterwerkstoffes tritt eine Oxidation des Eisens ein, da Fe mit Cu keine Verbindungen bildet. Im Gefüge liegt dann Fe als unedlere Phase neben Cu vor.

Antwort 7.2.3

a) An feuchter Luft *rostet* Eisen gemäß folgenden chemischen Reaktionen:

$$Fe \rightarrow Fe^{2+} + 2\,e^-$$
$$Fe^{2+} \rightarrow Fe^{3+} + e^-$$
$$2\,e^- + 1/2\,O_2 + H_2O \rightarrow OH^-$$
$$Fe^{3+} + 3\,OH^- \rightarrow Fe(OH)_3 \quad (= \text{Eisenhydroxid})$$

b) An trockener Luft *verzundert* Eisen unter Ausbildung einer kompliziert aufgebauten Zunderschicht:

$$\text{Grundwerkstoff} = Fe \mid FeO \mid Fe_3O_4 \mid Fe_2O_3 = \text{Oberfläche}$$

Antwort 7.2.4

Kathodische Teilreaktion:

$$O_2 + 2\,H_2O + 4\,e^- \rightarrow 4\,OH^-$$

Anodische Teilreaktion:

$$Fe \rightarrow Fe^{2+} + 2\,e^-$$

Wanderungsrichtungen:
1: Fe^{2+}-Ionen, 2: OH^--Ionen, 3: O_2-Moleküle
Bereiche:
4: Lokalanode, Sauerstoffverarmung, 5: Lokalkathode, Sauerstoffanreicherung, 6: Rostablagerung.

Antwort 7.2.5

Unter Passivierung versteht man den Vorgang, dass ein Metall in einem Elektrolyten (z. B. Eisen in konzentrierter Salpetersäure) trotz großer treibender thermodynamischer Kraft für Korrosion nicht angegriffen wird. Das Metall verhält sich wie ein Edelmetall durch Bildung einer Schutzschicht.

Antwort 7.2.6

Aluminium reagiert an der Oberfläche mit Sauerstoff zu einer fest haftenden Oxidschicht (Al_2O_3), die das Aluminium vor weiterer Oxidation schützt. Für technische Anwendungen wird diese Oxidation durch die Schaltung von Aluminium als Anode künstlich herbeigeführt und dadurch die Dicke der natürlichen Oxidschicht erhöht (Eloxieren). Außerdem können Farbpartikel in die Oxidschicht eingelagert werden (Farbeloxieren des Aluminiums).

Antwort 7.2.7

- Korrosionsschutz durch Beschichten mit einem edleren Element, das nicht angegriffen wird: Verzinnen, Vergolden.
- Beschichten mit einem unedleren Element, das bevorzugt angegriffen wird: Verzinken.
- Zulegieren von mindestens 13 Gew.-% Cr zum Eisen, wodurch sich eine fest haftende, korrosionsbeständige Chromoxidschicht auf dem Eisen bildet.
- Beschichten mit einem chemisch sehr beständigen Werkstoff, meist organische Überzüge oder auch Email.

Antwort 7.2.8

Ein Elektrolyt ist ein (üblicherweise flüssiger) Stoff, der beim Anlegen einer Spannung unter dem Einfluss des dabei entstehenden elektrischen Feldes elektrischen Strom leitet, wobei seine elektrische Leitfähigkeit und der Ladungstransport durch die gerichtete Bewegung von Ionen bewirkt wird. Außerdem treten an den mit ihm in Verbindung stehenden Elektroden chemische Vorgänge auf. Die Leitfähigkeit von Elektrolyten ist geringer als die von Metallen. Reines Wasser ist ein sehr schwacher Elektrolyt und wirkt nahezu nicht korrosiv, weil es nur sehr schwach elektrisch leitend ist. Die Leitfähigkeit von Wasser ändert sich drastisch, wenn verdünnte Säuren oder Laugen sowie Salze im Wasser gelöst sind. Dann gibt es in erheblichem Maße Kationen (postiv geladene Ionen wie H^+, Na^+, Mg^{2+}, Zn^{2+}, Fe^{3+}, NH^{4+}) und Anionen (negativ geladene Ionen wie: OH^-, Cl^-, NO_3^-). Diese stellen Ladungsträger für Stromtransport dar und begünstigen Korrosion.

Antwort 7.2.9

Eine elektrochemische Zelle besteht aus Elektrolyt und zwei Elektroden, siehe Abb. 1. Einen Festkörper, der zur Einleitung von Strom in einen Elektrolyten dient, bezeichnet man als Elektrode. Man spricht von einer Anode, wenn das Material aus einer chemischen Reaktion Elektronen aufnimmt. Man spricht von einer Kathode, wenn Elektronen aus dem Metall in den Elektrolyt fließen.

Bei der Säurekorrosion des Zinks in einer elektrochemischen (Galvanischen) Zelle finden folgende Reaktionen statt:

An der Zn-Anode (Oxidationsreaktion): $Zn \rightarrow Zn^{2+} + 2\,e^-$

Metallisches Zink geht als Zn^{2+}-Ionen in Lösung und lässt zwei Elektronen in der Anode zurück. Diese werden über einen äußeren Stromkreis an die Kathode geleitet. Dort werden Wasserstoffionen reduziert:

An der Pt-Kathode (Reduktionsreaktion): $2\,H^+ + 2\,e^- \rightarrow H_2$

Der molekulare Wasserstoff entweicht aus dem Elektrolyt, man kann an der Platinelektrode die Entwicklung von Gasblasen sehen.

Abb. 1 Elektrochemische
Zelle

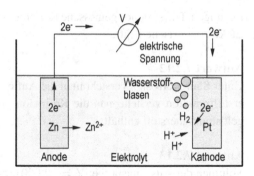

Die Bruttoreaktion der Säurekorrosion des Zinks lautet:

$$Zn + 2\,H^+ \rightarrow Zn^{2+} + H_2.$$

Antwort 7.2.10

Für die Säurekorrosion des Zinks gibt es eine chemische Triebkraft ΔG (siehe vorige Frage). Diese macht sich in einer Spannungsdifferenz ΔU zwischen den beiden Elektroden bemerkbar, die in der elektrochemischen Zelle einen Stromfluss erzwingt, um den Ablauf der Reaktion zu ermöglichen:

$$\Delta G = z\,F\,\Delta U.$$

z ist die Anzahl der Elektronen, die bei einem Formelumsatz eine Rolle spielt. Im Falle der Säurekorrosion des Zinks gilt $z = 2$. F ist die Faraday-Konstante, die sich aus dem Produkt der Avogadroschen Zahl und der Elementarladung eines Elektrons ergibt:

$$F = N_A\,e = 9{,}65 \cdot 10^4 \left[\frac{A\,s}{mol}\right].$$

Antwort 7.2.11

Ein Elektrodenpotenzial gibt an, welche elektrische Spannung eine Elektrode in einem Elektrolyt liefern kann oder welche Spannung benötigt wird, um – beispielsweise bei einer Elektrolyse – einen bestimmten Zustand stabil zu erhalten. Das Elektrodenpotenzial ist eine sehr wichtige Größe zur Beschreibung des Zustandes einer Elektrode und ein zentraler Begriff der Elektrochemie. Elektrodenpotenziale erlauben die Berechnung der elektrischen Spannung, die Batterien oder Akkumulatoren liefern können oder die für eine Elektrolyse benötigt werden. Das Elektrodenpotenzial einer Elektrode ist gleich ihrer stromlos gegen eine Referenzelektrode gemessenen Spannung. Die Zusammenstellung der Elektrodenpotenziale verschiedener Stoffe nennt man Elektrochemische Spannungsreihe. Die dort angegebenen Potenziale beziehen sich auf Aktivitäten von 1 mol/l, also auf etwa einmolare

Lösungen. Die stromlos gemessene Klemmenspannung einer Galvanischen Zelle heißt auch Elektromotorische Kraft.

Antwort 7.2.12
Unter Säurekorrosion versteht man die Auflösung eines Metalls in einer Säure. Unter Sauerstoffreaktion versteht man die Korrosion eines Metalls in einer wässrigen Lösung, die gelösten Sauerstoff enthält.

Antwort 7.2.13
Volumen der Ausgangsprobe: $V = 10.000\,\text{mm}^3$,
Dichte von Nickel: $\varrho = m/V = 89{,}91/10.000 = 8{,}991 \cdot 10^{-3}\,\text{g/mm}^3$,
Änderung der Masse der Platte: $\Delta m = 0{,}48\,\text{g}$,
Volumenabtragsrate:

$$r_V = \frac{dV}{dt} = \frac{\Delta m}{\varrho\,\Delta t} = \frac{0{,}48}{8{,}991 \cdot 10^{-3} \cdot 43/365} = 453\,\text{mm}^3/\text{Jahr}.$$

Antwort 7.2.14
Zur Berechnung der Stromdichte wird das Faradaysche Gesetz in der Form

$$j = \frac{\Delta Q}{\Delta V}\,r\,z$$

verwendet, wobei ΔV das durch die Ladungsmenge ΔQ aufgelöste Volumen des Werkstücks und z die Ladungszahl des Nickelions bedeuten ($z = 2$). Mit der Faraday-Konstanten $F = \Delta Q/\Delta n = 96.485{,}3\,\text{A s/mol}$ und der Änderung der Molzahl $\Delta n = \Delta m/M$ ergibt sich

$$\frac{\Delta Q}{\Delta V} = \frac{F\frac{\Delta m}{M}}{\frac{\Delta m}{\varrho}} = F\,\frac{\varrho}{M}.$$

Für die Stromdichte erhält man:

$$j = F\,\frac{\varrho}{M}\,r\,z = 96.485{,}3 \cdot \frac{8{,}991 \cdot 10^{-3}}{58{,}71} \cdot \frac{1}{60} \cdot 2 = 0{,}493\,\text{A/mm}^2.$$

Die Stromstärke ergibt sich aus der Stromdichte multipliziert mit der aktiven Oberfläche:

$$I = 0{,}493 \cdot 100 \cdot 16 = 788\,\text{A}.$$

7.3 Verzundern

Antwort 7.3.1
Für fest haftende Zunderschichten ist das Dickenwachstum bestimmt durch die Diffusion
der Atome durch die Schicht hindurch. Dann nimmt nach dem 1. Fickschen Gesetz das
Dickenwachstum mit der Schichtdicke ab:

$$\frac{dx}{dt} = k \frac{1}{x},$$

mit der Schichtdicke x, der Zeit t und der Proportionalitätskonstanten k. Trennung der
Variablen und Integration liefert mit der Anfangsbedingung $x(t = 0) = 0$ das parabolische
Wachstumsgesetz:

$$x^2 = 2kt \quad \rightarrow \quad x = \sqrt{2kt}.$$

Antwort 7.3.2
Die Ausbildung einer Oxidschicht auf einer Werkstoffoberfläche kann eventuell Schutz vor
einer weiteren korrosiven Werkstoffzerstörung bieten. Dies ist der Fall, wenn die Oxidschicht
dicht ist und gut auf der Werkstoffoberfläche haftet. Pilling und Bedworth stellten 1926
erstmals einen Zusammenhang zwischen der Porosität einer Oxidschicht und ihrer möglichen schützenden Funktion auf. Als Beurteilungskriterium definierten sie für ein Metalloxid
Me_xO_y das nach ihnen benannte *Pilling-Bedworth-Verhältnis* V_R:

$$V_R = \frac{V_{Me_xO_y}}{V_{Me}} = \frac{M_{Me_xO_y} \cdot \varrho_{Me}}{x \cdot A_{Me} \cdot \varrho_{Me_xO_y}},$$

worin $V_{Me_xO_y}$ und V_{Me} die molaren Volumina des gebildeten Oxids und des verbrauchten
Metalls sind. $M_{Me_xO_y}$ und $\varrho_{Me_xO_y}$ sind die Molmasse und die Dichte des Oxids, sowie A_{Me}
und ϱ_{Me} die Atommasse und Dichte des Metalls. Die Zahl der Mole des Metalls im Oxid
ist x. Auf der Grundlage dieses Verhältnisses kann man folgende Fälle unterscheiden:

$V_R < 1$: Das molare Volumen des Oxids ist kleiner als das des Metalls, das Oxid ist
dichter. Als Folge davon neigt das Oxid zur Ausbildung von porösen, nicht schützenden
Schichten. Steht die Oxidschicht unter Zugspannungen, ist Rissbildung sehr wahrscheinlich. Die Metalloberfläche ist vor weiterem Oxidationsangriff nicht geschützt. Beispiel:
Alkalimetalloxide wie Na_2O.

$1 \leq V_R \leq 3$: Die molaren Volumina von Oxid und Metall sind vergleichbar, ihre Dichten
und ihr Platzbedarf weichen daher nicht nennenswert von einander ab. Es bildet sich daher
eine gut haftende Deckschicht aus, die aber nicht notwendigerweise schützend wirken muss.
Beispiele: Al_2O_3, TiO_2, NiO, Fe_2O_3 (die schützende Wirkung der Oxidschichten nimmt in
dieser Reihenfolge ab).

$V_R > 3$: Das molare Volumen des Oxids ist deutlich größer als das des Metalls, die
Dichte des Oxids geringer. Es benötigt daher mehr Platz als das verbrauchte Metall. Die

Metalloberfläche ist einem ständigen Oxidationsangriff ausgesetzt, da das neu gebildete Oxid fortwährend abplatzt. In extremen Fällen kann der Werkstoff vollkommen zerstört werden.

Antwort 7.3.3
Reaktionsgleichung für die Bildung von Fe_3O_4 aus Fe und O_2:

$$3\,Fe + 2\,O_2 \rightarrow Fe_3O_4$$

Pilling-Bedworth-Verhältnis V_R für Fe_3O_4 ($M_{Fe_3O_4}$: Molmasse von Fe_3O_4, n_{FE}: Wertigkeit der Fe-Ionen):

$$V_R = \frac{M_{Fe_3O_4}}{\varrho_{Fe_3O_4}} \cdot \frac{\varrho_{Fe}}{M_{Fe}\,n_{FE}} = \frac{(3\cdot 56 + 4\cdot 16)\cdot 7{,}8}{5{,}2\cdot 56\cdot 3} = 2{,}07.$$

Wegen $1 < V_R < 3$ haftet die Oxidschicht auf dem Eisensubstrat, sie hat jedoch geringe Schutzwirkung.

Antwort 7.3.4
Am Anfang ($t = 0$) ist die Schichtdicke $0{,}2\,\mu$m, daher gilt

$$(0{,}2)^2 = a + b\cdot 0 \quad \rightarrow \quad a = 0{,}04\,\mu m^2.$$

Nach einer Stunde Glühen ergibt sich für die Schichtdicke

$$(0{,}3)^2 = 0{,}04 + b\cdot 1 \quad \rightarrow \quad b = 0{,}05\,\mu m^2 h^{-1}.$$

Nach einer Woche beträgt die Schichtdicke

$$x(t = 168\,h) = \sqrt{0{,}04 + 0{,}05\cdot 168} = 2{,}9\,\mu m.$$

7.4 Spannungsrisskorrosion

Antwort 7.4.1
Von Spannungsrisskorrosion spricht man, wenn die Entstehung und Ausbreitung von Rissen nicht alleine durch den Werkstoffzustand, sondern von inneren oder äußeren Spannungen, das umgebende Medium und durch das Elektrodenpotenzial bestimmt ist. Der durch Spannungsrisskorrosion erzeugte Bruch erscheint makroskopisch verformungslos.

Antwort 7.4.2
Vorwiegend unedle Werkstoffe, die durch Passivierung korrosionsbeständig sind.

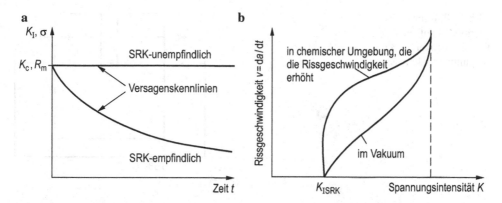

Abb. 2 a Kennzeichnung der Empfindlichkeit gegen Spannungsrisskorrosion. **b** Vergleich der Rissgeschwindigkeit in korrodierender Umgebung und im Vakuum. Definition von K_{ISRK}

- Werkstoffe, bei welchen die plastische Verformung stark lokalisiert in Gleitbändern erfolgt (transkristalline Korrosion).
- Werkstoffe, bei denen die Korngrenzen besonders geeignete Angriffsorte bieten (interkristalline Korrosion).

Antwort 7.4.3

Statische Beanspruchung: Der Werkstoff wird im korrosiven Medium einer Zugspannung ausgesetzt und die Lebensdauer bis zum Bruch bestimmt, siehe Abb. 2a.

Dynamische Beanspruchung: In diesem Fall wird die Risswachstumsgeschwindigkeit da/dN im Vakuum und im korrosiven Medium (meist 3,5 %ige NaCl-Lösung) in Abhängigkeit (der Schwingbreite) der Spannungsintensität K (ΔK) bestimmt, siehe Abb. 2b.

Antwort 7.4.4

Für die Durchführung von Bruchmechanikversuchen in korrosiven Medien gelten alle Regeln, wie sie bereits im Kapitel Mechanische Eigenschaften dargestellt worden sind. Versuchstechnisch sind lediglich leicht abgewandelte Formen der Proben üblich bzw. die Möglichkeit vorzusehen, die Probe in das korrosive Mediums einzutauchen, siehe Abb. 3.

Für die Bestimmung von K_{ISRK} wird die Probe in einem korrosiven Medium mit einer bestimmten Spannungsintensität K (bzw. Spannung) beaufschlagt, sodass unter der Wirkung von Spannungsrisskorrosion Rissausbreitung einsetzt. Je nach Wachstumsgeschwindigkeit erreicht der Riss nach einer bestimmten Zeit t die kritische Länge und es tritt Bruch ein. Trägt man über der Zeit bis zum Bruch die Spannungsintensität auf, so stellt sich die Wirkung der Spannungsrisskorrosion als eine Erniedrigung der Bruchzähigkeit dar. Es existiert ein Schwellwert ΔK_{ISRK}, unterhalb dem keine Rissausbreitung stattfindet.

Abb. 3 Prüfung eines
Werkstoffs auf seine
Empfindlichkeit gegen
Spannungsrisskorrosion

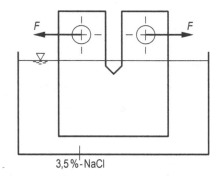

3,5 %-NaCl

Antwort 7.4.5

Prinzipiell kann sich ein Riss unter SRK-Bedingungen sowohl trans- als auch interkristallin ausbreiten. Häufig liegt jedoch eine Änderung des Rissausbreitungsmechanismus bei SRK-Bedingungen im Vergleich zu Nicht-SRK-Bedingungen vor, sodass aus der Kenntnis des Rissausbreitungsmechanismus unter inerten Bedingungen dann auf ein Versagen durch SRK geschlossen werden kann.

7.5 Oberflächen, Grenzflächen und Adhäsion

Antwort 7.5.1

a) Es muss eine möglichst hohe Wechselwirkungsenergie zwischen den Oberflächen angestrebt werden, d. h. eine hohe Oberflächenenergie ist günstig für gute Klebbarkeit.

b) Es muss eine möglichst geringe Wechselwirkungsenergie zwischen den Oberflächen angestrebt werden, d. h. eine geringe Oberflächenenergie fördert gute Gleiteigenschaften und dies führt zu einem minimalen Reibungskoeffizienten unter trockenen Bedingungen.

Antwort 7.5.2

Die Oberflächenenergie wird durch das Benetzen mit einer Flüssigkeit, deren Eigenschaften bekannt sind, ermittelt. Die Oberfläche des Flüssigkeitstropfens bildet mit der ebenen Oberfläche der Probe einen Winkel, aus dem die Oberflächenenergie bestimmt werden kann.

Antwort 7.5.3

Man betrachte einen Flüssigkeitstropfen, der an Luft auf einer glatten Festkörperoberfläche ruht. Es spielen drei Grenzflächenenergien (Oberflächenenergien) eine Rolle: Luft/Tropfen, Tropfen/Oberfläche und Luft/Oberfläche. Im Vakuum hätte der Tropfen die Tendenz eine Kugel zu bilden. Auf der Festkörperoberfläche muss man ein Kräftegleichgewicht betrachten. Die Energie der Grenzfläche zwischen Tropfen und Luft wirkt sich als Kraft auf die Begrenzungslinie des Tropfens aus, die danach trachtet, die Oberfläche des Tropfens so klein wie möglich zu gestalten. Die Grenzflächenenergie Tropfen/Festkörper strebt danach, die Kontaktfläche zwischen Tropfen und Auflage zu verkleinern. Die Grenzflächenenergie Luft/Materialfläche wirkt den beiden anderen entgegen. Es stellt sich ein Gleichgewicht ein, das man als ein Gleichgewicht von Kräften auffassen kann, die an der Begrenzungslinie des Tropfens angreifen (Energie pro Fläche entspricht einer Kraft pro Länge).

7.6 Reibung und Verschleiß

Antwort 7.6.1
Siehe dazu Abb. 4

Antwort 7.6.2
In beiden Fällen handelt es sich um die Wechselwirkung von sich gegeneinander bewegenden Oberflächen.

- Reibung ist die *Dissipation von Energie* und die Ursache des Verschleißes.
- Verschleiß ist die *Dissipation von Materie*.

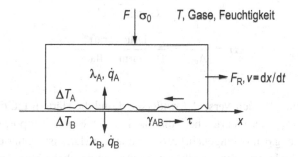

Abb. 4 Tribologisches System: Unter der Reibkraft F_R gleiten die Oberflächen der Werkstoffe A und B aufeinander. Meist spielt die Umgebung (Luft, Schmiermittel) sowie die Gleitgeschwindigkeit zusätzlich eine Rolle. $\lambda, \dot{q}, \gamma$ sind Wärmeleitfähigkeit, Wärmestrom und Oberflächenenergie der Reibpartner A und B. ΔT ist die Temperaturerhöhung in der Nähe der aufeinander gleitenden Oberflächen. Die äußere Last F (Druckspannung σ_0) führt in den Berührpunkten zur Schubspannung τ

Antwort 7.6.3

- Adhäsion, μ_{ad},
- elastische und plastische Deformation, μ_{def},
- Energiedissipation durch die Ausbreitung von Rissen, μ_{f}.

$$\mu = \mu_{\text{ad}} + \mu_{\text{def}} + \mu_{\text{f}}.$$

Antwort 7.6.4

Unter einem *Verschleißsystem* versteht man z. B. einen Werkstoff A, der auf einem Werkstoff B gleitet. Dies geschieht in einer bestimmten Umgebung C und mit einem Schmiermittel D (also: Verschleißkörper, Gegenkörper, Umgebungsmedium, Zwischenmedium).

Die *Verschleißrate w* ist definiert als Abtragung pro Gleitweg und wird oft gemessen als Gewichtsabnahme pro Gleitweg. Der Kehrwert der Verschleißrate ist der *Verschleißwiderstand* w^{-1}.

Den *Verschleißkoeffizient k* erhält man durch die Normierung der Verschleißrate mit der Druckspannung und der Härte des Werkstoffes. Der Verschleißkoeffizient k ist zu verstehen als die Abtragungswahrscheinlichkeit pro effektiver Berührungsfläche A_{eff} der beiden Stoffe:

$$w = k\frac{|-\sigma|}{H} = k\frac{A_{\text{eff}}}{A_0},$$

$$\sigma = \frac{F}{A_0} = \frac{\text{Druckkraft}}{\text{Gesamtfläche}},$$

$$H = \frac{F}{A_{\text{eff}}} = \frac{\text{Druckkraft}}{\text{Berührungsfläche}}.$$

Antwort 7.6.5

Aus den Definitionen für den Verschleißwiderstand und die Härte folgt, dass die effektive Berührungsfläche A_{eff} der Oberflächen, die aufeinander gleiten, proportional der spezifischen Druckbelastung σ und umgekehrt proportional der Härte ist. Je härter also ein Werkstoff ist, desto größer ist sein Verschleißwiderstand (sofern sich der Verschleißmechanismus nicht ändert!).

Antwort 7.6.6

Verschleiß wird bestimmt, indem ein Normkörper (z. B. Stift) unter bestimmten Prüfbedingungen (Anpressdruck, Geschwindigkeit) über eine Probenoberfläche bewegt wird. Angegeben wird entweder die Änderung der geometrischen Form des Werkstücks als Abtragrate auf den Laufweg bezogen oder der auf den Laufweg bezogene Gewichtsverlust der Werkstückoberfläche.

Antwort 7.6.7

a) Geringe Reibung und geringer Verschleiß werden bei Gleitlagern angestrebt.

b) Hohe Reibung bei geringem Verschleiß werden bei einer Bremse gefordert.

c) Hoher Verschleiß trotz geringer Reibung ist in der Trenntechnik und in der Zerspanungstechnik erwünscht.

8 Keramische Werkstoffe

Inhaltsverzeichnis

8.1 Allgemeine Kennzeichnung

Antwort 8.1.1

Zur Gruppe der keramischen Werkstoffen gehören alle nichtmetallischen und anorganischen Werkstoffe. Die Grenze zwischen keramischen und metallischen Werkstoffen wird mithilfe des Temperaturkoeffizienten des elektrischen Widerstandes definiert, der in Metallen ein positives, in keramischen Stoffen ein negatives Vorzeichen hat. Die Grenze der keramischen Werkstoffe zu den hochpolymeren Stoffen wird von der molekularen Struktur festgelegt. Die Kunststoffe besitzen diskrete Moleküle, nämlich Ketten, in denen die Kohlenstoffatome kovalent miteinander verbunden sind. Diese Moleküle sind im Kunststoff durch schwache Van-der-Waalssche Bindungen verbunden. Im keramischen Werkstoff gibt es keine diskreten Moleküle, sondern räumliche Anordnungen einer oder mehrerer Atomarten, entweder geordnet als Kristallgitter oder regellos als Glas. Der größte Teil der keramischen Werkstoffe sind chemische Verbindungen zwischen Metallen und den Elementen der Gruppen IIIA bis VIIA.

Antwort 8.1.2

Die moderne Definition der keramischen Werkstoffe weist dieser Werkstoffgruppe alle nichtmetallischen und nichthochpolymeren Werkstoffe zu und umfasst daher auch die

© Springer-Verlag GmbH Deutschland, ein Teil von Springer Nature 2019
E. Werner et al., *Fragen und Antworten zu Werkstoffe*,
https://doi.org/10.1007/978-3-662-58845-1_21

nichtoxidische Keramik. In der Technik wird als Keramik meist nur die Oxidkeramik bezeichnet. Diese wird weiter eingeteilt in Keramik, Glas und Bindemittel.

Antwort 8.1.3

- *Keramik:* Hochtemperaturwerkstoffe für Ausmauerungen von Öfen,
- *Glas:* Werkstoffe für den chemischen Apparatebau und die Optik,
- *Bindemittel:* Zement in der Bauindustrie.

Antwort 8.1.4

Durch ihren spezifischen elektrischen Widerstand, der im Falle der Metalle bei steigender Temperatur zunimmt und bei den Keramiken sinkt. Neben dem negativen Temperaturkoeffizienten des elektrischen Widerstandes weisen Keramiken eine höhere chemische Beständigkeit auf und besitzen in der Regel eine höhere Temperaturbeständigkeit als Metalle. Leider sind Keramiken dagegen meist spröde und weisen kaum plastische Verformbarkeit auf.

Antwort 8.1.5

Bei Raumtemperatur sind Keramiken

- thermodynamisch stabil (kein korrosiver, chemischer Angriff),
- hart und spröde,
- elektrische Isolatoren.

Antwort 8.1.6

Einatomige Keramiken bestehen aus vierwertigen Atomen der Gruppe IV des periodischen Systems. Von großer Bedeutung sind die Werkstoffe Graphit und Diamant. Graphit wird in Kernreaktoren und für Schmelztiegel verwendet. Diamant setzt man für Schneidwerkzeuge ein.

Antwort 8.1.7

Asbest besitzt eine Faserkristallstruktur mit einer starken Bindung in der Faserachse und einer schwachen Bindung zwischen den Fasern. Diese sehr kleinen, spitzen Kristalle können, wenn sie eingeatmet werden, in der Lunge mechanische Schäden erzeugen und so potenzielle Orte für Krebsbildung schaffen.

Antwort 8.1.8

- Ventile von Verbrennungsmotoren, Laufräder für Abgasturbolader,
- Schneidkeramik,
- Verschleißschutzschichten.

Antwort 8.1.9

a) Gesucht ist der Kennwert $R_\mathrm{m}^{99,9999\,\%}$. Aus der Angabe und der Beziehung für die Weibull-Verteilung erhält man

$$\frac{V}{\alpha} = -\frac{\ln P_\mathrm{s}(\sigma, V)}{(R_\mathrm{m}^{50\,\%})^n} = -\frac{\ln 0,5}{30^{10}}.$$

Da sich weder der Werkstoff noch das Probenvolumen ändern, gilt:

$$-\frac{\ln 0,5}{30^{10}} = -\frac{\ln 0,999999}{(R_\mathrm{m}^{99,9999\,\%})^{10}} \;\rightarrow\; R_\mathrm{m}^{99,9999\,\%} = 30 \sqrt[10]{\frac{\ln 0,999999}{\ln 0,5}} = 7,8\,\mathrm{MPa}.$$

b) Probenvolumen: $V_\mathrm{P} = \pi\, d^2\, l/4$,

Bauteilvolumen: $V_\mathrm{B} = \pi\,(2d/2)^2\, 2l = 2\,\pi\, d^2\, l = 8\,V_\mathrm{P}$.

Bei gleicher Überlebenswahrscheinlichkeit von Probe und Bauteil von $x\,\%$ gilt

$$\frac{x}{100} = \exp\left(-\frac{V_\mathrm{P} \cdot (R_\mathrm{mP}^{x\,\%})^n}{\alpha}\right) = \exp\left(-\frac{8\,V_\mathrm{P} \cdot (R_\mathrm{mB}^{x\,\%})^n}{\alpha}\right),$$

$$\rightarrow \quad R_\mathrm{mB}^{x\,\%} = \frac{1}{\sqrt[n]{8}}\, R_\mathrm{mP}^{x\,\%}.$$

Da das Bauteilvolumen größer als das Probenvolumen ist, ist die Wahrscheinlichkeit für das Vorhandensein großer (bruchauslösender) Fehler im Bauteil höher als in der Zugprobe. Dadurch wird die Festigkeit des Bauteils kleiner sein als die der Probe.

8.2 Nichtoxidische Verbindungen

Antwort 8.2.1

- Diamant als Hartstoff,
- Graphit als Schmierstoff und Gefügebestandteil des Gusseisens,
- Kohleglas im chemischen Apparatebau (chemisch beständig),
- Kohlefaser im Verbundwerkstoff.

Antwort 8.2.2

Keramische Werkstoffe besitzen eine geringe Wärmeleitfähigkeit bei niedriger Bruchzähigkeit, sodass Wärmespannungen oft sofort zum Bruch führen. Die technische Eigenschaft „Temperaturwechselbeständigkeit", aus denen sich ein Kennwert für die Werkstoffauswahl berechnen lässt, ist eine Kombination folgender Eigenschaften (anzustreben ist ein möglichst hoher Wert):

$$R = \text{TWB}_3 = \frac{K_{\text{Ic}}\,\lambda\,T_{\text{kf}}}{E\,\alpha} \rightarrow \max.$$

Damit eine Keramik eine gute Temperaturwechselbeständigkeit besitzt, muss sie warmfest sein, d. h. eine hohe Schmelztemperatur T_{kf} besitzen. Zur Vermeidung von Temperaturgradienten und den daraus bedingten Wärmespannungen, die insbesondere beim Aufheizen und Abkühlen entstehen, muss die Wärmeleitfähigkeit λ groß, der thermische Ausdehnungskoeffizient α und der E-Modul jedoch klein sein. Außerdem erträgt die Keramik die Wärmespannungen ohne Rissbildung umso besser, je größer die Bruchzähigkeit K_{Ic} ist. Derjenige Werkstoff, aus dessen Werkstoffkennwerten sich der größte Zahlenwert für R errechnet, besitzt die beste Temperaturwechselbeständigkeit.

Antwort 8.2.3
Phasen mit hohen Werten von E/ϱ müssen eine geringe relative Atommasse besitzen, also weit vorne im Periodensystem stehen und fest gebunden sein. Dies trifft für Atome mit kovalenter Bindung zu. Beispiele: B, C, Be.

Antwort 8.2.4
- Als Absorberwerkstoff in Kernreaktoren,
- in der Oberflächentechnik zur Borierung von Stählen,
- in der Verbundwerkstofftechnik als hochfeste Borfasern.

Antwort 8.2.5
Karbidkeramiken werden vornehmlich als Hartstoffe (Schleifmittel, Bearbeitungswerkzeuge) verwendet. Nitridkeramiken kommen als Hochtemperaturwerkstoffe infrage.

Siliziumkarbid (SiC) und Siliziumnitrid (Si_3N_4) sind aufgrund ihrer niedrigen Wärmeausdehnungskoeffizienten und hohen Wärmeleitfähigkeiten die Keramiken mit der höchsten Beständigkeit gegen Temperaturänderungen. Je nach Herstellungsverfahren kommen diese Werkstoffe in Wärmetauschern mit aggressiven Medien vor oder werden im Motorenbau verwendet (Laufräder von Abgasturboladern). SiC und B_4N werden wegen ihrer hohen Härte und Temperaturbeständigkeit auch für Gleitringe und Lager verwendet.

8.3 Kristalline Oxidkeramik

Antwort 8.3.1
Die obere Verwendungstemperatur wird durch das Auftreten von schmelzflüssigen Phasen begrenzt, d. h. sie liegt immer unterhalb der im Zustandsdiagramm eingezeichneten Zweiphasengebiete, in denen eine Phase flüssig (f) ist.

Antwort 8.3.2

Siehe dazu die Abb. 1.

Antwort 8.3.3

Porzellan ist ein Material, aus dem man Geschirr und Figuren herstellt. Es besteht aus Kaolin, Feldspat und Quarz. Je nach Mengenverhältnis der drei Bestandteile unterscheidet man zwischen Hart- und Weichporzellan. Die Anteile Kaolin/Feldspat/Quarz stehen in typischen Massen bei Hartporzellan etwa im Verhältnis 2:1:1 bzw. im Weichporzellan bei ungefähr 3:3:4. Die verschiedenen Porzellansorten haben je nach Herkunftsregion typische Zusammensetzungen.

Antwort 8.3.4

Die plastische Verformung beruht bei

a) Metallen auf der Gleitung in Kristallebenen mithilfe von Versetzungen,
b) feuchtem Ton auf dem Gleiten auf durch Adhäsion gebundenen Flüssigkeitsschichten, die zwischen Feinstkristallen liegen,
c) Oxidglas auf dem viskosen Fließen, das nur bei erhöhter Temperatur möglich ist.

Antwort 8.3.5

Vorteile: hohe Schmelztemperatur, hohe Oxidationsbeständigkeit,
Nachteil: geringe Temperaturwechselbeständigkeit.

Antwort 8.3.6

a) Korund ist vollständig im thermodynamischen Gleichgewicht (vollständig oxidiert),
b) Polyethylen ist reaktionsträge, d. h. die Oxidation ist sehr schwer aktivierbar,
c) Stahl mit mehr als 12 Gew.-% Chrom ist durch eine dünne Chromoxidschicht passiviert.

Abb. 1 Zusammensetzung von Silikasteinen, Korundsteinen, Porzellan und Portlandzement ($A = Al_2O_3$, $C = CaO$, $S = SiO_2$)

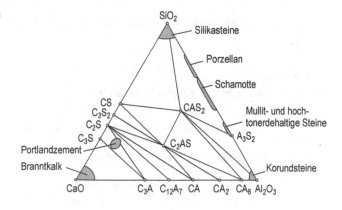

Antwort 8.3.7

a) Beide Werkstoffe gehören zur Gruppe der Oxidkeramiken. Der vorherrschende Bindungstyp ist die Ionenbindung.

b) Vergleich mit dem Koeffizienten der Temperaturwechselbeständigkeit:

$$R_1 = \text{TWB}_1 = \frac{\sigma_{bB}}{E\,\alpha}.$$

Ausrechnen ergibt $R_1(\text{Al}_2\text{O}_3) = 141{,}1\,\text{K}$, $R_1(\text{ZrO}_2) = 431{,}8\,\text{K}$.

Vergleich mit dem Koeffizienten der Temperaturgradientenbeständigkeit:

$$R_2 = \text{TWB}_2 = \frac{\sigma_{bB}\,\lambda}{E\,\alpha} = R_1\,\lambda.$$

Ausrechnen ergibt $R_2(\text{Al}_2\text{O}_3) = 4938{,}5\,\text{W/m}$, $R_2(\text{ZrO}_2) = 1295{,}4\,\text{W/m}$. Wegen seiner viel höheren Wärmeleitfähigkeit ist Al_2O_3 beständiger gegen Temperaturgradienten als ZrO_2.

c) Nach Euler gilt für die Knicklast F_{krit} (Flächenträgheitsmoment des Querschnitts I):

$$F_{\text{krit}} = 4\,\pi^2\,\frac{E\,I}{l_0^2}, \quad I = \frac{1}{4}\,\pi\,r^4.$$

Die Spannung infolge der Temperaturerhöhung ist bei gezwängter Lagerung des Stabs (Querschnitt A):

$$\sigma = \frac{F_{\text{krit}}}{A} = E\,\alpha\,\Delta T.$$

Erforderliche Temperaturerhöhung, damit der Stab knickt:

$$\Delta T = \frac{F_{\text{krit}}}{E\,A\,\alpha} = \frac{4\,\pi^2\,E\,\frac{1}{4}\,\pi\,r^4}{l_0^2\,\pi\,r^2\,E\,\alpha} = \frac{\pi^2\,r^2}{l_0^2\,\alpha}.$$

Einsetzen ergibt für die Temperaturänderungen: $\Delta T(\text{Al}_2\text{O}_3) = 726\,\text{K}$ und $\Delta T(\text{ZrO}_2) = 561\,\text{K}$.

Antwort 8.3.8

Das Volumen der beiden Elementarzellen ist

$$V_m = abc\,\sin\beta = 0{,}14025\,\text{nm}^3, \quad V_t = a^2c = 0{,}13763\,\text{nm}^3.$$

Die auf V_t bezogene Änderung des Volumens ist

$$\frac{\Delta V}{V_t} = \frac{V_m - V_t}{V_t} = \frac{0{,}14025 - 0{,}13763}{0{,}13763} = 0{,}019 \doteq 1{,}9\,\%.$$

8.4 Anorganische nichtmetallische Gläser

Antwort 8.4.1

In allen Werkstoffgruppen können Gläser hergestellt werden. Die dazu notwendigen Abkühlungsgeschwindigkeiten unterscheiden sich aber erheblich. Leicht herzustellen sind Oxide mit eutektischer Zusammensetzung sowie Polymere mit flexiblen Ketten. Schwer herzustellen sind Gläser aus Ionenkristallen und Metallen. Kennzeichnend für die Glasstruktur ist eine ungeordnete Anordnung von Baugruppen (z.B. SiO_2, diese selbst sind nahgeordnete Tetraeder) im Gegensatz zum ferngeordneten Kristall. Diese Baugruppen sind in:

Keramiken: regelloses Netz aus Atomgruppen,
Metallen: dichte Atompackung ohne Fernordnung,
Polymeren: regellos verknäuelte Molekülketten.

Antwort 8.4.2

Die Schmelztemperatur T_{kf} ist durch das thermodynamische Gleichgewicht zwischen flüssiger und fester Phase gegeben. Die Glastemperatur T_g ist jene Temperatur, bei der eine unterkühlte Flüssigkeit einfriert, d.h. Diffusionsvorgänge relaxieren die Struktur nicht mehr in messbaren Zeiten. Dadurch befinden sich Gläser nicht im thermodynamischen Gleichgewicht. Die Neuformung von Oxidgläsern erfolgt oberhalb von T_g, während die Verwendungstemperatur darunter liegt.

Antwort 8.4.3

Glas entsteht beim nicht zu langsamen Abkühlen von Silikatschmelzen. Entscheidend ist dabei, dass infolge der Vernetzung der Flüssigkeitsstruktur eine Umordnung der Atome zu Kristallkeimen schwierig ist und nicht genug Zeit für die Keimbildung von Kristalliten bleibt. Beim Abkühlen unterhalb der Schmelztemperatur erhält man zunächst eine unterkühlte Flüssigkeit, deren Struktur noch dem (metastabilen) Gleichgewichtszustand der Flüssigkeit entspricht. Unterhalb einer Temperatur T_g friert die Struktur der unterkühlten Flüssigkeit ein. Das äußert sich in einer diskontinuierlichen Änderung des Temperaturkoeffizienten vieler Eigenschaften. Der Glasübergang ist also keine Phasenumwandlung, sondern ein Einfriervorgang der Flüssigkeitsstruktur. Abb. 2 zeigt die Strukturen von SiO_2-Glas und SiO_2-Keramik.

Antwort 8.4.4

Der Bereich des Fensterglases liegt zwischen 60 und 78 Mol-% SiO_2, Rest Na_2O. Die Zugabe von Na_2O erniedrigt die Schmelztemperatur des Glases auf unter 800 °C.

Antwort 8.4.5

Die mechanischen Eigenschaften der Gläser sind dadurch gekennzeichnet, dass sie sich bei tiefen Temperaturen wie ein spröder Festkörper verhalten, der das Hookesche Gesetz

Abb. 2 Amorpher (auch:
glasartiger) und kristalliner
Aufbau von Quarz

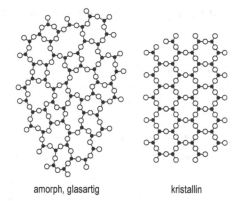

amorph, glasartig   kristallin

genau erfüllt, und bei hohen Temperaturen Newtonsche Flüssigkeiten sind. In allgemeiner Form kann ihr Verhalten unter mechanischer Spannung durch folgende Funktion der Versuchszeit t dargestellt werden. Der Ansatz wird deutlich durch ein Analogiemodell, die Reihenschaltung einer Feder (elastisch) und eines Dämpfers (viskos):

$$\varepsilon_{ges} = \varepsilon_e + \varepsilon_{visk} = \sigma \left(\frac{1}{E} + \frac{t}{\eta} \right) = \sigma \, (a + b\,t).$$

a ist umgekehrt proportional dem Elastizitätsmodul E und zeitunabhängig, b umgekehrt proportional dem Viskositätsbeiwert η. Das verschiedenartige Verhalten der Gläser beruht darauf, dass a und b sehr verschiedene Funktionen der Temperatur sind, a ist sehr wenig temperaturabhängig, b hingegen sehr stark.

Antwort 8.4.6

Erstarrt eine Schmelze kristallin, wird eine sprunghafte Änderung im spezifischen Volumen am Schmelzpunkt beobachtet. Wenn keine Kristallisation auftritt, nimmt zunächst das Volumen der unterkühlten Schmelze weiter ab. Bei der Glastemperatur T_g nimmt der thermische Ausdehnungskoeffizient stark ab (Abb. 3a). Von hier an erfolgt die Kontraktion bei weiterer Abkühlung langsamer. Die thermischen Ausdehnungskoeffizienten von Gläsern sind etwa von der gleichen Größenordnung wie die von Kristallen. Die Glastemperatur T_g ist keine feste Größe wie der Schmelzpunkt von Kristallen.

Kühlt man eine Schmelze unterschiedlich schnell ab, so findet man bei schnellerer Abkühlung höhere Glastemperaturen (Abb. 3b). Es ist offensichtlich so, dass langsamere Abkühlungsgeschwindigkeiten der Struktur mehr Zeit für Relaxationsprozesse lassen. Als Folge davon ist es möglich, die Schmelze noch weiter zu unterkühlen. Es entstehen dann Gläser höherer Dichte. Bei sehr langsamer Abkühlung tritt jedoch die kristalline Erstarrung als Konkurrenzprozess in Erscheinung.

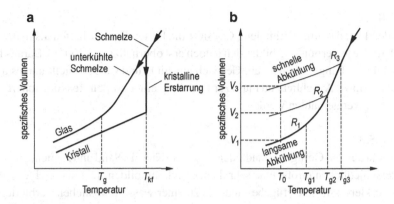

Abb. 3 a Volumenänderung bei der kristallinen und glasartigen Erstarrung. **b** Abhängigkeit der Glastemperatur von der Abkühlgeschwindigkeit R ($R_3 > R_2 > R_1$)

Abb. 4 Aufbau des Strangs einer Glasfaser für Lichtleitung zur Informationsübertragung. SiO_2 mit GeO_2 oder B_2O_3-Dotierung

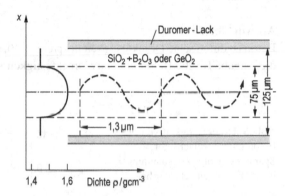

Antwort 8.4.7

Die Lichtleitung im Glasfaserstrang basiert auf der Totalreflexion. Dazu muss im Strang ein Dichtegradient aufgebaut werden, der durch Eindiffundieren von z. B. Germaniumdioxid in Siliziumdioxid erreicht wird. Abb. 4 zeigt den Aufbau eines Glasfaserstranges.

8.5 Hydratisierte Silikate, Zement, Beton

Antwort 8.5.1

Hydraulische Zemente binden durch die Einlagerung von Wasser ab (sind im Wasser nicht löslich), nichthydraulische Zemente wie Kalk binden nicht durch Wasser, sondern durch Karbonat ab (ist in Wasser löslich).

Antwort 8.5.2

Entscheidend ist, dass die Verbindung Ca_3SiO_5 die besten Eigenschaften als hydraulischer Zement hat. Diese Verbindung bildet sich jedoch erst oberhalb von 1200 °C. Daraus folgt für die Zementherstellung, dass man ein Gemisch aus SiO_2 und CaO herstellt und es auf diese Temperatur erhitzt. Anschließend muss zur Erzielung einer großen Reaktionsoberfläche der Zement zu Pulver gemahlen werden.

Antwort 8.5.3

Beton besteht aus den Gefügebestandteilen Schotter (Kiesel), Sand und Zement, die aufgrund ihrer unterschiedlichen Größe eine sehr dichte Packung bilden. Durch die Hydratation des Zements verkleben diese Gefügebestandteile zu einer wasserunlöslichen Verbindung.

Antwort 8.5.4

Siehe dazu Abb. 5.

Antwort 8.5.5

Beton ist durch seine Druckfestigkeit in kp/cm^2 ($= 0,1 N/mm^2$) gekennzeichnet. So bedeutet die Angabe Bn 200 Beton mit einer Druckfestigkeit von $200 kp/cm^2 = 20 MPa$.

Abb. 5 Druckfestigkeit von Beton unter zweiachsiger Spannung. Unter Zugspannung ist die Festigkeit sehr gering

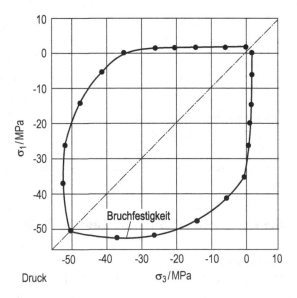

9 Metallische Werkstoffe

Inhaltsverzeichnis

9.1 Allgemeine Kennzeichnung

Antwort 9.1.1
Ein Metall ist ein Stoff mit folgenden Eigenschaften:

- Reflexionsfähigkeit für Licht,
- hohe elektrische und thermische Leitfähigkeit,
- plastische Verformbarkeit und hohe Bruchzähigkeit (auch bei tiefer Temperatur),
- in einigen Fällen ferromagnetisch,
- chemisch meist nicht beständig.

Antwort 9.1.2

- Gusseisen und Stahl:
  Gusseisen: Schmelztemperatur etwa 1250 °C, Zusammensetzung in der Nähe des Eutektikums des Fe-C Zustandsdiagramms (mehr als 2 Masse-% C), plastisch kaum verformbar.
  Stahl: Schmelztemperatur etwa 1500 °C, Zusammensetzung in der Nähe des Eutektoids des Fe-C Zustandsdiagramms (weniger als 2 Masse-% C), plastisch gut verformbar.

© Springer-Verlag GmbH Deutschland, ein Teil von Springer Nature 2019
E. Werner et al., *Fragen und Antworten zu Werkstoffe*,
https://doi.org/10.1007/978-3-662-58845-1_22

- G-AlSi12 und AlMg5:

  G-AlSi12: Schmelztemperatur etwa 580 °C, Zusammensetzung in der Nähe des Eutektikums des Al-Si Zustandsdiagramms.

  AlMg5: Schmelztemperatur etwa 650 °C, gut verformbar, meerwasserbeständig.

Antwort 9.1.3

Hoher Schmelzpunkt: kleiner Atomradius (Be), kovalenter Bindungsanteil (V, W, Übergangsmetalle)

Niedriger Schmelzpunkt: großer Atomradius (Sn, Pb, Bi).

Antwort 9.1.4

Hochschmelzende Metalle sind Molybdän ($T_{kf} = 2610$ °C), Hafnium (2222 °C), Tantal (2996 °C), Wolfram (3410 °C), Rhenium (3180 °C), Osmium (3100 °C), Ruthenium (2500 °C) und Iridium (2454 °C).

Antwort 9.1.5

Leitkupfer; Wolfram für Glühfäden (mit Dispersion keramischer Teilchen); Ag, Al für Spiegel (sehr selten).

Antwort 9.1.6

Für Stähle ist das metastabile Fe-Fe$_3$C Zustandsdiagramm maßgebend.

Antwort 9.1.7

Stähle mit 0,1 bis 0,5 Gew.-% Kohlenstoff werden als Baustähle bezeichnet, Vergütungsstähle enthalten 0,25 bis 0,8 Gew.-% C, Werkzeugstähle 0,7 bis 2,0 Gew.-% C.

Eisen-Kohlenstoff-Legierungen mit mehr als 2 Gew.-% Kohlenstoff werden als Gusseisen bezeichnet. Diese Grenze ist durch die maximale Löslichkeit des γ-Eisens für Kohlenstoff bestimmt.

9.2 Mischkristalle

Antwort 9.2.1

Das Legierungssystem Aluminium-Silizium (Al-Si) bildet die Grundlage für Aluminium-Gusslegierungen. Aus Legierungen des Aluminiums mit Kupfer (Al-Cu) bzw. Magnesium (Al-Mg) bestehen die meisten Knetlegierungen. Die Al-Cu-Legierungen sind härtbar (durch Ausscheidungshärtung), Al-Mg-Legierungen sind naturhart (Mischkristallhärtung).

Antwort 9.2.2

Als Superleichtmetalle werden die Legierungen Al-Li und Mg-Li bezeichnet. Beide können mit weiteren Legierungselementen versehen sein. Al-Li-Legierungen werden in der Frachtversion des neuen Airbus erstmals eingesetzt.

Antwort 9.2.3

- Cu-Zn: α-Mischkristall bis etwa 38 Gew.-% Zn bei 454 °C, $\alpha + \beta$ daran anschließend bis etwa 47 Gew.-% Zn,
- Cu-Sn: α-Mischkristall bis etwa 9 Gew.-% Sn bei 520 °C, $\alpha + \beta$ bei Temperaturen oberhalb von 586 °C und maximal etwa 15 Gew.-% Sn, bei tieferen Temperaturen eutektoider Zerfall von β, wobei die Gefügebestandteile von der Abkühlgeschwindigkeit abhängen.
- Cu-Al: α-Mischkristall bis etwa 9 Gew.-% Al bei 565 °C, $\alpha + \beta$ daran anschließend bis etwa 14 Gew.-% Al oberhalb von 565 °C. Bei dieser Temperatur eutektoider Zerfall von β.

Antwort 9.2.4

In Cu gelöste Atome (Zn, Al, Si) erhöhen Streckgrenze und Verfestigungskoeffizienten. Dadurch erhöhen sich auch die Gleichmaßdehnung und die Tief- und Streckziehfähigkeit.

Antwort 9.2.5

Mit entscheidend für die durch Mischkristallhärtung verursachte Fließspannungserhöhung ΔR_p ist die Differenz der Atomradien der Wirtsgitter- (Fe-) und der Legierungsatome. Daraus ergibt sich ΔR_p:

$$\delta = \left| \frac{1}{r_{Fe}} \cdot \frac{\bar{r}_{Fe+x} - r_{Fe}}{c} \right|, \qquad \Delta R_p \approx G \, \delta^{3/2} \, c^{1/2}.$$

Der Atomradius des Eisens lässt sich aus der angegebenen Gitterkonstante gemäß $r_{Fe} = (\sqrt{3}/4)a = 0{,}124\,\text{nm}$ berechnen. Der durch das Zulegieren eines Elements x veränderte Atomradius gehorcht näherungsweise der linearen Mischungsregel $\bar{r}_{Fe+x} = (1 - c)\,r_{Fe} + c\,r_x$, c ist die Konzentration des Legierungselements x in At.-%/100 %, also hier $c = 0{,}01$. Einsetzen der Angabe ergibt die in der nachstehenden Tabelle angegebenen Zahlenwerte.

Atom	r_x [nm]	$\bar{r}_{Fe+x}$ [nm]	δ	ΔR_p [MPa]
Fe	0,124	0,12400	–	–
Cr	0,125	0,12401	0,0081	6
Mo	0,136	0,12412	0,0968	253
Al	0,143	0,12419	0,1532	504
P	0,094	0,12370	0,2419	1000

Antwort 9.2.6

Mischkristallbildung führt immer zu einer Mischkristallhärtung. Die Streckgrenze wird wie der spezifische elektrische Widerstand ϱ erhöht. Die Schmelztemperatur (Schmelzbereich) kann bei vollständiger Mischkristallbildung entweder erhöht oder erniedrigt werden, je nach Schmelzpunkt der zugemischten Atomart.

Antwort 9.2.7

a) Für zwei Legierungselemente mit den Atomanteilen x_1 und x_2, $x_1 + x_2 = 1$, gilt für die Konfigurationswahrscheinlichkeit, d. h. für die Anzahl unterscheidbarer Anordnungen von $N = 6{,}023 \cdot 10^{23}$ Atomen pro mol

$$W = \frac{N!}{(N\,x_1)!\,(N\,x_2)!}, \quad N\,x_1 + N\,x_2 = N,$$

da die Atome einer Sorte voneinander nicht unterscheidbar sind und 1 mol Atome der Legierung $N\,x_1$ bzw. $N\,x_2$ Atome der beiden Sorten 1 und 2 enthält. Verwendet man die Stirlingsche Formel zur näherungsweisen Berechnung des natürlichen Logarithmus von Fakultäten

$$\ln n! = n\,\ln n - n,$$

so erhält man für die Mischungsentropie den Ausdruck

$$
\begin{aligned}
\Delta S_{\mathrm{M}} &= k_{\mathrm{B}}\,\ln W = k_{\mathrm{B}}\,\ln\frac{N!}{(N\,x_1)!\,(N\,x_2)!} \\
&= k_{\mathrm{B}}\,(\ln N! - \ln(N\,x_1)! - \ln(N\,x_2)!) \\
&= k_{\mathrm{B}}\,N\,(\ln N - 1 - x_1\,\ln N\,x_1 + x_1 - x_2\,\ln N\,x_2 + x_2) \\
&= R\,(\ln N - x_1\,(\ln N + \ln x_1) - x_2\,(\ln N + \ln x_2)) \\
&= -R\,(x_1\,\ln x_1 + x_2\,\ln x_2)\,.
\end{aligned}
$$

R bezeichnet die Gaskonstante. Die Mischungsentropie ist Null für $x_1 = 0$ bzw. $x_1 = 1$ und nimmt für dazwischenliegende Konzentrationen nur positive Werte an, da $\ln x < 0$ für $0 < x < 1$ gilt. Für k Legierungselemente lässt sich der Ausdruck für ΔS_{M} verallgemeinern zu:

$$\Delta S_{\mathrm{M}} = -R \cdot \sum_{i=1}^{k} x_i\,\ln x_i \quad \text{mit} \quad \sum_{i=1}^{k} x_i = 1.$$

Zur Lösung der Teilaufgabe reicht der Nachweis, dass ΔS_{M} ein Extremum besitzt, wenn alle x_i gleich sind. Mithilfe der Lagrangeschen Multiplikatoren-Methode lässt sich dies zeigen. Die Funktion in k Variablen

$$\frac{\Delta S_{\mathrm{M}}}{R} = f(x_1, \ldots, x_k) = -\sum_{i=1}^{k} x_i \ln x_i$$

mit der Nebenbedingung

$$g(x_1, \ldots, x_k) = \sum_{i=1}^{k} x_i - 1 = 0$$

kann mittels der Lagrange-Funktion

$$F(x_1, \ldots, x_k, \lambda) = f(x_1, \ldots, x_k) + \lambda \cdot g(x_1, \ldots, x_k)$$

hinsichtlich des Auftretens von Extremwerten untersucht werden (λ bezeichnet den Lagrange-Multiplikator). Eine notwendige Bedingung für das Auftreten von Extremwerten von f ist die Erfüllung der $k + 1$ Gleichungen

$$\frac{\partial F}{\partial x_i} = -\ln x_i - 1 + \lambda = 0, \quad i = 1, \ldots, k,$$

$$\frac{\partial F}{\partial \lambda} = \sum_{i=1}^{k} x_i - 1 = 0.$$

Aus der ersten Gleichungszeile erkennt man, dass alle x_i gleich sind, und gemäß der zweiten Gleichung den Wert

$$x_i = \frac{1}{k}, \quad l = 1, \ldots, k,$$

annehmen. ΔS_{M} nimmt also ein Maximum an, wenn alle atomaren Konzentrationen der Legierungselemente gleich groß sind.

b) Der Ausdruck

$$\frac{\Delta S_{\mathrm{M}}}{R} = -\sum_{i=1}^{k} x_i \ln x_i = -\sum_{i=1}^{k} \frac{1}{k} \ln \frac{1}{k} = -\frac{1}{k} \ln \frac{1}{k} \sum_{i=1}^{k} 1 = -\ln \frac{1}{k} = \ln k$$

wird umso größer, je größer k ist. Für $k = 5$ ist die Mischungsentropie beispielsweise $\Delta S_{\mathrm{M}} = 1{,}609 \cdot R$.

Antwort 9.2.8

a) Zwischen 0 und 0,30 Masse-% steigt die Gitterkonstante des Austenits linear mit dem Stickstoffgehalt an (Vegardsche Regel). Ab 0,30 Masse-% bleibt die Gitterkonstante unverändert. Es ist also anzunehmen, dass der Stahl höchstens 0,30 Masse-% Stickstoff interstitiell lösen kann, die zur Mischkristallhärtung genutzt werden können. Höhere Gehalte an Stickstoff führen vermutlich zu stickstoffhaltigen Ausscheidungen, z. B. aus Chromnitrid.

b) Der maximal lösliche Stickstoffgehalt beträgt 0,30 Masse-%. Dies entspricht der atomaren Konzentration $c_N = 0,0099 \doteq 0,01$. Zur Umrechnung in dieses Konzentrationsmaß wurden für die Mol-Masse des Stickstoffs 14 g/mol und für die austenitische Matrix 56 g/mol (= Mol-Masse von Eisen) eingesetzt. Dem Diagramm für die Gitterkonstante entnimmt man $a_0 = 0,3590$ nm, die Steigung der linken Geraden beträgt:

$$\frac{da}{dc_N} = \frac{\Delta a}{\Delta c_N} = \frac{0,3598 - 0,3590}{0,01 - 0} = 0,08 \, \frac{nm}{\text{At.-\%}/100\,\%}.$$

Für δ folgt daraus der Zahlenwert

$$\delta = \frac{1}{a_0} \frac{\Delta a}{\Delta c_N} = \frac{0,08}{0,359} \approx 0,22.$$

Einsetzen in die Formel von Fleischer ergibt für den Anstieg der Streckgrenze:

$$\Delta \sigma_y = 0,38 \, G \, \delta^{\frac{3}{2}} \sqrt{c_N} = 0,38 \cdot 75000 \cdot (0,22)^{\frac{3}{2}} (0,01)^{\frac{1}{2}} = 294 \, \text{MPa}.$$

Durch Zulegieren von 0,3 Masse-% Stickstoff kann die Streckgrenze des Stahls bei Raumtemperatur – ohne Duktilitätseinbußen – auf nahezu 500 MPa gesteigert werden.

c) Die Hall-Petch-Beziehung lautet:

$$\sigma_y(d) = \sigma_{yr} + \frac{k_y}{\sqrt{d}}.$$

Darin bedeutet $\sigma_y(d)$ die Streckgrenze bei der Korngröße d, σ_{yr} ist die Streckgrenze bei unendlich großer Korngröße und k_y ist die Hall-Petch-Konstante. Diese kann aus der Angabe berechnet werden zu

$$k_y = \frac{\sigma_y(d_2) - \sigma_y(d_1)}{1/\sqrt{d_2} - 1/\sqrt{d_1}} = \frac{226 - 200}{1/\sqrt{0,05} - 1/\sqrt{0,1}} = 19,82 \, \text{N mm}^{-\frac{3}{2}}.$$

Die Streckgrenze bei $d = 75 \, \mu\text{m} = 0,075$ mm beträgt

$$\sigma_y(d = 0,075) = \sigma_y(d = 0,1) + k_y \left(\frac{1}{\sqrt{0,075}} - \frac{1}{\sqrt{0,1}} \right) = 200 + 9,7 = 209,7 \, \text{MPa},$$

jene bei $d = 1 \, \mu\text{m}$

$$\sigma_y(d = 0,001) = 335,6 \, \text{MPa}.$$

Durch Kornfeinung wird also eine Festigkeitssteigerung von 125,9 MPa erreicht.
Die Korngröße lässt sich durch eine Kombination von Kaltumformung und einer anschließenden Rekristallisationsglühung erreichen. Dazu muss ein ausreichender Umformgrad realisiert werden (z. B. durch Kaltwalzen), die dabei eingebrachte hohe

Versetzungsdichte ist die Treibkraft für die Bildung neuer, versetzungsarmer Körner. Durch geeignete Wahl von Umformgrad, Rekristallisationstemperatur und Glühdauer lässt sich die Korngröße des Gefüges steuern.

9.3 Ausscheidungshärtung, Al-, Ni-Legierungen

Antwort 9.3.1

Immer dort, wo die Löslichkeit eines Mischkristalls für die zulegierte Atomsorte mit fallender Temperatur abnimmt. Dies eröffnet die Möglichkeit der Zwangslösung von Legierungsatomen durch rasche Abkühlung aus dem homogenen Mischkristallbereich.

Antwort 9.3.2

Siehe dazu die Im Kap. „Grundlagen der Wärmebehandlung" Abb. 3. Die Wärmebehandlung besteht aus den Teilschritten

Homogenisieren: Glühen im Gebiet des homogenen Mischkristalls,
Abschrecken: Erzeugung eines übersättigten Mischkristalls $\alpha_{\ddot{u}}$,
Auslagern: Glühen im Zweiphasengebiet, damit die β-Phase feindispers in der α-Matrix ausgeschieden wird, $\alpha_{\ddot{u}} \rightarrow \alpha + \beta$.

Antwort 9.3.3

Die Erhöhung der kritischen Schubspannung einer ausscheidungsgehärteten Legierung ist gegeben durch

$$\Delta \tau = G \, \frac{b}{D_T}.$$

Nach dem Ende der Ausscheidung tritt bei weiterem Halten auf Auslagerungstemperatur Teilchenwachstum auf, ohne dass sich der Volumenanteil f_T der Teilchen ändert. Der Teilchenabstand D_T nimmt dabei proportional zum Teilchendurchmesser d_T zu:

$$\frac{d_T}{D_T} = c \, f_T^{1/2} = \text{const.}$$

Dadurch nimmt die kritische Schubspannung ab. Die Legierung befindet sich im *überalterten Zustand*.

Antwort 9.3.4

$$\Delta \tau = G \, \frac{b}{D_T} = \frac{84 \cdot 10^3 \cdot 0{,}25 \cdot 10^{-9}}{100 \cdot 10^{-9}} = 210 \, \text{MPa}.$$

Antwort 9.3.5

Aus der Beziehung für die Erhöhung der kritischen Schubspannung

$$\Delta\tau = G\,\frac{b}{D_{\mathrm{T}}} = G\,\frac{b\,c\,f_{\mathrm{T}}^{1/2}}{d_{\mathrm{T}}}$$

lässt sich der benötigte Volumenanteil der Niobkarbidteilchen berechnen:

$$f_{\mathrm{T}} = \left(\frac{\Delta\tau\,d_{\mathrm{T}}}{G\,b\,c}\right)^{2} = \left(\frac{250\cdot 5\cdot 10^{-9}}{84\cdot 10^{3}\cdot 0{,}2482\cdot 10^{-9}\cdot 0{,}5}\right)^{2} = 0{,}0144 \doteq 1{,}44\,\text{Vol.-\%.}$$

Dieser Volumenanteil $f_{\mathrm{T}} = f_{\mathrm{NbC}}$ entspricht einem Massenanteil der Niobkarbidteilchen von

$$w_{\mathrm{NbC}} = \frac{1}{1 + \dfrac{f_{\alpha-\mathrm{Fe}}\cdot\varrho_{\alpha-\mathrm{Fe}}}{f_{\mathrm{NbC}}\cdot\varrho_{\mathrm{NbC}}}} = \frac{1}{1 + \dfrac{0{,}9856\cdot 7{,}88}{0{,}0144\cdot 7{,}78}} = 0{,}0142 \doteq 1{,}42\,\text{Masse-\%.}$$

Damit müssen 100 kg Schmelze 1,42 kg Niobkarbid enthalten. Mithilfe der relativen Atommassen von Niob und Kohlenstoff und der Stöchiometrie des Niobkarbids NbC ergibt sich, dass der Massenanteil des Niobs im Karbid 88,6 % beträgt. Somit sind der Schmelze $1{,}42\cdot 0{,}886 = 1{,}26$ kg Niob zuzuführen, um die geforderte Festigkeitserhöhung von 250 MPa zu erreichen.

Antwort 9.3.6

- Ursache: Die Keimbildung von Ausscheidungen erfolgt oft mithilfe von Leerstellen. Da Korngrenzen Leerstellensenken darstellen, sind die Bereiche nahe der Korngrenzen Zonen geringer Teilchendichte und geringer Festigkeit.
- Konsequenzen: Die teilchenfreie Zone ist ein Bereich geringer Härte und Festigkeit entlang der Korngrenzen. Bei Belastung kann dies zu einem vorzeitigen Versagen dieser weichen Korngrenzensäume führen (pseudointerkristalliner Bruch).

Antwort 9.3.7

Der Begriff Superlegierungen ist im Bereich der Hochtemperaturwerkstofftechnik gebräuchlich. Man versteht darunter Legierungen auf Nickelbasis, die Aluminium (zur Bildung der härtenden Phase Ni₃Al), Cr (für den Korrosionsschutz) und andere Elemente wie Co, Si, Mo und Nb enthalten. Solche Superlegierungen können bei Temperaturen über 1000 °C mechanischen Belastungen standhalten und werden für Schaufeln und andere thermisch stark belastete Bauteile in Gasturbinen verwendet.

9.4 Umwandlungshärtung, Stähle

Antwort 9.4.1

Eisen: α-Fe $\leftrightarrow$ γ-Fe $\leftrightarrow$ δ-Fe

Zinn: α-Sn $\leftrightarrow$ β-Sn

Titan: α-Ti $\leftrightarrow$ β-Ti

Kobalt: α-Co $\leftrightarrow$ β-Co

Uran: α-U $\leftrightarrow$ β-U $\leftrightarrow$ γ-U

Antwort 9.4.2

Siehe dazu Abb. 1.

Austenitisieren (1): Geglüht wird im γ-Fe + Fe$_3$C-Gebiet. Dabei wird nicht der gesamte Zementit aufgelöst (die benötigten Zeiten wären auch bei vollkommener Austenitisierung unverhältnismäßig lange $\rightarrow$ Gefahr der Grobkornbildung des Austenits). Die nicht aufgelösten Zementit-Teilchen wirken aber festigkeitssteigernd im Endgefüge.

Abschrecken (2): Härten durch Umwandeln des Austenits in Martensit α'.

Anlassen (3): Ausscheiden von feinen Karbiden aus dem Martensit. Dadurch wird die Härte des Martensits reduziert, seine Zähigkeit aber verbessert. Die ausgeschiedenen Karbide wirken festigkeitssteigernd und kompensieren einen Teil des Festigkeitsverlustes des Martensits.

Antwort 9.4.3

a) Das *Normalisieren* von Stählen erfolgt oberhalb von A_{c3}, bei übereutektoiden Stählen oberhalb von A_{c1} mit einem nicht zu langen Halten und einem nachfolgenden kontrollierten Abkühlen, um ein gleichmäßiges Gefüge einzustellen. Das Normalisieren ist eine der wichtigsten Wärmebehandlungen von umwandlungsfähigen Stählen, da es zu einer Gefügeeinstellung führt, die nahezu unbeeinflusst ist von der Vorbehandlung des Stahles. So werden die durch Gießen, Schweißen, Walzen, Ziehen, Härten, Grobkornglühen etc.

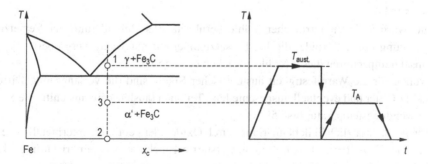

Abb. 1 Vergüten eines übereutektoiden Stahls

eingebrachten Gefügeveränderungen durch die zweimalige Phasenumwandlung

$$\alpha\text{-Fe} + Fe_3C \rightarrow \text{Erwärmen} \rightarrow \gamma\text{-Fe} \rightarrow \text{Abkühlen} \rightarrow \alpha\text{-Fe} + Fe_3C$$

beseitigt. Der *Normalzustand* des Stahls ist auf diese Weise immer wieder herstellbar.

b) *Vergüten* ist die Kombination der Wärmebehandlungen *Härten* und *Anlassen*. Das Härten von Stahl erfolgt durch Erwärmen und Durchwärmen knapp oberhalb von A_{c3} bei untereutektoiden Stählen und oberhalb A_{c1} bei übereutektoiden Stählen, kurzzeitigem Halten und nachfolgendem Abkühlen mit einer solchen Abkühlgeschwindigkeit, dass überwiegend Martensit entsteht. Ein gehärteter Stahl besitzt deutlich höhere Festigkeitswerte (R_p, R_m) und eine sehr kleine Bruchdehnung (A). Um das martensitische Gefüge zu entspannen und einen hochfesten Stahl mit verbesserter Duktilität und Zähigkeit zu erhalten, werden gehärtete Stähle angelassen.

c) *Anlassen* ist das dem Härten nachfolgende Glühen deutlich unter A_{c1}, um den im Martensit zwangsgelösten Kohlenstoff über das metastabile Karbid $Fe_{2.4}C$ oder das stabile Karbid Fe_3C auszuscheiden. Dies führt zu einem Verlust an Härte und Festigkeit und einem Gewinn an Zähigkeit.

d) *Anlassversprödung* ist eine durch die Anreicherung von Legierungselementen an den Korngrenzen verursachte Versprödung, die während des Anlassens hervorgerufen wird. Die Bruchform ist interkristallin.

e) Die durch das Anlassen verursachte Reduktion der Festigkeit kann durch die Zugabe von Cr, Mo oder V zu höheren Temperaturen oder längeren Zeiten verschoben werden, die Stähle werden dadurch *anlassbeständig*. Grund ist die Verzögerung der Karbidausscheidung, da die erwähnten Legierungselemente die Diffusionsgeschwindigkeit erniedrigen.

f) Unter *Durchhärtbarkeit* versteht man, bis zu welchem Durchmesser z. B. eine Stahlwelle gehärtet werden kann. Dies ist durch die Wärmeleitfähigkeit und die dadurch zur Verfügung stehende Zeit festgelegt, um während des Abschreckens die Umwandlung des Austenits zu Perlit in Bereichen unterhalb der Oberfläche der Stahlwelle zu unterdrücken. Durch die Zugabe von Cr oder Mo wird die Perlitbildung verzögert. Dadurch werden auch Wellen mit großem Durchmesser härtbar.

Antwort 9.4.4

a) Die Warmfestigkeit ferritischer Stähle beruht auf der Behinderung der Versetzungsbewegung durch Karbide, die bei Einsatztemperatur nur wenig vergröbern. Typische Einsatztemperaturen dieser Stähle erreichen etwa 550 °C.

b) Gründe für die Warmfestigkeit austenitischer Stähle sind die verlangsamte Diffusion im kfz Gitter und eventuell ausgeschiedene Teilchen (aushärtbare austenitische Stähle). Verwendungstemperatur bis 750 °C.

c) Wie in b), zusätzlich Teilchenhärtung durch Oxide oder geordnete intermetallische Phasen wie Ni_3Al (=γ'-Phase), gerichtet erstarrte Eutektika oder einkristallines Gefüge (Erhöhung der Kriechbeständigkeit). Verwendungstemperatur bis 1050 °C.

Antwort 9.4.5

Bei der eutektoiden Umwandlung findet die Neubildung von zwei unterschiedlichen Phasen an der Reaktionsfront statt, $\gamma \to \alpha + \beta$. Während einer diskontinuierlichen Ausscheidung wird eine Kristallart β aus einem übersättigten Mischkristall $\alpha_{\ddot{u}}$ gebildet. Dabei ändert die α-Phase jedoch nicht ihre Kristallstruktur, sondern nur die chemische Zusammensetzung in die Richtung des Gleichgewichtes, $\alpha_{\ddot{u}} \to \alpha + \beta$.

Antwort 9.4.6

Der Stirnabschreckversuch nach Jominy (DIN EN ISO 642) ist ein Verfahren der Werkstoffprüfung und dient zur Prüfung der Härtbarkeit von Stahl. Ermittelt wird die höchste erreichbare Härte beim Abschreckhärten (Aufhärten) und der Verlauf der Härte in die Tiefe der Probe (Einhärten). Eine zylindrische Stahlprobe von 100 mm Länge und 25 mm Durchmesser wird nach dem werkstoffabhängigen Normalglühen auf Härtetemperatur erwärmt, dann innerhalb von 5 s aus dem Ofen genommen, vertikal aufgehängt und an der Stirnseite von unten mindestens 10 min lang mit einem 20 °C warmen Wasserstrahl abgeschreckt. Danach wird die Zylindermantelfläche um 0,4 bis 0,5 mm abgetragen und plan geschliffen. Ausgehend vom Rand der abgeschreckten Stirnfläche wird schrittweise die Härte (nach Rockwell oder nach Vickers) gemessen. Die ermittelten Werte sinken ab, je weiter man sich von der abgeschreckten Stirnfläche entfernt. Fällt die Härte nur mäßig ab, ist der Werkstoff gut durchhärtbar.

Antwort 9.4.7

a) Einsetzen der gegebenen Zahlenwerte in die Beziehung für den Parameter λ ergibt z. B. für Wasser

$$\lambda = \left(\frac{45}{8,176} \right)^{1,504} \cdot \frac{1}{100} = 0,13.$$

Die Gefügebestandteile entnimmt man für das jeweilige λ dem ZTU-Schaubild.

b) Die obere Abkühlungsgeschwindigkeit ist jene, von der ab die Umwandlung nur noch in der Martensitstufe erfolgt. Für den Stahl der Aufgabe gilt:

Abschreckmedium	λ	Gefügebestandteile
Wasser	0,13	100 % Martensit
Öl	0,31	2 % Bainit, 98 % Martensit
Druckluft	7,15	100 % Perlit

$$0,13 < \lambda_0 < 0,31.$$

Die untere Abkühlungsgeschwindigkeit ist jene, von der ab die Umwandlung in die härtenden Nicht-Gleichgewichtsphasen erfolgt. Bei Stahl ist dies das erstmalige Auftreten von Bainit im Gefüge, daher:

$$1,3 < \lambda_u < 2,3.$$

c) Die Bezeichnung des Stahls erfolgte nach der Norm DIN EN 10027-1 (Bezeichnung nach Kurznamen, Gruppe 2 für niedriglegierte Stähle). Bei dieser Bezeichnungsweise werden die Kennzahlen ermittelt, indem auf den Gehalt der Legierungselemente Multiplikatoren angewandt werden. Der Multiplikator ist 4 für Chrom, 10 für V und 100 für C. Die chemische Zusammensetzung des Stahls lautet:

0,58 % C, 1 % C, keine Aussage über V möglich.

Sowohl Cr als auch V erhöhen die Einhärtbarkeit, nicht aber die Aufhärtbarkeit des Stahls.

d) Lösungsweg für 0,5 R: Aus dem linken Diagramm der Angabe liest man für den Wellendurchmesser von 120 mm mit Hilfe der Kurve 0,5 R auf der Abszisse für den Abstand von der Stirnseite den Wert 50 mm ab. Für diesen Abstand liest man aus dem rechten Teilbild den Härtewert 42,5 HRC ab. In analoger Weise geht man für die anderen Positionen vor.

Ort des Querschnitts	Rockwellhärte HRC
Oberfläche	60
0,8 R	50
0,5 R	42,5
Kern	40

Antwort 9.4.8

Zwischen der Stabilitätsgrenze des Austenits und der Martensitstart-Temperatur kann Austenit metastabil vorliegen. Hier kann die martensitische Umwandlung durch plastische Verformung herbeigeführt werden. Die so erfolgende verformungsinduzierte Umwandlung führt zu einem sehr starken Verfestigungskoeffizienten des Stahls, was im Manganhartstahl (Fe + 12 Gew.-% Mn + 1 Gew.-% C), einer sehr abriebfesten Legierung ausgenutzt wird. Eine weitere Anwendung sind metastabile TRIP-Stähle, welchen die verformungsinduzierte Umwandlung des metastabilen Restaustenits (etwa 15 % Phasenanteil) sehr gutes Umformvermögen verleiht.

9.5 Gusslegierungen und metallische Gläser

Antwort 9.5.1

Man unterscheidet weißes (ledeburitisches) Gusseisen, basierend auf dem metastabilen System Fe-Fe$_3$C, und graues Gusseisen, basierend auf dem stabilen System Fe-C. Letzteres kann wiederum hinsichtlich der Form des Graphits in lamellares und globulitisches Gusseisen eingeteilt werden.

Antwort 9.5.2

- eutektische Zusammensetzung,
- feines Gefüge,
- geringe Volumenkontraktion (Schwindung),
- geringe Seigerungsneigung,
- gutes Formfüllungsvermögen.

Antwort 9.5.3

Eutektische Gefüge sind feinkörnig und zweiphasig (in-situ Verbundwerkstoff). Eine eutektische Schmelze kann beim Abkühlen nicht großräumig entmischen, weil beim Erstarren nicht genug Zeit für die Diffusion bleibt. Der eutektische Punkt ist der tiefste Schmelzpunkt aller Legierungen des Systems und man braucht für diese Zusammensetzung am wenigsten Energie zum Schmelzen. Waren es früher eher technologische Gründe für den Einsatz von eutektischen Legierungen (man erreichte oft keine höheren Schmelztemperaturen), so sind es heute zum Teil auch Kostengründe.

Antwort 9.5.4

a) Bei 1315 °C scheidet sich aus der Schmelze erstmals γ-Mischkristall aus (γ_{prim}). Die Restschmelze reichert sich mit Kohlenstoff an, bis sie die eutektische Zusammensetzung erreicht (4,3 Masse-%). Der γ-Mischkristall besitzt bei der eutektischen Temperatur (1153 °C) 2 Masse-% C. Bei dieser Temperatur zerfällt die Restschmelze eutektisch zu γ_{e} und Graphit (100 % C). Bei weiterer Abkühlung wandelt der gesamte γ-Mischkristall ($\gamma_{\text{prim}} + \gamma_{\text{e}}$) eutektoid bei 738 °C um: γ-MK $\rightarrow \alpha$-Fe + Graphit.

b) Knapp oberhalb der eutektischen Temperatur liegen γ_{prim}-Mischkristall und Schmelze (f) vor. Die Phasenanteile sind

$$P_{\gamma_{\text{prim}}} = \frac{4,3 - 3}{4,3 - 2} = 0,56 \,, \quad P_{\text{f}} = 1 - P_{\gamma_{\text{prim}}} = 0,44 \,.$$

Knapp unterhalb der eutektischen Temperatur liegen γ-Mischkristall ($\gamma_{\text{prim}} + \gamma_{\text{e}}$) und Graphit (G) vor. Die Phasenanteile sind

$$P_\gamma = \frac{100 - 3}{100 - 2} = 0{,}99, \quad P_G = 1 - P_\gamma = 0{,}01.$$

Der Anteil des eutektisch erstarrten Austenits (γ_e) beträgt $P_{\gamma_e} = P_\gamma - P_{\gamma_{prim}} = 0{,}99 - 0{,}56 = 0{,}43$.

c) Der Sättigungsgrad S_C wird mit der empirischen Formel

$$S_C = \frac{\% \, C}{4{,}3 - 0{,}3 \cdot (\% \, Si + \% \, P) + 0{,}03 \cdot \% \, Mn}$$

berechnet, wobei die Gehalte der Legierungselemente in Masse-% einzusetzen sind. Aus der Angabe erhält man

$$S_C = \frac{3}{4{,}3 - 0{,}3 \cdot 2 + 0{,}03 \cdot 1{,}2} = 0{,}80.$$

Der Sättigungsgrad ist ein Maß für die Neigung der Legierung zur Erstarrung nach dem stabilen Zustandsdiagramm. Je größer S_C ist, desto wahrscheinlicher ist die Entstehung von grauem Gusseisen. Bei $S_C \geq 1$ ist dies sicher der Fall. Bei $S_C < 1$ entscheiden die Abkühlungsbedingungen über die Gefügeausbildung. Je langsamer die Erstarrung verläuft (große Wandstärke des Gussteils), desto eher wird das Gusseisen grau erstarren.

Antwort 9.5.5
Metallische Gläser bestehen meist aus mehreren Atomarten und haben eine amorphe Struktur, die der von Glas ähnelt: Sie besitzen Nahordnung aber keine Fernordnung. Sowohl Schmelzspinnanlagen als auch Laseroberflächenbehandlungen sind geeignet metallische Gläser zu erzeugen, weil mit ihnen Abkühlungsgeschwindigkeiten erreicht werden, die keine Zeit für Keimbildung und Wachstum von Kristallen lassen.

10 Polymerwerkstoffe

Inhaltsverzeichnis

10.1 Allgemeine Kennzeichnung

Antwort 10.1.1
Aus allen kohlenstoffhaltigen Rohstoffen: Kohle, Erdöl, Erdgas.

Antwort 10.1.2
Es handelt sich um das Monomer des Polyvinylchlorids (PVC). Das Molekulargewicht des Monomers ist

$$M_{C_2H_3Cl} = 2 \cdot 12 + 3 \cdot 1 + 35{,}5 = 62{,}5.$$

Das mittlere Molekulargewicht des Polymers mit Polymerisationsgrad p ist damit

$$\overline{M}_{PVC} = p \cdot M_{C_2H_3Cl} = 62{,}5 \cdot 10^4.$$

© Springer-Verlag GmbH Deutschland, ein Teil von Springer Nature 2019   303
E. Werner et al., *Fragen und Antworten zu Werkstoffe*,
https://doi.org/10.1007/978-3-662-58845-1_23

Antwort 10.1.3

    a PP: Polypropylen   **b** PTFE: Polytetrafluorethylen

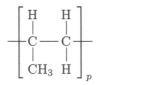

    c PA: Polyamid (hier: PA6 = Perlon)

$$\left[\begin{array}{c} N - (CH_2)_5 - C \\ | \qquad\qquad \| \\ H \qquad\qquad O \end{array} \right]_p$$

Antwort 10.1.4

a) Struktur des Makromoleküls, z. B. Verzweigungen, Folge von Seitengruppen.

b) Form der Makromoleküle: gestreckt, verknäuelt.

c) Anordnung der Seitengruppen am Makromolekül: asymmetrisch (PP), symmetrisch (PTFE, PE).

d) Reihenfolge der Anordnung der Seitengruppen: taktisch (regelmäßig), ataktisch (regellos).

Antwort 10.1.5

Der Polymerisationsgrad ist die Anzahl der Monomere, aus denen die Molekülketten der Polymere entstehen. Der Polymerisationsgrad ist definiert als das Verhältnis der Molekulargewichte des Polymers und des Monomers.

Antwort 10.1.6

Ein Kopolymer ist aus mindestens zwei verschiedenen Monomeren zusammengesetzt. Damit sind besondere Eigenschaftskombinationen der Polymermoleküle und somit auch der polymeren Werkstoffe möglich, z. B.: ABS = Acrylnitrilbutadienstyrol.

Antwort 10.1.7

Sind die Makromoleküle aus zwei oder mehreren Arten von Monomeren aufgebaut, handelt es sich um Kopolymere, siehe Abb. 1.

In den statistischen Kopolymeren sind die verschiedenen Monomerarten statistisch und in den alternierenden Kopolymeren definiert abwechselnd (alternierend) verteilt. Liegen jeweils größere Sequenzlängen (Anzahl der sich wiederholenden Monomereinheiten in einem Molekülabschnitt) der beiden Monomerarten vor, dann spricht man von Blockkopolymeren. Die Pfropfpolymere bestehen wie die Blockkopolymere aus verschiedenen Molekülblöcken, wobei aber an einer Hauptkette strukturell verschiedenartige Seitenblö-

Abb. 1 Verschiedene Arten
von Kopolymeren

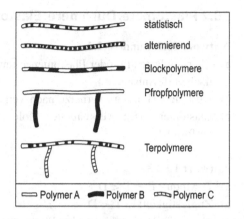

cke (Pfropfäste) angebunden sind. Ist die Hauptkette oder der Pfropfast selbst ein Kopolymer, dann liegt ein Terpolymer vor. Mit diesem molekularen Aufbau unterscheiden sich die Polymere grundsätzlich von den anorganischen Materialien. Während letztere aus Molekülen jeweils gleicher Bauart und Größe bestehen, liegen in den Polymeren statistische Schwankungen im Aufbau und in der Größe der entsprechenden Makromoleküle vor.

Antwort 10.1.8

Neben der Struktur der Polymermoleküle ist auch deren Anordnung zur Beurteilung der Eigenschaften wichtig. Dieses „Gefüge" der Kunststoffe wird häufig als „Morphologie" bezeichnet. Es enthält Elemente, die auch in metallischen und keramischen Werkstoffen vorkommen (z. B. Sphärolithe) und andere, die nur in Polymeren auftreten. Einzelne Kristalle entstehen nur durch Ausscheidung aus einer Lösung. Es bilden sich beim PE dünne, blättchenförmige Kristalle, in die die Moleküle eingefaltet sind (Abb. 2). Die Kristalle bilden zusammen mit Glasbereichen das Gefüge der meisten Polymere.

Abb. 2 Faltkristalle in
Polyethylen

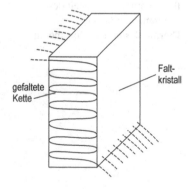

10.2 Plastomere, Duromere, Elastomere

Antwort 10.2.1 und 10.2.2

a) Thermoplaste (T) (oder Plastomere): unvernetzte Molekülketten, nach Erwärmen plastisch verformbar,

b) Duromere (D): stark vernetzt, nach Vernetzung nicht mehr plastisch verformbar,

c) Elastomere (E): verknäuelte Molekülketten, schwach vernetzt, stark elastisch verformbar.

Antwort 10.2.3

a) E-Modul: E < T < D

b) Zugfestigkeit: E, T < D

c) plastische Verformbarkeit bei Raumtemperatur: E, D < T

d) plastische Verformbarkeit bei erhöhter Temperatur: E, D < T

Antwort 10.2.4

Siehe dazu die Abb. 3.

Antwort 10.2.5

Der Kriechmodul ergibt sich aus dem Hookeschen Gesetz:

$$E_c^* = \frac{\sigma_0}{\varepsilon} = \frac{4\,\text{MPa}}{0,02} = 0,2\,\text{GPa}.$$

Mit dem Verschiebungsfaktor

$$\log_{10} a_\text{T} = \frac{18\,(273 + 20 - (273 - 3))}{52 + 273 + 20 - (273 - 3)} = \frac{18 \cdot 23}{52 + 23} = 5,52$$

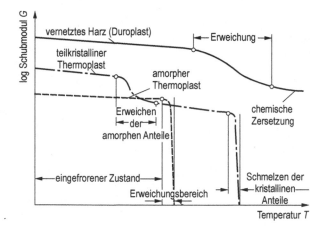

Abb. 3 Vergleich der Temperaturabhängigkeit des Schubmoduls G von Thermoplasten und Duromeren

und aus $\log_{10} a_T = \log_{10} t_2 - \log_{10} t_1 = \log_{10}(t_2/t_1)$ ergibt sich die gesuchte Zeit:

$$t_2 = a_T \cdot t_1 = 10^{5,52} \cdot 100 = 33.113.112 \, \text{s} \approx 383 \, \text{d}.$$

Antwort 10.2.6

Weichmacher: Diese werden vor allem dem PVC zugegeben, um den mittleren Abstand der Molekülketten zu vergrößern. Dadurch wird die Wechselwirkung der Makromoleküle untereinander verringert, das Material wird weicher und dehnbarer. Dies ist für zahlreiche Einsatzgebiete sehr wichtig. Herkömmliche Weichmacher sind Ester mehrbasiger Säuren, z. B. Phtalsäureester. Ihre Molekulargewichte liegen zwischen 250 und 500, sodass sie sich einerseits gut zwischen die Kettenmoleküle schieben, andererseits auch ihre Wirkung als „Abstandshalter" ausüben können.

Füll- und Farbstoffe: Chemisch inaktive Farbstoffe wie Kaolin, Kreide, Quarz- und Gesteinsmehl sowie Sägemehl dienen bei Volumenanteilen bis zu 50 % vor allem der Herabsetzung des Preises bei nicht allzu sehr abfallenden Eigenschaftswerten. Aktive Füllstoffe wie etwa Ruß und aktivierte Kieselsäure werden vor allem in der Kautschukchemie als Vernetzungs- (Vulkanisations-) beschleuniger angewendet. Eingefärbt werden Kunststoffe überwiegend mit organischen Farbstoffen.

Kristallisatoren: Diese fördern heterogene Keimbildung von Sphärolithen. Es handelt sich meist um niedermolekulare und anorganische Verbindungen.

Stabilisatoren müssen dem PVC hinzugefügt werden, da bei der thermoplastischen Verarbeitungstemperatur Cl^-- und H^+-Ionen Cl_2- und HCl-Gas bilden. Man verwendet Pb- oder Sn-Salze, die sich in Chloride umwandeln (Tribase).

Antistatika: Der hohe elektrische Widerstand der Hochpolymere ist nur dann nützlich, wenn diese als Isolatoren verwendet werden. Im Maschinenbau und im Bauwesen ist dies oft ein Nachteil wegen elektrostatischer Aufladung, die zu Funkenbildung, Belästigung von Personen und Anziehen von Staubteilchen führt. Es gibt drei Verfahren der „antistatischen Behandlung" von Kunststoffen:

(α) Ein Stoff mit höherer Leitfähigkeit als das Polymer wird beigemischt (z. B. Graphit).

(β) Die Oberfläche wird präpariert mit einer Schicht, die durch Dipolanziehung H_2O-Moleküle bindet und damit eine leitende Schicht bildet, welche die Ladungen ausgleicht.

(γ) Es werden Moleküle mit freien Elektronen eingelagert, so dass elektrisch leitende Polymere entstehen.

Lichtschutzzusätze: Strahlenschäden können durch Lichtstrahlen erzeugt werden, insbesondere werden Radikale oder Teile davon verändert, wodurch freie Bindungen entstehen können (Verdunkelung des PMMA). Lichtschutzzusätze müssen energiereiche UV-Strahlung absorbieren, ohne die Lichtdurchlässigkeit für die andere Strahlung zu beeinträchtigen.

Antwort 10.2.7
Die Dehnung des ursprünglich ungedehnten Stabs kann aus der Dehngeschwindigkeit berechnet werden:

$$\Delta\varepsilon = \varepsilon - 0 = 0,5 = \dot{\varepsilon}\Delta t = 4,5 \cdot 10^{28} \exp\left(-\frac{Q}{RT}\right) \cdot 60.$$

Damit ist die Aktivierungsenergie ($R = 8,314\,\mathrm{J\,mol^{-1}K^{-1}}$, $T = 340\,\mathrm{K}$):

$$Q = \ln\frac{4,5 \cdot 10^{28} \cdot 60}{0,5} \cdot RT = 70,76 \cdot 8,314 \cdot 340 = 200\,\mathrm{kJ\,mol^{-1}}.$$

10.3 Mechanische Eigenschaften von Polymeren

Antwort 10.3.1 und 10.3.2
Siehe Abb. 4

Antwort 10.3.3
Eine höhere Kettenlänge in einem polymeren Werkstoff bewirkt einen höheren E-Modul, eine höhere Viskosität der Schmelze und eine höhere Erweichungstemperatur. Gleichzeitig hat sie aber eine niedrigere Verformbarkeit, eine niedrigere Ermüdungsbeständigkeit und eine niedrigere Löslichkeit zur Folge.

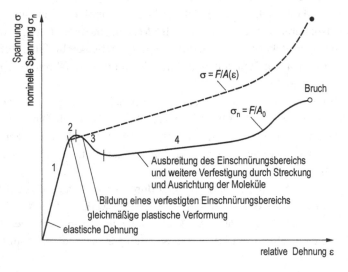

Abb. 4 Erläuterungen zur Spannung-Dehnung-Kurve im Bereich hoher Bruchzähigkeit, σ wahre Spannung, σ_n nominelle Spannung

Antwort 10.3.4

E-Modul und Dichte von Polymeren liegen in einem Feld, dessen Schwerpunkt bei 1 GPa und 1,5 g/cm^3 (Mg/m^3) liegt. Einen Vergleich mit vielen anderen Werkstoffen zeigt die Abb. 5 (E-ϱ-Karte, „Ashby-Map").

Antwort 10.3.5

Siehe dazu die Abb. 6.

Antwort 10.3.6

- Einmischen von Elastomeren in Polystyrol (PS). Diese bilden eine Dispersion und wirken als Rissstopper, indem sie an den Matrix/Partikel-Grenzflächen plastische Verformung zulassen.
- Einmischen von Weichmachern. Dem PVC werden Moleküle mit mittlerem Molekulargewicht $100 < \overline{M} < 1000$ zugegeben, welche die Molekülketten des PVC „auseinander drücken". Die Übergangstemperatur zum Sprödbruch wird dadurch erniedrigt.
- Durch einen Werkstoffverbund, z. B. Einbauen von Metall- oder Aramidfasern.

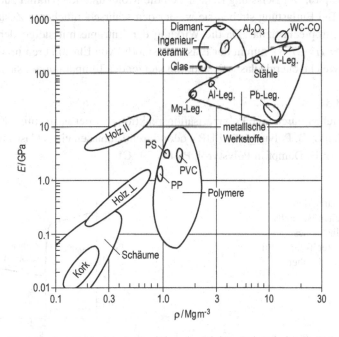

Abb. 5 Ashby-Map für den E-Modul als Funktion der Dichte. Bei Holz ist die Belastungsrichtung bezüglich seiner Fasern angegeben

Abb. 6 Bruchzähigkeit und
Kerbschlagarbeit von
Thermoplasten als
Funktion der Temperatur

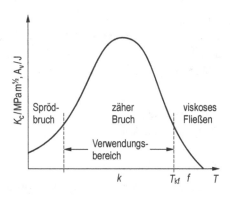

Antwort 10.3.7

Die Gummielastizität beruht auf der Wahrscheinlichkeit der Anordnung der Kettenmoleküle eines Elastomers. Statistisch verknäuelte Moleküle sind ungeordnet und stellen einen wahrscheinlichen Zustand dar (hohe Entropie).

Parallel zueinander ausgerichtete Moleküle stellen einen unwahrscheinlichen Zustand dar (niedrige Entropie). Bei Belastung richten sich die Molekülketten parallel zur Belastungsrichtung aus. Bei Entlastung streben sie wieder den wahrscheinlicheren Zustand an. Man spricht von Entropieelastizität. Da die Wirkung der Entropie mit steigender Temperatur zunimmt ($G = H - T S$), nimmt der Elastizitätsmodul von Elastomeren im Gegensatz zu Werkstoffen, welche energieelastisch sind, mit steigender Temperatur zu, siehe Abb. 7.

Antwort 10.3.8

Schäume entstehen durch eine Polymerisationsreaktion, bei der gasförmige Komponenten gebildet werden (z. B. Polyurethan, PUR), oder durch Einblasen eines Gases in zähflüssige Thermoplaste (z. B. Dampf in Polystyrol, PS bei 70 °C).

Abb. 7 Begrenzung des
entropieelastischen Bereichs
durch energieelastisches
Verhalten bei tiefer Temperatur
und Zersetzung bei hoher
Temperatur

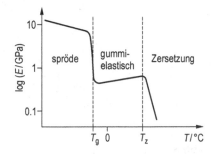

Die Mikrostruktur setzt sich aus geschlossenen Zellen und den von ihnen eingeschlossenen Poren zusammen. Zur Kennzeichnung der Dichte von Schäumen dient die sogenannte Rohdichte ϱ_R:

$$\varrho_R = \varrho_{Polymer} f_{Polymer} + \varrho_{Poren} f_{Poren}$$

wobei für die Volumenanteile des Polymers und der Poren $f_{Polymer} + f_{Poren} = 1$ gilt.

Antwort 10.3.9
Der Elastizitätsmodul des Schaumstoffes lässt sich in guter Näherung durch $E = E_{Polymer}$ $f_{Polymer}$ beschreiben, weil der E-Modul der Poren als Null angenommen werden darf.

Antwort 10.3.10
Unsymmetrische Moleküle führen zu hoher Oberflächenenergie und folglich zu starker Adhäsion und umgekehrt. Durch Adhäsion von Wassermolekülen (in feuchter Luft) wird der Reibungskoeffizient erniedrigt.

a) niedriger Reibungskoeffizient: PTFE, PE,
b) hoher Reibungskoeffizient: PA, PMMA.

Antwort 10.3.11
Ein eindeutiger Zusammenhang wurde bislang noch nicht gefunden.

- PTFE: hoher Verschleiß bei geringer Reibung.
- PE: vor allem bei hohem Molekulargewicht niedriger Reibungskoeffizient und geringe Verschleißrate.
- PA: niedriger Reibungskoeffizient und geringe Verschleißrate nur in feuchter Luft.

Antwort 10.3.12
Schmierstoffe dienen der Trennung aufeinander gleitender Oberflächen. Diese Zwischenstoffe sind keine Werkstoffe, wohl aber Bestandteile eines tribologischen Systems. Sie sind in der Regel flüssig, können aber auch fest sein. Die flüssigen Schmiermittel sind organische Moleküle, Silikone oder Wasser. Feste Schmiermittel sind Schicht- oder Faserkristalle, bei denen immer in einer oder zwei Richtungen eine sehr schwache Bindung zwischen den Atomen besteht: Graphit, MoS_2, PTFE.

Die gebräuchlichsten Schmiermittel bestehen aus Kohlenwasserstoffen mit gesättigten, stabilen Bindungen: $C_n H_{2n+2}$, $n \geq 20$. Die meisten Schmiermittel enthalten Zusätze von andersartigen organischen Molekülen in kleinen Mengen. Diese Additive haben mehrere Wirkungen, wie etwa die Verringerung der Alterungsempfindlichkeit des Schmiermittels, der Neigung zur Schaumbildung, des Reibungskoeffizienten und der Korrosionsneigung der beteiligten Oberflächen, sowie der Dispergierung kleiner Verschleißpartikel.

Antwort 10.3.13

a) Dichtungsringe,

b) Konstruktionsteile im Flug- und Fahrzeugbau (Ersatz metallischer Werkstoffe),

c) Reifen, Bremsen, Schuhsohlen,

d) Lager und andere Gleitflächen, Schnappverschlüsse, Datenspeicher,

e) Konstruktionsteile für chemischen Apparatebau, Behälter für Chemikalien, Kunststoff-
beschichtung als Korrosionsschutz,

f) Dämpfungsglieder in Getrieben, Schallschutz, Ummantelungen.

Antwort 10.3.14

Adhäsion kommt dadurch zustande, dass zwischen polaren Klebstoffmolekülen und den
Atomen der Werkstoffoberfläche Bindungskräfte wirken. Die Bindung der Atome im Klebstoff selbst wird durch die Kohäsion beschrieben. Beide übertragen bei einer Klebung die
angreifenden äußeren Kräfte.

Adhäsion kann am besten durch die Verwendung von Stoffen mit niedriger Oberflächenenergie, wie z. B. PE oder PTFE, verhindert werden.

10.4 Natürliche Polymere

Antwort 10.4.1

Für eine technisch sinnvolle Nutzung können zwei Gruppen der Biopolymere ausgemacht
werden. Natürliche Polymere tierischen Ursprungs sind beispielsweise Wolle, Haare oder
das Zellulosederivat Chitin, welches ein wesentlicher Bestandteil des Außenskeletts der
Gliedertiere ist. Weiterhin zu erwähnen sind biogene Polymere mikrobieller Herkunft, wie
PHB oder PHBV (Poly-β-hydroxy-butyrat/-valerat), die durch Bakterien fermentativ aus
Zucker hergestellt werden. Biopolymere pflanzlichen Ursprungs, wie die Polysaccharide
Stärke und Zellulose sowie die netzwerkbildenden Polymere (Japanlack, Kautschuk, Latex,
Lignin), sind besonders für einen Werkstoffeinsatz interessant. Man kann Partikel- oder
Massivmaterial (Stärke)und Fasermaterial (Zellulose) oder Verbundmaterial (Holz) unter-
scheiden.

Für eine Verarbeitung der Biopolymere kann auf die Verarbeitungstechnik der Kunststoffe
zurückgegriffen werden. Deshalb bietet sich eine weitere Unterteilung nach ihrer Molekül-
kettenanordnung analog zu den künstlichen Polymeren in Thermoplaste, Elastomere und
Duromere an.

Von besonderem Interesse sind Biopolymere, die auf herkömmlichen Kunststoffverar-
beitungsmaschinen thermoplastisch geformt werden können. Hierbei haben in erster Linie
die Polysaccharide Zellulose und Stärke die besten Aussichten für einen breiten Einsatz.
Vor allem der Verpackungssektor bietet ein großes Anwendungsgebiet, da hier langlebige
Materialien mit kurzlebigen, biologisch vollständig auf- und abbaubaren Werkstoffen ohne

eine funktionelle Beeinträchtigung ersetzt werden können. Weiterhin kommen dem ältesten vom Menschen genutzten Verbundwerkstoff Holz (Zellulose und Lignin), sowie dem entropieelastischen Rohkautschuk, der durch Vulkanisation vernetzt wird, nach wie vor große Bedeutung zu.

Antwort 10.4.2

Die *Polysaccharide* Stärke und Zellulose werden pflanzlich durch Photosynthese erzeugt. Hierbei wird die Strahlungsenergie des Lichts in Gegenwart von Chlorophyll durch Verzehr von CO_2 und Wasser in chemische Energie umgewandelt. Zellulose und Stärke werden aus dem gleichen Monomer, dem Pyranosering Glucose, jedoch mit einer unterschiedlichen Konformation, aufgebaut. Trotz dieser chemischen Verwandtschaft zeigen Zellulose und Stärke unterschiedliche Eigenschaften.

Stärke ist ein Reservepolysaccharid und entsteht aus α-D-Glucose unter Wasserabspaltung und Ausbildung sogenannter Anhydroglucoseeinheiten (AGE). Stärkekörner sind aus den Makromolekülen Amylose und Amylopektin aufgebaut. Während Amylose wasserlöslich ist und mit 1,4-α-Glucosebindungen eine lineare, helixförmige Struktur ausweist, besteht das wasserunlösliche Amylopektin aus mehrfach verzweigten 1,4-α- und 1,6-α-Glucosebindungen. Stärke kann unter bestimmten Voraussetzungen wie herkömmliche Thermoplaste verarbeitet werden und ist anschließend als vollständig auf- und abbaubarer Verpackungswerkstoff einsetzbar. Als Verfahren bieten sich vor allem das Pressen, die Extrusion sowie das Spritzgießen an.

Ein weiteres natürliches, pflanzliches Polymer ist die *Zellulose*, die in ihrer reinsten Form als Baumwolle vorkommt. Sie wird, wie die Stärke, von dem Pyranosering Glucose, jedoch mit einer unterschiedlichen Konformation der Anhydroglucoseeinheiten (AGE), aufgebaut. Jede zweite AGE ist um ihre Längsachse um 180° gedreht. Zellulose ist im Gegensatz zur Stärke wasserunlöslich, was im Wesentlichen auf die größere Anzahl von intermolekularen Wasserstoffbrücken zurückzuführen ist. Die Baumwollfaser ist eine Hohlfaser mit komplexem Aufbau.

11 Verbundwerkstoffe

Inhaltsverzeichnis

11.1 Eigenschaften von Phasengemischen

Antwort 11.1.1
Ein Verbundwerkstoff besteht aus einer werkstofftechnisch herbeigeführten Kombination zweier oder mehrerer Werkstoffe mit dem Ziel der Herstellung eines neuen Werkstoffes, bei dem eine Eigenschaft oder eine Eigenschaftskombination jene der einzelnen Bestandteile übertrifft.

Anmerkung: Es gibt auch natürlich entstandene Werkstoffe mit der eines Verbundes vergleichbaren Struktur: Holz zeigt ein Fasergefüge, das durch natürliches Wachstum entsteht. Durch gerichtete eutektische Erstarrung entstehen Faser- oder Lamellengefüge, die auch als in-situ Verbunde bezeichnet werden.

Antwort 11.1.2
a) Ferrit und Graphit im grauen Gusseisen,
b) Ferrit und Fe_3C im Stahl,
c) Al und C im kohlefaserverstärkten Aluminium.

© Springer-Verlag GmbH Deutschland, ein Teil von Springer Nature 2019
E. Werner et al., *Fragen und Antworten zu Werkstoffe*,
https://doi.org/10.1007/978-3-662-58845-1_24

Antwort 11.1.3
Stahlbeton (Beton mit Stahlstäben oder -matten), glasfaserverstärkte Kunststoffe (Kunststoffmatrix mit Glas- oder Kohlefasern), Holz (Zellulosefasern mit Lignin), Bimetalle (zwei Metalle mit unterschiedlicher thermischer Ausdehnung), Hartbeschichtungen von Werkstoffen (Substrat und Schicht). Cermets (aus engl. *cer*amic und *met*al) sind Verbundwerkstoffe aus keramischen Werkstoffen in einer metallischen Matrix als Bindemittel. Sie zeichnen sich durch eine besonders hohe Härte und Verschleißfestigkeit aus.

Antwort 11.1.4
Nahezu beliebige Phasen lassen sich zu Gemischen vereinigen durch Sintern, Einbetten von Fasern in Kunststoff, Tränken von porösen Körpern, Einrühren von hoch schmelzenden Phasen in Schmelzen niedrig schmelzender Phasen, Beschichten einer Phase mit einer anderen.

Antwort 11.1.5
Im Fall von Hartmetallen und Cermets spricht man von homogenen Verbundwerkstoffen (kleinskalige Heterogenität) und bei Faserverbundwerkstoffen oder Schichtverbunden von heterogenen Verbundwerkstoffen (großskalige Heterogenität).

Antwort 11.1.6
Die Volumenanteile der Phasen bestimmen, wie stark diese die Eigenschaften des Verbundwerkstoffes prägen. Die räumliche Anordnung der Bestandteile des Verbundwerkstoffs machen sich in isotropen oder anisotropen Eigenschaften bemerkbar.

11.2 Faserverstärkte Werkstoffe

Antwort 11.2.1
a) Tränken von Fasern (Strängen, Geweben),
b) Verbundverformung (Ziehen) von Dispersionen,
c) gerichtete Erstarrung,
d) organisches Wachstum.

Antwort 11.2.2
Einlegen der gewünschten Anordnung der Glasfasern in eine Form → Tränken mit dünnflüssigem (unvernetztem) Polymer → Vernetzen.

Antwort 11.2.3

a) Bei Belastung des Verbundes (V) parallel zu den Langfasern und der Annahme, dass beim Versagen des Verbundes Fasern (C) und Matrix (Cu) beide reißen, gelten die Beziehungen

$$\varepsilon_{Cu} = \varepsilon_C = \varepsilon_V,$$

$$E_{\parallel V} = E_{Cu}\, f_{Cu} + E_C\, f_C,$$

$$R_{m\,V} = R_{m\,Cu}\, f_{Cu} + R_{m\,C}\, f_C.$$

Mit $f_{Cu} = 1 - f_C$ lässt sich aus der letzten Gleichung der benötigte Volumenanteil der Fasern berechnen:

$$f_C = \frac{R_{m\,V} - R_{m\,Cu}}{R_{m\,C} - R_{m\,Cu}} = \frac{1000 - 300}{2000 - 300} = 0{,}41.$$

b) Der E-Modul parallel zur Faserrichtung ist

$$E_{\parallel V} = 127 \cdot 0{,}59 + 350 \cdot 0{,}41 = 218\,\text{GPa}.$$

c) Bei guter Haftung zwischen den Fasern und der Matrix gilt näherungsweise für den E-Modul quer zu den Fasern:

$$E_{\vdash V} = \frac{E_{Cu}\, E_C}{E_{Cu}\, f_C + E_C\, f_{Cu}} = 172\,\text{GPa}.$$

Die Zugfestigkeit des Verbundes quer zu den Fasern wird durch die Zugfestigkeit der Cu-Matrix bestimmt. Dies jedoch nur, solange der Verbund nicht durch Ablösen der Matrix von den Fasern bei niedrigeren Spannungen versagt.

Antwort 11.2.4

Es wird gute Haftung zwischen den Fasern β und der Matrix α vorausgesetzt.

a) Bei Belastung parallel zu den Fasern gilt für den E-Modul des Verbunds wegen $\varepsilon_\alpha = \varepsilon_\beta$ und $\sigma = \sigma_\alpha\, f_\alpha + \sigma_\beta\, f_\beta$:

$$E_{\parallel} = \frac{\sigma_\alpha}{\varepsilon_\alpha}\, f_\alpha + \frac{\sigma_\beta}{\varepsilon_\beta}\, f_\beta = E_\alpha\, f_\alpha + E_\beta\, f_\beta = 5 \cdot 0{,}8 + 500 \cdot 0{,}2 = 104\,\text{GPa}.$$

b) Bei Belastung quer zur Faserrichtung erhält man für den E-Modul wegen $\sigma_\alpha = \sigma_\beta$ und $\varepsilon = \varepsilon_\alpha\, f_\alpha + \varepsilon_\beta\, f_\beta$:

$$\frac{1}{E_\vdash} = \frac{\varepsilon_\alpha}{\sigma_\alpha}\, f_\alpha + \frac{\varepsilon_\beta}{\sigma_\beta}\, f_\beta = \frac{f_\alpha}{E_\alpha} + \frac{f_\beta}{E_\beta} \quad \rightarrow \quad E_\vdash = \frac{E_\alpha\, E_\beta}{E_\alpha\, f_\beta + E_\beta\, f_\alpha} = 6{,}2\,\text{GPa}.$$

Antwort 11.2.5

a) Keramik-Fasern (SiC) oder Korund-Fasern (Al_2O_3) mit jeweils maximal 60 % Faseranteil.
b) Erhöhung des E-Moduls bei gleichzeitiger Erniedrigung von Dichte und thermischer Ausdehnung.

Antwort 11.2.6

Die Zugfestigkeit der Fasern mit Radius r ist σ_β, die Scherfestigkeit der Matrix/Faser-Grenzfläche ist $\tau_{\alpha\beta}$. Die kritische Faserlänge l_c ist jene Länge, für die ein Herausziehen der Fasern aus der Matrix gleich wahrscheinlich ist wie ein Faserbruch. Die Belastung erfolgt dabei parallel zu den Fasern.

$$l_c = \frac{\sigma_\beta\, r}{2\,\tau_{\alpha\beta}}.$$

Antwort 11.2.7

Mithilfe der Formel der vorigen Aufgabe ergeben sich folgende kritische Faserlängen:

a) $r = 10\,\mu\text{m}$: $l_c = 40\,\mu\text{m}$.
b) Da der Radius der Fasern linear in die kritische Faserlänge eingeht, beträgt diese nunmehr $4\,\mu\text{m}$.

Antwort 11.2.8

Die *Reißlänge* ist die größtmögliche Länge eines Fadens (Drahtes, Stabes), die freihängend erreicht werden kann, ohne dass dieser unter seinem Eigengewicht reißt. Es muss also die Gewichtskraft $F_G = L\,A\,\varrho\,g$ durch den Faden ertragen werden. Diese Tragkraft ist begrenzt durch die Zugfestigkeit R_m des Fadens, aus der sich die maximal mögliche Zugkraft $F_Z = R_m\,A$ ergibt. L ist die Fadenlänge, A die Querschnittsfläche des Fadens, ϱ seine Dichte und g die Erdbeschleunigung. Gleichsetzen der beiden Kräfte ergibt die Reißlänge

$$L_R = \frac{R_m\,A}{A\,\varrho\,g} = \frac{R_m}{\varrho\,g},$$

welche unabhängig vom Querschnitt des Fadens ist. Man hat die (willkürliche) Grenze von $L_R = 18\,\text{km}$ festgelegt, ab der ein Werkstoff als Leichtbauwerkstoff gilt. So erreicht der martensitaushärtende Stahl X2NiCoMo18-8-5 eine Zugfestigkeit von mehr als 2000 MPa, welche wiederum eine Reißlänge von 25 km zur Folge hat. Nur hochfeste Aluminiumlegierungen qualifizieren sich trotz der geringen Dichte des Aluminiums als Leichtbauwerkstoffe. Die größten Reißlängen von weit über 100 km erreichen die mit ca. 60 % Kohlefasern verstärkten Epoxidharze.

Antwort 11.2.9

Aus der Beziehung für den E-Modul eines Faserverbundes, der parallel zu den Fasern belastet wird, ergibt sich für den Volumenanteil der Matrix:

$$f_F = \frac{E_\parallel - E_F}{E_M - E_F}.$$

Einsetzen der Angabe liefert mit $E_F = 7\,E_M$ für den Volumenanteil $f_F = 0,6 \doteq 60\,\%$.

Antwort 11.2.10

a) Da der Werkstoff ein Langfaserverbund ist, tritt Versagen (Bruch des Bauteils) auf, wenn F_V die zulässige Längskraft der Fasern übersteigt. Die Spannung in den Fasern übersteigt dann deren Zugfestigkeit.

b) Es handelt sich um eine Anordnung, die bei Belastung durch F_V zur gleichen Dehnung in den Gefügeelementen führt. Die Spannung des Verbunds kann in Abhängigkeit von der Dehnung als lineare Mischung der Spannungen in der Matrix und in den Fasern angeschrieben werden, die sich bei der Dehnung ε einstellen:

$$\sigma_V(\varepsilon) = f_F \cdot \sigma_F(\varepsilon) + f_M \cdot \sigma_M(\varepsilon).$$

c) Wegen a) ermittelt man aus der Spannung-Dehnung-Kurve des Faserwerkstoffs die Zugfestigkeit der Fasern. Diese beträgt 900 MPa, die Fasern dehnen sich dabei um 2 %. Bei dieser Dehnung beträgt die Spannung in der Matrix 20 MPa. Mit der Beziehung der Teilaufgabe b) erhält man

$$R_{mV}^{\text{parallel}} = \sigma_V(0,2) = f_M \cdot \sigma_M(0,2) + f_F \cdot R_{mF} = 0,75 \cdot 20 + 0,25 \cdot 900 = 240\,\text{MPa}.$$

d) Aus der Gleichheit der Dehnungen in den Gefügeelementen und dem Hookeschen Gesetz $\varepsilon = \sigma/E = F/(A\,E)$ folgt

$$\frac{F_F}{F_M} = \frac{A_F\,E_F}{A_M\,E_M}, \quad \text{bzw.} \quad \frac{F_F}{F_V} = \frac{A_F}{A_M + A_F} \cdot \frac{E_F}{E_V} = f_F \cdot \frac{E_F}{E_V}.$$

Mit dem E-Modul des Verbundwerkstoffs $E_V = f_F\,E_F + f_M\,E_M$ und den Zahlenwerten $E_F = 600\,\text{MPa}/0,01 = 60\,\text{GPa}$ und $E_M = 10\,\text{MPa}/0,01 = 1\,\text{GPa}$ aus den Fließkurven ergibt sich $E_V = 15,75\,\text{GPa}$.

Das Verhältnis der Kräfte ist somit

$$\frac{F_F}{F_V} = 0,25 \cdot \frac{60}{15,75} = 0,952.$$

Die Fasern tragen trotz ihres relativ kleinen Volumenanteils also mehr als 95 % der Last des Verbunds.

11.3 Stahlbeton und Spannbeton

Antwort 11.3.1

a) Die Aufnahme von Zugspannungen im Bauteil und die Behinderung des Risswachstums im Beton. Der Beton schützt den Stahl vor Korrosion.
b) Die Erzeugung einer Druckvorspannung im Beton, um diesen durch Zugkräfte belasten zu können.

Antwort 11.3.2

a) Aus dem Gleichgewicht der Kräfte folgt:

$$\sigma_{St} f_{St} + \sigma_{Beton} f_{Beton} = 0 \quad \rightarrow \quad \sigma_{Beton} = -\sigma_{St} \frac{f_{St}}{1 - f_{St}}.$$

Mit $\sigma_{St} = 0,5 \cdot R_{pSt}$ ergibt sich aus der Angabe eine Druckvorspannung des Betons von $\sigma_{Beton} = -31,6\,\text{MPa}$.

b) Für die hohe Streckgrenze der Spannstähle ist neben der Mischkristall- und Ausscheidungshärtung (Fe_3C-Dispersion) insbesondere die Kaltverfestigung durch Ziehen (erhöhte Versetzungsdichte und Reckalterung) verantwortlich.

Antwort 11.3.3

1. Die Wärmeausdehnungskoeffizienten der beiden Stoffe sollten etwa gleich groß sein, damit bei einer Temperaturänderung keine inneren Spannungen und folglich keine Trennung der Grenzfläche auftreten.
2. Eine gute Haftung des Zementmörtels an der Stahloberfläche muss bewirken, dass unter Gebrauchsspannung die Stahlstäbe nicht gegen den Beton verschiebbar sind.
3. Der Stahl muss von dem ihn umgebenden Beton vollständig vor Korrosion geschützt werden. Es darf also weder Sauerstoff der Atmosphäre mit dem Stahl in Berührung kommen, noch dürfen Zementphasen mit dem Stahl reagieren. Am gefährlichsten sind in dieser Hinsicht schon geringe Mengen von Chlorionen, deren Konzentration im Beton deshalb sehr gering sein muss.

11.4 Schneidwerkstoffe

Antwort 11.4.1

In den Antworten erfolgen die Angaben zu den Gehalten der Elemente in Masse-%.

a) *Kaltarbeitsstahl:* mehr als 0,6 % C,
   Warmarbeitsstahl: zusätzlich Cr, Mo für anlassbeständige Karbide.
b) 1 % C, 18 % W, 4 % Cr, 2 % V.
c) 60 bis 90 % WC, TiC in Co-Ni-Fe-Matrix.
d) Al_2O_3, $Al_2O_3 + 5\%$ ZrO_2.
e) metallische Grundmasse mit (oxid-) keramischer Dispersion.

Antwort 11.4.2

Mischen der Pulver $\rightarrow$ Pressen $\rightarrow$ Reaktionssintern bei etwa 1500 °C $\rightarrow$ Schleifen.

Antwort 11.4.3

Nach oben begrenzt durch die Notwendigkeit einer metallischen Grundmasse zur Gewähr-leistung der Bruchzähigkeit.

Antwort 11.4.4

Die Härte- und Schmelztemperatur einer Al_2O_3-Schneidkeramik ist höher, die Bruchzähig-keit ist geringer als bei Hartmetallen. Schneidkeramik ist besser unter Bedingungen, welche die Bildung und Ausbreitung von Rissen nicht begünstigen, sie sind also nicht gut geeignet für schlagartige Beanspruchung und unterbrochene Schnitte.

11.5 Oberflächenbehandlung

Antwort 11.5.1

- Veränderung der Mikrostruktur ohne Änderung der Zusammensetzung, z. B. Flammhär-ten, Laserhärten, Kugelstrahlen,
- Modifizierung der chemischen Zusammensetzung: Aufkohlen (Einsatzhärten), Inchro-mieren,
- Aufbringen einer Schicht eines anderen Werkstoffes, z. B. Walzplattieren, Emaillieren.

Antwort 11.5.2

Oxidierend: Anodische Oxidation von Al führt zur Bildung einer dickeren Oxidschicht (Passivschicht).

Reduzierend: Elektrolytische Abscheidung von Metallen: Vergolden ($Au^+ + e^- \rightarrow Au$), Verzinnen ($Sn^{4+} + 4\,e^- \rightarrow Sn$), Verzinken ($Zn^{2+} + 2\,e^- \rightarrow Zn$).

Antwort 11.5.3

Man unterscheidet keramische, metallische und organische Beschichtungen sowie Behandlungen zur Modifizierung der chemischen Zusammensetzung.

Keramische Beschichtungen: Emaille, oxidische CVD- und PVD-Schichten.

Metallische Beschichtungen: sowohl durch unedlere (Zn) als auch durch edlere (Sn, Ni, Cr) Metalle.

Organische Beschichtungen: Lacke, Kunststoffüberzüge.

Wichtig neben der chemischen Schutzwirkung sind weitere Eigenschaften der Schichten, wie Härte, Schlagfestigkeit, Haftung und Umformbarkeit zusammen mit dem Stahlsubstrat.

Zur Erzielung einer chemischen Schutzwirkung gibt es bei Stahl drei Möglichkeiten:

(α) Bevorzugte Auflösung eines unedleren Elements, z. B. Zn auf Stahlblechen für den Automobilbau.

(β) Schutz durch ein edleres Metall, z. B. Sn (Weißblech für Lebensmitteldosen).

(γ) Schutz durch Passivierung mit Hilfe gelöster Atome, z. B. Stahl mit mehr als 12 Gew.-% Cr (gelöst!).

Antwort 11.5.4

K auf M: Emaille auf Stahl

M auf M: Al auf AlCuMg

P auf M: Lack auf Stahl, Lack auf Aluminium

11.6 Holz

Antwort 11.6.1 und 11.6.2

Orthorhombische Symmetrie der Struktur: In Wachstumsrichtung orientierte Zellen mit Wänden aus Zellulosefasern (Z), die durch Lignin (L) verklebt sind; Hohlräume (H) im Zellinneren; radiale Wachstumsringe (Jahresringe). Siehe dazu die Abb. 1.

Antwort 11.6.3

Zugfestigkeit $R_{mz} > R_{my} > R_{mx}$

Druckfestigkeit $R_x > R_y > R_z$

Antwort 11.6.4

Bezeichnet man die Zellulosefasern mit Z, Lignin mit L und die Hohlräume mit H, so gilt für deren Flächenanteil in der (x, y)-Ebene der Abb. 1: $f_Z + f_L + f_H = 1$. Da die Hohlräume keine Tragfähigkeit besitzen, kann die Zugfestigkeit in Faserrichtung (z) mit der linearen Mischungsregel

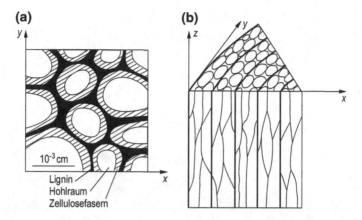

Abb. 1 a Querschnitt von Holz. **b** Gefügeanisotropie von Holz. Durch radiales Wachstum in Jahresringen und in z-Richtung gestreckter Zellen entsteht ein Werkstoff mit annähernd orthorhombischer Symmetrie

$$R_\mathrm{m} = R_\mathrm{mZ}\, f_\mathrm{Z} + R_\mathrm{mL}\, f_\mathrm{L}$$

abgeschätzt werden.

Antwort 11.6.5
Wasser erhöht die Dichte, die plastische Verformbarkeit wird verbessert. Das Volumen vergrößert sich, wodurch sich das Holz verziehen kann, wenn die Volumenvergrößerung inhomogen ist.

Antwort 11.6.6
Imprägnieren von Holz mit Duromeren verhindert die Eindiffusion und Adhäsion von Wasser.

Antwort 11.6.7
Die Mikrostruktur des abgebildeten Holzes zeigt eine wabenartige Struktur mit einzelnen hohlen Zellen. Die Wände der Zellen bestehen aus Zellulosefasern, die durch Lignin verklebt sind. Die mittlere Zellgröße kann mit dem Linienschnittverfahren abgeschätzt werden. Dazu legt man Linien einer bestimmten Länge auf das Bild der Mikrostruktur und zählt die Schnittpunkte dieser Messlinien mit den Zellwänden. Mithilfe des bekannten Maßstabs der Abbildung kann dann die mittlere Zellgröße ermittelt werden. Im vorliegenden Fall ergibt sich dafür etwa $30\,\mu\mathrm{m}$.

12 Werkstoff und Fertigung

Inhaltsverzeichnis

12.1 Halbzeug und Bauteil

Antwort 12.1.1

Urformen ist ein Oberbegriff und vereint nach DIN 8580 alle Fertigungsverfahren, bei denen aus einem formlosen Stoff ein fester Körper hergestellt wird. Urformen wird genutzt, um die Erstform eines geometrisch bestimmten, festen Körpers herzustellen und den Stoffzusammenhalt zu schaffen. Zum Urformen können Ausgangsstoffe im flüssigen, gasförmigen, plastischen, körnigen oder pulverförmigen Zustand, d. h. mit unterschiedlichem rheologischen Verhalten, genutzt werden. Man unterscheidet aufgrund unterschiedlicher Kombinationen einzelner Verfahrensweisen zwischen Galvanoplastik, Pulvermetallurgie und Gießereitechnik.

Umformen ist der Oberbegriff aller Fertigungsverfahren, in denen Metalle, aber auch thermoplastische Kunststoffe wie PTFE, gezielt durch plastische Deformation in eine andere Form gebracht werden. Dabei wird ein urgeformtes (= gegossenes) Vormaterial (ein Strang aus dem Strangguss oder ein Block aus dem Blockguss) in Halbzeug umgeformt (erste Verarbeitungsstufe) oder Werkstücke aus dem Halbzeug erzeugt (zweite Verarbeitungsstufe). Die Masse und der Zusammenhalt des Werkstoffs werden bei der Umformung beibehalten.

© Springer-Verlag GmbH Deutschland, ein Teil von Springer Nature 2019
E. Werner et al., *Fragen und Antworten zu Werkstoffe*,
https://doi.org/10.1007/978-3-662-58845-1_25

Antwort 12.1.2

Als *Rohmaterial* liegt der Werkstoff entweder in seiner endgültigen chemischen Zusammensetzung vor, oder es wird die endgültige Zusammensetzung (Legierung, Polymer und Additive) erst hergestellt. Das Rohmaterial besitzt keine für den späteren Gebrauch geeignete Form. Beispiele für Rohmaterialien sind Masseln und Brammen.

Im *Formteil* sind sowohl die chemische Zusammensetzung als auch die Form für den Gebrauch eingestellt.

Dazwischen liegt das *Halbzeug:* Der Werkstoff besitzt im Halbzeug bereits seine endgültige chemische Zusammensetzung, jedoch eine Form, die noch eine Weiterverarbeitung erfordert. Beispiele für Halbzeuge sind Bleche, Bänder, Stangen, Knüppel, Drähte oder Schmiederohlinge.

Antwort 12.1.3

In der Norm sind nicht nur die Zusammensetzung des Werkstoffs und seine mechanischen Eigenschaften festgelegt, sondern auch die Abmessungen, in denen Halbzeuge z. B. für I-Träger aus Baustahl, hergestellt werden.

Antwort 12.1.4

Die Fertigungsverfahren werden in fünf Gruppen eingeteilt:

- Urformen,
- Umformen,
- Trennen,
- Fügen,
- Nachbehandlung.

Antwort 12.1.5

Dies liegt an der Komplexität technischer Komponenten, die immer eine Folge mehrerer Fertigungsschritte notwendig macht. Eine Nockenwelle wird zunächst gegossen oder geschmiedet, dann werden die Laufflächen spanend bearbeitet und schließlich die Oberflächen der Nocken gehärtet. Für die Herstellung eines Halbleiterchips ist eine noch größere Zahl einzelner Fertigungsschritten notwendig.

12.2 Urformen

Antwort 12.2.1

Ausgangpunkte für Urformverfahren sind immer Rohmaterialien, aus denen dann entweder das Halbzeug oder das endgültige Formteil hergestellt werden können. Dies geschieht aus dem gasförmigen (Aufdampfen), flüssigen (Gießen und Erstarren) oder aus dem festen Zustand (Sintern).

Zur Herstellung z. B. einer gegossenen Automobilkurbelwelle wird das Material zunächst erschmolzen und anschließend die Schmelze in eine Form gegossen. Das gegossene Rohteil besitzt nahezu die endgültigen Abmessungen des Formteils, die durch spanende Bearbeitung erreicht werden.

Antwort 12.2.2
An erster Stelle steht die Viskosität der Schmelze, die z. B. in der Polymertechnik (über den Melt-Flow-Index) anwendungsnah ermittelt werden kann. Daneben sind Prozesse durch Wechselwirkung mit der Umgebung, die Gaslöslichkeit im Inneren der Flüssigkeit sowie die Oxidation an der Oberfläche von Bedeutung.

In ihrer Viskosität unterscheiden sich Metalle und Polymere oberhalb der Schmelztemperatur um mehrere Größenordnungen, da die Metallschmelze aus einzelnen Atomen, die Polymerschmelze aus langen Kettenmolekülen besteht. Druckguss (Metallschmelze) und Spritzguss (Polymerschmelze) sind aber vergleichbare Gießmethoden, bei denen in der Regel eine Metallform unter Druck befüllt wird. Unterschiedlich sind jedoch die sehr verschiedenen Viskositäten der geschmolzenen Werkstoffe.

Antwort 12.2.3
Man muss dafür sorgen, dass die Schmelze die Gussform gleichmäßig ausfüllen kann und dass die Möglichkeit zur Nachspeisung gegeben ist, um die Volumenschwindung beim Erstarren auszugleichen. Die Form ist mit der richtigen Geschwindigkeit zu befüllen, damit es nicht zur unerwünschten Aufnahme von Gasen aus der umgebenden Atmosphäre kommt (Vermeidung von Gasporosität).

Antwort 12.2.4
Man vermeidet die Reaktion der Schmelze mit der Luft und entzieht außerdem der Schmelze einen Teil der gelösten Gase.

Antwort 12.2.5
In Stahlschmelzen ist sowohl Kohlenstoff als auch Sauerstoff gelöst. Die Sauerstofflöslichkeit im festen, kristallinen Zustand ist sehr gering, folglich reagiert in einer Eisen-Kohlenstoff-Sauerstoff-Legierung der Kohlenstoff mit dem Sauerstoff unter Bildung von Kohlenmonoxid. Dieses führt beim Abgießen des Stahls in eine Kokille zum sogenannten Kochen der noch nicht erstarrten Restschmelze, in der sich dadurch weitere Verunreinigungen (S, N) oder Legierungselemente anreichern. Der daraus entstehende Block erhält eine chemisch nicht gleichmäßige Zusammensetzung: außen fast reines Eisen („Speckschicht"), im Inneren legiertes Eisen und die Verunreinigungen. Durch das Beruhigen des Stahls wird dies vermieden, indem kurz vor dem Erstarren der Stahlschmelze ein Legierungselement mit größerer Affinität zum Sauerstoff als der Kohlenstoff zugegeben wird.

Verwendet man dafür Aluminium, so entsteht eine feine Dispersion von Al_2O_3-Teilchen. Dadurch unterbleibt das Kochen und die Zusammensetzung des Stahls ist gleichmäßig.

Dieses Verfahren muss für alle hochlegierten Stähle, z. B. für die Werkzeugstähle, angewendet werden.

Antwort 12.2.6

a) Veredeln von naheutektischen Aluminium-Silizium-Legierungen:
Es wird das Alkalimetall Natrium zugegeben, das die Kristallisation des eutektischen Siliziums beeinflusst, sodass eine feine Verteilung von annähernd kugelförmigen Teilchen anstelle von plattenförmigen Siliziumkristallen entsteht. Die mechanischen Eigenschaften des Gusswerkstoffs werden dadurch verbessert.

b) Die Herstellung von Gusseisen mit Kugelgraphit:
Aus ähnlichem Grunde wird die Bildung von kugelförmigem Graphit angestrebt, was durch Zusätze von geringen Mengen an Magnesium erreicht wird. Es entsteht damit Gusseisen mit sehr viel höherer Bruchzähigkeit als Gusseisen mit lamellarem Graphit.

Antwort 12.2.7

Ausgangsmaterialien sind Pulverteilchen gleicher oder verschiedener Werkstoffe. Triebkraft für das Sintern ist die Oberflächenenergie dieser Teilchen, die eingespart werden kann, wenn die Teilchen zusammenwachsen (Sintern) und sich zunächst aus den Teilchenoberflächen Korngrenzen oder Phasengrenzen bilden, deren Dichte im Verlauf des Sintervorgangs weiter abnimmt. Thermische Aktivierung (Diffusion, Kinetik) aber auch hydrostatischer Druck unterstützen den Fortschritt des Sinterns.

Durch Sintern können Halbzeuge und Bauteile in endgültiger Form hergestellt werden. Notwendig ist das Sintern immer dann, wenn ein Werkstoff mit sehr hoher Schmelztemperatur verarbeitet werden soll und für den es kein geeignetes Tiegelmaterial gibt. So erfolgt die Herstellung von Wolfram und Wolframdrähten am Anfang des Prozesses durch Sintern. Auch für das Kombinieren von Phasen, die im thermodynamischen Gleichgewicht nicht nebeneinander stabil sind, wird Sintern eingesetzt (Metall-Polymer-Verbundwerkstoffe, wie z. B. Polytetrafluorethylen und Metall). Die dritte Möglichkeit, die das Sintern bietet, ist die Herstellung von porösen Werkstoffen, z. B. für selbstschmierende Lagerwerkstoffe oder für Filtermaterialien. Große praktische Bedeutung haben die durch Sintern hergestellten Hartmetalle (z. B. Co + WC). Sintermaterialien sind auch als medizinische Implantatwerkstoffe von Interesse, da sie das Einwachsen von Knochenmaterial erleichtern.

Antwort 12.2.8

Durch Sintern kann man Elemente zusammenbringen, die sich im flüssigen Zustand nicht mischen und deshalb nicht gemeinsam vergossen werden können. Außerdem vermeidet man das Problem der Seigerung, das die Gefüge vieler Gusslegierungen beeinflusst.

Das Sintern hochwertiger Produkte erfordert hochwertige Pulver. Diese sind teuer und müssen sorgfältig verarbeitet werden. Der Sinterprozess selbst ist in der Regel mit langen Glühdauern bei hohen Temperaturen verbunden, auch das ist ein Nachteil gegenüber dem Gießen. Beim Sintern ist es manchmal schwierig, eine Restporosität im Festkörper zu vermeiden.

Antwort 12.2.9

Beim Fortschreiten der Erstarrung von Legierungen im Zweiphasengebiet fest/flüssig wachsen die gebildeten Kristallkeime zu Kornverbänden zusammen. Kurz vor dem Abschluss der Erstarrung besteht das Gefüge aus Körnern und einem Saum von Restschmelze um diese Körner. Da Kristalle in der Regel mit abnehmender Temperatur stärker kontrahieren als Flüssigkeiten, reißt der gerade zuletzt erstarrende Restschmelzensaum bei weiterer Abkühlung auf.

Große Heißrissgefahr besteht, wenn die Differenz zwischen der Liquidus- und der Solidustemperatur groß ist. Am geringsten ist die Heißrissgefahr daher bei Legierungen mit eutektischer oder nah-eutektischer Zusammensetzung.

Antwort 12.2.10

Da ohne Beschränkung der Allgemeinheit $V = 1$ gesetzt wird, gilt $t = \frac{C}{A^2}$.

Kugel:

$$V = \frac{4}{3}\pi r^3 = 1 \;\rightarrow\; r = \left(\frac{3}{4\pi}\right)^{\frac{1}{3}} \;\rightarrow\; A = 4\pi r^2 = 4\pi \left(\frac{3}{4\pi}\right)^{\frac{2}{3}} \approx 4{,}84,$$

$$t_{\mathrm{K}} = \frac{C}{4{,}84^2} = 0{,}043\,C.$$

Zylinder:

$$V = \pi r^2 h = 2\pi r^3 = 1 \;\rightarrow\; r = \left(\frac{1}{2\pi}\right)^{\frac{1}{3}}$$

$$\rightarrow\; A = 2\pi r^2 + 2\pi r h = 6\pi r^2 = 6\pi \left(\frac{1}{2\pi}\right)^{\frac{2}{3}} \approx 5{,}54,$$

$$t_{\mathrm{Z}} = \frac{C}{5{,}54^2} = 0{,}033\,C.$$

Würfel:

$$V = a^3 = 1 \;\rightarrow\; a = 1 \;\rightarrow\; A = 6a^2 = 6,$$

$$t_{\mathrm{W}} = \frac{C}{36} = 0{,}028\,C.$$

Der Würfel erstarrt am schnellsten, gefolgt vom Zylinder und der Kugel. Dies ist eine Konsequenz der Tatsachen, dass die Erstarrungswärme über die Oberfläche des Körpers abgeführt wird, und die Kugel bei gegebenem Volumen von allen Körpern die geringste Oberfläche besitzt.

Antwort 12.2.11

Aus der Erstarrungszeit $t_0 = 4\,\mathrm{min}$ des urprünglichen Zylinders, dessen Volumen $V_0 = 1$ gesetzt werden kann, und der Chvorinov-Beziehung lässt sich die Konstante C ermitteln:

$$t_0 = C \left(\frac{V_0}{A_0} \right)^n.$$

Mit $V_0 = r^2\pi 2r = 2\pi r^3 = 1$, $r = \left(\frac{1}{2\pi}\right)^{\frac{1}{3}}$, $A_0 = 6\pi r^2 = 6\pi \left(\frac{1}{2\pi}\right)^{\frac{2}{3}}$ wird $A_0/V_0 = 6\pi/(2\pi)^{\frac{2}{3}} = 5{,}54$. Dann ergibt sich für C:

$$C = t_0 \left(\frac{A_0}{V_0} \right)^n = 4 \cdot 5{,}54^{1,8} = 87{,}17.$$

a) Bei gleichem Radius besitzt der Zylinder mit doppelter Höhe das doppelte Volumen $V_1 = 2V_0 = 2$. Seine Oberfläche ist mit $h_1 = 4r$ und $r = \left(\frac{1}{2\pi}\right)^{\frac{1}{3}}$:

$$A_1 = 2r^2\pi + 2\pi r h_1 = 2\pi r^2(1+4) = 10\pi r^2 = 10\pi \left(\frac{1}{2\pi}\right)^{\frac{2}{3}} = 9{,}23.$$

Die Erstarrungszeit t_1 ist gegeben durch den Ausdruck:

$$t_1 = C \left(\frac{V_1}{A_1} \right)^{1,8} = 87{,}17 \left(\frac{2}{10\pi}(2\pi)^{\frac{2}{3}} \right)^{1,8} = 87{,}17 \left(\frac{2}{9{,}23} \right)^{1,8} = 5{,}56\,\mathrm{min}.$$

b) Bei gleicher Höhe $h_2 = h = 2r$ und doppeltem Durchmesser hat der Zylinder das Volumen $V_2 = 8\pi r^3 = 4V_0 = 4$. Wiederum gilt $r = \left(\frac{1}{2\pi}\right)^{\frac{1}{3}}$. Seine Oberfläche ist:

$$A_2 = 2(2r)^2\pi + 2\pi(2r)\cdot 2r = 16\pi r^2 = 16\pi \left(\frac{1}{2\pi}\right)^{\frac{2}{3}} = 14{,}76.$$

Die Erstarrungszeit beträgt:

$$t_2 = C \left(\frac{V_2}{A_2} \right)^{1,8} = 87{,}17 \left(\frac{4}{16\pi}(2\pi)^{\frac{2}{3}} \right)^{1,8} = 87{,}17 \left(\frac{4}{14{,}76} \right)^{1,8} = 8{,}31\,\mathrm{min}.$$

Antwort 12.2.12

Die Erstarrung erfolgt von der Kokillenwand nach innen in Form von konzentrischen Hohlzylindern. Wegen der Schwindung bei der Erstarrung werden Hohlzylinder der Dicke dr um dh kürzer, da der Schmelzpegel kontinuierlich absinkt (siehe Abb. 1). Die Gestalt des Lunkers ist rotationssymmetrisch und seine zu bestimmende Erzeugende ist $h(r)$.

Abb. 1 Zur Bestimmung der
Form eines Kopflunkers bei der
Erstarrung einer Schmelze in
einer zylindrischen Kokille

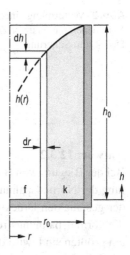

Es gilt folgende Volumenbilanz:

$$2\pi r \, dr \, h(r)s = \pi r^2 \, dh.$$

Umformen durch Trennung der Variablen ergibt

$$\frac{dh}{h} = 2s \frac{dr}{r}.$$

Integration liefert für $h(r)$:

$$\int_{h_0}^{h(r)} \frac{d\tilde{h}}{\tilde{h}} = \ln \frac{h(r)}{h_0} = 2s \int_{r_0}^{r} \frac{d\tilde{r}}{\tilde{r}} = 2s \ln \frac{r}{r_0} \;\rightarrow\; h(r) = \left(\frac{r}{r_0}\right)^{2s} h_0.$$

Anmerkung: Ohne Schwindung ($s = 0$) erstarrt die Schmelze als Zylinder mit der (konstanten) Höhe h_0. Für $s>0$ nimmt die Höhe des erstarrenden Hohlzylinders ab bis auf $h(r = 0) = 0$. Dies kann bei Metallen mit großer Schwindung (Al: $-6\,\%$, Fe: $-4\,\%$) näherungsweise beobachtet werden. Es bildet sich im Zentrum des Gussblocks ein sogenannter Fadenlunker, der zwar sehr tief in den Gussblock hinein reicht, den Boden der Kokille aber nicht erreicht, da die Erstarrung auch von dort (nach oben) erfolgt.

12.3 Umformen

Antwort 12.3.1
Siehe Abb. 2.

Abb. 2 Verformung eines
Volumenelements unter Zug,
Druck und Scherung

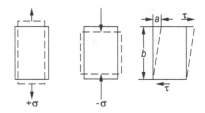

Antwort 12.3.2

Bei der Biegung von Balken stellt sich über die Höhe des Balkens eine inhomogene Verteilung der Normalspannung ein. An der gedehnten Oberfläche sind dies Zugspannungen, an
der gestauchten Druckspannungen. Im Balken gibt es eine Ebene, die sog. neutrale Faser,
die normalspannungsfrei ist, siehe Abb. 3. Da die Spannungen nahe der Balkenoberfläche
am größten sind, wird dort die Streckgrenze des Werkstoffs zuerst erreicht und die Außen-
bereiche beginnen plastisch zu fließen. Im Inneren bleibt der Balken elastisch.

Rissbildung findet daher in der Regel von der gedehnten Oberfläche ausgehend statt,
da dort maximale Zugspannung und die Kerbwirkung von Oberflächenrauigkeiten zusammenwirken. Es gibt allerdings auch Werkstoffe, die bevorzugt unter Druck versagen, z. B.
Holz- und entsprechende Faserverbundwerkstoffe in Richtung der Faserachse, bei welchen
ein Grenzflächenfalz bzw. Grenzflächenbruch auftritt.

Antwort 12.3.3

Beim *Strangpressen* befindet sich der Werkstoff meist in einem zylindrischen Aufnehmer
und ist dort durch den Pressstempel hydrostatischem Druck ausgesetzt (und deswegen kaum
rissgefährdet). Das plastische Fließen geschieht durch Scheren des Materials am Werkzeug,
das sich an der vorderen Öffnung dieses Zylinders befindet.

Die Beanspruchung beim *Tiefziehen* von Blechen ist kompliziert. In der Wand des tiefge-
zogenen Bauteils (Napfs) herrscht zweiachsiger Zug, im Bereich des Blechniederhalters ist
der Spannungszustand dreidimensional (Drucknormalspannungen durch den Niederhalter
und die Kontraktion der Blechronde beim Einfließen in das Werkzeug, radiale Zugspannung

Abb. 3 Verteilung der
elastischen und plastischen
Formänderung über den
Querschnitt eines gebogenen
Balkens

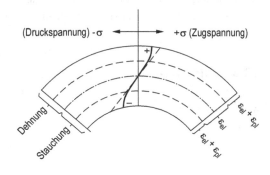

erzeugt durch den Tiefziehstempel). Beim Übergang von der Wand des Napfs in den Boden sowie an der Kante des Werkzeugs wird der Werkstoff auf Biegung beansprucht.

Antwort 12.3.4

Das Tiefziehen ist das Zugdruckumformen eines Blechzuschnitts (auch Folie, Platte, Tafel oder Platine genannt) in einen einseitig offenen Hohlkörper oder eines vorgezogenen Hohlkörpers in einen solchen mit geringerem Querschnitt ohne gewollte Veränderung der Blechdicke. Beim Tiefziehen wird als Ausgangsmaterial ein ebener Blechzuschnitt verwendet, der mit einem Ziehstempel durch einen Ziehring zu einem Hohlkörper verformt wird. Der Verformungsprozess ist in komplizierter Weise zusammengesetzt aus Biegen, Stauchen und Recken. Ein technisches Problem ist dabei die Faltenbildung des Blechs. Sie wird verhindert durch Niederhalter und richtige Dimensionierung der einzelnen Verformungsschritte, so dass die jeweiligen Formänderungen nicht zu groß werden. Für das Tiefziehen geeignete Bleche müssen eine niedrige Streckgrenze, einen hohen Verfestigungskoeffizienten und eine sehr hohe Gleichmaßdehnung aufweisen.

Beim Drahtziehen wird ein früher durch Schmieden, heute durch Walzen hergestellter grober Ausgangsdraht kalt durch die sich verjüngende Öffnung eines Zieheisens, Ziehsteins oder Walzgerüstes gezogen. Er wird länger und dünner, ohne dass es zu Materialverlusten kommt. Man zieht den Draht durch immer kleinere Öffnungen, bis er schließlich die gewünschte Abmessung hat. In der industriellen Fertigung wird der Draht von einer sogenannten Ziehscheibe durch den Ziehstein gezogen. Moderne Drahtziehmaschinen haben dabei bis zu 31 Stufen und sind regelungstechnisch sehr anspruchsvoll, da alle Ziehstufen in einem Verband betrieben werden. Das Ziehen ist eine plastische Verformung und führt, wenn es kalt erfolgt, zur Kaltverfestigung. Oft muss daher zwischen den Ziehstufen eine Erwärmung (Spannungsfreiglühen, Erholungsglühen) erfolgen. Ob der Draht hart oder weichgeglüht zur Auslieferung kommt, richtet sich nach der Anwendung.

Antwort 12.3.5

Beim Vorwärtspressen fließt das Material in Pressrichtung, beim Rückwärtspressen entgegen dazu. Daraus ergibt sich der Vorteil des Rückwärtspressens, da in diesem Fall die Reibung des Blocks gegen die Aufnehmerwand wegfällt und dadurch die benötigte Druckkraft reduziert wird, siehe Abb. 4.

Antwort 12.3.6

Beim Walzen wird der Werkstoff durch den von den zwei Walzen erzeugten Druck in Walzrichtung gestreckt. Am Eintritt in den Walzspalt herrschen die in Abb. 5 eingezeichneten Kräfte. Damit der Werkstoff in den Walzspalt eingezogen wird, muss die Kraft, die den Werkstoff in den Walzspalt zieht ($\mu\,F\,\cos\alpha$), größer sein als die horizontale Komponente der wirkenden Druckkraft ($F\,\sin\alpha$). Dies ist gleichbedeutend mit der Forderung $\tan\alpha < \mu$, wobei α der Öffnungswinkel der Walzen und μ der Reibungskoeffizient zwischen Walzen und Walzgut ist.

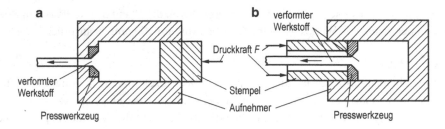

Abb. 4 Prinzip des Strangpressens. **a** Vorwärtspressen. **b** Rückwärtspressen

Abb. 5 Die Kräfte im
Walzspalt. F durch die Walzen
ausgeübte Druckkraft,
$\mu\, F\, \cos\alpha$ Reibungskraft, die
den Werkstoff in die Walze
zieht

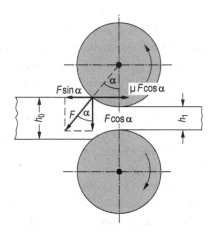

Antwort 12.3.7

a) Kaltwalzen verfestigt den Werkstoff, was dazu führt, dass hohe Walzkräfte für die weitere plastische Verformung notwendig sind, d. h. das Walzgerüst wird stark belastet. Deswegen wird oft warmgewalzt, wobei Erholung und Rekristallisation die Verfestigung abbauen. Dadurch wird die mechanische Belastung der Walzen reduziert. Zu berücksichtigen ist allerdings die thermische Belastung der Walzen beim Warmwalzen.

b) Warmgewalzte Gefüge zeigen die Spuren von Erholung und Rekristallisation (niedrige Versetzungsdichte, gleichachsige Körner). Kaltgewalzte Gefüge hingegen bestehen aus langgestreckten Körnern mit hoher Defektdichte durch die Kaltverformung. Sehr oft ist es schwierig, die Korngrenzen im Schliffbild auszumachen.

Antwort 12.3.8

Zur Herstellung von Blechen wird am häufigsten das Walzen angewandt. Dabei wird der Werkstoff unter dem Druck zweier zylindrischer Walzen in seiner Dicke verkleinert und in seiner Länge gestreckt. Die Formänderung normal zur Walzrichtung (Breitung) ist gering.

Die von der Walze auf den Werkstoff ausgeübte Druckspannung muss die Streckgrenze des Walzguts übersteigen. Beim Walzen ändert sich die Mikrostruktur des Werkstoffs. Es bilden sich charakteristische Texturen aus. Man kann das Walzen mit Wärmebehandlungen kombinieren, um die Versetzungsdichte abzubauen und durch Rekristallisation eine neue Kornstruktur einzustellen.

Mikrolegierte Baustähle enthalten thermisch stabile Karbide des Niobs, Tantals und/oder Vanadiums. Diese feinen Partikel verhindern das Wachstum der Austenitkörner beim Warmwalzen dieser Stähle im Gebiet des Austenits, indem sie die Austenitkorngrößen festhalten („Zener-drag"). Durch gezieltes Absenken der Walztemperatur und ein rasches Durchfahren des Austenit-Ferrit-Zweiphasengebiets (siehe Abb. 6) kann man den Umformvorgang mit einer Wärmebehandlung kombinieren. Mithilfe dieses thermomechanischen Walzens erhält der Stahl ein Gefüge (feines Korn, Dispersion von Karbid) mit den gewünschten Gebrauchseigenschaften (z. B. Streckgrenze).

Antwort 12.3.9
Die Viskosität einer Schmelze liefert die Voraussetzung für die Herstellung von Hohlkörpern durch Blasen. Angewandt wird dieses Verfahren insbesondere für Oxidgläser (Glasblasen) und Thermoplaste (Folienblasen). Unter besonderen Bedingungen auch für Metalle in einem als superplastisch bezeichneten Zustand.

Antwort 12.3.10
Bei der Extrusion werden Kunststoffe oder andere zähflüssige härtbare Materialien in einem kontinuierlichen Verfahren durch eine Düse gepresst. Dazu wird der Kunststoff (als Granulat) zunächst durch einen Extruder (auch Schneckenextruder genannt) mittels Heizung und innerer Reibung aufgeschmolzen und homogenisiert. Weiterhin wird im Extruder der für das Durchfließen der Düse notwendige Druck aufgebaut. Nach dem Austreten aus der Düse erstarrt der Kunststoff in einem Formwerkzeug. Der Querschnitt des so entstehenden geometrischen Körpers entspricht dem verwendeten Formwerkzeug. Durch Extrusion

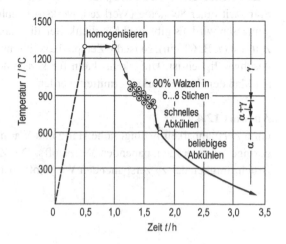

Abb. 6 Die Fertigung von Blechen aus mikrolegiertem Baustahl durch kontrolliertes Walzen. Durch diese thermomechanische Behandlung entsteht in einem Arbeitsgang ein Blech mit den gewünschten mechanischen Eigenschaften

können beispielsweise nahtlose Rohre und Profile mit über der Länge konstantem Querschnitt, aber auch beliebig lange und zumeist auf Rollen gewickelte Bahnen aus Kunststofffolie hergestellt werden.

Ein für Kunststoffe typisches Formgebungsverfahren ist das Folienblasen. Dazu wird der im zähflüssigen Zustand aus dem Extruder tretende Folienschlauch durch Druckluft bis zum fünffachen Durchmesser aufgeweitet, danach unter geeigneten Bedingungen durch ein Quetschwalzensystem geführt und schließlich aufgewickelt. Auf diese Weise werden die meisten Folien aus PE, PVC und PA hergestellt.

12.4 Trennen

Antwort 12.4.1
- Spanen (Fräsen, Drehen, Bohren, Sägen),
- Trennen mit Abrasivteilchen (Schleifen, Trennen mit Scheiben),
- Brennschneiden (Kombination aus örtlicher Erwärmung, Schmelzen und Oxidation mittels Brenngas oder Laserstrahl),
- Funkenerosion,
- Trennen mittels Säuresäge.

Antwort 12.4.2
Erwünschtes Trennen tritt beim Spanen und Schleifen, aber auch in der Zerkleinerungstechnik (Mühlen) auf. Falls diese Vorgänge unerwünscht sind, werden sie als Verschleiß, in diesem speziellen Fall als Abrasivverschleiß bezeichnet.

Antwort 12.4.3
Phänomenologisch wird die Spanbarkeit mithilfe eines Experiments bewertet, in dem die Standzeit einer Schneide (Werkzeugwerkstoff) abhängig von der Schnittgeschwindigkeit gemessen wird. Es gibt zwei Möglichkeiten die Standzeit anzugeben: Legt man eine Standzeit fest (z. B. 60 min), so ist die Zerspanbarkeit umso höher, je größer die mögliche Schnittgeschwindigkeit ist. Umgekehrt kann für konstante Schnittgeschwindigkeit die Standzeit als Maß der Zerspanbarkeit ermittelt werden.

Antwort 12.4.4
Gute Zerspanbarkeit bedingt hohe Härte und Warmfestigkeit des Werkzeugwerkstoffs und geringe Härte des zerspanenden Werkstoffs. Die Zerspanbarkeit wird durch eine geringe Bruchzähigkeit des zu zerspanenden Werkstoffs begünstigt.

Antwort 12.4.5

- Graues Gusseisen mit Lamellengraphit: geringe Härte, gute Trennbarkeit.
- Automatenlegierungen, die gewollt Gefügebestandteile enthalten, welche die Trennung und die diskontinuierliche Spanbildung begünstigen. Automatenstahl enthält Schwefel in Form von Sulfideinschlüssen. Automatenmessing enthält Einschlüsse von metallischem Blei, die ebenfalls spanbrechend wirken.

Antwort 12.4.6

Das System besteht aus dem Werkzeugwerkstoff und dem zu zerspanenden Werkstoff, eventuell auch Kühl- oder Schmiermittel.

12.5 Fügen

Antwort 12.5.1

Schweißen: Gleiche oder gleichartige Werkstoffe und meistens ein geeigneter Schweißzusatzwerkstoff werden über die Schmelztemperatur erhitzt. Durch die Mischung der Werkstoffe im flüssigen Zustand entsteht nach dem Erstarren eine feste Verbindung. Der Schweißzusatzwerkstoff sollte möglichst gleiche oder bessere Eigenschaften haben, als der zu schweißende Werkstoff.

Beim *Löten* wird nur ein Zusatzwerkstoff (das Lot) geschmolzen, der Grundwerkstoff nicht. Der Zusatzwerkstoff erstarrt anschließend an beiden zu verbindenden Teilen und führt so zu einem festen Zusammenhang. Durch die Erwärmung des gefügten Werkstoffs kann dieser eventuell eine Eigenschaftsveränderung erfahren.

Beim *Kleben* tritt üblicherweise keine Erwärmung und damit Beeinflussung des zu verbindenden Werkstoffs auf. Der Zusammenhalt wird über die Adhäsion mit dem Klebstoff und die Kohäsion im Klebstoff hergestellt.

Antwort 12.5.2

Eine Schweißnaht ist aus drei Zonen aufgebaut (Abb. 7): Im Zentrum befindet sich der Bereich des erstarrten Werkstoffes. Rechts und links davon liegt die Wärmeeinflusszone. In diesem Bereich wurde der Werkstoff einer Wärmebehandlung unterzogen, die negative Folgen haben kann (Überalterung, Rekristallisation, Kornwachstum). In der Zone *III* ist das Gefüge unverändert, es können jedoch innere Spannungen auftreten.

Antwort 12.5.3

- Schwer schweißbar sind Werkstoffe mit sehr hoher Wärmeleitfähigkeit wie z. B. reines Kupfer.
- Schwer schweißbar können auch Werkstoffe sein, die stark oxidieren. So bildet Aluminium eine temperaturbeständige, festhaftende Oxidschicht, welche eine Verbindung der

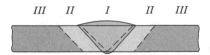

III   II   I   II   III

Abb. 7 Gefügezonen einer Schmelzschweißung. *I* Erstarrter Werkstoff. *II* Struktur und Gefüge-änderungen durch Reaktionen im festen Zustand (Überalterung, Rekristallisation). *III* Thermisch nbeeinflusstes Gefüge, evtl. mit inneren Spannungen

zu fügenden Teile verhindert. Meist müssen dann Sonderschweißverfahren angewandt werden.

- Mit steigendem Kohlenstoffgehalt wird es zunehmend schwierig, Kohlenstoffstähle zu schweißen, ohne dass diese dabei verspröden. Dies liegt daran, dass die kritische Abkühl-geschwindigkeit mit steigendem Kohlenstoffgehalt sinkt und die Kerbschlagarbeit im gehärteten Zustand sinkt. Darüber hinaus steigt die Übergangstemperatur der Kerb-schlagarbeit. Ein hoher Kohlenstoffgehalt ist demnach ungünstig für das Schweißen. Legierungselemente wie Mn, Cr, Mo, V usw. haben eine ähnliche Wirkung wie C, nur etwas schwächer. Zur Berücksichtigung aller vorhandenen Elemente, die die Schweiß-eignung beeinträchtigen, wurde das Kohlenstoffäquivalent C_E eingeführt, welches die Form

$$C_E = \% \, C + a \cdot \% \, Mn + b \cdot \% \, Cr + c \cdot \% \, Mo$$

hat. a, b, c sind empirische Konstanten, die Legierungselementgehalte sind in Masse-% einzusetzen. Ist $C_E < 0{,}35$, ist der Stahl gut schweißgeeignet, d. h. er kann ohne beson-dere Maßnahmen geschweißt werden. Bei $0{,}35 < C_E < 0{,}55$ ist der Stahl bedingt schweißgeeignet, denn es besteht die Gefahr der unerwünschten Härtung bzw. Versprö-dung. In einem solchen Fall muss unbedingt vorgewärmt oder nachbehandelt werden. Ist $C_E > 0{,}55$, wird der Stahl als schlecht schweißgeeignet bezeichnet, denn die Bildung des spröden Martensits ist trotz Vorwärmung unvermeidbar, weswegen vorgewärmt und nachbehandelt werden muss.

Antwort 12.5.4
Die thermoplastischen Kunststoffe und Oxidgläser sind die einzigen nichtmetallischen Werkstoffe, die geschweißt werden können.

Antwort 12.5.5
Wird beim Löten eine Temperatur von 450 °C überschritten, so wird das Verfahren als Hart-löten bezeichnet, andernfalls als Weichlöten. Für die Lötbarkeit ist die Benetzungsfähigkeit des Werkstoffes durch das Lot ausschlaggebend. Die Oberflächenenergien müssen erlauben, dass das Lot den Werkstoff gut benetzt und nicht abtropft.

Antwort 12.5.6

a) *Einkomponentenkleber:* Das Lösungsmittel verdampft und dadurch erhöht sich die Viskosität des ursprünglich flüssigen Klebers.

Zweikomponentenkleber: Es tritt eine Vernetzung des Polymers auf. Diese chemische Reaktion führt zu verstärkter Adhäsion mit den zu verbindenden Oberflächen und zu verstärkter Kohäsion im Inneren der Klebeverbindung.

b) Für die Gestaltung einer Klebeverbindung ist es vorteilhaft, wenn nicht Zugspannungen, sondern Schub- oder Druckspannungen in der Klebefläche wirken. Am günstigsten ist eine geschärfte Überlappung mit kleinem Keilwinkel oder eine einfache oder doppelte Überlappung.

c) Ein sehr häufig verwendeter, nichtorganischer Klebstoff ist der Zement, der bei der Bildung von Beton zum Verkleben von Sand und Kieselsteinen führt. Er ist ein sogenanntes hydraulisches Bindemittel, ein hydraulischer Klebstoff, d. h. es entsteht eine Verbindung des Oxids mit Wasser. Darüber hinaus gibt es auch andere keramische Klebstoffe (z. B. kalt gebranntes CaO, das zu $CaCO_3$ reagiert).

Antwort 12.5.7

a) 1: Austenit, 2: Austenit + Martensit, 3: Martensit, 4: Ferrit + Martensit, 5: Ferrit, 6: Austenit + Ferrit, 7: Austenit + Ferrit + Martensit, 8: Martensit + Ferrit.

b) Die gestrichelten Linien charakterisieren Gefüge mit konstanter Menge an Austenit und Ferrit. Die Zahlen betreffen den Anteil des Ferrits in diesen Gefügen.

c) Die folgende Tabelle fasst die berechneten Äquivalente zusammen, die zu den Punkten im Schaeffler-Diagramm führen (Abb. 8).

Werkstoff	Cr_E [%]	Ni_E [%]
19Mn5	0,75	6,60
X15CrNiSi25-20	28,00	26,30
23 12 L	25,20	14,00

d) Bei der Vermischung der Grundwerkstoffe im Verhältnis 1:1 ergeben sich für die Mischung $Cr_E^G = \frac{1}{2}(0,75 + 28) = 14,375$ und $Ni_E^G = \frac{1}{2}(6,6 + 26,3) = 16,45$. Dies ergibt den Punkt I in Abb. 8, der genau in der Mitte der Verbindungsgeraden zwischen den beiden Grundwerkstoffen liegt. Verbindet man diesen Punkt mit jenem des Schweißzusatzes, so schneidet diese Gerade die gestrichelte Gerade für 5 % Ferrit im Punkt II. Durch diesen Punkt wird die Verbindungsgerade I−Zusatz im Verhältnis 3:1 geteilt. Daher muss für die Ausbildung des erwünschten Schweißnahtgefüges eine Mischung aus 75 % Schweißzusatz und 25 % der gemischten Grundwerkstoffe erzeugt werden.

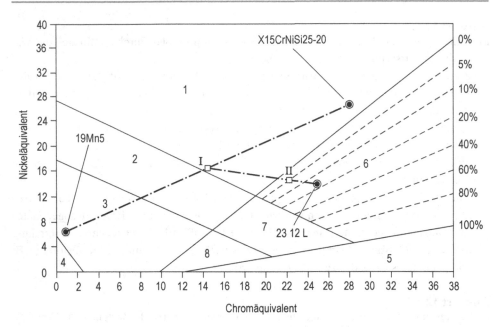

Abb. 8 Schaeffler-Diagramm mit eingezeichneten Mischungsgeraden

12.6 Nachbehandlung, Lasermaterialbearbeitung

Antwort 12.6.1

Unter Nachbehandlung versteht man eine am Ende des Fertigungsprozesses anschließende Behandlung, die das Ziel hat, die endgültigen Gebrauchseigenschaften einzustellen. Beispiele dafür sind das Oberflächenhärten zur Erzielung erwünschter tribologischer Eigenschaften oder das Beschichten von Oberflächen zur Erhöhung der chemischen Beständigkeit.

Eine weitere wichtige Nachbehandlung ist das Spannungsfreiglühen von Bauteilen oder Schweißkonstruktionen zur Verminderung innerer Spannungen, damit das vollständige Festigkeitspotential des Werkstoffs im Gebrauch zur Verfügung steht.

Antwort 12.6.2

- Spannungsfrei- oder Normalisierungsglühen eines Stahlgussteils.
- Wärmebehandlung von grauem Gusseisen, z.B. von Gusseisen mit Kugelgraphit zur Veränderung der Matrix (Zwischenstufenglühen von bainitischem Sphäroguss zur Steigerung der Festigkeit).

Antwort 12.6.3

Die Einsatzgebiete des Laserstrahls als Werkzeug sind: Schweißen, Schneiden, Bohren, Oberflächenbearbeiten und Beschriften. Darüber hinaus kann in geeigneten Anordnungen auch das Laserfräsen und das Laserdrehen realisiert werden, wobei auch hier der Strahl jeweils das Werkzeug ersetzt und somit kein Werkzeugverschleiß auftritt. Durch die Möglichkeit, einzelne Bauteilbereiche gezielt zu erhitzen, können Bleche mithilfe eines Laserstrahls gebogen werden.

Nicht jeder Lasertyp ist gleichermaßen für alle Einsatzgebiete tauglich. Für jeden Bearbeitungsfall ist ein gesonderter Typ auszuwählen und mit einer geeigneten Peripherie auszustatten.

Antwort 12.6.4

In der Lasermaterialbearbeitung werden drei Arten von Lasern bevorzugt eingesetzt. Die größte Bedeutung hat bisher der *CO_2-Laser* errungen. Er arbeitet im Infrarotbereich mit einer Wellenlänge von 10,6 μm und kann mehr als 50 kW an Ausgangsleistung bereitstellen.

Ähnlich etabliert in der Materialbearbeitung ist der *Nd-YAG-Laser*, der ebenfalls im Infrarotbereich jedoch mit einer Wellenlänge von 1,06 μm arbeitet. Für diese Wellenlänge ist Glas noch durchlässig, so dass der Laserstrahl in einem Glasfaserkabel zur Bearbeitungsstation geführt werden kann. Im Gegensatz zum CO_2-Laser ist hier das angeregte Medium kein Gas, sondern ein Festkörper und zwar ein mit Neodym dotierter Yttrium-Aluminium-Granat-(Nd-YAG-) Kristall. Moderne Nd-YAG-Laser bieten bis 3 kW Ausgangsleistung an.

Im ultravioletten Bereich und mit eher geringen Leistungen arbeiten die *Excimer-Laser*. Für diesen Lasertyp werden verschiedene Lasergase verwendet, die sogenannten Excimere (XeCl, KrF).

Antwort 12.6.5

Eine Laserschweißnaht ist schmaler als eine herkömmliche Schmelzschweißnaht, da weniger Wärme örtlich konzentrierter eingebracht wird. Auch ist die Wärmeeinflusszone erheblich schmaler. Letztlich erzielt man mit einer Laserschweißung eine bessere Oberflächenqualität auch dann, wenn die Schweißnaht nicht nachbearbeitet wird.

Antwort 12.6.6

Die oberflächennahen Werkstoffbereiche werden austenitisiert und anschließend durch Wärmeleitung ins Innere des Bauteils schnell abgekühlt. Es entsteht dadurch ein Härtegefüge, das danach angelassen werden muss.

Antwort 12.6.7

Abhängig von der Legierung und den Laserparametern können alle Gefügetypen auftreten, nämlich heterogen stabile, heterogen metastabile, homogen kristalline, homogen quasikristalline Gefüge und Glas, wobei die thermodynamische Stabilität in der genannten Reihenfolge abnimmt.

12.7 Werkstoffaspekte bei Fertigung und Gebrauch von Kraftfahrzeugen

Antwort 12.7.1
- Schmierung der Lager und Kolben,
- Abfuhr der entstehenden Reibungs- und eines Teils der Verbrennungswärme,
- Abdichtung der Kolben in den Zylindern,
- Ausspülen der Schmutzteilchen und Transport zum Ölfilter,
- Korrosionsschutz.

Antwort 12.7.2
Üblicherweise aus Aluminium-Silizium Legierungen (z. B. AlSi 12 CuMgNi). Diese Legierungen zeichnen sich durch gute fertigungstechnische Eigenschaften (gute Gießbarkeit) und gute Gebrauchseigenschaften (hoher Verschleißwiderstand, geringe Wärmeausdehnung) aus.

Antwort 12.7.3
- hohe Warmfestigkeit,
- hoher Verschleißwiderstand,
- geringe Wärmedehnung,
- geringes spezifisches Gewicht.

Antwort 12.7.4
Die höchste Temperatur beträgt bei luftgekühlten 2-Takt-Dieselmotoren etwa 400 °C in der Kolbenbodenmitte. Für eine ausscheidungshärtbare Al-Legierung ist an dieser Stelle eine Überalterung zu erwarten und damit eine Verschlechterung der mechanischen Eigenschaften. Die niedrigste Temperatur beträgt etwa 110 °C und wird am Schaftende der Kolben eines wassergekühlten 4-Takt-Ottomotors gemessen.

Antwort 12.7.5
Der zusätzliche Laufflächenschutz soll die negativen Folgen von kurzfristigem Trockenlauf (z. B. bei häufigen Kaltstarts), vorübergehender Überlastung und von einer mangelhaften Schmierung verhindern. Ein Laufflächenschutz besteht aus sogenannten Weichmetallaufschichten (Zinn oder Blei mit Graphit).

Antwort 12.7.6
Kolbenringe bestehen meistens aus Grauguss mit globularem Graphit, sehr selten auch aus Stahl.

Antwort 12.7.7
In Zylindern aus Grauguss sorgt der hohe Graphitgehalt für gute Gleiteigenschaften, die auch bei vorübergehender mangelhafter Ölschmierung bestehen bleiben (Notlaufeigenschaften).

Antwort 12.7.8

a) Zylinder aus Leichtmetallen werden in luftgekühlte Motoren eingebaut, da die Wärmeleitung dieser Werkstoffe etwa dreimal so groß ist wie bei Zylindern aus Grauguss.

b) Es können entweder dünnwandige Laufbuchsen aus Grauguss eingepresst werden, oder Schichten aus Eisen, Chrom (Hartverchromung) oder Nickel aufgebracht werden.

Antwort 12.7.9

- hohe Warmfestigkeit,
- hoher Verschleißwiderstand,
- Korrosionsbeständigkeit auch bei hoher Temperatur,
- gute Gleit- und Notlaufeigenschaften,
- eventuell geringes spezifisches Gewicht (keramische Ventile oder Ventile aus intermetallischen Verbindungen).

Antwort 12.7.10

An den Einlassventilen treten Temperaturen bis zu etwa 550 °C, an den Auslassventilen von über 800 °C auf.

Antwort 12.7.11

Auslassventile werden wegen der besonders hohen thermischen und mechanischen Belastung mit Hartmetallschichten gepanzert.

Antwort 12.7.12

a) Einmetallventile bestehen aus nur einem Werkstoff.

b) Bimetallventile sind aus zwei Werkstoffen hergestellt. Der Schaftwerkstoff muss gute Gleiteigenschaften besitzen, der Tellerwerkstoff muss hochwarmfest sein. Die beiden Teile werden durch eine Reibstumpfschweißung miteinander verbunden.

c) Hohlventile sind im Schaft und zum Teil auch im Teller hohl ausgeführt, wobei der Hohlraum zu etwa 60 % mit metallischem Natrium gefüllt ist. Durch das dadurch sehr gute Wärmeableitvermögen werden solche Ventile vorwiegend als Auslassventile in Hochleistungsmotoren eingesetzt (Rennsport).

Antwort 12.7.13

- Aus Grauguss bei Zylinderköpfen, die ebenfalls aus Grauguss sind,
- aus Cr-Mn-Stahl, für höhere Belastung sowohl bei Leichtmetall- als auch bei Graugusszylinderköpfen.

Antwort 12.7.14

- hohe Temperaturen und Temperaturänderungen,
- mechanische Beanspruchungen, insbesondere durch Schwingungen,
- Korrosion, sowohl innen durch aggressive Kondensate als auch außen durch Witterungseinflüsse.

13 Der Kreislauf der Werkstoffe

Inhaltsverzeichnis

13.1 Rohstoff und Energie

Antwort 13.1.1
Einerseits werden Werkstoffe aus Rohstoffen (Materie) hergestellt. Dazu benötigt man Energie (z. B. Reduktion von Erzen, Schmelzen von Legierungen, Sintern von Pulvern) und Information (werkstoffkundliches Wissen). Andererseits verlangt die Energietechnik leistungsfähige Werkstoffe (z. B. Hochtemperaturwerkstoffe für Dampf- und Gaskraftwerke, oder Halbleiterwerkstoffe für die Fotovoltaik).

Antwort 13.1.2
a) Holz,
b) Polymere aus Öl oder Kohle,
c) Stein,
d) Metalllegierungen.

Antwort 13.1.3
a) Nicht rückgewinnbar ist die Energie, die für Transport, Fertigung und Aufbereitung von Schrott verbraucht wird,
b) rückgewinnbar ist die chemische Energie, die z. B. für die Reduktion von Metalloxiden zu reinen Metallen verwandt wird. Auch fossile und zeitgenössische Sonnenenergie,

© Springer-Verlag GmbH Deutschland, ein Teil von Springer Nature 2019
E. Werner et al., *Fragen und Antworten zu Werkstoffe*,
https://doi.org/10.1007/978-3-662-58845-1_26

die für Werkstoffe auf Kohlenstoff-Basis gebraucht wird, kann am Ende des Kreislaufs zurückgewonnen werden.

Antwort 13.1.4

- Hochtemperaturwerkstoffe erlauben den Betrieb von Gasturbinen bei höheren Temperaturen. Dadurch wird der Wirkungsgrad gesteigert.
- Neuartige Transformatorenbleche verringern die Ummagnetisierungsverluste und steigern so den Wirkungsgrad der Transformatoren.
- Leichtbauwerkstoffe für Flugzeuge, Straßenfahrzeuge und Schienenfahrzeuge tragen dazu bei, den Energieverbrauch dieser Fortbewegungsmittel zu reduzieren.

Antwort 13.1.5

a) Kohle und Erdöl (fossile Stoffe), Holz, Uran (dieses spielt als Legierungselement allerdings eine geringe Rolle).
b) Die Bindungsenergie zwischen Sauerstoff und den verschiedenen Metallatomen. Sie ist sehr gering für Au, groß für Mg, Al und Ti.
c) Bei der Herstellung von Zement werden CaO und SiO_2 gemischt zur Bildung von $3\,CaO\text{-}SiO_2$. Diese Phase bildet sich erst oberhalb von $1450\,°C$.
   Energie wird außer zum Erwärmen auch für das Mahlen des Zements benötigt, da eine Größe der Pulverteilchen von $< 1\,\mu$m angestrebt wird.

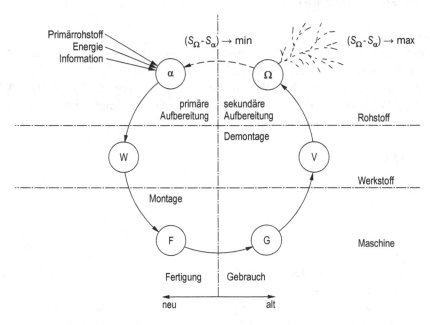

Abb. 1 Stofflicher Kreislauf

Antwort 13.1.6
Es ist sinnvoll, die Gesamtdauer eines Zyklus in folgende sechs Stadien aufzuteilen: α – Aufbereitung des Primärrohstoffs, W – Rohwerkstoff, Halbzeug, F – Fertigung und Montage, G – Gebrauch, V – Versagen oder Außerbetriebnahme, Ω – Wiedereinspeisung in den Stoffkreislauf (Sekundärrohstoff), Deponierung (Sekundärlagerstätte) oder Feinverteilung der Bestandteile des Werkstoffs, siehe Abb. 1.

13.2 Auswahl, Gebrauch, Versagen, Sicherheit

Antwort 13.2.1
a) Das Beanspruchungsprofil beschreibt die Summe der an einen Werkstoff in einem bestimmten Anwendungsfall gestellten Anforderungen.
b) Das Eigenschaftsprofil stellt die Summe der einzelnen Eigenschaften dar, die ein Werkstoff besitzt.

Antwort 13.2.2
a) Ein Werkstoff für ein Flugzeuggehäuse sollte hohe Festigkeit mit geringer Dichte verbinden.
b) Ein Werkstoff für einen Dauermagneten muss eine hohe magnetische Energiedichte besitzen, d. h. das Produkt aus magnetischer Induktion (B) im Werkstoff und äußerem Feld (H) muss möglichst groß sein.
c) Ein Werkstoff für ein Küchenmesser sollte hart und damit verschleißfest sein, aber auch über einen weiten pH-Bereich korrosionsbeständig sein.

Antwort 13.2.3
Die Biegesteifigkeit eines rechteckigen Balkens ist

$$EI = \frac{1}{12} E b h^3,$$

mit dem Elastizitätsmodul E und dem Trägheitsmoment I um die Achse normal auf die Balkenlängsachse und die Richtung von h. Die Höhe h des Balkens kann aus der Dichte des Werkstoffs und dem Volumen des Balkens berechnet werden:

$$\varrho = \frac{m}{lbh} \quad \rightarrow \quad h = \frac{m}{lb\varrho}.$$

Einsetzen von h in den Ausdruck für EI ergibt

$$EI = \frac{1}{12} b \left(\frac{m}{lb}\right)^3 \frac{E}{\varrho^3}.$$

Die Absenkung (Durchbiegung) w eines Balkens ist unabhängig von Lagerung und Belastung stets indirekt proportional zu seiner Biegesteifigkeit. Dies gilt auch für die maximale Durchbiegung, die in dieser Aufgabe minimiert werden soll:

$$(w_{max})_{min} \propto \left(\frac{E}{\varrho^3}\right)_{max} .$$

Ausrechnen von E/ϱ^3 ergibt für die vier Werkstoffe in der Reihenfolge der Angabe (ohne Einheit): 3,56; 4,00; 0,37; 0,43. Geschäumtes Aluminium besitzt den größten Wert und führt daher zur kleinsten Durchbiegung.

Antwort 13.2.4
Man muss immer die Summe der Gebrauchseigenschaften Σp_G und die Summe der Fertigungseigenschaften Σp_F gemeinsam betrachten. Anzustreben ist:

$$\Sigma p_G + \Sigma p_F = \text{Optimum}.$$

Antwort 13.2.5
a) Die Formzahl α_K gibt die Spannungserhöhung in Abhängigkeit von der Kerbform an und ist für einfache Geometrien (Gewindegänge) wie folgt zu berechnen:

$$\alpha_K = \frac{\sigma_{max}}{\sigma_{nenn}} = 1 + \frac{2a}{b} > 1.$$

Darin sind σ_{max} die maximale Spannung im Kerbgrund und σ_{nenn} die angelegte Nennspannung. a und b bezeichnen Kerbtiefe und Kerbweite.

b) Bei einer schwingenden Beanspruchung (unter Lastkontrolle) muss die Kerbwirkungszahl β_K berücksichtigt werden. Da ein Kerb üblicherweise die Lebensdauer eines Bauteils bei schwingender Beanspruchung herabsetzt, ist β_K meist > 1. Die Wöhlerkurve zeigt für ein gekerbtes Bauteil eine geringere Lastwechselzahl bis zum Bruch oder eine geringere Spannungsamplitude zum Erreichen einer bestimmten Lastwechselzahl als für das ungekerbte Bauteil an. Stark kaltverfestigende Werkstoffe besitzen für nicht zu große Formzahlen eine höhere Lebensdauer, wenn gekerbte mit ungekerbten Proben verglichen werden. Grund dafür ist eine erschwerte Rissbildung in den verfestigten Oberflächenzonen der gekerbten Proben.

Antwort 13.2.6
Es gibt folgende Elementarmechanismen, die zum Versagen einer mechanisch beanspruchten Konstruktion führen: elastische Instabilität (Ausknicken), starke elastische Verformung (Verklemmen), hohe plastische Verformung (Verbiegen), plastische Instabilität (Einschnürung), Dekohäsion (spröder oder duktiler Bruch), Korrosion (Abtragen der Oberfläche und Rissbildung durch örtlichen chemischen Angriff), Verschleiß (Abtragung einer beanspruchten Oberfläche und Rissbildung).

Antwort 13.2.7
Technische Schadensfälle treten häufig unter folgenden Bedingungen auf:

- erhöhte und mehrachsige Spannung in der Umgebung von Kerben (Gewindegänge, Oberflächenrauhigkeit), innere Spannungen im Werkstoff, ursprünglich vorhandene Materialfehler oder im Betrieb entstandene Mikrorisse (Korrosion, Verschleiß),
- komplexe Folgen von Amplituden und Frequenzen bei schwingender Beanspruchung,
- unerwartete Änderungen der chemischen Umgebung der Werkstoffoberfläche,
- unerwartete Veränderung der Werkstoffeigenschaften (Alterung, Strahlenschädigung),
- unerwartete Beanspruchung (Naturkatastrophen).

Alle Einflussgrößen können wiederum ungünstig zusammenwirken. Man muss möglichst viele dieser Einflussgrößen bei der Auslegung der Konstruktion einplanen und Bauteile entsprechend vorbehandeln (z. B. glatte Oberflächen, Rissfreiheit) und/oder den Festigkeitsnachweis mit entsprechenden Sicherheitsfaktoren durchführen.

Antwort 13.2.8
a) Die Betriebsfestigkeit ist die Lebensdauer eines Werkstoffs bei schwingender Belastung mit wechselnder Spannungsamplitude, wobei die Belastung im Versuch jener im Einsatz nachempfunden ist.
b) Die Hypothese der linearen Schadensakkumulation geht davon aus, dass aus jeder auftretenden Spannungsamplitude ein Schädigungsanteil n_i/N_i resultiert. Hierbei gibt n_i die Anzahl der Lastwechsel bei der Spannungsamplitude i an, N_i die Anzahl der Lastwechsel, die bei dieser Spannungsamplitude zum Bruch führen. Erreicht die Summe $\Sigma_i n_i/N_i$ den Wert 1, so tritt nach dieser Hypothese der Bruch ein. Dieser Ansatz ist als grobe Näherung in manchen Fällen nützlich, in anderen Fällen nicht einmal qualitativ richtig.

Antwort 13.2.9
a) Für eine Bemessung der zulässigen Spannung nach dem „Leck vor Gewaltbruch"-Prinzip muss kritisches Risswachstum ausgeschlossen werden, die Belastung muss für den beobachteten Anriss zwischen der Kurve K_{ISRK} und der Kurve K_{Ic} liegen (Abb. 2).
b) Die Bemessung nach dem Prinzip der kritischen Rissausbreitung lässt solche Belastungen zu, die letztlich zum kritischen Risswachstum führen.

Antwort 13.2.10
a) Der Mittelwert errechnet sich zu 397 MPa, der von der Norm vorgegebene Wert wird damit erreicht.
b) Der Stahl darf nur mit 365 MPa belastet werden, wenn 97 % der Proben der Beanspruchung standhalten sollen. Laut der Tabelle der Angabe ist bei Belastungen bis 365 MPa lediglich eine der 50 Proben gebrochen.

Abb. 2 Sicherheitskriterien definiert mit Hilfe bruchmechanischer Werkstoffeigenschaften. W Wandstärke des Bauteils; a Anrisslänge; K_{Ic} Beginn des kritischen Risswachstums; K_{ISRK} Beginn des unterkritischen Risswachstums, z. B. Spannungsrisskorrosion oder Ermüdung

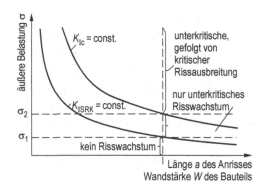

Antwort 13.2.11

Stark überschätzte Sicherheitsanforderungen führen zu höheren Querschnitten und damit zu mehr Rohstoffverbrauch. Andererseits können hohe Sicherheitsanforderungen auch zu festeren Werkstoffen führen, die kleinere Querschnitte und damit kleinere Rohstoffmengen bedeuten. Es gibt jedoch keinen eindeutigen Zusammenhang zwischen diesen beiden Begriffen.

Antwort 13.2.12

Sicherheitskriterien bezieht man in der Regel auf mechanische Kennwerte. Es gibt einen Grenzwert, bei dem Versagen auftritt (Fließen bei $R_{p0,2}$, Risswachstum bei K_{Ic}, usw.) und zu welchem man einen gewissen Sicherheitsabstand einhält. Im Falle einer Streuung von Werkstoffkennwerten betrachtet man Verteilungen dieser Kennwerte. Daraus kann man zum Beispiel ableiten, unter welchen Bedingungen nur in 0,01 % der Fälle Schäden auftreten.

Antwort 13.2.13

a) Die tangentiale Wandspannung σ darf höchstens die Streckgrenze σ_y des Werkstoffes erreichen. In der Formel für die Bruchzähigkeit bei ebener Dehnung

$$K_{Ic} = Y \sigma \sqrt{\pi a_c}$$

($Y = 1$ Geometriefaktor, a_c kritische Risslänge) ist die Spannung σ durch σ_y zu ersetzen, also

$$K_{Ic} = \sigma_y \sqrt{\pi a_c}.$$

Auflösen nach der kritischen Risslänge ergibt

$$a_c = \frac{1}{\pi} \left(\frac{K_{Ic}}{\sigma_y} \right)^2.$$

Gesucht ist ein Werkstoff mit großer kritischer Risslänge, also hohen Werten für $(K_{Ic}/\sigma_y)^2$. Aus der Angabe erhält man für diesen Quotienten (in der Reihenfolge der Tabelle): 5,8; 16,3; 3,7 und 43,1 mm. Der unlegierte Stahl ist demnach für diese Auslegungsart am besten geeignet.

b) Für die Bildung eines Lecks muss der Riss in der Behälterwand kritisch groß werden. Dies ist erfüllt, wenn die kritische Risslänge a_c des Werkstoffes gleich groß wie die Wandstärke t ist, also

$$K_{Ic} = \sigma\sqrt{\pi t}$$

gilt. Aus der Kesselformel $\sigma = pr/t$ (s. Lehrbücher zur Mechanik) ergibt sich

$$t = \frac{pr}{\sigma}.$$

Einsetzen in den Ausdruck für die Bruchzähigkeit ergibt

$$K_{Ic} = \sigma\sqrt{\frac{\pi pr}{\sigma}} = \sqrt{\pi pr\sigma}.$$

Da in dieser Teilaufgabe der Behälter nicht plastisch fließen soll, ersetzt man σ durch σ_y und löst nach dem Druck p auf

$$p = \frac{1}{\pi r}\frac{K_{Ic}^2}{\sigma_y}.$$

Der Druck, der zur Bildung eines Lecks führt, ist für große Werte von K_{Ic}^2/σ_y groß. Dieser Quotient ist (in der Reihenfolge der Angabentabelle): 6,1; 5,6; 3,3 und 11,2 MPa m. Auch für diese Auslegungsart ("Leck vor Bruch") ist der unlegierte Stahl der am besten geeignete Werkstoff.

13.3 Entropieeffizienz und Nachhaltigkeit

Antwort 13.3.1

Das häufigste in der Erdkruste vorkommende Element ist Silizium, sodass der Grundstoff für die Halbleitertechnologie praktisch unbegrenzt verfügbar ist. Ebenfalls sehr häufig treten die Elemente Al, Fe, Mg und Ti in der Erdkruste auf.

Antwort 13.3.2
a) Metalle (nicht Wolfram), Thermoplaste, keramische Gläser.
b) Polymere, die nur aus C und H-Atomen aufgebaut sind (Polyolefine).
c) PVC (Polyvinylchlorid) enthält neben Kohlenstoff und Wasserstoff auch Cl-Atome. Werden diese freigesetzt, so bilden sich Salzsäure und Dioxine.

d) Für den biologischen Abbau von Polymeren sollte deren Struktur möglichst jener der Biopolymere ähnlich sein. In einer feuchten Umgebung können solche Strukturen von geeigneten Bakterien und Pilzen zersetzt werden.

e) Nach ersten Demontagen von größeren Komponenten (Motor, Getriebe, Fahrwerk) wird das Altfahrzeug im Schredder zerkleinert. Aus den Bruchstücken wird zunächst durch Magnetabscheidung der Eisenanteil abgesondert. In weiteren Trennschritten, basierend auf der unterschiedlichen Dichte oder elektrischen Leitfähigkeit der Bestandteile, wird das Altmaterial weiter sortiert. Nicht verwertbare Reste werden deponiert.

Antwort 13.3.3
Weiterverwendung: Einsatz von gebrauchten Bauteilen in einem veränderten, meistens minderwertigen Sinn (z. B. Altreifen als Stoßfänger für Schiffe an der Hafenmauer).

Wiederverwertung: Das eigentliche Recycling im Sinne der Rückgewinnung von Rohstoffen oder Werkstoffen (z. B. Altpapier).

Antwort 13.3.4
Unter Demontage versteht man die Rückführung eines hybriden Produkts (z. B. eines Fahrzeugs) in einzelne Werkstoffgruppen, die dann ihren jeweiligen sekundären Aufbereitungsprozessen zugeführt werden können. Sekundäre Aufbereitungsprozesse sind zum Beispiel das Wiederaufschmelzen von Aluminiumdosen oder das Einschmelzen von Stahlschrott mit dem Ziel einer Wiederverwendung.

Antwort 13.3.5
In geschlossenen Kreisläufen werden Werkstoffe nach Versagen oder nach Ablauf der nutzbaren Lebensdauer wieder verwendet. Rohstoffe werden so geschont. In offenen Kreisläufen werden Werkstoffe nach Versagen oder nach Ablauf der nutzbaren Lebensdauer in einer Weise behandelt, die eine Wiederverwendung erschwert (im Meer verkippt, auf Deponien abgelagert, verbrannt).

Antwort 13.3.6
Zum Ende der nutzbaren Lebensdauer eines Werkstoffs hat man die Möglichkeit, den Werkstoff wieder in den Stoffkreislauf einzuschleusen (Recycling). Dies bietet den Vorteil, dass Ressourcen geschont werden. Andererseits kann man Werkstoffe auf Deponien entsorgen, im Meer verkippen oder verbrennen. Diese Verfahrensweisen schonen die Ressourcen nicht und können die Umwelt belasten.

Antwort 13.3.7
Beim stofflichen Recycling wird der Werkstoff, zumindest aber die Atomart, aus der der Werkstoff bestand, zurückgewonnen (Pyrolyse, Wiedereinschmelzen). Energetisches Recycling ist in der Regel Verbrennung von Polymerwerkstoffen. Dabei geht der Kohlenstoff in Form von CO_2 an die Atmosphäre verloren.

Antwort 13.3.8
Als Recyclinggift wird eine Atomart bezeichnet, die das stoffliche Recycling stört. Beispiele sind Cu für Stahl oder Fe für Al-Legierungen. Die Chloratome des PVC stören die thermische Verwertung durch Bildung toxischer Verbindungen (Chlorgase, Dioxin).

Antwort 13.3.9
Es gibt sehr viele Ursachen für Toxizität. Die höchsten Anforderungen werden an Werkstoffe für medizinische Implantate gestellt. Eine Regel besagt, dass die geringste Gefahr von solchen Stoffen droht, mit denen Tier und Mensch während der Evolution regelmäßig in Kontakt kamen: Das sind Werkstoffe auf der Grundlage von SiO_2, CaO, Al_2O_3, sowie Holz und Leder. Toxisch sind z. B. die Metalle Be, Cd oder Ni.

Antwort 13.3.10
Die biologische Abbaubarkeit von Polymeren ist am geringsten bei stabilen Molekülen ohne Doppelbindungen: PE, PTFE. Sie nimmt zu für ungesättigte Verbindungen (Polyazetylen) und ist am größten, wenn aromatische Ringsysteme in die Ketten eingebaut wurden (Stärke, Cellulose). Sie ist größer bei natürlichen Polymeren als bei synthetisch hergestellten, da für Erstere während der Evolution geeignete Mikroorganismen für ihren Abbau gebildet werden konnten.

Antwort 13.3.11
Pflanzenstärken, z. B. Mais- oder Kartoffelstärke.

Antwort 13.3.12
Die Nachhaltigkeit eines Stoffkreislaufs ist umgekehrt proportional zur Entropieproduktion.

Antwort 13.3.13
Für eine bestmögliche Nachhaltigkeit wird verlangt:

$$\frac{p_G \, t_G}{S_0} \quad \rightarrow \quad \max.$$

Man möchte möglichst gute Gebrauchseigenschaften p_G und eine lange nutzbare Bauteillebensdauer t_G bei minimaler Entropieänderung, also konstanter Ausgangsentropie S_0 im gesamten Stoffkreislauf erzielen.

13.4 Recycling am Beispiel Kraftfahrzeug

Antwort 13.4.1
Den größten Teil an Ressourcen verbraucht ein Kraftfahrzeug bei seinem Betrieb in Form des aus Öl gewonnenen Kraftstoffs. Dem gegenüber ist der Anteil des Rohöls für die Polymerherstellung weit geringer als 10 % der verarbeiteten Rohölmenge.

Antwort 13.4.2

a) Originäre Wiederverwertung ist der Wiedereinsatz rückgewonnener Werkstoffe auf gleich hohem Qualitätsniveau wie in den ursprünglichen Bauteilen.

b) Motoren und Getriebe (Aufarbeitung zu qualitativ hochwertigen Austauschteilen).
   Bleiakkumulatoren: Alle Bestandteile (Blei, Polymer und Säure) können aufgearbeitet und wiederverwendet werden.
   Abgaskatalysatoren: Teure und knappe Rohstoffe wie Platin und Rhodium werden zurückgewonnen. Ohne die Wiederverwertung dieser Stoffe würde aufgrund der Knappheit dieser seltenen Metalle innerhalb sehr kurzer Zeit eine Produktion von Katalysatoren nicht mehr möglich sein.

Antwort 13.4.3

Hochwertiges Recycling in Form der originären Wiederverwertung, wobei der Qualitätsstandard des so gewonnenen Werkstoffs dem des Primärwerkstoffs entsprechen muss.

Sollte eine Wiederverwertung auf dem ursprünglichen Niveau nicht mehr möglich sein, geht man eine Qualitätsstufe tiefer. Aus einem gebrauchten, hochwertigen Kunststoffteil werden beispielsweise Innenkotflügel oder Kofferraumauskleidungen produziert.

Die niedrigste Stufe des Recyclings ist eine chemische oder energetische Verwertung der Materialien. So können brennbare Stoffe wie Polymere bei ihrer Verbrennung zumindest einen Teil der bei ihrer Produktion aufgewendeten Energie nutzbringend abgeben.

Antwort 13.4.4

- Sammeln der Altfahrzeuge,
- Ablassen und Aufbereiten der Betriebsflüssigkeiten,
- Demontage von Aggregaten und leicht wieder aufzuarbeitenden Bauteilgruppen,
- sortenreines Sammeln der Werkstoffe durch systematische weitere Zerlegung des Restfahrzeugs (Shreddern und Trennen von Werkstoffen),
- Aufarbeiten der Werkstoffe und Wiederverwendung auf möglichst hohem Niveau.

Antwort 13.4.5

In einem Kraftfahrzeug wird eine Vielzahl unterschiedlicher Glassorten eingesetzt. So gibt es beispielsweise Verbundglas (mit Polymerfolie), Einscheibensicherheitsglas jeweils getönt oder nicht getönt, verklebt oder nicht verklebt. Da aber auch das Glas zu einer effektiven Wiederverwertung möglichst rein vorliegen sollte, muss die Kunststofffolie aus den Verbundglasscheiben vollständig entfernt, das Glas von Kleber, Dichtmasse, Lack- oder Keramikbeschichtungen befreit und eventuell eingelagerte Heizdrähte entfernt werden. Weißes Glas ist aufgrund seiner Reinheit das wertvollste Glas. Rückgewonnenes Glas darf jedoch aus Sicherheitsgründen nicht für neue Autoverglasungen verwendet werden.

Antwort 13.4.6

Für ihren Einsatz sprechen ihre guten Gebrauchs- und Fertigungseigenschaften.

Gebrauchseigenschaften: Massenreduktion, gute Wärme- und Geräuschdämmung, sehr gut mechanische Eigenschaften.

Fertigungseigenschaften: Leichte Integration mehrerer Funktionen in einem Bauteil, relativ geringer Energieeinsatz bei der Herstellung, kostengünstige Fertigung.

Antwort 13.4.7

Für den Kunststofftank sprechen zwei Aspekte:

- geringere Masse als Tank aus Stahl,
- gute Formgebungseigenschaft von Polymeren vorteilhaft für die optimale Ausnutzung des Bauraums.

Antwort 13.4.8

Metalle: Sortenreine Trennung ist erforderlich, um gegenseitige Verunreinigung zu vermeiden.

- Karosseriebleche (Stahl, Aluminium)
- Motorblock (Gusseisen, Aluminiumlegierungen)
- Zylinderblock, Scheibenräder (Stahl, Aluminium)
- Batterien (Blei)
- Katalysatoren (Platin, Rhodium)
- Verkabelung (Kupfer)

Polymere: Chlorhaltige Polymere müssen gesondert erfasst werden.

- Kabelummantelungen, Trittschutzleisten, Innenraumverkleidungen (Thermoplaste)
- Schutzleisten, Stoßfänger, Reifen (Elastomere)

Glas:

- Scheinwerfer
- Fahrzeugscheiben

Verbundwerkstoffe: Diese bereiten die größten Probleme bei der Aufbereitung, da sich die Bestandteile gegenseitig stören.

- Windleiteinrichtungen (GFK, CFK)
- versteifende Innenraumteile (Pappenguss)

Antwort 13.4.9

- Möglichst alle im Fahrzeug eingesetzten Materialien sollten nach Werkstoffgruppen gekennzeichnet und wiederverwertbar sein.
- Alle Bauteile sollten möglichst leicht demontierbar sein.
- Die verwendeten Werkstoffe sollten keine Schadstoffe enthalten.
- Es sollten möglichst wenige verschiedene Materialien eingesetzt werden.
- Die Bauteile sollten nicht aus untrennbaren Werkstoffkombinationen gefertigt sein.

Anhang

A.1 Begriffe aus Werkstoffwissenschaft und -technik

1. **Aktivierungsenergie (activation energy)**
   Energie, die notwendig ist, einen Prozess auszulösen. Die Aktivierungsenergie für Diffusion wird gebraucht für Platzwechsel der Atome. Sie wird durch thermische Energie (Temperatur) aufgebracht. Die Aktivierungsenergie für Diffusion ist größer für substituierte (z. B. Fe mit Ni legiert) als für Interstitielle (eingelagerte) Atome (z. B. Kohlenstoff in Fe). Die Aktivierungsenergie für Keimbildung nimmt ab mit zunehmender Unterkühlung und folglich mit abnehmendem kritischen Keimdurchmesser. Vorgänge wie Kristallerholung und Kriechen sind durch die Aktivierungsenergie für Selbstdiffusion bestimmt. Diese ist etwa proportional zur Schmelztemperatur (in K).

2. **Alterung (ageing)**
   Diffusionsabhängige Prozesse. Zeitabhängige Änderung der Eigenschaften (Härte, Sprödigkeit, magnetische Hysterese). Reckalterung: Nach plastischer Verformung von Baustählen kommt es zur Erhöhung der Streckgrenze durch Diffusion von C-Atomen zu Versetzungen.

3. **Anisotropie (anisotropy)**
   Anisotropie ist die Richtungsabhängigkeit von makroskopischen Eigenschaften, die von der Kristallstruktur (in Vielkristallen bei Textur) oder vom Gefüge (orientierte, stabförmige Teilchen, Faserverstärkung) stammen kann. Gefügeanisotropie: Kristallanisotropie verschwindet bei regelloser Verteilung der Kristallite. Makroskopische Gefügeanisotropie setzt Vorzugsorientierungen der Kristallite (Textur) oder zweiter Phasen (Schlackenzeilen, orientierte Fasern) voraus.

© Springer-Verlag GmbH Deutschland, ein Teil von Springer Nature 2019
E. Werner et al., *Fragen und Antworten zu Werkstoffe*,
https://doi.org/10.1007/978-3-662-58845-1

4. **Anlassen (tempering)**
   Wiedererwärmen eines abgeschreckten Stahls mit martensitischem Gefüge. Es bilden sich Ausscheidungen von Karbiden. Streckgrenze und Härte nehmen ab, Bruchdehnung und Bruchzähigkeit nehmen zu.
5. **Aushärtung (age hardening, precipitation hardening)**
   Erhöhung von Härte und Streckgrenze durch Ausscheidung fein dispergierter Phasen. Maßnahmen: Lösungsglühen, Abschrecken, Anlassen. Voraussetzung: abnehmende Löslichkeit der gelösten Atome mit sinkender Temperatur.
6. **Bainit (bainite)**
   Auch Zwischenstufengefüge (nach E. C. Bain, U.S. Steel Corp.). Festkörperreaktion im Temperaturbereich zwischen Perlit (Eutektoid) und Martensit im Zeit-Temperatur-Umwandlungsschaubild von Stählen und Gusseisen.
7. **Beton (concrete)**
   Ein durch Verkleben mit Hilfe von Zement ($3\,CaO\text{-}SiO_2$) entstehender Werkstoff. Verklebt werden natürliche keramische Stoffe (Sand, Schotter) mit hydraulischem (d. h. mit H_2O reagierendem) oder polymerem Zement.
8. **Bimetall (bimetal)**
   Bandförmiger Verbund aus zwei Metallen mit möglichst verschiedenen thermischen Ausdehnungskoeffizienten. Eine Temperaturänderung führt zur Verkrümmung. Anwendung für Temperaturregler oder Temperatursensoren.
9. **Biopolymere (bio-polymers)**
   Kettenmoleküle, die pflanzlichen (Cellulose, Stärke) oder tierischen Ursprungs (Wolle, Seide) sind. In der Biosynthese werden CO_2 und H_2O mittels Sonnenenergie zu Glukose verbunden, aus der Stärkeketten polymerisiert werden. Diese Polymere sind biologisch (Bakterien, Pilze) abbaubar und der Werkstoffkreislauf ist geschlossen. Auch einige künstliche Polymere sind biologisch abbaubar.
10. **Bronze (bronze)**
    → Kupferlegierungen
11. **Bruchdehnung (elongation at rupture)**
    Bleibende Dehnung nach Beendigung des Zugversuches. Sie setzt sich zusammen aus Gleichmaßdehnung und Einschnürungsdehnung. Letztere tritt bei plastischer Instabilität durch mangelnde Verfestigungsfähigkeit auf.
12. **Bruchmechanismen (fracture mechanisms)**
    Die Trennung von Probenhälften kann ohne plastische Verformung (spröd) oder durch plastisches Abgleiten (Scherbruch, Einschnürungsbruch) erfolgen. Häufig geht dem Bruch plastische Verformung und Verfestigung voran (Bruchzähigkeit). Anisotropie: bevorzugte Spaltbarkeit bestimmter Kristallebenen. Interkristalline Sprödigkeit: Bruch längs Korngrenzen.
13. **Bruchmechanik (fracture mechanics)**
    Analyse der Ausbreitung von Rissen in Proben mit vorgegebenem scharfen Anriss der Länge a, Beanspruchung $K = \sigma\sqrt{\pi\,a}$: Spannungsintensität.

14. **Burgersvektor (Burgers vector)**

    Vektor, der geeignet ist, die Verzerrung infolge einer Versetzung im Kristallgitter zu kennzeichnen, z. B. $\underline{b} = a/2 \langle 111 \rangle$ für das krz Gitter. Vektoren, die nicht Gittervektoren sind, können zu unvollständigen Versetzungen und Stapelfehlern eines Kristalls führen: z. B. $a/6 \langle 112 \rangle$ für das kfz Gitter.

15. **Curietemperatur (Curie temperature)**

    Temperatur des Übergangs von paramagnetisch zu ferromagnetisch. Bei $T < T_C$: magnetische Ordnung und Bildung einer Domänenstruktur (Weißsche Bezirke). Entsprechend verhalten sich die keramischen Ferroelektrika. Unterhalb von T_C entsteht ein spontanes elektrisches Feld und eine Domänenstruktur.

16. **Cermet (cermet)**

    Ein Verbundwerkstoff bestehend aus metallischer Grundmasse und einer dispergierten keramischen Phase: z. B. $Cu + Al_2O_3$, oder $Ag + SnO_2$ für elektrische Kontakte.

17. **Dämpfungsfähigkeit (damping capacity)**

    Durch innere Reibung (äußere Reibung siehe Tribologie) verursachte Energiedissipation bei Viskoelastizität, Plastizität durch Versetzungsbewegung, Diffusion, Entknäueln von Molekülen. Hochdämpfend sind graues Gusseisen, Polymere, Legierungen mit Formgedächtnis (martensitische Umwandlung).

18. **Diamant (diamond)**

    Kristalline Phase des Kohlenstoffs mit kovalenter Bindung, tetraedrischer Koordination in kubischer Kristallstruktur. Diamant ist bei Umgebungsdruck metastabil. Diamant ist der Stoff mit der höchsten Härte und dem größten E-Modul. Verwendung in Schneidwerkzeugen.

19. **Dichte (density)**

    Auf das Volumen bezogene Eigenschaften:

Massendichte	ϱ	$g\,m^{-3}$
Leerstellendichte	ϱ_i	m^{-3}
Versetzungsdichte	ϱ_V	m^{-2}
Korngrenzendichte[a]	ϱ_{KG}	m^{-1}
Elektronendichte	ϱ_e	m^{-3}
Energiedichte[b]	ϱ	$J\,m^{-3}$
Grenzflächendichte[c]	$\varrho_{\alpha\beta}$	m^{-1}

    [a] $\varrho_{KG}^{-1} = \bar{S}_{KG}$ mittlerer Korndurchmesser
    [b] Treibkraft für Reaktionen
    [c] $\varrho_{\alpha\beta} = f_\beta/d_\beta$ Dispersionsgrad; f_β Volumenanteil, d_β Durchmesser der β-Teilchen

20. **Diffusion (diffusion)**

    Stofftransport im festen Zustand, bei dem einzelne Atome ihre Plätze wechseln. Im Gegensatz zu fluiden Phasen (in denen Konvektion möglich ist), ist hier Diffusion die einzige Möglichkeit zur Bildung von Mischphasen. Diffusion kann aber auch

Entmischung, Kristallerholung und Rekristallisation ermöglichen. Die maßgebliche Materialeigenschaft ist der Diffusionskoeffizient D (in $m^2 s^{-1}$).

21. **Dreistoffsystem (ternary system)**

Werkstoff bestehend aus drei Atomarten (Fe, Cr, Ni) oder Verbindungen (SiO_2, Al_2O_3, CaO). Die chemische Zusammensetzung kann in einem gleichseitigen Dreieck dargestellt werden. Es können bis zu vier Phasen im Gleichgewicht auftreten (ternäres Eutektikum, niedrige Schmelztemperatur, Lote).

22. **Duromer (thermosetting material, resin)**

Polymerwerkstoff, dessen Kettenmoleküle eng vernetzt sind (= Kunstharz, z.B. Epoxidharz).

23. **Einkristall (single crystal)**

Bauteil oder Probe, die aus einem einzigen Kristall besteht. Beispiel: Gasturbinenschaufel aus Ni-Superlegierung, Si-Kristall für integrierten Schaltkreis.

24. **Einsatzhärten (carburizing)**

Wie Stahlhärtung, aber ein an sich nicht härtbarer Stahl wird in seiner Oberfläche durch Diffusion von C aufgekohlt, wodurch er im Oberflächenbereich härtbar wird: harte Schale, weicher Kern.

25. **Elastizität (elasticity)**

Formänderung, die bei Entlastung rückläufig (reversibel) ist. Energieelastizität durch Entfernen der Atome aus Gleichgewichtspositionen (Minimum der Energie), Entropieelastizität durch Entknäueln (niedrige Entropie) und Zurückknäueln (hohe Entropie) der Molekülketten des Gummis. Superelastizität durch reversible martensitische Phasenumwandlung. Viskoelastizität ist zeitabhängige (Diffusion) reversible Formänderung.

26. **Elektrischer Leiter (electric conductor)**

Gute Leiter sind Metalle mit nichtgeradzahliger Wertigkeit: Ag, Cu, Al, neuerdings auch einige Polymere (Polyazetylen). Isolatoren enthalten keine freien Elektronen (Polymere, Keramik). Halbleiter sind bei tiefen Temperaturen Isolatoren, sie werden bei höheren Temperaturen oder durch Zulegierung von Dotierungsatomen leitend. Supraleiter verlieren unterhalb der kritischen Temperatur T_c (Sprungtemperatur) den elektrischen Widerstand (Metalle, Legierungen, Oxide). Ionenkristalle zeigen mit zunehmender Temperatur zunehmende Leitfähigkeit durch diffusive Bewegung der Ionen.

27. **Elementarzelle (unit cell, elementary cell)**

Bestimmte Anzahl und Anordnung von Atomen, die in einem Koordinatensystem periodisch wiederholt einen Einkristall (begrenzt durch Oberfläche) oder Kristallit (begrenzt durch Korngrenzen) ergeben. Eine Kristallstruktur ergibt sich aus einem geeigneten Koordinatensystem mit den Einheitsvektoren $\underline{a}$, $\underline{b}$, $\underline{c}$, deren Beträge die Gitterkonstanten sind. In dieser Elementarzelle befinden sich auf den Positionen (Punktlagen) u, v, w eine bestimmte Anzahl n von Atomen. Beispiel: Für das krz Gitter gilt $n = 2$ mit Atomen auf den Positionen: $0\,0\,0$ und $1/2\ 1/2\ 1/2$ sowie $a = b = c$ wie für alle kubischen Gitter. Der Ortsvektor zum Mittenatom (II) der Zelle lautet: $\underline{r}_{II} = 1/2\,\underline{a} + 1/2\,\underline{b} + 1/2\,\underline{c}$. Seine Länge ist $(a/2)\sqrt{3}$.

Manche keramischen und metallischen Verbindungen, insbesondere Polymerkristalle, enthalten sehr viele und verschiedene Atome in der Elementarzelle ihrer Kristallstrukturen.

28. **Entropieelastizität (entropy elasticity)**

Reversible Formänderung, die durch Strecken und Zurückknäueln (hohe Entropie) von Kettenmolekülen zustande kommt (= Gummielastizität, Elastomer).

29. **Erholung (recovery)**

Durch teilweises oder vollständiges Ausheilen von Gitterdefekten ändern sich die Eigenschaften des Werkstoffs: Ausheilen von Strahlenschädigung durch Annihilation von Punktfehlern; Abnahme von Kaltverfestigung und inneren Spannungen durch gegenseitiges Auslöschen und Umordnung von Versetzungen.

30. **Erosion (erosion)**

Abtragung einer Oberfläche durch Molekül- oder Teilchenstrahl, abhängig von Einfallswinkel, Geschwindigkeit, Masse und Form der einfallenden Teilchen.

31. **Ermüdung (fatigue)**

→ Wöhlerkurve

Schädigung eines Werkstoffs durch periodische Beanspruchung (mechanisch, thermisch). Bei mechanischer Beanspruchung ist Bildung von Rissen und deren langsames und kritisches Wachstum zu unterscheiden.

32. **Erstarren (solidification)**

Der Übergang aus dem flüssigen in den festen Zustand. Kann erfolgen durch Kristallisation (mit Volumensprung) oder durch das Einfrieren der Flüssigkeit, d. h. Glasbildung (ohne Volumensprung). Im letzten Fall nimmt die Viskosität mit abnehmender Temperatur so stark ab, dass sich die Flüssigkeit wie ein Festkörper verhält.

33. **Eutektikum (eutectic)**

Dreiphasengleichgewicht in einem Zweikomponentensystem, bei abnehmender Temperatur entstehen aus homogener Flüssigkeit f zwei neue Kristallarten α und β: $f \rightarrow \alpha + \beta$. Die eutektische Temperatur ist die niedrigstmögliche Schmelztemperatur eines flüssigen Atom- oder Molekülgemisches, dessen Komponenten im kristallinen Zustand nicht mischbar sind.

Eutektoide Reaktion: Reaktion im kristallinen (festen) Zustand. Es entstehen aus einer homogenen Kristallphase beim Abkühlen zwei neue Kristallarten. Wichtigstes Beispiel: Perlitbildung im Stahl mit $\sim 0,8$ Masse-% C: γ-Fe(C) $\rightarrow \alpha$-Fe(C) + Fe$_3$C, aus kubisch flächenzentriertem γ-Mischkristall entsteht kubisch raumzentriertes α-Fe (mit sehr wenig C in Lösung) und Fe$_3$C (Zementit).

34. **Faserverbundwerkstoff (fibre composite)**

Kombination aus Grundmasse (Polymer, Leichtmetall) und regellos verteilten oder orientierten Fasern zur Erhöhung von Elastizitätsmodul und Festigkeit.

35. **Festigkeit (strength)**
    Widerstand eines Werkstoffs gegen plastische Verformung sowie gegen Bildung und
    Ausbreitung von Rissen unter mechanischer Beanspruchung, d. h. eine Kombination
    von Streckgrenze und Bruchzähigkeit.
    Biegefestigkeit: Die Beanspruchung ist nicht homogen und wechselt von Zug zu Druck,
    der Bruch beginnt in der Oberfläche mit der höchsten Zugspannung.
    Druckfestigkeit: Kritische Spannung, bei der ein Bruch durch einachsige Druckspan-
    nung ausgelöst wird. Entscheidend ist meist eine kritische Schubspannung (Beton,
    graues Gusseisen). In diesen Werkstoffen ist die Druckfestigkeit höher als die Zugfes-
    tigkeit. In Faserverbundwerkstoffen und Holz ist die Druckfestigkeit oft durch Tren-
    nung von Faser und Matrix (Spleißen) bestimmt und ist geringer als die Zugfestigkeit.
    Reißfestigkeit: Auf den wahren Querschnitt beim Reißen bezogene Spannung. Sie ist
    im Falle einer plastischen Instabilität (Einschnürung) sehr viel höher als die Zugfes-
    tigkeit.
    Schwingfestigkeit: Spannungsamplitude, bei welcher der Werkstoff eine bestimmte
    Anzahl von periodischen Lastwechseln (z. B. $N = 10^6$) ohne endgültigen Bruch er-
    trägt. Teilvorgänge: Rissbildung, unterkritisches Risswachstum, (kritischer) Gewalt-
    bruch.
    Zeitstandfestigkeit: Vom Werkstoff ertragene konstante Spannung (Kraft), bei der nach
    bestimmter Zeit (z. B. $t = 100\,\text{h}$) noch kein Bruch aufgetreten ist.
    Zugfestigkeit: Maximale Belastbarkeit F_{max} eines Zugstabs bezogen auf seinen Aus-
    gangsquerschnitt A_0.
36. **Formgedächtnis (shape memory)**
    Die Eigenschaft eines Werkstoffs, sich an den unverformten Zustand zu erinnern. In
    Polymeren durch Rückknäulen oder Rückfalten gestreckter Moleküle. In Metallen als
    Folge kristallographischer Scherung bei diffusionsloser martensitischer Umwandlung.
    Verwandte Erscheinungen:
    Pseudoelastizität oder *Superelastizität:* gummiähnliche reversible Formänderung.
    Pseudoplastizität oder *Einwegeffekt:* scheinbare plastische Verformung geht bei Er-
    wärmen zurück.
    Zweiwegeffekt: Reversible Formänderung durch Erwärmen und Abkühlen.
37. **Fügetechnik (joining technology)**
    Verfahren der Fertigungstechnik, bei dem zwei Teile unlösbar zusammengefügt wer-
    den: Schweißen, Löten, Kleben.
38. **Funktionswerkstoff (functional material)**
    Werkstoff, dessen Aufgabe nicht vorwiegend darin besteht, Lasten zu tragen: elek-
    trische, thermische Leiter, harte und weiche Magnete, Sensorwerkstoffe, Lichtleiter,
    thermische und elektrische Isolatoren, etc.
39. **Gitterbaufehler (lattice defects)**
    Störungen im Raumgitter der Kristalle werden eingeteilt nach ihrer geometrischen
    Dimension D.

$D = 0$ Punkt   Leerstelle, Fremdatom
$D = 1$ Linie   Versetzung
$D = 2$ Fläche Korn-, (Anti)Phasen-, Zwillingsgrenze, Stapelfehler
$D = 3$ Volumen Ausscheidungsteilchen, Dispersoide, Poren

Diese Fehler bewirken in Wechselwirkung mit Gleitversetzungen mechanische Härtung, in Wechselwirkung mit Blochwänden magnetische Härtung (siehe Härtungsmechanismen).

40. **Glas (glass)**

Ungeordnete feste Phase, entsteht durch Einfrieren unterkühlter Flüssigkeiten. Gläser
sind in Metallen (regellose dichteste Packung), Keramiken (regelloses Netzwerk) und
Polymeren (verknäuelte Moleküle) bekannt. Sie gehören zu den amorphen Festkörpern, die auch beim Aufdampfen entstehen können.

41. **Gummi (rubber)**

Polymerwerkstoff bestehend aus verknäuelten, lose vernetzten Molekülketten, die im
mittleren Temperaturbereich Entropieelastizität (siehe dort) zeigen.

42. **Gusseisen (cast iron)**

Legierungen von Eisen mit höherem C-Gehalt als Stähle, in der Nähe des Eutektikums
(4,3 Gew.-%): γ-Fe + Graphit: graues Gusseisen, γ-Fe + Fe$_3$C: weißes Gusseisen.
Graphit kann globular (hohe Bruchzähigkeit) oder lamellar (hohe Schwingungsdämp-
fungsfähigkeit) sein. Weißes Gusseisen ist verschleißbeständig.

43. **Halbleiter (semi-conductor)**

Werkstoffgruppe zwischen Metall und Keramik (Isolator): Si, Ge, GaAs. Ladungsträger können durch thermische Aktivierung oder Lichtstrahlen freigesetzt werden.
Durch Dotieren (Einbringen von geringen Mengen höher- (n-Leitung, z. B. Phosphor)
oder niedrigwertiger (p-Leitung, z. B. Aluminium) Legierungselemente kann die Leitfähigkeit darüber hinaus beeinflusst werden.

44. **Halbzeug (semi-finished products)**

Zwischen Rohstoff und Bauteil (siehe Kreislauf) kann der Werkstoff als Halbzeug
vorliegen, das meist von der werkstofferzeugenden Industrie an Werkstoffanwender
geliefert wird: Blech, Band, Rohr, Draht, Profilträger. Die Abmessungen des Halbzeugs
sind oft genormt.

45. **Härte (hardness)**

Widerstand eines Werkstoffs gegen das Eindringen eines anderen, sehr viel härteren
Körpers mit genormten Abmessungen:
Kugel: Brinell-Härte HBW, Pyramide: Vickers-Härte HV, Härtewert errechnet aus
Kraft dividiert durch Oberfläche des Eindrucks,
Kegel: Rockwell-Härte HRC, Härtewert aus der Eindrucktiefe.
Ritzhärte nach Mohs: Reihung der Stoffe nach gegenseitiger Ritzbarkeit (Mohssche
Härteskala).

46. **Hartmetall (sintered hard metal)**

   Auch: Sinterhartmetall. Pulvermetallurgisch hergestellter Werkstoff, bei dem in metallischer Grundmasse (Co) große Anteile (60–90 %) einer Hartphase (WC, TiC) eingebettet sind. Hartmetalle finden Anwendung in der Zerspanungs- und Bohrtechnik.

47. **Härtungsmechanismen (hardening mechanisms)**

   Meist im übertragenen Sinne gebraucht für mikroskopische Ursachen und dazugehörige Verfahren zur Erhöhung von Streckgrenze, Verfestigungsfähigkeit, Zugfestigkeit: In Metallen beruhen die Härtungsmechanismen auf der Behinderung der Bewegung von Versetzungen. In Polymeren spielt Orientierung der Molekülketten eine wichtige Rolle.

   Ausscheidungshärtung = Aushärtung. In Legierungen mit abnehmender Löslichkeit gelöster Atome mit sinkender Temperatur. Homogenisieren = Glühen im homogenen Phasengebiet α und schnelles Abkühlen, so dass ein übersättigter Mischkristall $\alpha_{\text{üb}}$ entsteht.

   Anlassen oder Altern = Erwärmen auf mittlere Temperatur, so dass nach Minuten bis Stunden feinst verteilte Ausscheidung β entsteht: $\alpha_{\text{üb}} \rightarrow \alpha + \beta$. Diese führt zu Härtung durch Behinderung der Bewegung von Versetzungen. Der Begriff Aushärtung wird auch gebraucht für das Festwerden von Duromeren durch Vernetzung der Moleküle.

   Feinkornhärtung: Eine geringe Korngröße wird für alle Strukturwerkstoffe (außer den warmfesten) angestrebt, da sowohl Streckgrenze als auch Bruchzähigkeit mit $\bar{S}^{-1/2}$ ansteigt ($\bar{S}$ mittlerer Korndurchmesser).

   Kaltverfestigung: Durch plastische Verformung bei niedrigen Temperaturen wird die Dichte unbeweglicher Versetzungen erhöht (z. B. Federstähle, Spannstähle).

   Mischkristallhärtung: Durch gelöste Atome, die das Kristallgitter verspannen und so die Versetzungsbewegung erschweren (z. B. Al-Mg-, Cu-Zn-Legierungen).

48. **Holz (wood)**

   Natürlicher Verbundwerkstoff bestehend aus Zelluloseröhrchen verklebt durch Lignin. Dichte und Festigkeit hängt stark vom Porenvolumen ab. Orthorhombische Gefügeanisotropie, Spaltbarkeit, Abhängigkeit der Eigenschaften von Luftfeuchtigkeit.

49. **Innere Spannung (internal stress)**

   Spannungen (und Deformationen), die auch im makroskopisch unbelasteten Werkstoff vorhanden sein können. Sie addieren sich örtlich zur äußeren mechanischen Beanspruchung, was zu unerwartetem Versagen führen kann. Innere Spannungen gibt es a) im atomaren Bereich (Umgebung eines Versetzungskerns, Eigenspannungen III. Art), b) im Gefüge (an Korngrenzecken, zwischen Faser und Matrix im Verbundwerkstoff, intergranulare bzw. Interphasen-Eigenspannungen, Eigenspannungen II. Art) und c) makroskopisch im Bauteil (in der Umgebung von Schweißverbindungen, Eigenspannungen I. Art).

50. **Integrierter Schaltkreis (integrated circuit)**
Si-Einkristall mit Leiterbahnen (Au, Al), elektronischen Funktionen (p-n-Übergänge) und Isolatorschicht SiO_2.

51. **Invar (invar alloy)**
Fe-Ni-Legierung mit minimalen thermischen Ausdehnungskoeffizienten bei Raumtemperatur. Ursache: Kompensation der thermischen Ausdehnung durch Magnetostriktion. Verwendung: Präzisionsmessinstrumente, siehe auch thermische Ausdehnung.

52. **Isotropie (isotropy)**
Isotrop, d. h. ohne Vorzugsrichtung, sind Gläser, Vielkristalle mit regelloser Orientierungsverteilung der Körner oder Verbundwerkstoffe mit regelloser Verteilung der Fasern.

53. **Keimbildung (nucleation)**
Entstehung einer neuen Phase: Kristall aus Flüssigkeit, Kristall β aus übersättigtem Mischkristall $\alpha_{\ddot{u}b}$. Keimbildungswahrscheinlichkeit wächst bei zunehmender Unterkühlung, d. h. mit abnehmender kritischen Keimgröße. Es entsteht feinkörniges Gefüge.

54. **Keramik (ceramics)**
Im traditionellen Sprachgebrauch die aus Tonmineralien, nach Formen durch Brennen hergestellten, zumindest teilkristallinen Oxidwerkstoffe. Heute gilt die große Gruppe der vorwiegend kovalent (und mit gewissen Anteilen von Ionenbindung) gebundenen Werkstoffe als keramisch (C = Diamant, SiC, Si_3N_4, Al_2O_3 = Korund). Im weiteren Sinn gehören auch Beton (Hydrate) und die Halbleiter (Si, GaAs) zu dieser Werkstoffgruppe. Dabei spielt es keine Rolle, ob sie kristallin, teilkristallin oder amorph (glasartig) vorliegen.

55. **Kleben (glue, paste, cement)**
Fügetechnik, bei der gleiche oder verschiedene Werkstoffe mithilfe eines flüssigen Polymers (Klebstoff) verbunden werden. Kohäsion im Klebstoff entsteht durch Verdampfen eines Lösungsmittels (Plastomer) oder Vernetzung (Zwei-Komponenten-Kleber, Duromer). Die Bindung über die Oberflächen erfolgt durch starke Adhäsion.

56. **Konstitution (constitution, configuration)**
Lehre vom Aufbau der Legierungen im thermodynamischen Gleichgewicht, d. h. Minimum der freien Enthalpie. Homogenes Gleichgewicht: eine Phase, heterogenes Gleichgewicht: zwei oder mehr Phasen koexistieren.

57. **Korn, Korngrösse (grain, grain size)**
Der einzelne Kristall eines Kristallhaufwerks wird als Kristallit oder Korn bezeichnet. Als Korngröße wird oft der mittlere Korndurchmesser bezeichnet. Ein anderes Maß ist die Anzahl der Körner pro Flächeneinheit (ASTM-Korngröße, American Society for Testing and Materials). Genauere Beschreibung als der Mittelwert ist durch Verteilungsfunktion der Korngröße möglich.

58. **Korngrenze (grain boundary)**

Grenze zwischen Kristalliten: Kleinwinkelkorngrenze $\alpha < 5°$ aus Versetzungen aufgebaut, Großwinkelkorngrenze $\alpha > 5°$, α Missorientierungswinkel. Zwillingskorngrenze = Spiegelebene zwischen Kristalliten definierter Orientierung.

59. **Korrosion (corrosion)**

Unbeabsichtigte Abtragung (Zerstörung) des Werkstoffs im Zusammenwirken mit den chemischen Bestandteilen der Umgebung. Der Mechanismus ist besonders wirksam, wenn die Abtragung stark lokalisiert, trans- oder interkristallin erfolgt (durch Kristalle hindurch oder entlang den Korngrenzen).

Lokalelement: Zwei Gefügebestandteile mit verschiedenem elektrochemischen Potenzial (Neigung zur Oxidation) bilden in feuchter Umgebung ein mikroskopisches elektrochemisches Element. Lokalelemente fördern lokalisiertes Abtragen der unedleren Komponente (z. B. Al-Cu-Legierungen).

Rost: Oxidationsprodukt auf der Oberfläche von Stahl und Eisen. Durch Oxidation von Eisen gemäß Fe $\rightarrow$ Fe^{2+} oder Fe $\rightarrow$ Fe^{3+} und Reduktion von H$_2$O bildet sich poröses Eisenhydroxid Fe(OH)$_{2-3}$.

Zunder entsteht bei Oxidation von Eisen ohne die Mitwirkung von H$_2$O, also bei erhöhter Temperatur. Es entstehen die Phasen, die das Zustandsdiagramm Fe-O zeigt: FeO, Fe$_2$O$_3$, Fe$_3$O$_4$. Gefährlich ist das schnelle Wachstum von FeO (Wüstit) oberhalb des Wüstitpunktes (570 °C).

Passivierung: Bildung einer fest haftenden, dichten Oxidschicht, die weiteren chemischen Angriff verhindert (z. B. Al$_2$O$_3$ auf Al oder Cr$_2$O$_3$ auf chemisch beständigen Stählen). Zunderbeständigkeit hat gleiche Ursache.

Spannungsrisskorrosion: Korrosionsangriff der durch gleichzeitig einwirkende (innere oder äußere) Zuspannung stark begünstigt wird.

60. **Kreislauf (cycle)**

Im Rahmen der Technik durchlaufen die Werkstoffe eine zeitliche Folge aus sechs Teilprozessen: 1. Rohstoffgewinnung $\rightarrow$ 2. Werkstoffherstellung (evtl. bis zum Halbzeug) $\rightarrow$ 3. Fertigung von Teilen und deren Montage $\rightarrow$ 4. Gebrauch $\rightarrow$ 5. Versagen $\rightarrow$ 6. Wiederaufbereitung. Falls der Werkstoff wieder zum Rohstoff wird (z. B. durch Wiedereinschmelzen von Legierungen oder thermoplastischen Polymeren), schließt sich ein Kreislauf. Er bleibt geöffnet im Falle der Deponierung oder Dispergierung. Nach Verbrennen C-haltiger Stoffe kann der Kreislauf durch Biosynthese mit Hilfe von Sonnenenergie geschlossen werden.

61. **Kriechen (creep)**

Zeitabhängige plastische Verformung bestimmt durch Selbstdiffusion, Klettern von Versetzungen. Kriechbeständigkeit durch hohe Schmelztemperatur, hohe Aktivierungsenergie für Diffusion, feine Dispersion von Teilchen (Stähle), hoher Volumenanteil kohärenter geordneter Phasen (Superlegierungen).

62. **Kristall (crystal)**

Wichtigste Phasenart, aus denen Werkstoffe aufgebaut sein können. Langreichweitig geordnete Struktur, Anordnung einer bestimmten Anzahl von Atomen, welche die Elementarzelle bilden, die sich in einem bestimmten Koordinatensystem bis an die Kristallgrenzen (Oberfläche, Korngrenze) fortsetzt. Die Koordinationszahl K gibt die Anzahl der nächsten Nachbarn und die Dichte der Packung an, kubische Kristallstruktur: orthogonal und gleiche Achsabstände. Beispiele:

kfz	kubisch flächenzentriert	$K = 12$	Al, γ-Fe
krz	kubisch raumzentriert	$K = 8$	W, α-Fe
kd	diamant kubisch	$K = 4$	Si, Ge

63. **Kupferlegierungen (copper alloys)**

Man unterscheidet je nach Kristallstruktur α- (kfz) und β- (krz) Legierungen. Je nach Legierungselement werden diese wiederum als Messing oder Bronzen bezeichnet.
Bronze: Legierung aus Cu und Sn, aber auch Be, Al, Si. β-Bronzen (krz): Gleitlagerlegierungen.
Messing: Legierung aus Cu mit Zn, α-Messing (kfz) < 30 Gew.-% Zn, gut verformbar. β-Messing (krz) < 50 Gew.-% Zn, hart und spröde.
Reinkupfer: Für elektrische und thermische Leiter muss sauerstofffreies Cu verwendet werden (> 99, 99 Gew.-% Cu; OFHC-Cu = oxygen free high conductivity Kupfer).

64. **Metastabiles Gleichgewicht (metastable equilibrium)**

Thermodynamischer Gleichgewichtszustand, neben dem ein weiterer Zustand mit noch niedrigerer freier Energie existiert. Beispiel: α-Fe + Fe$_3$C – metastabil (Stahl); α-Fe + Graphit – stabil (graues Gusseisen).

65. **Laser (laser)**

Es handelt sich um kohärente Lichtstrahlen mit sehr hoher Energiedichte, die zum örtlichen Erwärmen des Werkstoffs in den festen, flüssigen oder gasförmigen Zustand geeignet sind. Im Unterschied zum Elektronenstrahl benötigt der Laser kein Vakuum zur Ausbreitung. Anwendungen in der Oberflächentechnik (Härten von Stahl, Verglasen von Oberflächen, Einschmelzen von Hartphasen), Trenntechnik (Schneiden, Bohren), Fügen (Schweißen mit minimaler Wärmeeinflusszone).

66. **Leichtmetalle (light metals)**

Legierungen mit einer Dichte $\varrho < 6,0$ gm^{-3} auf der Grundlage von Mg, Al oder Ti. Eine geringe Dichte ist immer dann von Vorteil, wenn beschleunigte Massen auftreten (Flugzeug-, Fahrzeugbau). Die größte Bedeutung haben Al-Legierungen, deren Festigkeit durch Mischkristallhärtung (Al + Mg, Mn) oder Ausscheidungshärtung (Al + Cu, Mg; Al + Si, Mg; Al + Zn, Mg) erhöht wird. Magnesiumlegierungen werden meist als Gusslegierungen verwendet. Sie sind wegen ihrer hexagonalen Kristallstruktur weniger gut plastisch verformbar als Al-Legierungen. Durch Legieren mit Li kann die Dichte von Mg- und Al-Legierungen noch weiter verringert werden.

67. **Löten (soldering, brazing)**

    Fügetechnik für Metalle und manche Keramiken, mit Hilfe von niedrigschmelzendem Lot, häufig von eutektischer Zusammensetzung: Sn-Pb, Al-Si. Hartlöten (z.B. von Stahl) mit nicht-eutektischen Cu- oder Ag-Legierungen.

68. **Lokalelement** (local element) → Korrosion

69. **Magnete (magnets)**

    Von diesen Stoffen wird eine hohe magnetische Sättigungsmagnetisierung B_S und eine hohe Curie-Temperatur T_C verlangt (Temperaturbeständigkeit des Ferromagnetismus). Darüber hinaus unterscheiden wir harte (hohe Koerzitivfeldstärke H_c, Remanenz B_r) und weiche Magnete (geringe Ummagnetisierungsverluste). Erstere sind alle Dauermagnete und magnetische Datenspeicher, letztere dienen als Spulenkerne in Transformatoren und elektrischen Maschinen. Hartmagnete sind Fe-, Ni-, Co-haltige kristalline Legierungen, oft versehen mit Seltenen Erdmetallen (Fe-Nd-B-Legierungen) und Oxide (Ferrite). Weichmagnete sind reines Fe, FeSi-Mischkristalle und metallische Gläser.

70. **Martensitische Umwandlung (martensitic transformation)**

    Diffusionslose strukturelle Phasenumwandlung durch Scherung des Kristallgitters, liefert Voraussetzung für Stahlhärtung (γ-Fe(C) → α-Fe(C)), Formgedächtnis und hohe Dämpfung (β → α-CuZnAl).

71. **Messing (brass)**

    → Kupferlegierungen

72. **Metalle (metals)**

    Wichtigste Werkstoffgruppe, die gekennzeichnet ist durch freie Elektronen, die positiv geladene Atomrümpfe zusammenbinden (metallische Bindung). Folgen sind hohe elektrische und thermische Leitfähigkeit, Kristallisation in dichten Kugelpackungen und deshalb gute plastische Verformbarkeit, aber auch Neigung zu elektrochemischer Korrosion. Übergangsmetalle besitzen nicht vollständig gefüllte Elektronenschalen und zeigen Anomalien, die technisch von Bedeutung sind: hohe Schmelztemperatur (W, Mo, Nb, V), Ferromagnetismus (Fe, Ni, Co, Sm, Nd).

73. **Mikrostruktur (microstructure)**

    In diesem Begriff sind folgende Ebenen der Struktur enthalten, ausgehend vom makroskopischen Werkstoff (Probe, Halbzeug, Bauteil): Gefüge, Phase, Molekül (nur für Polymere), Atom, Elementarteilchen.

74. **Oberfläche (surface)**

    Phasengrenze des Werkstoffs mit seiner Umgebung (Vakuum, Gas, Flüssigkeit). Die spezifische Oberflächenenergie bestimmt die Reaktionsfähigkeit der Oberfläche (Klebstoff vs. Gleitstoff). Das Versagen des Werkstoffs hat häufig seinen Ursprung in der Oberfläche: Korrosion, Verschleiß, Ermüdungsbruch. Eigenschaften der Oberfläche sind Glanz, Farbe, katalytische Wirksamkeit, Rauigkeit, Benetzbarkeit, Adhäsionsfähigkeit, Adsorptionsfähigkeit.

75. **Passivierung (passivation)**

Fähigkeit zur selbsttätigen Bildung einer Deckschicht in der Oberfläche, die weiteren Korrosionsangriff behindert oder verhindert: $Al + Al_2O_3$, siehe auch Korrosion.

76. **Peritektikum (peritectic)**

Dreiphasengleichgewicht, bei abnehmender Temperatur entsteht aus zwei Phasen f + α eine neue Phase gemäß der Reaktion f + $\alpha \rightarrow \beta$. Eine peritektische Reaktion im festen Zustand nennt man peritektoide Reaktion.

77. **Phase (phase)**

Bereich konstanter Struktur, durch Phasengrenzen oder Oberflächen getrennt. Werkstoffe bestehen aus festen Phasen: Kristall, Quasikristall, Glas. Fluide Phasen: Flüssigkeit, Gas, Plasma sind keine Werkstoffe, oft jedoch Hilfsstoffe (Schmiermittel, Kühlmittel) oder Werkstofffehler (Poren).

78. **Phasengrenze (phase boundary)**

Grenze zwischen verschiedenen Phasen: Werkstoff/Umgebung = Ober- fläche, im festen Zustand: kohärente, teilkohärente, inkohärente Phasengrenzen.

79. **Phasenumwandlung (phase transformation)**

Änderung der Phasenstruktur: Kristallisation der Flüssigkeit beim Abkühlen, martensitische Umwandlung bei der Stahlhärtung, Übergang paramagnetisch $\rightarrow$ ferromagnetisch bei T_C.

80. **Plastizität (plasticity, ductility)**

Bleibende (nicht reversible) Verformung des Werkstoffs durch viskoses Fließen, Kristallplastizität, Orientierung von Polymermolekülen. Als Superplastizität wird in (feinkristallinen) Metallen ein Verhalten ähnlich dem Fließen viskoser Flüssigkeiten bezeichnet (Umformbarkeit durch Blasen). In Kristall-Flüssigkeitsgemischen findet Verformung in flüssiger Phase (Tonkeramik) oder nach Abscheren einer Gerüststruktur (Thixotropie) statt.

81. **Polymer – auch Hochpolymer oder Kunststoff (polymer)**

Werkstoffgruppen, deren Grundbausteine lange, kettenfömige Moleküle sind, die durch Polymerisation aus kleineren Molekülen (Mer) entstanden sind. Die drei Untergruppen sind:

Plastomer $\equiv$ *Thermoplast:* unvernetzte Moleküle, schmelz- und plastisch verformbar, teilkristallin oder Glas.

Duromer $\equiv$ *Kunstharz:* vernetzte Moleküle, folglich nur im unvernetzten Zustand verformbar. Höherer E-Modul und höhere Zugfestigkeit als Thermoplaste.

Elastomer $\equiv$ *Gummi:* verknäuelte, leicht vernetzte Moleküle. Starke elastische Dehnfähigkeit. Zurückknäulen zur Maximierung der Entropie (Gummielastizität).

82. **Reibung (friction)**

$\rightarrow$ Tribologie

83. **Rekristallisation (recrystallization)**

Thermisch aktivierte (Selbstdiffusion) Neubildung von Kristalliten in stark defekten Gefügen (meist hohe Versetzungsdichte durch Kaltverformung). Es entsteht ein neues Korngefüge (je höher die Verformung, desto geringer die Korngröße), oft verbunden mit einer Textur und Entfestigung (Weichglühen).

84. **Rohstoff (raw material)**

Natürliche Stoffe (Mineralien), die Atomarten enthalten, die zur Herstellung von Werkstoffen gebraucht werden. Für Metalle als Erze bezeichnet, für Polymere: Kohle, Erdöl, Erdgas, die auch Rohstoffe für die Energieerzeugung sind. Sekundärrohstoffe werden durch Aufbereitung gebrauchter Werkstoffe anstelle von Primärwerkstoffen dem Kreislauf zugeführt.

85. **Schmelztemperatur (melting temperature)**

Temperatur der Phasenumwandlung kristallin → flüssig T_{kf}. Bei gleicher Bindungsart ist die Schmelzwärme etwa proportional T_{kf} und folglich die Schmelzentropie eine Konstante.

86. **Schubspannung (shear stress)**

In einer Fläche wirkende Spannung, die zur Scherung führt.

87. **Schweißen (welding)**

Fügetechnik mit Hilfe von gleichartigem oder ähnlichem, flüssigem Schweißzusatzwerkstoff. Neben erstarrter Struktur entsteht im festen Zustand eine Wärmeeinflusszone. Sie ist kritisch, falls innere Spannungen mit Versprödung zusammenkommt. Schweißen erfolgt ohne Zusatzwerkstoff beim Reib- oder Ultraschallschweißen. Schweißbar sind Metalle, thermoplastische Polymere, keramische Gläser.

88. **Seigerung (segregation)**

Meist unerwünschte Inhomogenität der chemischen Zusammensetzung im Werkstoff. Makroskopisch im Gussblock: Schwereseigerung – Atomart mit höherem Atomgewicht im unteren Teil des Blockes, normale Blockseigerung – zuerst erstarrte Schale ist reiner, flüssig gebliebenes Blockinneres enthält Legierungselemente, Verunreinigungen. Mikroskopische Seigerung: Anreicherung höher schmelzender Legierung im Inneren von Körnern oder zwischen tannenbaumförmigen Kristallisationszonen (Dendriten).

89. **Sensorwerkstoffe (sensor materials)**

Werkstoffe, die in der Lage sind, ein Signal in ein andersartiges, d. h. eine Werkstoffeigenschaft in eine andere umzuwandeln. Beispiele:

mechanisch → elektrisch: Dehnungsmessstreifen, Piezokeramik,

thermisch → mechanisch: Bimetall, Zweiweg-Formgedächtnis,

optisch → elektrisch: opto-elektronische Halbleiter (an Schnittstellen von Lichtleitern).

90. **Spannung, mechanische (stress)**

Auf den Querschnitt bezogene Kraft, $N\,m^{-2}$ = Pa, Angaben der Festigkeit meist in MPa, des E-Moduls in GPa, Zug $+$, Druck $-$.

91. **Spannbeton (prestressed concrete)**

Verbundwerkstoff, bei dem der Beton durch Stahlstäbe unter innere Druckspannung gesetzt wird, die sich der äußeren Zugbelastung überlagert und deren Wirkung verringert.

92. **Spanungsrisskorrosion (stress corrosion cracking)**

Gleichzeitige Beanspruchung durch Zugspannung und chemische Reaktion in der Oberfläche, die zu Rissbildung führt (z. B. gezogene Messinglegierungen und Ammoniak).

93. **Stahl (steel)**

Legierung von Eisen meist mit C. Andere Legierungselemente sind Cr (Korrosionsbeständigkeit), Mo (Warmfestigkeit), Si (Magnetisierung), V (Karbidbildung). Baustähle – Vergütungsstähle – Werkzeugstähle zeichnen sich durch steigenden C-Gehalt aus. 2 Gew.-% ist die Grenze zwischen den Stählen und Gusseisen.

Stahlhärtung: Auch Umwandlungshärtung. Austenitisieren = Erwärmen in den Temperaturbereich der homogenen kfz γ-Phase (Austenit). Schnellabkühlen, so dass diffusionslose martensititsche Umwandlung $\gamma \rightarrow \alpha_M$ eintritt. Dieser Zustand ist in Werkzeugstählen hart und spröde. Durch Wiedererwärmen auf mittlere Temperaturen (250–600 °C) scheiden sich Karbide aus und die Bruchzähigkeit steigt an (Anlassen, Vergüten).

94. **Streckgrenze (yield strength)**

Spannung, bei der nach Entlastung ein bestimmter Betrag an plastischer Verformung zurück bleibt (z. B. $\varepsilon_{pl} = 0,2\,\%$). Baustähle zeigen ausgeprägte (diskontinuierliche) Streckgrenze: plastische Verformung beginnt bei überhöhter (oberer) Streckgrenze und setzt sich auf niedrigerem Niveau fort, bis nach $\varepsilon_{pl} \sim 2$–$5\,\%$ Verfestigung einsetzt. Für einen spröden Werkstoff gilt: Streckgrenze = Zugfestigkeit, $R_p = R_m$ und Bruchdehnung $\varepsilon_B = 0$. Das Streckgrenzenverhältnis R_p/R_m ist klein bei großer Verfestigungsfähigkeit des Werkstoffs.

95. **Strukturwerkstoff (structural material)**

Werkstoff, der vorwiegend mechanisch beansprucht werden soll: hohe Zug-, Schwing-, Zeitstandfestigkeit, Bruchzähigkeit. Sekundärtugenden: geringe Dichte, Korrosionsbeständigkeit.

96. **Superlegierung (superalloy)**

Hochwarmfeste Legierung auf der Grundlage von Ni (oder Co), die im Mischkristall einen hohen Volumenanteil (bis 90 %) einer intermetallischen Verbindung vom Typ Ni_3Al im kohärenten Dispersionsgefüge enthält. Obere Verwendungstemperatur (Gasturbine) 1050°C.

97. **Supraleiter (superconductor)**

Stoffe, die unterhalb einer kritischen Temperatur T_c (Sprungtemperatur) elektrischen Strom ohne Widerstand leiten können. Die zweite wichtige Eigenschaft ist die Stromtragfähigkeit (harte SL), da das durch Leitung erzeugte Magnetfeld im Inneren des Werkstoffs die Supraleitung zerstört. Supraleiter sind nichtferromagnetische Metalle und Legierungen (z. B. Nb + Ti, $T_c = 20\,K$). In den letzten Jahren sind keramische Supraleiter mit sehr hohen Sprungtemperaturen entdeckt worden.

98. **Systemeigenschaft (systems property)**

Eine Systemeigenschaft ist der Reibungskoeffizient μ eines tribologischen Systems. Er setzt sich zusammen aus den Eigenschaften der Oberflächen der Gleitpartner und der Umgebung (z. B. des Schmiermittels), μ kann nicht für einen bestimmten Werkstoff, z. B. für Stahl angegeben werden, ohne alle weiteren Systembedingungen zu nennen. Weitere Beispiele: Spannungsrisskorrosion, Bimetallverhalten.

99. **Textur (texture)**

In Vielkristallen bevorzugte Orientierung bestimmter Kristallflächen und -richtungen in einem Bezugssystem (Blechtextur in Walzrichtung, Fasertextur in Drahtachse), Ursache von Anisotropie. Texturlose Vielkristalle und Gläser sind isotrop.

100. **Thermische Ausdehnung (thermal expansion)**

Ausdehnungskoeffizient $\alpha = d\varepsilon/dT$ ist bei vielen Werkstoffen umgekehrt proportional der Schmelztemperatur T_{kf} in K). Anomalien durch Phasenumwandlungen, Auflösen, Ausscheiden von Atomen, Wasseraufnahme, -abgabe (Polymere). Durch Magnetostriktion entsteht der INVAR-Effekt: $\alpha = 0$ in einem Temperaturbereich nahe T_C (Curie-Temperatur).

Thermische Leiter: In Metallen sind thermische und elektrische Leitfähigkeit zueinander proportional. Beide nehmen mit zunehmender Temperatur ab (freie Elektronen). In Isolatoren erfolgt die Wärmeleitung durch Gitterschwingungen (Phononen) oder Bewegung von Ionen. Die thermische Leitfähigkeit nimmt mit der Temperatur zu.

101. **Thermoplast (thermoplastic)**

Polymerwerkstoff, der aus unvernetzten Kettenmolekülen besteht. Bei erhöhter Temperatur Plastizität durch viskoses Fließen, bei Raumtemperatur fester Zustand, Festigkeitssteigerung oft durch teilweise Kristallisation.

102. **Thermische Stabilität (thermal stability)**

Unterhalb eines Temperaturbereiches $T < 1/3\,T_{kf}$, laufen thermisch aktivierte Prozesse, wie Alterung, Kriechen, Kristallerholung, Teilchenvergröberung sehr langsam ab. Der Werkstoff verändert sich in technisch relevanten Zeiten nicht mehr durch Diffusionsprozesse.

103. **Tiefziehfähigkeit (deep drawing ability)**

Komplexe fertigungstechnische Eigenschaft. Der Tiefziehprozess wird nachgeahmt durch Kugeleindruck in Blech (Erichsen) oder Näpfchenziehversuch. Gemessen wird Tiefung (Tiefe des Eindrucks bis zum Bruch). Außerdem wird beurteilt: Zipfelbildung durch Textur und Apfelsinenschalenbildung = Rauhigkeit durch große Körner.

104. **Tribologie (tribology)**

Lehre von der Wechselwirkung aufeinander gleitender Oberflächen (Körper/ Gegenkörper). Das tribologische System umfasst außerdem das umgebende Gas (trockene Reibung) und/oder ein Schmiermittel. Die (äußere) Reibung ist der Mechanismus der Dissipation von Bewegungsenergie. Der Reibungskoeffizient ist eine typische Systemeigenschaft. Die Reibungskraft hängt auch von der Oberflächenmorphologie ab. Ursachen der Reibungskraft sind Adhäsion, elastische, plastische Verformung, tribo-chemische Reaktionen. Die Oberflächenhärte beeinflusst den Anteil der Oberflächen, die in Berührung sind. Die Folge der Reibungskraft kann Verschleiß sein, d. h. es hängt von Systembedingungen ab, welcher Anteil der Reibungsenergie für die Materialabtragung wirksam wird. Verschleißbeanspruchungen können adhäsiv, abrasiv oder erosiv sein. Die Abtragungsmechanismen umfassen spröden Bruch, Ermüdungsbruch, duktilen Abtrag bis zum Abtrag einzelner Atome (Ionenerosion).

In geschmierten Systemen sollte keine Berührung zwischen den Werkstoffen und folglich keine Adhäsion auftreten. Die Energiedissipation erfolgt primär durch innere Reibung des viskos fließenden Schmierstoffes. Feste Schmierstoffe sind Schicht- oder Faserkristalle mit sehr schwacher Bindung in einer Richtung (Graphit, Molybdändisulfid) oder in zwei Richtungen (PTFE = Teflon).

105. **Verbundwerkstoffe (composites)**
Vierte Werkstoffgruppe, die aus Bestandteilen der drei Grundgruppen aufgebaut werden, um verbesserte Eigenschaften zu erzielen. Beispiele sind Al_2O_3-faserverstärkte Leichtmetalle, Schichtverbunde aus keramischen und polymeren Gläsern (Sicherheitsglas), beschichtete Werkstoffe.

106. **Verfestigung (work hardening)**
Erhöhung der Streckgrenze durch plastische Verformung von Metallen (also durch Erhöhung der Versetzungsdichte). In thermoplastischen Polymeren kann Verfestigung durch Gleiten und Orientierung von Molekülen auftreten.

107. **Versagen (failure)**
Das Ende des Gebrauchs eines Werkstoffs (im Bauteil) durch verschiedenartige Beanspruchung: mechanisch → Bruch, thermisch → Schmelzen, chemisch → Korrosion, chemisch + mechanisch → Spannungsrisskorrosion, tribologisch → Verschleiß.

108. **Versetzung (dislocation)**
Linienförmiger Kristallbaufehler, gekennzeichnet durch Linienelement und Burgersvektor. Versetzungen ermöglichen Kristallplastizität, führen zu Verfestigung und können die Keimbildung von Ausscheidungen und die Neubildung von Körnern bei der Rekristallisation stark beeinflussen.

109. **Verschleiß (wear)**
→ Tribologie

110. **Verzundern (scaling)**
Oxidation der Oberfläche des Werkstoffs ohne Mitwirkung von wässrigen Elektrolyten, deshalb bei erhöhter Temperatur. Bei fest anhaftenden Oxidschichten ist die Verzunderung kontrolliert von der Diffusion durch die Zunderschicht. Zunderbeständigkeit durch wenig fehlgeordnete, „dichte" Schichten, wie Passivierung.

111. **Werkstoffgruppen (groups of materials)**
Man unterscheidet drei große Gruppen von Werkstoffen aufgrund von chemischer Bindung und Aufbau der Grundbausteine: Metalle, Keramik und Polymere. Als vierte große Gruppe kommen die Verbundwerkstoffe hinzu.

112. **Wöhlerkurve (S-N-curve)**
Auch $\sigma_a - N$-Diagramme genannt, dienen zur Bestimmung der Schwingfestigkeit. Die Amplitude einer zyklischen Belastung σ_a wird aufgetragen gegen die Anzahl

der Lastwechsel N, bei der die Probe bricht. Als Schwingfestigkeit wird der Wert von σ_a angegeben bei der nach einer bestimmten Zahl von Lastwechseln ($N = 10^7$) Bruch auftritt, z. B. $\sigma_{a,10^7} = 50\,\text{MPa}$. Die Wöhlerkurve charakterisiert das gesamte Ermüdungsverhalten: zyklische Verfestigung, Rissbildung, stabiles und instabiles Risswachstum.

113. **Zähigkeit (toughness, viscosity)**
Hat sehr verschiedene Bedeutungen:
Zähflüssigkeit η in Pa s: Hoher Wert bedeutet geringe Fließfähigkeit einer Flüssigkeit.
Bruchzähigkeit K_{Ic} in Pa m$^{1/2}$: Widerstand gegen Ausbreitung eines vorgegebenen scharfen Anrisses unter der Bedingung ebener Dehnung.
Kerbschlagzähigkeit A_V in J: Energie, die zur Trennung einer Probe mit definierten Abmessungen und Kerb in einem Pendelschlagwerk benötigt wird.

114. **Zeitstandversuch (creep test)**
Experimentelle Untersuchung (meist bei hoher Temperatur) des Kriechverhaltens bei konstanter Last (technisch) oder Spannung (physikalisch). Bestimmt werden Zeitdehngrenze, Zeitstandfestigkeit und deren Temperaturabhängigkeit.

115. **Zeit-Temperatur-Umwandlungsschaubild (time temperature transformation diagram)**
Zur Darstellung der Kinetik des Umwandlungsverhaltens von Werkstoffen (insbesondere der Stähle) bei verschiedenen Abkühlungsgeschwindigkeiten (kontinuierlich) oder nach schnellen Abkühlen von der Ausgangstemperatur (Austenitisierung, Homogenisierung) auf eine niedrige konstant gehaltene Temperatur (isotherm).

116. **Zement (cement)**
Allgemein: Klebstoff, speziell: hydraulischer Zement, der bei der Herstellung von Beton, Sand und Wackersteine miteinander verklebt. Bei diesem Vorgang verbindet sich der Zement (z. B. Portlandzement oder Vulkanasche) mit Wasser zu einem Hydrat. Organische Klebstoffe binden durch Vernetzen von Polymermolekülen und Reaktionen mit den Oberflächen.

117. **Zustandsdiagramm (equilibrium phase diagram)**
Grafische Darstellung der Temperaturabhängigkeit von meist heterogenen Gleichgewichten, abhängig von der chemischen Zusammensetzung, manchmal vom Druck. Es handelt sich um stabile thermodynamische Gleichgewichte, z. B. α-Fe + Graphit (graues Gusseisen), oder bei Reaktionen im festen Zustand oft um metastabile Gleichgewichte, z. B. α-Fe + Fe$_3$C (Stahl).

118. **Zwillingsbildung (twinning)**
Weitere Möglichkeiten zur plastischen Verformung von Kristallen neben dem Abgleiten von Gitterebenen mit Hilfe von Versetzungen. Es bildet sich ein zur Zwillingsebene spiegelbildlich orientierter neuer Kristall. Zwillingsbildung wird begünstigt durch tiefe Temperaturen, hohe Verformungsgeschwindigkeiten und niedrige Stapelfehlerenergie. Beim Stahl besteht ein Zusammenhang zwischen Zwillingsbildung und der Versprödung (Abfall der Kerbschlagzähigkeit) bei tiefer Temperatur.

A.2 Regelmäßig erscheinende Fachzeitschriften

Hier sind die wichtigsten regelmäßig erscheinenden Fachzeitschriften zusammengestellt, die werkstoffwissenschaftliche Themen und deren Randgebiete behandeln.

Hinter den einzelnen Titeln ist jeweils in Klammern vermerkt, wo die inhaltlichen Schwerpunkte der Zeitschriften liegen. Dabei bedeuten:

WW → Werkstoffwissenschaft (Grundlagen)
WT → Werkstofftechnik (Anwendung)
WP → Werkstoffprüfung
RG → Randgebiete

1. Acta Materialia (WW)
2. Advanced Materials and Processes (WW, WT)
3. Aluminium (WT)
4. Applied Physics (WW)
5. Applied Physics Letters (WW)
6. Applied Surface Science (WW)
7. Composites Science and Technology (WT)
8. Corrosion (WT, WP)
9. Der Bauingenieur (RG)
10. Engineering Failure Analysis (WW, WP)
11. Fatigue and Fracture of Engineering Materials and Structures (WW, WP)
12. Fortschritte der Physik (WW)
13. Glass and Ceramics (WW, WT)
14. Heat Treatment of Metals (WW, WT)
15. Holz als Roh- und Werkstoff (WT, RG)
16. Holzforschung und Holzverwertung (WW, WT, RG)
17. HTM – Härtereitechnische Mitteilungen (WT)
18. International Journal of Fracture (WT)
19. International Journal of Materials Research (WW, WT)
20. International Journal of Polymeric Materials (WW)
21. International Journal of Powder Metallurgy (WW, WT)
22. Journal of Applied Physics (WW)
23. Journal of Biomedical Materials Research (WW, RG)
24. Journal of Composite Materials (WW, WT)
25. Journal of Elastomers and Plastics (WW, WT)
26. Journal of Engineering Materials and Technology (WW, WT)
27. Journal of Light Metals (WW, WT)
28. Journal of Magnetism and Magnetic Materials (WW, RG)
29. Journal of Materials Research (WW)

30. Journal of Materials Science (WW)
31. Journal of Materials Science Letters (WW)
32. Journal of Polymer Engineering (WW, WT)
33. Journal of the American Ceramic Society (WW, WT)
34. Journal of the European Ceramic Society (WW, WT)
35. Journal of Tribology (WW, RG)
36. Keramische Zeitschrift (WW, WT)
37. Kunststoffe im Automobilbau (WT)
38. Kunststoffe, deutsche Ausgabe (WW, WT)
39. Materialprüfung (WP)
40. Materials and corrosion (WW)
41. Materials Letters (WW)
42. Materials Research Bulletin (WW)
43. Materials Science and Engineering A, B, C, R (WW, WT)
44. Materialwissenschaft und Werkstofftechnik (WW, WT)
45. Metal Science and Heat Treatment (WW, WT)
46. Metall (WW, WT)
47. Metallurgia (WW)
48. Metallurgical and Materials Transactions A, B (WW)
49. Physica Status Solidi A, B (WW)
50. Physikalische Blätter (RG)
51. Plastics Engineering (WT)
52. Powder Metallurgy Quarterly (WT)
53. Praktische Metallographie (WW, WP)
54. Progress in Materials Science (WW)
55. Progress in Polymer Science (WW)
56. Science of Materials (WW)
57. Scripta Materialia (WW)
58. Stahl und Eisen (WW, WT)
59. Steel research (WW, WT)
60. Technische Kunststoffe (WT)
61. Tribology International (WW)
62. Wear (WW, WT)
63. Werkstattechnik (WT, RG)
64. Wood and Fiber (WW, RG)
65. Wood Science and Technology (WW, WT)

Printed in the United States
By Bookmasters